Data-Driven Metamodeling Methods and Applications

数据驱动的近似建模方法及应用

武泽平 王志祥 张为华 编著

国防工业出版社
·北京·

内 容 简 介

本书从突破工程设计中的计算复杂性难题入手，系统研究了利用近似模型提升工程设计效率的基本方法，并提供了若干应用实例。本书共包括四部分内容，第一部分为实验设计方法，解决训练样本数据高效获取问题；第二部分为近似建模方法，解决高耗时模型快速高精度预测问题；第三部分为基于近似模型的设计分析方法，解决如何提升设计分析效率问题；第四部分为飞行器设计中的典型应用实例分析。

本书可作为航空航天、机械等相关专业研究生的参考书，也可为工业部门从事总体和分系统设计相关工作的工程师提供一定的基础理论和方法指导。

图书在版编目（CIP）数据

数据驱动的近似建模方法及应用/武泽平，王志祥，张为华编著．—北京：国防工业出版社，2023.9

ISBN 978-7-118-13063-8

Ⅰ．①数…　Ⅱ．①武…　②王…　③张…　Ⅲ．①工程模型　Ⅳ．①TB21

中国国家版本馆 CIP 数据核字（2023）第 170839 号

※

国防工業出版社出版发行

（北京市海淀区紫竹院南路 23 号　邮政编码 100048）

北京龙世杰印刷有限公司印刷

新华书店经售

*

开本 710×1000　1/16　**印张** 22½　**字数** 398 千字

2023 年 9 月第 1 版第 1 次印刷　**印数** 1—1500 册　**定价** 168.00 元

国防书店：（010）88540777　　书店传真：（010）88540776

发行业务：（010）88540717　　发行传真：（010）88540762

前言

加强设计领域共性技术研发，提升高端装备自主设计水平，是我国高端装备创新设计体系建设中的重要组成部分。高精度数值仿真作为联系设计参数与产品性能之间的桥梁和纽带，为设计性能评估提供了精确的分析手段，已成为以先进飞行器为代表的现代复杂工程设计中必不可少的组成部分。与此同时，模型计算精度的提高必然带来计算耗时大幅增加，而工程设计又需要反复迭代和综合决策，进一步增加了基于数值模拟的精细化设计的计算复杂度。通常情况下，直接基于高保真、高耗时仿真模型的设计其计算量几乎不可接受。

数据驱动的近似建模方法利用设计空间中的少量设计点处的仿真数据（训练样本），采用插值或拟合方法得到与训练样本输入输出特征相吻合，且计算速度远快于原始数值模拟的数学函数（近似模型，又称代理模型或元模型），并采用计算速度快的近似模型代替原物理仿真模型开展设计分析，进一步在分析设计过程中动态更新和校准近似模型，以达成与直接采用原始高耗时模型得到的设计结果一致的目标，成为提升基于复杂黑箱模型的工程设计分析效率的重要途径，近年来在国内外得到广泛应用。

本书基于作者团队对近似模型理论及其在飞行器设计中的应用领域十余年研究工作的经验，吸收借鉴国内外优秀研究成果，全面分析了基于近似模型的设计分析方法、应用的基本原理方法以及工程设计中的应用需求，从突破工程设计中的计算复杂性难题入手，梳理总结了共性问题和关键技术，发展丰富了其基本理论方法，系统论述了利用近似模型提升现代复杂工程设计效率的基本原理、核心方法和应用实例，全书内容共分为四部分。

第一部分针对近似建模训练样本数据高效生成问题，建立了面向不同设计空间均匀分布的动态和静态实验设计方法，为近似建模提供了优质训练数据高效生成方法，共 4 章：第 1 章为经典实验设计方法；第 2 章为空间均匀填充的拉丁超立方实验设计方法；第 3 章为面向动态近似建模的序列实验设计方法；第 4 章为部分先验信息已知条件下的有偏实验设计方法。

第二部分从数据驱动的全局响应高效预测出发，介绍并发展了常用的近似建模方法，并针对不同的应用需求，提出模型参数改进训练方法以提升预测精度和训练效率，为复杂模型快速高精度预测提供基本方法，共4章：第5章为多项式近似建模方法；第6章为径向基函数近似建模方法；第7章为Kriging近似建模方法；第8章为混合近似建模方法。

第三部分针对工程设计中全局优化、灵敏度分析和可靠性分析需求，建立面向最优点快速预示、全局响应快速预示以及极限状态平面快速预示的自适应采样方法和近似模型动态更新校准方法，共3章：第9章为基于近似模型的自适应优化方法；第10章为基于近似模型的灵敏度分析方法；第11章为基于近似模型的概率可靠性分析方法。

第四部分以作者从事的飞行器设计应用现实需求，针对典型高耗时黑箱模型设计问题进行实例分析，为工程应用提供参考，共3章：第12章为基于近似模型的工程优化应用实例；第13章为基于近似模型的灵敏度分析应用实例；第14章为基于近似模型的可靠性分析应用实例。

本书的研究工作得到国家自然科学基金青年基金项目“数值模拟与代理模型双向数据反馈的学习型优化方法（项目编号：52005502）”、军委科技委基础加强技术领域重点基金“基于XXX智能设计方法研究（项目编号：2020-JCJQ-JJ-106）”，以及装备发展部装备预先研究快速扶持项目“XXX数字样机架构研究（项目编号：80920010102）”的支持。在本书近两年的撰写过程中，国防科技大学雷勇军教授、王东辉教授，河北工业大学张德权教授对书稿内容编排提供了宝贵意见和建议，国防科技大学王文杰博士、杨家伟博士、李国盛博士、彭博博士，清华大学文谦博士等对本书资料整理和校对做出了贡献，在此一并感谢。

数据驱动的近似建模是一个古老又年轻的学科方向，从最基本的线性回归与多项式插值到今天蓬勃发展的机器学习与人工智能，均包含了数据驱动的近似建模思想。随着科技进一步发展，近似建模在工程设计中的应用也将会展现出新的蓬勃生机。由于作者水平有限，书中难免存在不足，欢迎读者批评指正。

作　者

2023年8月1日

目录

第二部分 近似建模方法

第三部分 基于近似模型的设计分析方法

绪　论

0.1 背景简介

加强设计领域的共性技术研发，提升装备自主设计水平，是我国高端装备创新设计体系建设中的重要组成部分。复杂高端装备的设计是通过对产品综合性能的反复评估，最终做出决策的过程。该过程可以抽象为一个数学模型 $\boldsymbol{y}=f(\boldsymbol{x})$ 来表达。式中：$\boldsymbol{y}$ 为模型输出或模型响应，是由反映产品性能指标的参数组成的矢量，例如导弹的射程/毁伤能力、飞机的航程/航时/机动性、运载火箭的极限承载能力/模态等；$\boldsymbol{x}$ 为设计参数，是由决定产品性能，且在加工制造生产中可以直接控制的参数所组成的矢量，例如飞机的翼展/弦长/翼型、导弹的气动外形/动力形式/战斗部装药量、运载火箭的结构形式/结构尺寸等参数。通过不断调整设计参数取值，获得最符合产品性能指标需求的一组设计参数，即完成了产品方案设计，该过程通常需要对多组不同的设计参数取值进行多次性能评估和决策。

早期的设计是通过简单的理论分析辅以物理实验不断试错与改进的方式进行的，例如为了提高飞机的气动性能，美国航空航天局（NASA）对大量翼型进行了风洞实验，并获取了不同翼型的气动特性，为飞行器研制提供了重要数据支撑；我国 3 米级及以下的运载火箭结构设计，多以工程手册和设计经验为主，并辅以有限元校核和地面实验验证，来确保设计结果的合理性。

随着计算机硬件水平的提升和数值计算理论方法的发展，计算机仿真越来越多地用于模拟物理实验过程以降低实验成本、缩减实验周期，逐渐成为复杂工程设计问题中设计、分析、优化的重要手段。在航空、航天、船舶、兵器、车辆等领域，利用计算流体力学和有限元分析来评估产品的气动特性和结构力学响应的工作，在产品设计中工作量的占比正逐渐上升。相较于物理实验，高精度学科仿真分析能够在反映物理实验基本规律的基础上极大缩短研发周期、降低成本，并且有利于设计过程数字化和自动化，从而为获得更优设计方案提供自动迭代分析手段，已成为复杂工程设计中必不可少的组成部分。

与此同时，依靠高精度学科模型进行性能仿真，在计算精度提升的同时也会伴随着仿真耗时的成倍增长。单次仿真的代价几乎让人望而却步，而一次成功的设计往往需要大量的迭代分析和决策。基于高精度模型的工程设计计算成本呈指数上升，若直接将其应用于设计分析，在计算消耗方面则难以接受。为解决大规模计算模型的优化设计问题，近似模型在 20 世纪 80 年代首次被提出并应用于优化设计问题，用以代替设计过程中计算耗时的高精度学科分析模型，以期在降低仿真计算时间的同时能提高优化设计效率。随后，近似模型技术得到了飞速发展并在不同的设计领域获得广泛应用，以结构优化领域为例，近似模型的应用呈逐年递增的趋势，如图 0.1 所示。

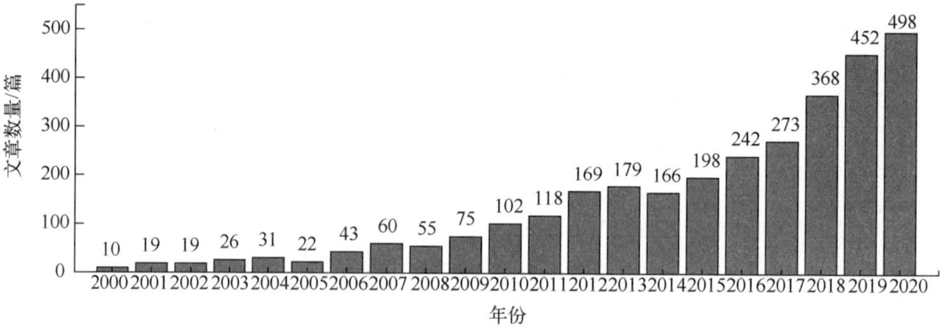

图 0.1　美国工程索引（EI）数据库关于近似模型结构优化的文章数量

近似模型，也称代理模型（surrogate model）或元模型（metamodel），其本质是采用计算速度快的数学函数逼近计算速度慢的仿真模型的一项技术。如图 0.2 所示，对于一个计算速度慢的流场分析或有限元分析模型，若存在一个数学函数$\hat{f}(\boldsymbol{x})$，对于设计空间内的任意参数 $\boldsymbol{x}$，$\hat{f}(\boldsymbol{x})$的函数值与流场仿真或结构有限元分析模型的输出结果一致，则$\hat{f}(\boldsymbol{x})$即可作为原始高耗时仿真分析模型的近似，即近似模型。由于近似模型的本质是一个数学函数，其计算耗时相对于计算流体力学（CFD）或结构有限元分析（FEA）等仿真分析来说可以忽略不计，因此当近似模型预测精度满足需求时，采用近似模型代替计算耗时的仿真模型进行优化、设计、分析的计算消耗会大幅降低。

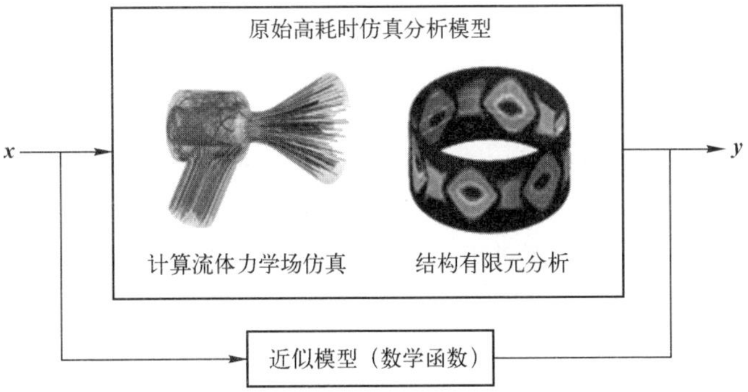

图 0.2　近似模型基本内涵

在近似模型构建过程中，由于只需关注近似模型和原始高耗时仿真分析模型的输入输出等价关系，不必关注原始高耗时仿真分析模型的机理和求解过程。因此，该过程中仿真分析模型常作为高耗时黑箱仿真模型进行调用，即仅采用原始高耗时仿真分析模型的输入输出数据构建近似模型。基于上述特点，除仿真分析模型得到的数据外，实验数据和经验数据也可用于构建近似模型，这也给实验数据、仿真数据和经验数据的融合提供了可行的解决方案，所以基于近似模型的设计方法也被称为数据驱动的设计方法。

实验数据处理经常使用的线性插值或线性回归就是一种典型的近似模型，基于回归模型进行分析和决策的方法也属于基于近似模型的设计方法范畴。随着设计问题维度和模型非线性程度的增加，近似模型构建的复杂度和难度也随之增加。本书将围绕该问题，针对如何构建和应用近似模型解决工程设计问题，进行详细的研究和讨论。

0.2　基于近似模型的工程设计基本方法和流程

近似模型自提出以来，就受到工程设计界的广泛关注和应用。其基本思想是通过调用少量高耗时仿真分析模型，获得该模型的输入输出数据（训练数据）；利用训练数据，基于一定的拟合或插值手段，构建能够反映原始高耗时仿真分析模型输入输出特征的近似模型（近似建模）；基于近似模型开展设计和分析，并将设计分析结果作为原始高耗时仿真分析模型设计分析结果的近似。该过程中近似模型的精度与分析结果的可信度直接相关，只要近似模型足够精确，基于近似模型的分析结果也就与直接采用原始高耗时仿真分析模型得到的结果一致。

近似模型的主要特点是在一定精度范围内计算速度极快，几乎不需要消耗计算资源。因此适用于需要大量迭代计算的工程设计需求，如优化设计、不确定性传播、可靠性分析和灵敏度分析等。根据近似建模和设计分析的耦合程度，基于近似模型的工程设计方法主要可分为两大类：静态近似建模和动态近似建模。

静态近似建模（单次建模），即近似模型与设计分析顺序执行。该过程中，首先建立满足一定精度需求的近似模型，其次采用该近似模型替代原始高耗时仿真分析模型进行设计分析，并直接将该分析结果作为原始问题分析结果的近似。静态近似建模中将数据集分为训练集和测试集，通过训练集构建近似模型后，在测试集上进行验证。当测试集精度不满足需求时，则需要在新的设计变量上进行仿真，补充训练数据以提高近似精度；当测试集的预测精度满足要求时，输出近似模型，此时，可基于该近似模型进行后续设计与分析。该方法的本质是一种全局近似建模方法，通过在整个设计空间内构建与原始高耗时仿真分析模型几乎等价的近似模型，使基于近似模型的设计结果与基于原始高耗时仿真分析模型的设计结果一致，其基本流程如图 0.3 所示。

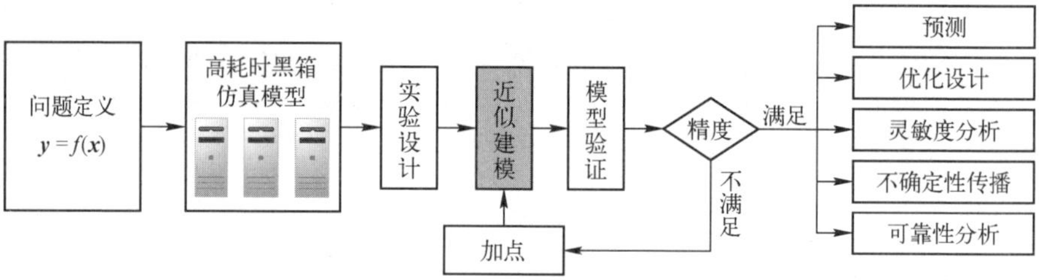

图 0.3　基于静态近似建模的设计分析流程

动态近似建模（序贯建模），与静态近似建模的不同之处在于近似建模和设计分析循环执行，即每次近似建模后尽管当前近似模型不够精确，但仍将其作为原始高耗时仿真分析模型的近似来开展设计分析，之后根据设计分析结果及设计需求，有针对性地选择新的设计输入，调用原始高耗时模型计算输出，并进行样本点扩充和近似模型更新。该过程首先基于少量仿真数据，构建模型输出的初始近似模型；其次基于该粗略近似模型进行设计分析，在分析过程中采用新增仿真样本对训练集进行扩充，并动态更新近似模型，此时新增样本在对已有近似模型进行验证的同时，还起到校准与更新作用，其基本流程如图 0.4 所示。

与静态近似建模相比，动态近似建模能够利用设计分析和近似建模的循环执行相互促进，当模型精度不够需要新样本点时，可以利用当前近似模型的设计分析结果，更有针对性地进行样本点选择，以期设计效率更高，应用范围更广。此外，若把动态近似建模过程中有针对性的加点过程修改为不针对任何设计需求，仅为提升近似模型全局精度的样本点动态更新策略，则动态近似建模会自动退化

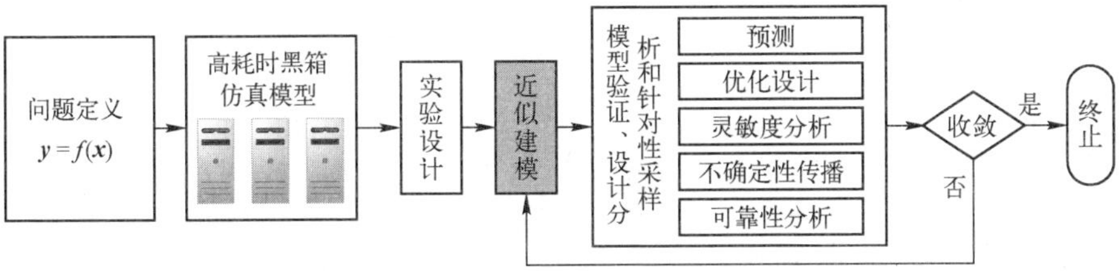

图 0.4 基于动态近似建模的设计分析流程

为静态近似建模。因此，本书主要针对不同设计需求下的动态近似建模进行讨论。结合图 0.3 和图 0.4 所示的流程可知，基于近似模型的设计分析核心方法和技术主要包括实验设计、近似建模和自适应采样三个方面。

(1) 实验设计：主要功能是为近似模型提供训练样本，与经典数理统计中的实验设计基本思想是一致的，即在设计空间内选取一定数量有代表性的点进行仿真分析，生成近似模型的训练样本。主要任务包括对设计空间不同维度的变量进行归一化；在归一化后的设计空间内合理选择初始样本点，实现样本点对设计空间的全面覆盖；调用高精度仿真模型对实验设计点进行计算，获得训练样本。

(2) 近似建模：主要功能是根据训练样本集的输入输出，利用一定的数学函数逼近技术，构建原始高耗时仿真分析模型的近似模型，实现高精度模型输出快速预测。其基本模型为多元基函数的线性叠加。主要任务包括逼近方法的选择、基函数的确定以及基函数参数的确定。

(3) 自适应采样：基于当前近似模型和样本点分布，构造准则，通过对该准则搜索选择下一个样本点。通过调用高精度仿真模型，计算该样本点输出数据，实现训练样本集扩充。

实验设计确定初始训练样本后，通过近似建模和自适应采样的循环迭代，实现样本集不断扩充与近似模型精度持续提升，驱动基于近似模型的设计分析结果收敛于基于原始高耗时仿真分析模型的设计分析结果，有效避免高精度仿真模型大量调用，大幅提高设计和分析效率。

0.3 本书的写作框架

本书针对复杂工程设计中仿真模型计算耗时长，分析设计又需要大量迭代，给计算效率所带来的重大挑战，从突破工程设计中的计算复杂性难题入手，系统研究了利用近似模型提升现代复杂工程设计效率的基本原理、方法，并开展典型应用实例分析。本书内容划分为四部分，共 14 章，其框架结构如图 0.5 所示。

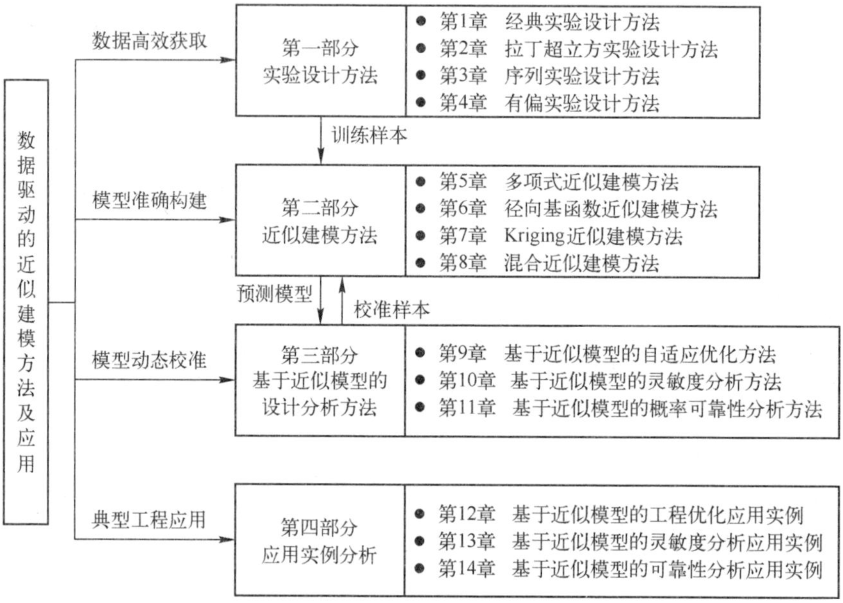

图 0.5　本书的主要框架结构

第一部分实验设计方法，针对近似建模训练样本数据高效生成问题，建立了面向不同设计空间均匀分布的动态和静态实验设计方法，为近似建模提供了优质高效的数据基础，包括第 1～第 4 章。

第二部分近似建模方法，从数据驱动的全局响应高效预测出发，介绍并发展了近似建模方法，针对不同应用需求，提出模型参数改进训练方法以提升预测精度和训练效率，为复杂模型快速高精度预测提供基本方法，包括第 5～第 8 章。

第三部分基于近似模型的设计分析方法，针对工程设计中全局优化、灵敏度分析和可靠性分析等基本需求，建立面向最优点快速预示、全局响应快速预示，以及极限状态平面快速预示的自适应采样方法和近似模型动态更新校准方法，提出近似模型灵敏度指标和可靠性指标快速求解方法，包括第 9～第 11 章。

第四部分以作者从事的飞行器设计应用工程问题为例，针对典型高耗时黑箱仿真模型设计问题，在优化设计、灵敏度分析和可靠性分析的典型设计需求下开展应用实例分析，为工程设计人员利用相关方法解决实际问题提供应用参考，包括第 12～第 14 章。

第一部分

实验设计方法

第1章 经典实验设计方法

复杂工程问题中高耗时黑箱仿真模型的分析与设计高度依赖于近似模型的预测精度，而近似模型的预测精度又和训练样本的空间分布密切相关。作为生成近似模型训练样本的基本方法，实验设计在基于近似模型进行分析与设计的过程中具有基础性、先导性作用，是利用近似模型对高精度仿真模型进行分析、优化、设计、决策的前提和基础。由于对高耗时黑箱仿真模型进行分析之前，模型响应特性未知，只能通过实验设计获取的训练样本进行模型响应特性表达，因此训练样本在很大程度上直接决定了可利用信息的多少，进而决定了近似模型的预测精度。科学的实验设计方法可以最大限度反映模型的特性，从而更加高效地对设计空间进行探索。

实验设计是数理统计的一个重要分支，主要研究如何在变量取值范围内科学合理地选取样本，其思想最初由英国统计学家费希尔（R. A. Fisher）于 1926 年在进行农田实验研究时提出。在很长一段时间内，实验设计主要用于合理安排物理实验，以及按照预定目标制定适当实验方案（各影响因素取值的组合方式），进而通过对实验结果进行统计分析得出相应的结论。

随着计算机技术和数值仿真理论的发展，计算机仿真被越来越多地应用于模拟物理实验过程，成为复杂工程问题中设计、分析、优化的重要手段。本章面向训练样本的高质量生成需求，介绍实验设计基本原理、概念和常用术语，基于经典实验设计理论发展面向计算机仿真的训练样本生成的基本方法，进一步分析其对计算机仿真实验设计的局限性及改进方向。

1.1 实验设计基本原理

1.1.1 基本概念和术语

实验设计方法即按照预定目标制定适当的实验方案，以利于对实验结果进行有效的统计分析的数学原理和实施方法。实验设计是构造近似模型的前提和基础，也是基于近似模型进行分析和设计的预处理步骤，由实验设计生成的训练样本对于代理模型的精度及计算成本具有重要影响。

假设响应变量 y 随设计变量 x_1 和 x_2 变化，上述三个变量就构成了一个二维函数 $y=f(x_1,x_2)$，其定义域为 x_1 和 x_2 构成的二维平面，当需要研究变量 x_1 和 x_2 对 y 的影响时（进行实验或者仿真之前其函数特性未知），就需要通过在其定义域内对有限个变量组合进行分析或实验，从而获取能够反映设计变量 $\boldsymbol{x}$ 对响应变量 y 影响的离散数据点。

此时，如何对有限次数的分析或实验的变量进行选择，转化为在图中灰色区域内选择若干个点的问题，如图 1.1 所示。灰色区域为设计变量 $\boldsymbol{x}$ 的取值范围，即实验设计的设计域；深灰色圆点为在 x_1 和 x_2 构成的二维平面上选取的点，即实验设计采样点，每个采样点在该平面均与变量 x_1 和 x_2 的具体取值一一对应。将所有采样点的设计变量取值写为矩阵形式，每行对应一个采样点的所有变量的取值，就构成了实验设计的最终结果，即设计矩阵，该矩阵与所有样本点一一对应。

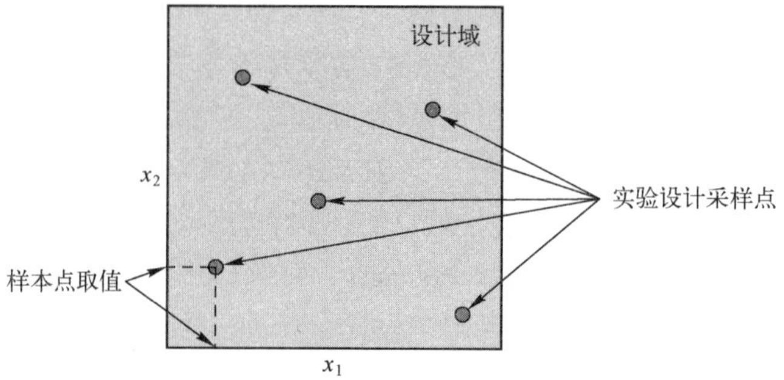

图 1.1　实验设计

通过上述例子，可以引出实验设计的基本术语，具体介绍如下。

因子（数）：因子是对响应变量产生影响的因素，即设计变量，一个问题中包含影响因素的个数称为因子数。

水平（数）：每个因子的取值，在物理实验中，通常将影响因素离散成若干个值进行分析，每个离散值的取值，称为水平。同理，每个因子离散后可取值的个数，称为水平数。

样本（数）：每个样本，代表了一次实验或仿真的输入，即一组不同因子水平的组合，该组合的个数，即安排进行实验或仿真的组数称为样本数。

在实验设计研究中，为了将实验设计用于更加普遍的场景，每个因素的物理意义、每个水平的具体取值是可以忽略的，更加关注的是因子数、水平数和样本数的多少。因此，一般情况下一个实验设计可用其因子数、水平数和样本数来表示，如 2 因子 3 水平 5 样本实验设计指的是该问题包含 2 个影响变量，每个变量有 3 个取值，一共进行 5 次实验或仿真。

设计矩阵：用来存储采样点各因子取值的矩阵，设计矩阵的每行代表一个样本点的取值，即一次实验或仿真的输入；每列代表一个因子在不同样本上的取值，一个 d 因子 n 样本的实验设计矩阵形式如式（1.1）所示，矩阵中每个元素 x_{ij} 代表第 i 组实验在第 j 个因子上的取值。

$$\boldsymbol{X}=\begin{bmatrix} x_{11} & x_{12} & \cdots & x_{1d} \\ x_{21} & x_{22} & \cdots & x_{2d} \\ \vdots & \vdots & & \vdots \\ x_{n1} & x_{n2} & \cdots & x_{nd} \end{bmatrix} \tag{1.1}$$

在进行实验设计时，首先不考虑因素、物理意义和各水平的具体取值，只根据因子数、水平数和样本数对各样本的组合进行选择，形成通用的设计矩阵。其次，将各因素在不同水平上的具体数值代入通用的设计矩阵，即可得到最终的设计矩阵用于仿真分析，得到样本点处的响应值，再应用于后续的分析设计。

1.1.2 随机采样和全因子设计

实验设计是通过采样分析对模型响应特性进行研究的。因此进行实验设计时，通常没有关于模型响应特性的先验认知。在此情况下，利用有限的仿真或者实验次数，对模型响应特性进行更加充分的表达，就是实验设计研究最重要的任务之一。

在实验设计研究初期，为了充分捕捉模型的响应特性，通常采用随机采样的方法进行选择。因为从概率论的角度出发，一个在设计空间内服从均匀分布的随机数，其在设计空间所有点均可被取到，并且取到各点的概率相等，这在统计学意义上基本保证了样本的多样性，所以得到了广泛的应用。

但在实际使用过程中，统计学意义上的结论必须有大量的数据支撑，少量的实验次数很难保证随机样本在设计空间内的合理分布。图 1.2 展示了 2 因子数下 20 水平数和 100 水平数的随机实验设计结果。由图可见，样本数较少时，随机得到的样本点在部分区域产生了聚集现象，导致模型信息的重复获取，浪费了计算资源，同时在部分区域存在空缺，即模型的局部信息未能捕捉。随着样本点的增加，该情况有所改善，但在实际工程设计问题中，由于仿真模型计算耗时，大量的仿真几乎不可行。因此，为了提高少量样本对模型全空间特性的表达能力，必须对采样过程进行人为干预，以使其避免聚集和空缺。

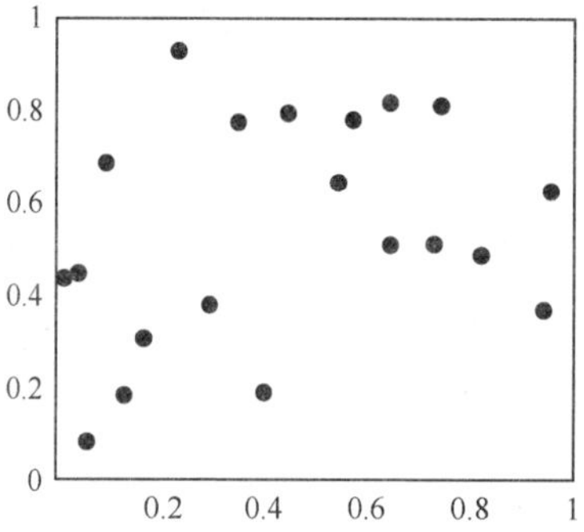

(a) 20×2

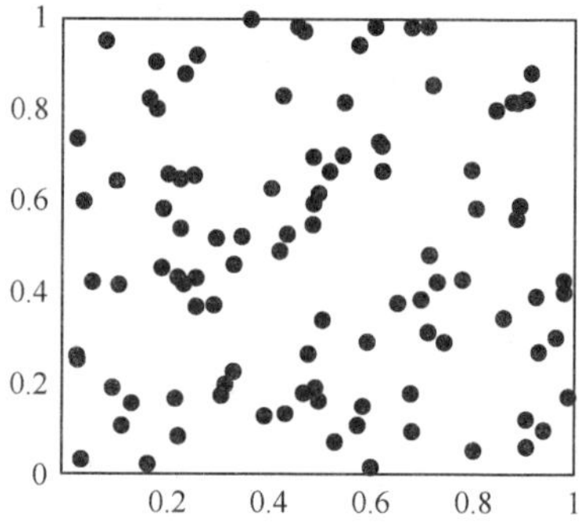

(b) 100×2

图 1.2　随机实验设计

为解决随机采样难以高效获取样本特征的问题，把每个因素等距划分后的取值作为该因素的取值，进一步将所有可能的水平组合均作实验设计样本的全因子实验设计被广泛使用。全因子实验设计把每个变量均等分为 N 个水平，通过遍历所有可能的因子和水平的组合实现全局均匀采样，以充分获取样本响应特性，或者直接用来优选设计样本。

全因子实验设计所需样本点个数随着水平数和因子数取值的变化而变化，对于全因子实验设计来说，若第一个因子可取值数量为 4，第二个因子可取值数量为 5，则全因子实验设计的水平数为 $4\times5=20$，即两个因子所有可能的组合情况。图 1.3 即为具有 2 因子且每个因子 4 水平数，以及 3 因子且每个因子 3 水平数的全因子设计结果。

由于实验设计方法应用初期所涉及的因子数和水平数较少，而全因子实验设计遍历了所有可能的组合，能够确保空间特征的完全提取，在直接基于实验设计的方案优选中得到了广泛的应用。但随着科技的发展，工程设计问题面临的高维、非线性特征越发显著，全空间响应特征捕捉包含的因子数及所需的水平数不断增长，导致全因子实验设计需要安排的实验或者仿真计算次数呈指数增长，计

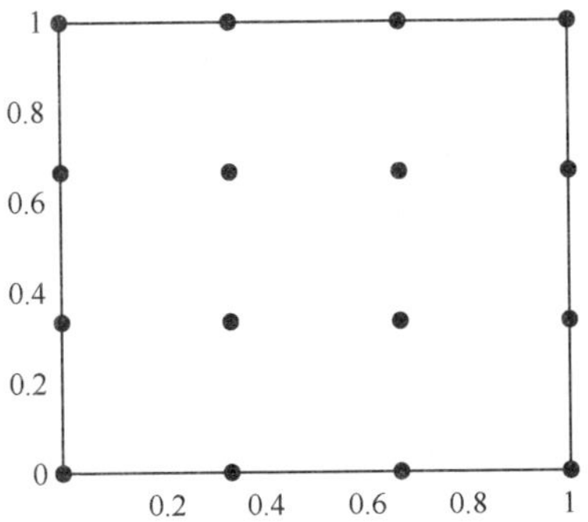

(a) 4^2全因子设计

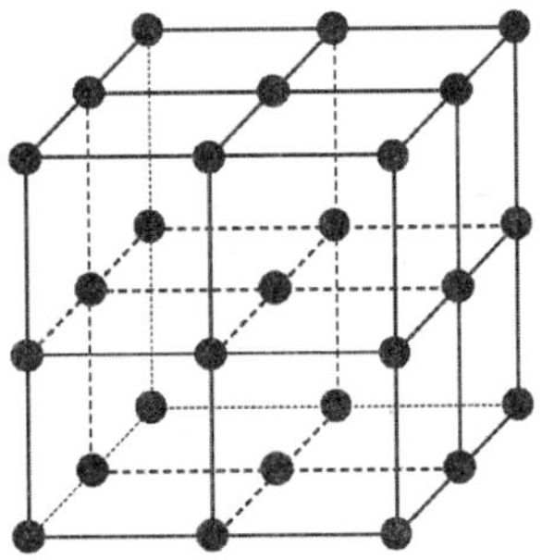

(b) 3^3全因子设计

图 1.3　全因子实验设计

算代价难以接受。例如当因子数达到 10 时，即使每个因子只取 2 个水平数，所需实验次数也高达 1024 次。

随着科技的快速发展和工程设计问题的复杂性提升，随机采样和全因子设计方法不再能够直接适用于面向复杂高耗时黑箱仿真模型的实验设计，但这两种方法的原理为复杂模型实验设计提供了重要的思想和技术基础。接下来的两节，将针对随机采样空间分布性能较差以及全因子实验设计样本数过多的问题，对相关领域的改进技术进行详细论述。

1.2　随机采样的空间分布均匀性改进——低偏差序列

虽然随机采样保证了概率在有意义的条件下取到任意点的可能性都相同，但是人们已经认识到现实采样中不可能有真正的“随机数”，于是学者通常借助一定算法及若干控制参数，用计算机生成伪随机数来作为随机数的代替。在具体模拟过程中，一般只需产生区间［0，1］内的均匀分布随机数，因为其他分布的随机数都是由均匀分布的随机数转化而来的，如图 1.2 所示的二维伪随机分布的随机数。伪随机数的产生必须依赖于确定的种子和算法，因此无论随机数用什么方法产生，均会导致生成的伪随机数是一个有限长的循环集合，并且该序列产生的样本点偏差较大，对空间填充的均匀性有待提升。

偏差是对样本点分布均匀性的一种测度，用于表征样本点对设计空间填充的均匀性。因此，若能产生低偏差的样本点集合，则会对探索未知的设计空间具有重要意义。而拟随机数通过一定的算法和算子产生的确定性序列就具有这种性质，即任意长的子序列都能均匀地填充函数空间。

经过长期研究，人们已经产生了若干种满足这个要求的序列，如 van der Corput 序列、Halton 序列等，这些序列被称为拟随机序列（quasi-random sequences），又称低偏差序列。相对于伪随机序列对随机性的模拟，拟随机序列更致力于样本点的空间分布均匀性，但对有限长的拟随机序列只能尽量均匀填充单位超立方体。接下来针对常用的拟随机序列，从一维空间的均匀填充到高维空间的均匀填充方法进行阐述。

1.2.1 一维区间整齐均匀采样的 van der Corput 序列

在介绍 van der Corput 序列之前，首先介绍在低偏差序列中常用的基本运算 Radical Inversion，其运算过程如下[1]。

定义基底整数 b，之后任意整数 i 写为 b 进制数可以表达为：

$$i = \sum_{l=0}^{M-1} a_l(i) b^l \tag{1.2}$$

得到整数 i 在 b 进制下每一位的数 $a_0(i), a_1(i), \cdots, a_{M-1}(i)$，并进一步定义生成矩阵 $\boldsymbol{C}$ 后，可通过式（1.3）生成一个和整数 i 一一对应的实数：

$$\boldsymbol{\Phi}_{b,C}(i) = \begin{bmatrix} \frac{1}{b} & \frac{1}{b^2} & \cdots & \frac{1}{b^M} \end{bmatrix} \boldsymbol{C} \begin{bmatrix} a_0(i) \\ a_1(i) \\ \vdots \\ a_{M-1}(i) \end{bmatrix} \tag{1.3}$$

通过上述运算，得到以 b 为底数的整数 i，$\boldsymbol{C}$ 为生成矩阵的 Radical Inversion $\boldsymbol{\Phi}_{b,C}(i)$，因此基底 b 和生成矩阵 $\boldsymbol{C}$ 可以唯一确定整数 i 的 Radical Inversion 变换 $\boldsymbol{\Phi}_{b,C}(i)$。

例如，正整数 8 以 2 为基底，单位阵为生成矩阵时的 Radical Inversion 的计算过程首先算出 8 的二进制表示为 1000，$a_0(i), a_1(i), \cdots, a_{M-1}(i)$ 组成的矢量为 $[0,0,0,1]$。假设 $\boldsymbol{C}$ 为单位矩阵，$[b^{-1}, b^{-2}, \cdots, b^{-M}]$ 换算为 $[1/2, 1/4, 1/8, 1/16]$，根据式（1.4），$\boldsymbol{\Phi}_{2,I}(8)$ 即为 1/16。

特别地，当生成矩阵 $\boldsymbol{C}$ 为单位矩阵时，式（1.3）转化为

$$\boldsymbol{\Phi}_{b,C}(i) = \boldsymbol{\Phi}_{b,C}(i) = \begin{bmatrix} \frac{1}{b} & \frac{1}{b^2} & \cdots & \frac{1}{b^M} \end{bmatrix} \begin{bmatrix} a_0(i) \\ a_1(i) \\ \vdots \\ a_{M-1}(i) \end{bmatrix} = \sum_{l=0}^{M-1} \frac{a_l(i)}{b^{l+1}} \tag{1.4}$$

针对一个整数序列 1，2，3，…，将所有数按式（1.4）进行变换后，可得到区间 $[0,1]$ 的实数序列，该序列即为 van der Corput 序列。

在不同基底下的 van der Corput 序列如表 1.1 所列。

表 1.1 van der Corput 序列

n	$\Phi_2(n)$	$\Phi_3(n)$	$\Phi_5(n)$	$\Phi_{11}(n)$	$\Phi_{13}(n)$	$\Phi_{29}(n)$	$\Phi_{31}(n)$
1	1/2	1/3	1/5	1/11	1/13	1/29	1/29
2	1/4	2/3	2/5	2/11	2/13	2/29	2/29
3	3/4	1/6	3/5	3/11	3/13	3/29	3/29
4	1/8	1/2	4/5	4/11	4/13	4/29	4/29
5	5/8	5/6	1/10	5/11	5/13	5/29	5/29
⋮	⋮	⋮	⋮	⋮	⋮	⋮	⋮

注意到上述表格中，在不同基底下 van der Corput 序列对区间[0,1)覆盖的顺序不同，对于基底为 b 的 van der Corput 序列，样本先通过 $i/b(i=0,1,2,\cdots,b-1)$ 实现在区间[0,1)的均匀整齐覆盖，之后再在空白处填充。因此基底越小，在采样过程中，越容易完成第一轮的等间隔填充，相同样本点条件下越容易实现空间的覆盖。

在众多基底中，由于 2 是最小的基底，以 2 为基底的 van der Corput 序列在相同样本数量下，对整个区间覆盖的均匀性更优，因此应用最为广泛，在无特别注明的条件下，van der Corput 序列即指以 2 为基底的 van der Corput 序列。在该条件下，样本点在区间[0,1]上的分布随着采样点个数的变化如图 1.4 所示，从图中样本点的分布可以看出 van der Corput 序列具有如下特征。

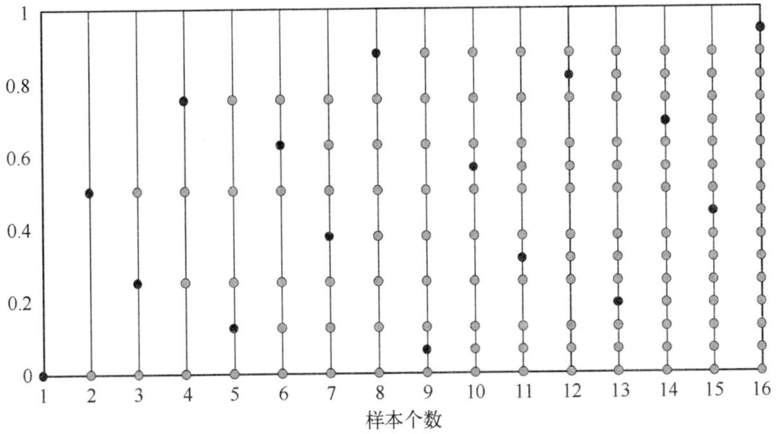

图 1.4 以 2 为基底的 van der Corput 序列随样本数变化的分布特性

（1）每个样本点都会落在当前已经有的点中“最没有被覆盖”的区域。例如：$\Phi_2(3)$落在了3/4的位置，而已有的$\Phi_2(0)$，$\Phi_2(1)$和$\Phi_2(2)$落在了0，1/2和1/4的位置，如图1.4中每次黑色的新增样本点所示。

（2）当样本点数量为2^m时，van der Corput序列在区间$[0,1)$内形成等间隔分布，如图1.4中样本数为2,4,8,16时所示，对应的采样点在区间$[0,1)$内等间隔分布，当去除0点后，2^m-1个样本也在区间$(0,1)$内等间隔分布。

（3）van der Corput序列的空间整齐划分特征以及样本点“插空填充”的特征，使其更容易产生空间均匀分布的样本，但也导致了其很多时候不具备随机特点，因此并不能够完全取代随机数进行统计学分析，因为点的位置和索引有很强的关系。例如在以2为基底的van der Corput序列中，索引为奇数时序列的值不小于0.5，索引为偶数时序列的值小于0.5。

van der Corput序列描述了样本沿一维区间$[0,1)$或区间$(0,1)$内整齐划分，均匀分布的产生准则，针对不同维度采用不同的基底和生成矩阵就可以得到不同的一维区间均匀整齐划分的实数序列，通过合理选择基底和生成矩阵并将其组合就得到$(0,1)^n$设计空间内均匀覆盖的样本点集。

1.2.2 Halton序列与Hammersley点集

Halton序列[2]和Hammersley点集[3]是典型的基于多个van der Corput序列生成的高维空间低偏差采样序列，每个维度上都是具有不同基底b的van der Corput序列，可以生成在任意维度上均匀分布的点集。

采用van der Corput序列生成方法，对于一个d维Halton序列生成问题，定义d个质数$b_1,b_2,\cdots,b_d$（一般选前d个质数）作为每一维度的基底，Halton序列实验设计矩阵生成方式如下：

$$\boldsymbol{X}=[\boldsymbol{\Phi}_{b_1},\boldsymbol{\Phi}_{b_2},\cdots,\boldsymbol{\Phi}_{b_d}] \tag{1.5}$$

式中：Φ_{b_1}为基底为b_1，生成矩阵为单位阵的van der Corput序列，由于基底互质，因此d个van der Corput序列一般不会存在聚集。为说明Halton序列的效果，下面针对10个样本点与100个样本点的实验设计采用不同的底数进行二维算例演示，所得结果如图1.5和图1.6所示。

与Halton序列不同的是，Hammersley点集在Halton序列的基础上将第一维序列替换为i/n，i为样本点的索引，n为所有样本的总数如式（1.6）所示。

$$X_i=(i/n,\boldsymbol{\Phi}_{b1}(i),\boldsymbol{\Phi}_{b2}(i),\cdots,\boldsymbol{\Phi}_{bn-1}(i)) \tag{1.6}$$

由于Hammersley点集的生成依赖于样本数量n，因此只能生成固定数目的样本点，但由于将第一维均匀分割成了n个间隔，相较之下Halton序列具有更高的

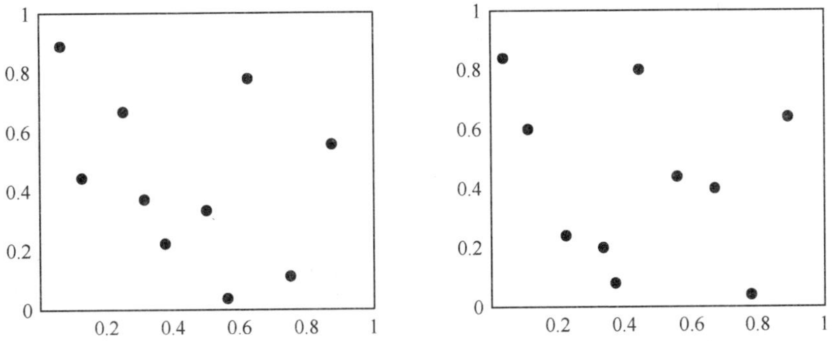

(a) 底数为2和3的10样本点设计 (b) 底数为3和5的10样本点设计

图 1.5 Halton 序列二维 10 样本点设计结果

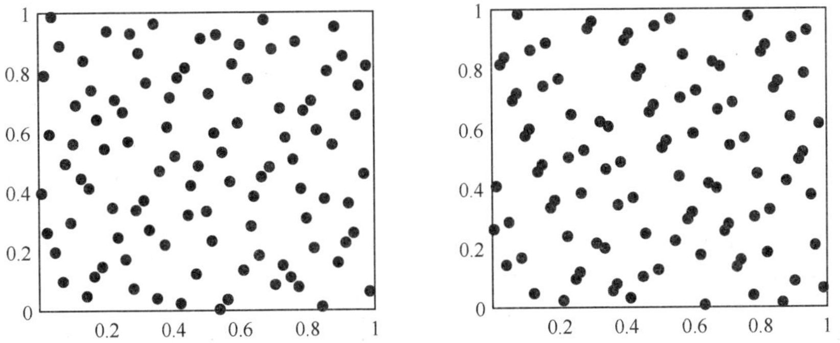

(a) 底数为2和3的100样本点设计 (b) 底数为3和5的100样本点设计

图 1.6 Halton 序列二维 100 样本点设计结果

均匀性。其缺点是必须预先知道样本点数量，且固定后无法更改，因此，无法用于动态采样问题。与此对应地，Halton 序列则可以动态生成无穷个样本，虽然均匀性稍差但可以不受限制地生成无穷多个点，更适用于没有固定样本个数的应用或者逐步采样的计算过程。下面针对 10 个样本点和 100 个样本点的实验设计采用不同底数进行二维算例演示，所得结果如图 1.7 和图 1.8 所示。

由于 van der Corput 序列采样过程会首先根据基底大小，将设计区间均匀划分，因此大的基底必然导致完成首次等间隔填充需要的样本点较多，而 Halton 序列与 Hammersley 点集都是以互质的基底产生的 van der Corput 序列为基础的，当因子数为 10 时，基底至少会增加 29 以上。随着维度的增加，必然会采用相对较大的指数作为基底，直接导致了样本点数量较少时局部聚集现象，只有当点的数量接近底数的幂时分布才会逐渐均匀。

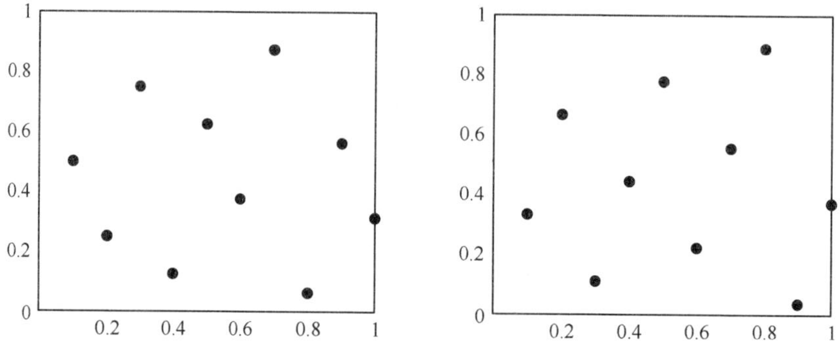

(a) 底数为2的10样本点设计　　(b) 底数为3的10样本点设计

图 1.7　Hammersley 序列二维 10 样本点设计结果

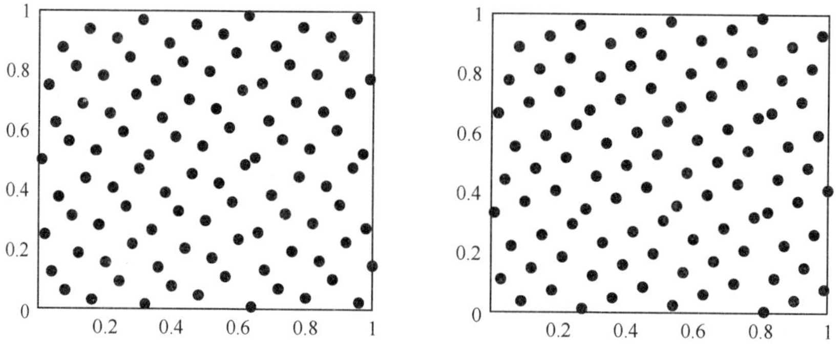

(a) 底数为2的100样本点设计　　(b) 底数为3的100样本点设计

图 1.8　Hammersley 序列二维 100 样本点设计结果

例如，底数分别为 29 和 31 的二维 Halton 序列生成 100 个及 500 个样本点的设计结果如图 1.9 所示。可以看出在 100 个样本点设计时，样本点只集中在设计域部分区域，而扩大样本数量可以提高对设计空间的覆盖率，但样本分布疏密不均，特别是对角线部分样本过于密集，容易造成后续实验资源的浪费。Hammersley 点集同样也是如此，图 1.10 是底数为 29 的序列二维实验设计结果，一开始的点分别是 1/29，2/29，3/29，…因此当样本点数量取 100 时，样本基本上分几组沿线性分布，且对设计空间的覆盖性能较差。当样本点数量取到 500 时，虽然样本在设计空间内的覆盖性有所提升，但是样本之间的线性关系依然清晰可见。

通过上述分析可知，造成大底数小样本下 Halton 序列和 Hammersley 点集局部聚集的原因是 van der Corput 序列在单位生成矩阵下的一维顺序覆盖特征，因此通过改变不同维度的生成矩阵，可以打乱样本点覆盖顺序，有效解决上述问

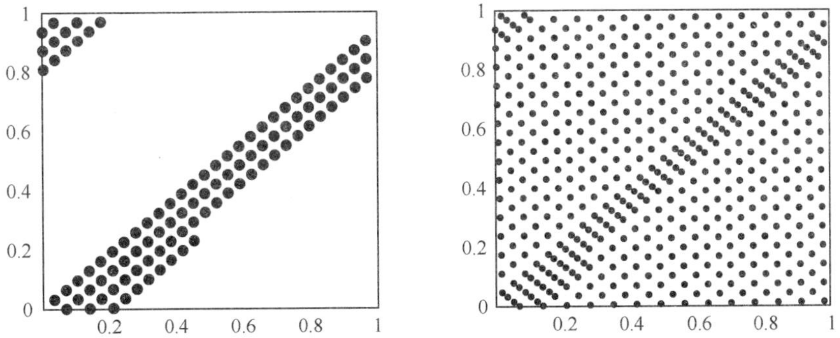

(a) 底数为29和31的100样本点设计　　(b) 底数为29和31的500样本点设计

图 1.9　大底数下 Halton 序列实验设计结果

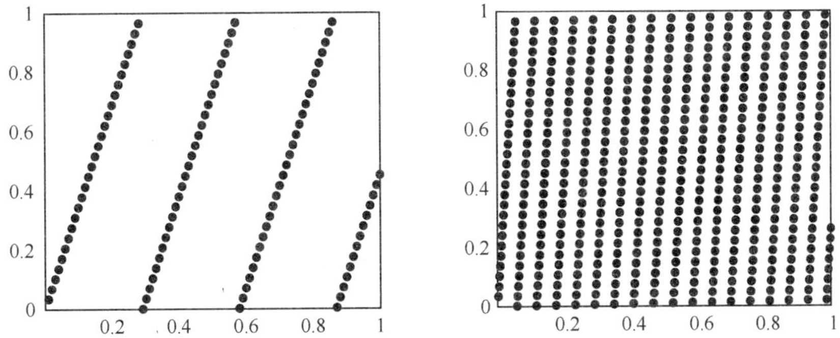

(a) 底数为29的100样本点设计　　(b) 底数为29的500样本点设计

图 1.10　大底数下 Hammersley 点集实验设计结果

题。对于 Halton 序列来说，针对每一维度采用不同的生成矩阵 $\boldsymbol{C}_j$。

$$x_j = \Phi_b(\boldsymbol{C}_j \boldsymbol{i}) \tag{1.7}$$

式中：x_j 为样本第 j 维的数；$\boldsymbol{i}$ 为 b 进制的数形成的矩阵；$\boldsymbol{C}_j$ 为生成矩阵，可采用帕斯卡矩阵的形式。帕斯卡矩阵的第一行元素和第一列元素都为 1，其余位置的元素是该元素的左边元素加上同列中上一行的元素，一个四阶帕斯卡矩阵如式（1.8）所示。

$$\text{Pascal}(4) = \begin{bmatrix} 1 & 1 & 1 & 1 \\ 1 & 2 & 3 & 4 \\ 1 & 3 & 6 & 10 \\ 1 & 4 & 10 & 20 \end{bmatrix} \tag{1.8}$$

针对图 1.10 所示的底数为 29 和 31 的 Halton 序列二维实验设计结果，分别采用 2 阶和 3 阶帕斯卡矩阵针对第一维和第二维进行 Faure Scrambling 处理，所得结果如图 1.11 所示。可以看出，采用 Faure Scrambling 处理后样本之间的线性关系几乎消失不见，针对 100 样本点的设计情况，还大幅提高了样本在设计空间内的覆盖率。对于 Hammersley 点集的处理同样如此，采用 4 阶帕斯卡矩阵进行处理之后设计的结果如图 1.12 所示。可见，经过 Faure Scrambling 处理后，100 样本点的设计结果显示虽然样本间的线性依然存在，但样本对于设计空间的覆盖率大大提升。而对于 500 样本点的设计结果来看，样本间的线性几乎不存在，样本散乱且较为均匀地分布在设计空间内。

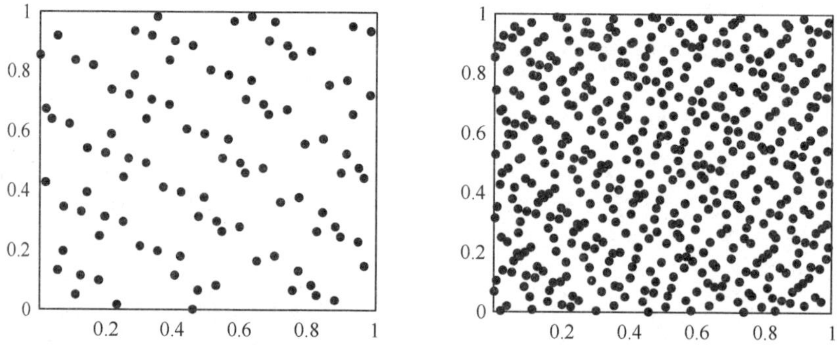

(a) 底数为29和31的100样本点设计　(b) 底数为29和31的500样本点设计

图 1.11　底数为 29 和 31 的二维 Halton 序列进行 Faure Scrambling 处理后的实验设计结果

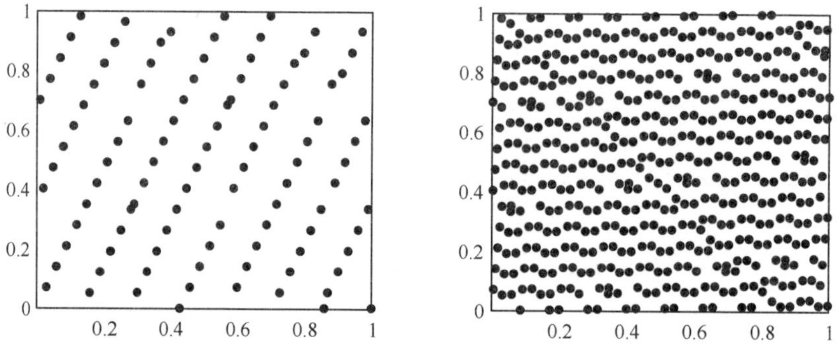

(a) 底数为29的100样本点设计　(b) 底数为29的500样本点设计

图 1.12　底数为 29 的二维 Hammersley 点集进行 Faure Scrambling 处理后的实验设计结果

1.2.3　Sobol’序列

Sobol’序列是基于一组叫作“直接数”（direction-numbers）的数 v_i 而构造的[4]。设 m_i 是小于 2^i 的正奇数，则

$$v_i = \frac{m_i}{2^i} \tag{1.9}$$

数 v_i（同时 m_i）的生成借助于系数只为 0 或 1 的简单多项式（primitive polynomial）。多项式表示为

$$f(z) = z^p + c_1 z^{p-1} + \cdots + c_{p-1} z + c_p \tag{1.10}$$

当 $i>p$ 时，有递归公式：

$$v_i = c_1 v_{i-1} \oplus c_2 v_{i-2} \oplus \cdots \oplus c_p v_{i-p} \otimes \lfloor v_{i-p}/2^p \rfloor \tag{1.11}$$

式中：$\oplus$为二进制按位异或。对于 m_i，对等的递归公式为

$$m_i = 2c_1 m_{i-1} \oplus 2^2 c_2 m_{i-2} \oplus \cdots \oplus 2^p c_p m_{i-p} \oplus m_{i-p} \tag{1.12}$$

则可以得到 Sobol’ 序列的第 i 个数为

$$x_i = b_1 v_1 \oplus b_2 v_2 \oplus b_3 v_3 \oplus \cdots \tag{1.13}$$

式中：b_i 为 i 的二进制表示形式。

Sobol’ 序列的另一个特点是保证了后续采样点在前期采样点之间的空隙中进行填充，如图 1.13 与图 1.14 所示。由图 1.13 与图 1.14 可得 Sobol’ 序列在高维空间中的分布和在低维子空间的投影，具有较好的均匀性和散布性，因此更能反映设计空间内输入输出特性。

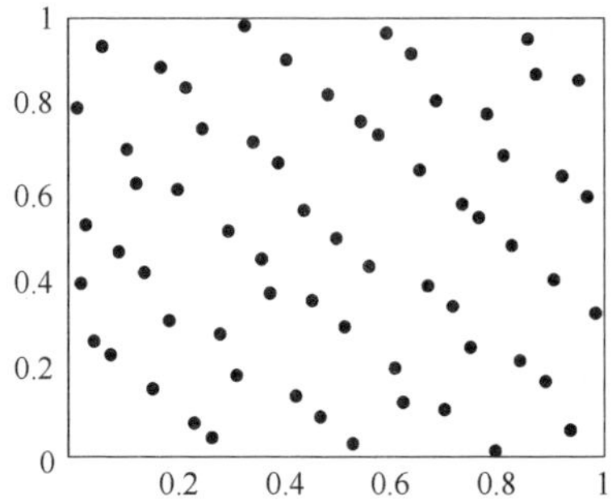

图 1.13　64 个采样点的 Sobol’ 序列

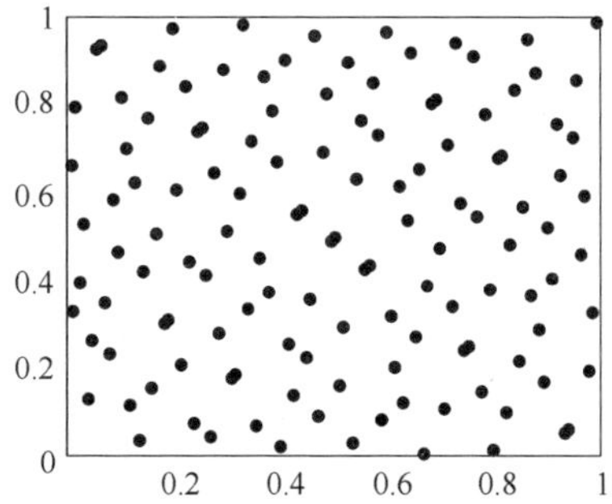

图 1.14　128 个采样点的 Sobol’ 序列

1.2.4　Rank-1 Lattices 序列

Rank-1 Lattices[5]，类似于 Sobol’ 序列，Rank-1 Lattices 依赖于一个生成矢量（generator vector）$\boldsymbol{G}=(g_0, g_1, \cdots, g_{n-1})$，生成矢量的质量直接影响到最终样本的分布。给定一个生成矢量后，产生一个点集的做法非常简单

$$X_i = \frac{i}{n}(g_0, g_1, \cdots, g_{n-1}) \bmod [0,1) \tag{1.14}$$

每个样本都是用 i/n 乘生成矢量，i 为样本的索引，n 为样本总数，得到的乘

积如果大于 1，则减去整数部分映射回区间[0,1)的范围。显然当生成矩阵的元素均取 1 时，即 $\boldsymbol{g}=[1,1]$，Rank-1 Lattices 可看作拉丁超立方设计，见图 1.15（a）。如果需要生成高维的样本，则令生成矩阵的长度等于所需样本的维度，即可得到由 Rank-1 Lattices 序列生成的样本。

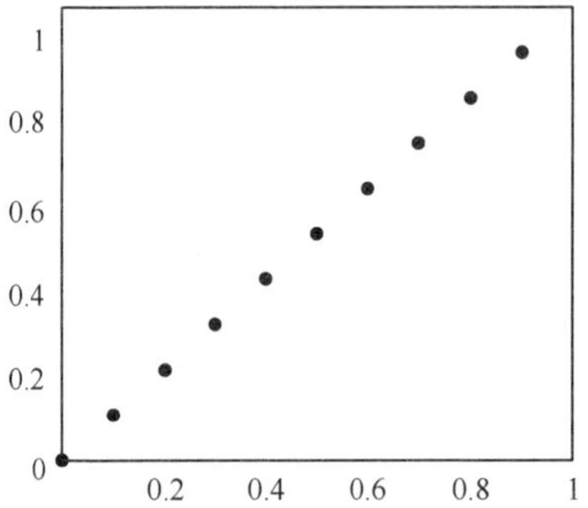

(a) 生成矩阵为$\boldsymbol{g}$=[1, 1]

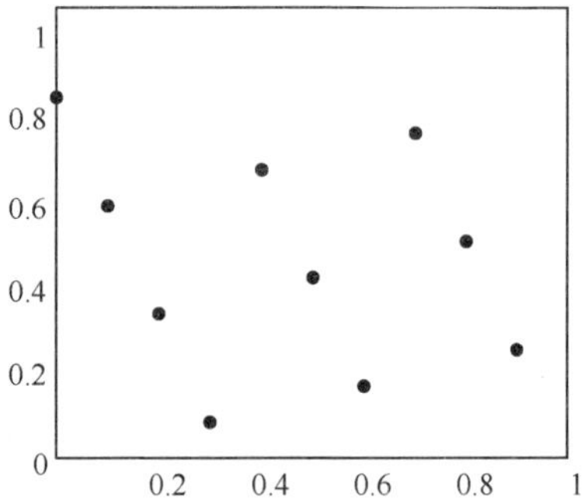

(b) 生成矩阵为$\boldsymbol{g}$=[3, 0.8]

图 1.15　Rank-1 Lattices 序列样本

这种做法类似 Hammersley 点集，也只能用于预先知道样本数量并且样本数量固定的应用，如果需要可持续地生成无限个样本，只需将 i/n 换成一个 Radical Inversion 序列即可。

$$X_i=\Phi_b(i)(g_0,g_1,\cdots,g_{n-1})\bmod[0,1) \tag{1.15}$$

上文所介绍的低偏差序列虽然相较于伪随机序列在均匀性上有所改进，即生成了偏差较低的样本点，但从设计的结果来看样本仍然随机地散布在设计空间内，而单纯地追求设计空间覆盖性能的全因子实验设计由于遍历所有实验方案，造成的实验成本不可接受。针对如何选取代表性的实验方案，使实验设计样本在保持低偏差的同时减少实验成本的问题，学者提出了正交设计和均匀设计的概念。

1.3　全因子实验的样本规模小型化改进——正交设计与均匀设计

全因子实验设计通过穷举所有组合的可能性，能够准确地捕捉模型的全局信息。然而随着技术的不断发展，仿真分析模型越发复杂，设计变量的个数不断增长，全因子实验设计所需要评估的样本数量呈指数型增长。同时单次仿真的耗时不断增加，全因子实验设计带来的计算代价变得难以承受。因此，只能从全因子设计中选择一些有代表性的样本点，在有限的实验次数下尽可能多地捕捉模型信息。围绕如何选取具有代表性样本点的问题，本节对正交实验设计和均匀实验设计的概念进行讨论。

1.3.1 正交实验设计

在科学研究和工业化生产过程中，往往有众多因素影响目标产品的生产，需要研究多个因素对产品指标的效应。若采用全因子实验设计进行模型响应特性研究，在因素数量为 d 且各因素的水平数都为 q 的条件下，多因素全因子实验设计方案的次数 $N=q^d$。虽然全因子实验方案可以综合研究各因素对模型输出的影响关系，但从实验次数的表达式可以发现，随着因素数量和因素水平的增多，实验的次数将急剧增多，不仅会给研究带来了极大的工作量，而且也会浪费大量的实验成本。

正交实验设计则是采取部分实验来代替全面实验的方法，挑选出有代表性的实验样本点来进行实验，通过对代表性的实验结果分析，全面了解实验的情况，以实现工艺的优化。因此，挑选有代表性的实验样本点成为正交实验设计的关键。

1951 年日本统计学家田口玄一根据实验的优化规律提出了正交表。正交表作为正交实验设计的基本工具，其使正交实验设计具备了分散性和整齐可比性。不仅可以根据正交表确定因素的主次效应顺序，而且可以应用方差分析对实验数据进行研究，得出各因素对指标的影响程度，从而找出优化条件或最优组合，达到对模型响应特性进行实验研究的目的。正交表的一般性质如下[6]。

（1）每列中，不同数字出现的次数是相等的。例如在两水平正交表中，任何一列都有数码“1”与“2”，且任何一列中它们出现的次数都是相等的；如在三水平正交表中，任何一列都有“1”“2”“3”，且在任一列的出现数均相等。

（2）任意两列中数字的排列方式齐全而且均衡。例如在两水平正交表中，任何两列（同一横行内）有序对共有 4 种，即(1,1)、(1,2)、(2,1)、(2,2)，且每对出现次数均相等。在三水平正交表中，任何两列（同一横行内）有序对共有 9 种，即(1,1)、(1,2)、(1,3)、(2,1)、(2,2)、(2,3)、(3,1)、(3,2)、(3,3)，且每对出现次数也均相等。

以上两点充分体现了正交表的两大优越性，即“均匀分散，整齐可比”。通俗地说，每个因素的每个水平与另一个因素各水平各组合一次，这就是正交性。正交表将各实验因素、各水平间的组合均匀搭配，合理安排，将实验因素各水平平均分布，实现了因素和水平的均匀分散性和整齐可比性，极大地减少了实验次数，并且实验结果能够提供较多的信息，是一种多因素、多水平、高效、经济的实验方法。

根据各设计变量的水平划分数目的不同，正交表可分为两种典型形式：同水平正交表和混合水平正交表。同水平正交表是指各因素的水平数相等的正交表，目前有二、三、四、五、七、八、九水平正交表，这种正交表不仅可以使每个因素的不同水平在每列中出现的次数相等，而且可以安排部分因素之间的交互作用考察。混合水平正交表是指各因素的水平数不完全相等的正交表，这种正交表可以安排水平数不同的多因素实验，使用方便，但有时不便于考察因素之间的交互作用。

正交表的代号为 $L_n(q^m)$。式中：L 为正交表；n 为实验次数；q 为因素水平数；m 为因素个数，在正交表中表示其列数。在选择正交表时，首先根据因素水平数和因素的个数确定使用正交表的类型，其中因素水平数应该与正交表中的 q 值完全相等。因素的个数只要满足不大于 m 值即可选用该正交表。混合水平正交表为 $L_n(p\times q^m)$，表示实验总次数为 n 的正交表中可以安排一个 p 水平和最多 m 个 q 水平的因素。另外，正交表中的行和列发生变化时，实验的方案和正交表的几何结构并无本质变化，因此值得注意的是代号相同的正交表并不唯一，但代号相同的正交表是等价的。实验设计过程中，可以根据因素的数量和水平数灵活多变、合理地选择正交表并安排实验。

以 $L_4(2^3)$ 为例，该表是一个 3 列 4 行的矩阵，1 个因素占用 1 列，该表最多能考查 3 个因素，每个因素分为 2 水平，共有 4 个横行，也就是有 4 个实验方案，每行是 1 个方案。假若用 A 因素占第 1 列，B 因素占第 2 列，C 因素占第 3 列，则 1 号方案为 $A_1B_1C_1$，2 号方案为 $A_1B_2C_2$，3 号方案为 $A_2B_1C_2$，4 号方案为 $A_2B_2C_1$。只要各因素水平对号入座，实验方案的组合就确定好了，有几个横行就有几个实验方案，如表 1.2 所示。

表 1.2　$L_4(2^3)$ 表格式

实验次数	因子编号		
	1	2	3
1	1	1	1
2	1	2	2
3	2	1	2
4	2	2	1

再以 $L_9(3^4)$ 为例，根据对 $L_4(2^3)$ 表的理解，则 $L_9(3^4)$ 表为 4 列 9 行的矩阵，即该表最多可安排 4 个因素，有 9 个实验方案，每个因素分为 3 水平，即每个纵列只有 1、2、3 这 3 个数，表 1.3 中列出了不同设计方案的各因素的水平取值。

表 1.3 $L_9(3^4)$表格式

实验次数	因子编号			
	1	2	3	4
1	1	1	1	1
2	1	2	2	2
3	1	3	3	3
4	2	1	2	3
5	2	2	3	1
6	2	3	1	2
7	3	1	3	2
8	3	2	1	3
9	3	3	2	1

通过对上述两个表的分析可以发现，每个纵列中各个数出现的次数相同，在$L_4(2^3)$表中，每列“1”出现2次，“2”出现2次；在$L_9(3^4)$表中，“1”“2”“3”各出现3次。正交表中，任意两列，每行组成一个数字对，数字对数与正交表的行数相等，这些数字对是完全有序的，且各种数字对出现的次数必须相同。正交表必须满足以上两个特性，有一条不满足，即不能被称为正交表。如$L_9(3^4)$正交表，任意2列各行数字组成的数字对分别为(1,1)，(1,2)，(1,3)，(2,1)，(2,2)，(2,3)，(3,1)，(3,2)和(3,3)共9种，每种出现1次且完全有序。针对3因子，且每个因子3水平数的设计问题，全因子实验设计和正交实验设计结果如图1.16所示。由图可知，全因子实验设计能很好地覆盖设计空间，但是需要27次实验，而通过正交表设计的实验仅需9个点，虽然不能完全覆盖设计空间，但也具备良好的均匀性。

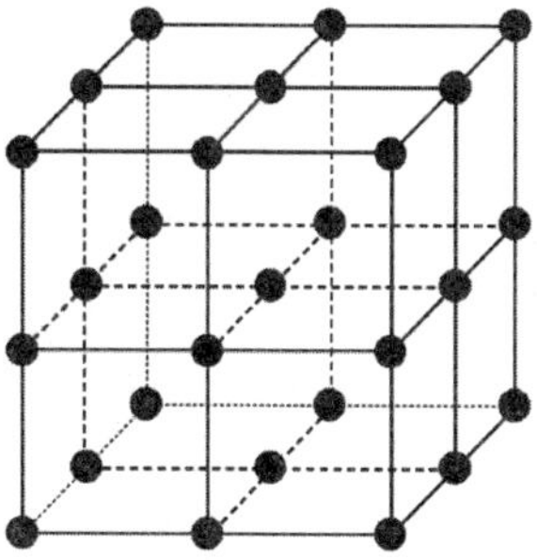
(a) 3^3全因子实验设计

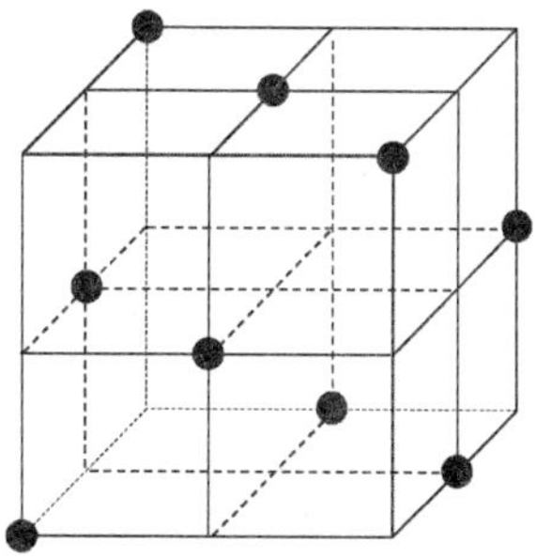
(b) $L_9(3^4)$表设计结果

图 1.16 全因子实验设计和正交实验设计结果

以上介绍的两种正交表，是水平数相同的正交表，一般以通式表示为 $L_n(M^k)$，表现为 K 列 N 行的矩阵，每个因素都分为 M 个水平。目前，为了便于使用计算机统计分析正交实验的结果，软件设计正交实验的方法被广泛采用，并且软件设计正交实验快速、方便，值得推广。

1.3.2 均匀实验设计

随着现代的设计需求中包含水平数不断增长，采用正交表进行实验设计需要的实验数也急剧增长。在许多情况下做这么多实验是不被允许的，特别是单次实验成本较高时，减少实验次数成了一个普遍的需求。例如，考虑一个 5 因素的实验，且每个因素的水平数多于 10，同时要求实验总数不超过 50 次。显然，只做一批实验用一张正交表不能满足这样的要求。

回顾一下正交实验的特点，它将实验点在实验范围内安排得“均匀分散、整齐可比”。“均匀分散”性能使实验点均衡地排布在设计范围内，每个实验点都具有充分的代表性。因此，即使在正交表每列都排满的情况下，依然能够得到满意的结果。“整齐可比”性能使实验结果的分析非常方便，易于估计各因素的主效应和部分交互效应，从而可分析各因素对指标的影响大小和变化规律。为了照顾“整齐可比”，实验点并未做到充分的“均匀分散”，同时为了达到整齐可比，实验点的数量就必须多，而在实验成本较高的情况下，实验次数上升会导致实验成本不可接受。这同时也启示我们不考虑“整齐可比”，而是让实验点在实验空间内充分“均匀分散”。1978 年方开泰教授和数学家王元共同提出了当实验中变量取值范围大，所需考虑的水平多时，可采用均匀设计方法进行实验设计。这种只从“均匀分散”特性出发的设计法称为均匀设计，或均匀设计实验法[7]。

采用均匀设计实验法，每个因素的每个水平可以仅做一次实验，当水平数增加时，实验次数随水平数增加而增加，若采用正交实验设计，实验次数则随水平数的平方数而增加。均匀设计通常具有如下性质：在每列中没有重复数字出现，也就是每个数字只出现一次；为了在实验中使不同因素不同水平搭配均匀，任意两列同行数字构成的有序数对各不相同，每个数对仅出现一次。

均匀实验设计相对于全面实验和正交实验设计的最主要的优点是大幅度地减少实验次数，缩短实验周期，从而大量节约人工和费用。对于实验因素较多，特别是对于因素的水平多而又希望实验次数少的实验，对于筛选因素或收缩实验范围进行逐步择优的场合，以及对于复杂数学实验的择优计算等，均匀实验设计是非常有效的实验设计方法。

均匀设计表是均匀实验设计的经典方法，它根据数论在多维数值积分的应用原理，仿照正交表构造的具有均匀性的一种规格化阵列表。均匀设计表是利用同余法则建立起来的，每个均匀设计表有一个代号 $U_n(q^s)$。式中：U 为均匀设计；n 为实验次数；q 为每个因素的水平数（$n=q$）；s 为该表的列数（也是因素数的最大取值）。每个均匀设计表都附有一个使用表，以指示如何从设计表中选用适当的列，以及由这些列所组成的实验方案的均匀性准则值。由于均匀设计表列间的相关性，用表最多只能安排 $[s/2]+1$ 个因素。偏差（discrepancy）是使用历史最久、为公众所广泛接受的准则，数值小的设计表均匀性好。首先对均匀设计表中的样本进行归一化得到 $\boldsymbol{x}_1,\boldsymbol{x}_2,\cdots,\boldsymbol{x}_n$，且这些样本 $\boldsymbol{x}_1,\boldsymbol{x}_2,\cdots,\boldsymbol{x}_n\in[0,1]^s=\boldsymbol{C}^s$，考虑原 n 个样本的均匀性，即考虑归一化后的样本 $\boldsymbol{x}_1,\boldsymbol{x}_2,\cdots,\boldsymbol{x}_n$ 在 $\boldsymbol{C}^s$ 中的均匀性，即样本的偏差 D 可以定义为

$$D(\boldsymbol{X})=\sup_{v\in \boldsymbol{C}^s}\left|\frac{n_x}{n}-v(x)\right| \tag{1.16}$$

式中：$\boldsymbol{X}$ 为归一化后 n 个样本所构成的设计矩阵；$v(x)$ 为超立方体 $[0,x]^s$ 的体积；n_x 为 $\boldsymbol{x}_1,\boldsymbol{x}_2,\cdots,\boldsymbol{x}_n$ 中落在该超立方体内的样本数量。

例如，$U_7(7^4)$ 均匀设计表如表 1.4 所示。对应的偏差值表如表 1.5 所示。

表 1.4 $U_7(7^4)$ 均匀设计表

项　目		列			
		1	2	3	4
行	1	1	2	6	6
	2	2	4	2	5
	3	3	6	5	4
	4	4	1	2	3
	5	5	3	1	2
	6	6	5	4	1
	7	7	7	7	7

表 1.5 $U_7(7^4)$ 偏差值表

因 素 数	列　号	偏　差
2	1,3	0.2398
3	1,2,3	0.3721
4	1,2,3,4	0.4760

均匀设计通过构造均匀设计表实现样本在设计空间内的均匀分布，而第 2 章提到的拉丁超立方实验设计方法同样追求样本的均匀性。与均匀设计表不同，拉丁超立方实验设计方法通过巧妙地设计，可以直接生成任意样本数量、任意维度和水平数的设计，因此成为“充满空间”实验的代表性方法。拉丁超立方实验设计的详细原理及改进将在后续章节进行介绍。

1.4 中心复合实验设计

中心复合设计（central composite design，CCD）是在响应曲面研究（response surface methodology，RSM）中最常用的二阶设计[8]，主要用来拟合如下二阶响应曲面近似模型：

$$
\begin{gathered}
y=\beta_0+\sum_{j=1}^{p}\beta_j x_j+\sum_{i<j}\beta_{ij}x_i x_j+\sum_{j=1}^{p}\beta_{jj}x_j^2+\varepsilon \\
E(\varepsilon_j)=0,\mathrm{var}(\varepsilon_j)=\sigma^2,\mathrm{Cov}(\varepsilon_i,\varepsilon_j)=0(i\neq j)
\end{gathered}
\tag{1.17}
$$

或者用矩阵写为如下形式：

$$
\boldsymbol{y}=\boldsymbol{X\beta}+\varepsilon,E(\varepsilon)=\boldsymbol{0},\mathrm{Cov}(\varepsilon_i,\varepsilon_j)=\sigma^2\boldsymbol{I}(i\neq j) \tag{1.18}
$$

观察式（1.17）所示的二阶响应曲面模型，共有回归系数 $q=1+\mathrm{C}_p^1+\mathrm{C}_p^2+\mathrm{C}_p^1=\mathrm{C}_{p+2}^2$个，为了得到回归方程，实验次数 n 应当不小于 q。

但事实上，为了计算二阶回归方程的系数，每个因子所取的水平应不小于 3，因而所要做的实验是比较多的。比如在三水平全因子实验中，p 个因子就要做 3^p 次实验；当 $p=4$ 时，三水平全因子实验次数是 81 次，它比 4 个因子的二阶回归方程的回归系数 $\mathrm{C}_{4+2}^2=15$ 要多 4 倍以上，剩余自由度过大。当因子超过 4 个时，三水平全因子实验次数的增加会使实验者完全不可接受。

对于 p 个因子，用 $\boldsymbol{x}=(x_1,x_2,\cdots,x_p)$表示其编码形式，一个中心复合设计由以下三部分组成。

（1）n_f 个角点，其中 $x_i=-1$ 或 $1(i=1,2,\cdots,p)$。构成两水平全因子实验（2^p）或其部分实施（2^{p-1}，2^{p-2}）。

（2）n_c 个中心点，其中 $x_i=0(i=1,2,\cdots,p)$。各因子都取零水平的中心点的重复实验。可以只做一次，也可以重复两次或多次。

（3）$2p$ 个星号点（或轴向点），具有形式（$0,\cdots,x_i,\cdots,0$），$x_i=-\alpha$ 或 α $(i=1,2,\cdots,p)$。其中 α 是待定参数，称作星号臂。根据一定要求（如正交性、旋转性）调节 α，就可以得到各种具有很好性质的设计（如正交中心复合设计、旋转中心复合设计）。

以 $p=2$ 为例，来说明中心复合设计中实验点在因子空间中的分布。当 $p=2$ 时，有两个因子 x_1，x_2，中心复合设计由 $N=2^2+1+2\times2=9$ 个点组成，具体如图 1.17 所示。

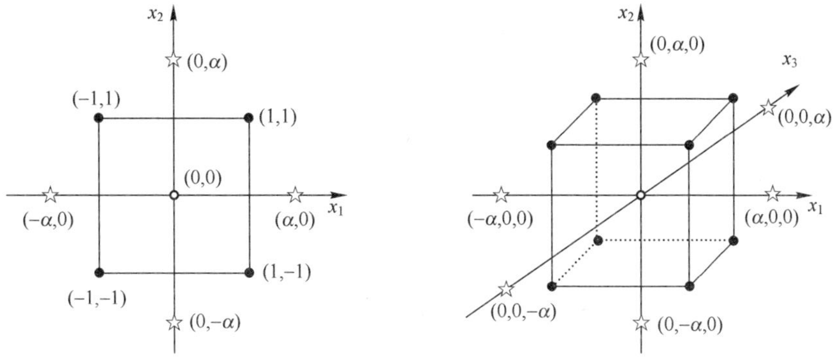

(a) 二维中心复合实验设计　　(b) 三维中心复合实验设计

图 1.17　中心复合实验设计

中心复合实验设计有一系列优点，首先，其实验点虽比三水平的全因子实验要少，但仍保持足够的剩余自由度，这可从表 1.6 看出。

表 1.6　3^p 与 CCD 对照表

p	参数个数 p	3^p	剩余自由度	CCD 中 N	剩余自由度
2	6	9	3	9	3
3	10	27	17	15	5
4	15	81	66	25	10
5	21	243	222	43	22
5*	21	81	60	27	6

注：* 表示部分实施，$3^{5-1}=81$，$N=2^{5-1}+1+2\times5=27$。

其次，中心复合实验设计具有序贯性。实验点中的角点和部分中心点构成一个一阶设计，若实验数据表明存在整体曲度，则可通过添加轴向点和其他中心点来将设计扩展为一个二阶设计。

1.5 小　　结

本章针对近似模型训练样本的高效生成问题，首先从面向物理实验合理安排的经典实验设计方法出发，介绍了实验设计的基本原理，分析了经典数理统计领域的实验设计方法和特点以及在面向高维、多水平设计过程中所面临的问题，指出了空间分布特性对于现代计算机仿真实验设计的重要意义，并针对空间均匀分布需求，在经典实验设计的基础上给出了空间均匀性和样本规模小型化改进方法。

针对有限样本下随机采样导致的样本点空间分布均匀性退化问题，讨论了常用的低偏差序列实验设计方法，通过生成基底和生成矩阵的操作，一定程度上提升了样本点的空间均匀性，从而改善了样本点对设计空间模型响应特性的表征能力。

针对全因子实验设计在高维问题中面临的维度灾难问题，介绍了部分因子实验设计的典型方法，通过样本点之间的“整齐划分”“均匀可比”特性引入，在样本空间覆盖能力和样本点规模之间实现了一定的平衡。

针对近似模型中典型的多项式近似建模问题，本章介绍了中心复合实验设计方法，针对是否考虑变量交叉影响的原始模型，建立了基于中心点、角点和星号点逐个添加的实验设计方法，满足了二阶多项式近似模型对训练样本规模和质量的需求。

参考文献

[1] Cohen, Eckford. Arithmetical notes. I. On a theorem of van der Corput [J]. Proceedings of the American Mathematical Society, 1961, 12 (2): 214-214.

[2] Train, K. Halton Sequences for Mixed Logit [D]. University of California: Berkeley, 2000.

[3] Wong T T, Luk W S, Heng P A. Sampling with Hammersley and Halton Points [J]. Journal of Graphics Tools, 1997, 2 (2): 9-24.

[4] 徐崇刚，胡远满，常禹，等. 生态模型的灵敏度分析 [J]. 应用生态学报，2004 (06): 1056-1062.

[5] Dammertz H, Keller A, Dammertz S. Simulation on Rank-1 Lattices [A]. In: Keller, A., Heinrich, S., Niederreiter, H. Monte Carlo and Quasi-Monte Carlo Methods [C]. Berlin: Springer, 2006. 205-215.

[6] 徐仲安，王天保，李常英，等. 正交实验设计法简介 [J]. 科技情报开发与经济，2002 (05): 148-150.

[7] 刘华，万建平. 均匀实验设计的方法与应用 [J]. 阜阳师范学院学报（自然科学版），2003 (01): 12-16.

[8] 胡雅琴. 响应曲面二阶设计方法比较研究 [D]. 天津：天津大学，2005.

第2章

拉丁超立方实验设计方法

在现代工程设计问题中，大量采用计算机仿真来模拟物理实验过程，以实现系统性能高保真度分析。同时由于设计精细化需求的逐渐提升，设计空间大幅增长，造成变量耦合效应和模型非线性程度急剧增加。实现复杂工程模型特征的高效提取，主要依赖于设计样本的“充满空间”（space filling）特性，即空间分布均匀性。因此，空间均匀性在计算机仿真方案设计中受到越来越多的关注。

经典设计方法如全因子实验设计、中心复合实验设计、正交实验设计等，通常采用边界布点策略，这些方法难以捕捉模型的全设计空间特性。拉丁超立方实验设计作为一种从多元参数分布中近似随机抽样的分层抽样方法，能对任意因子和任意水平生成高维空间均匀分布且一维投影均匀的样本点，在“充满空间”实验设计中得到了广泛应用。

本章详细阐述了拉丁超立方实验设计方法的基本原理及其主要算法。首先介绍基于随机采样的拉丁超立方实验设计方法，针对该方法在少量样本下难以保证样本点设计空间均匀性的问题，总结常用的样本空间均匀性指标，并将其与进化算法相结合，详细介绍了两种有效的优化拉丁超立方实验设计方法：基于模拟退火和增强随机进化的优化拉丁超立方实验设计方法。在直接优化的基础上，介绍了连续局部枚举法、平移传播法、切片拉丁超立方以及排列演化四种高效的优化拉丁超立方实验设计的快速生成方法。

2.1 拉丁超立方实验设计基本原理

随着精细化设计日趋迫切的需求，设计问题越来越复杂，模型非线性程度逐渐提升，需要考虑的影响因素个数也在不断增长。在确定了问题的设计空间（各影响因素的变化范围）后，需要选择若干设计变量组合，通过仿真模型对产品进行性能评估，以便指导后续设计优化或者用来构建对应的近似模型。此时如何通过设计变量组合的合理选取，利用最少的仿真次数获取模型尽可能多的变化规律或模型响应特征，就是实验设计需要解决的问题。

实验设计领域的研究表明，在仿真模型响应特性未知的情况下，样本点在整个设计空间内散布的均匀性对获取模型响应特性具有积极作用，空间分布越均匀，越能够获取更多的模型响应特性。如图 2.1 所示的一维空间内不同样本点分布所获取的模型信息，分别采用均匀采样和随机采样 11 个样本点之后应用线性插值构建出的模型。对比结果可以看出，相比随机采样，均匀采样构建了精度更高的模型，获得了更多的原始模型信息。

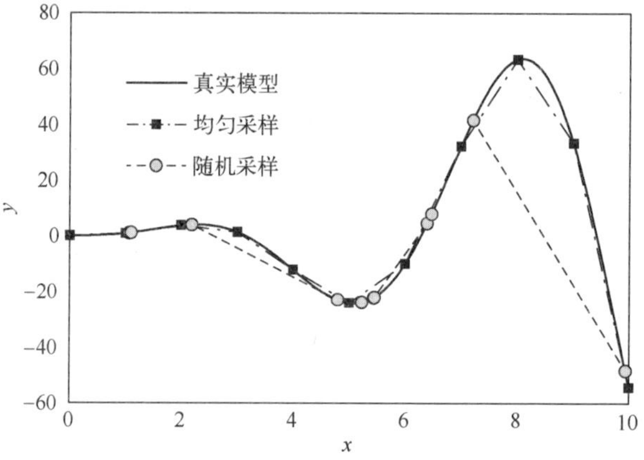

图 2.1　均匀采样与随机采样对比图

将上述问题扩展到高维设计空间时，其设计需求转化为对高维设计空间进行均匀填充，从而实现对全局特征的捕捉，也就是说，实验设计所产生的样本点要尽可能“充满”设计空间。在众多的实验设计方法中，拉丁超立方实验设计（Latin hypercube design，LHD）由于从原理上能对任意因子任意水平都具备生成“充满空间”的样本点的潜力，因此其逐步发展成为计算机仿真采样中使用最广泛的方法。

为实现空间均匀采样，拉丁超立方实验设计在采样过程中，首先保证各变量的一维投影均匀性，即任何一个变量的取值都均匀地落在该变量的变化范围内。为此在设计过程中将每一维设计变量均匀划分为 N 个区间，并且让样本点在每个区间出现的次数相同（一般为一次）。在这种情况下拉丁超立方实验设计的采样点个数等于水平数的整数倍（一般情况下二者相等）。

假设某次仿真或实验的设计变量个数为 d，采样点数量为 N，将归一化后的 d 个设计变量取值范围等分为 N 个区间，整个设计空间划分为等概率的 d^N 个小超立方体。然后在 d^N 个小超立方体内随机选取 N 个放入采样点，并且需要满足以下要求。

（1）空间分布均匀性：样本点所在的小超立方体在整个设计空间中随机分布，样本点在小超立方体内随机分布。

（2）一维投影均匀性：当样本点投影到任一维度时，每个小区间内都有且只有一个样本点。

因此，生成一个 d 因子 N 水平的拉丁超立方实验设计矩阵，应首先确定样本点所在的小超立方体，之后在小超立方体内随机选择一个样本点，形成最终的实验设计样本点集。

不失一般性，为确定样本点所在的小超立方体，d 因子 N 水平的 N 行 d 列设计矩阵的每行代表一组变量组合，该行的每个元素代表当前因子的水平数，每列为 1~N 的排列。从而将 LHD 的生成转化为 d 个 1~N 的排列的确定，样本空间分布和设计矩阵各列的对应关系如图 2.2 所示。

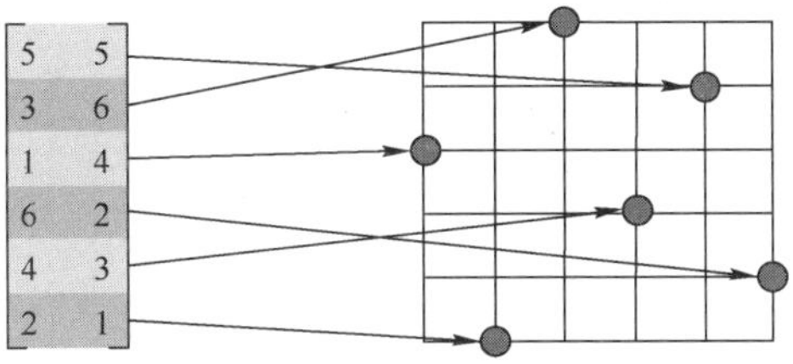

图 2.2　拉丁超立方实验设计方法

确定了上述排列后，样本点的实际取值可以通过式（2.1）得到

$$x_j^{(i)}=\frac{\pi_j^{(i)}+U_j^{(i)}}{N}\quad(1\leqslant j\leqslant d,1\leqslant i\leqslant N)\tag{2.1}$$

式中：上标 i 为第 i 个样本点；下标 j 为第 j 维；U 为区间[0,1]的随机数；$x_j^{(i)}$ 为第 i 个样本点第 j 维坐标；π 为$\{0,1,\cdots,N-1\}$的随机排列，即对任意给定 j，i 从 1 取到 N 时，$\pi_j^{(i)}$ 随机取$\{0,1,\cdots,N-1\}$中的一个值，且不重复取值。下面通过一个二维拉丁超立方实验设计的例子，详细演示样本点的产生过程。

拉丁超立方实验设计首先在每个变量的 N 个等间隔中随机选取一个不重复的间隔，按均匀分布随机产生一个样本点，循环 N 次，即可得到 N 个样本点，这种生成方法从原理上保证了一维投影的均匀性，具体过程如图 2.3 所示。此外，由于原始拉丁超立方实验设计是通过随机数产生的，若没有其他限制条件，给定

设计变量个数 d 和采样点数量 N，则有 $(N!)^d$ 种可能方案，这种特性从原理上决定的排列任意性使 LHD 难以保证良好的空间填充特性。

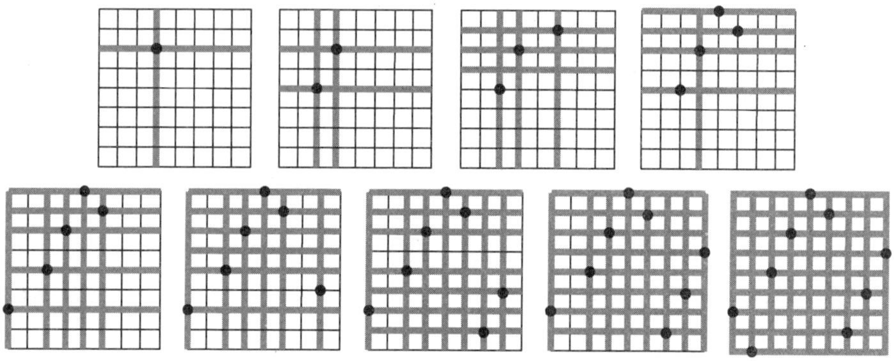

图 2.3　二维拉丁超立方实验设计生成过程

因此，为了获得空间分布特性较好的采样点，需要对拉丁超立方实验设计矩阵的各列排列进行合理的设计，合理选择各列的排列顺序以提升拉丁超立方实验设计的空间均匀性，如图 2.4 所示。

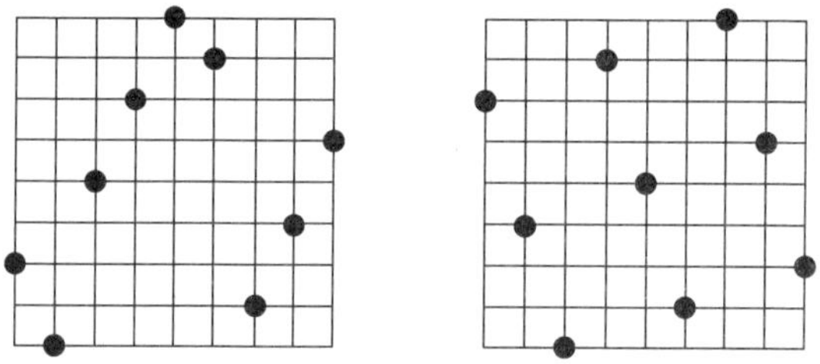

(a) 随机拉丁超立方实验设计　　(b) 优化拉丁超立方实验设计

图 2.4　随机拉丁超立方实验设计和优化拉丁超立方实验设计结果

根据图 2.2 所示的拉丁超立方实验设计基本生成方法，忽略样本点的具体取值后，其设计矩阵和各样本点的排列一一对应，因此将各列排列作为拉丁超立方实验设计的设计变量，建立如下优化问题：

$$\begin{aligned}&\text{Find}: P_j\{1,2,\cdots,N\}\ (j=1,2,\cdots,d)\\&\text{opt}: \text{Uniformity}(\boldsymbol{X})\end{aligned} \tag{2.2}$$

式中：$P_j\{1,2,\cdots,N\}$ 为第 j 列的排列；$\boldsymbol{X}$ 为实验设计矩阵；$\text{Uniformity}(\boldsymbol{X})$ 为表征设计矩阵 $\boldsymbol{X}$ 中样本点空间分布均匀性的量化指标，在长期应用实践中，形成了如下一系列表征 LHD 充满空间性能的指标。

(1) 极大熵准则[1]：熵定义的实际上是一个随机变量的不确定性。熵最大时，说明随机变量最不确定，也就是说，随机变量最随机，对其行为进行准确预测最困难。从这个意义上讲，最大熵原理的实质就是在已知部分知识的前提下，关于未知分布最合理的推断就是符合已知知识最不确定或最随机的推断，即在仅有模型输入信息而未输出信息的情况下，选用不确定性最大（均匀散布在设计空间）的点作为实验方案，可以最大限度地获得模型的信息。

$$\min: -\ln|\boldsymbol{R}| \tag{2.3}$$

式中：$\boldsymbol{R}$ 为实验设计点的相关系数矩阵。其定义如下：

$$\boldsymbol{R}_{i,j} = \exp\left(-\sum_{k=1}^{m}\theta_k |x_{i,k} - x_{j,k}|^t\right) \quad (1 \leqslant i,j \leqslant n, 1 < t < 2) \tag{2.4}$$

（2）极小距离极大化准则[2]：该准则是最朴素的空间均匀性评估准则，也是对空间散布性最直观的理解。因为当样本空间中任意两点的距离过近时，该实验设计就不会是一个好的设计。为使样本点空间分布更均匀，必须使任意两点间的距离都足够大，根据此思想建立的极小距离极大化准则如式（2.5）所示。

$$\max\left[\min_{1\leqslant i,j\leqslant n} d(x_i, x_j)\right] \tag{2.5}$$

式中：n 为样本点数量；$d(x_i, x_j)$ 为样本点 x_i 和 x_j 的距离。

（3）ϕ_p 准则[3]：ϕ_p 准则在极小距离极大化准则的基础上，引入了所有样本点距离的度量，并通过参数 p 调节各距离的权重。其基本思想是考虑到样本最小距离最大化准则仅对最小距离进行优化，那么在最小距离相同时，其他样本点间的散布性也会有所不同，因此将所有的样本点相互距离均纳入考虑发展而来。

$$\min \phi_p = \left[\sum_{i=1}^{s} d_i^{-p}\right]^{1/p} \tag{2.6}$$

式中：s 为样本点间两两距离不同的点的对数，其个数为 C_n^2；p 为任意正整数。与极大极小距离准则相同，ϕ_p 准则同样利用对设计样本间距离的处理，实现对样本均匀性的评估。

（4）中心偏差准则：Hickernell 利用泛函分析中的希尔伯特再生核空间来定义新的均匀性测度，其中最常用的中心偏差（center L2-discrepancy）准则定义如下[4]：

$$CL_2 = \left(\frac{13}{12}\right)^2 - \frac{2}{n}\sum_{i=1}^{n}\prod_{j=1}^{m}\left(1 + \frac{1}{2}|x_{ij} - 0.5| - \frac{1}{2}|x_{ij} - 0.5|^2\right) + \frac{1}{n^2}\sum_{i=1}^{n}\sum_{k=1}^{n}\sum_{j=1}^{m}\left(1 + \frac{1}{2}|x_{ij} - 0.5| + \frac{1}{2}|x_{kj} - 0.5| - \frac{1}{2}|x_{ij} - x_{kj}|\right) \tag{2.7}$$

（5）列相关性准则：除均匀性外，还有学者关心设计矩阵的正交性，通常针对矩阵的列相关性进行优化求最小，列相关性准则定义为

$$\rho_{\max}=\max\rho_{ij}\quad(1\leqslant i<j\leqslant d)\tag{2.8}$$

式中：ρ_{ij}设计矩阵 $\boldsymbol{X}$ 种任意 X^i 和 X^j 两列之间的正交性，定义为

$$\rho_{ij}=\frac{\sum_{b=1}^{n}(X_b^i-\overline{X^i})(X_b^j-\overline{X^j})}{\sqrt{\sum_{b=1}^{n}(X_b^i-\overline{X^i})^2\sum_{b=1}^{n}(X_b^j-\overline{X^j})^2}}\tag{2.9}$$

式中：$\overline{X^i}$、$\overline{X^j}$ 为设计矩阵第 i 列、第 j 列采样点的均值。

根据上面建立的表征实验设计样本“充满空间”的均匀性准则，可采用排列优化算法结合，针对均匀性指标进行优化，得到空间填充性能良好的实验设计，即为优化拉丁超立方实验设计。注意到拉丁超立方样本的设计变量为设计矩阵各列的排列，因此其搜索空间为$(N!)^d$，当 $N=100$，$d=10$ 时，其可能的组合数约为10^{1500}种，如此大规模问题的高效求解，是优化拉丁超立方实验设计的核心关键技术，吸引了大量学者进行研究。其基本思想是利用进化算法对排列组合优化方面的独特优势，以实现较少时间内获得较好设计结果的目标。因此，大量的进化算法被用来求解上述问题，例如遗传算法、粒子群算法、模拟退火算法、蚁群算法等。下面详细介绍两种适用于优化拉丁超立方实验设计的典型进化计算方法。

2.2 优化拉丁超立方实验设计直接优化方法

2.2.1 基于模拟退火算法的优化拉丁超立方实验设计方法

模拟退火算法（simulated annealing，SA）由 S. Kirkpatrick，C. D. Gelatt 和 M. P. Vecchi 在 1983 年首次提出，其基本原理主要是将热力学中固体退火过程分子由无序运动到有序排列的过程，抽象为设计空间寻优过程从全局搜索到局部收敛的过程，实现全局寻优的目标。多年以来已经在各种排列组合优化和实数优化问题上成功进行了应用[3,5]。利用模拟退火算法进行设计空间搜索寻优时，将设计空间内解抽象成运动的分子，每个分子具有一定的能量，代表了分子可以在设计空间运动的速度；而系统的温度代表了分子运动的速度大小，温度越高，分子运动速度越快，温度越低，分子运动速度越慢。随着退火过程系统温度的降低，分子运动速度逐步减小，从前期的全局随机运动逐步转化为局部运动，直至收敛

于全局最优解。模拟退火算法主要由以下三部分组成。

（1）加温过程：通过提高温度增强粒子的热运动。在优化中抽象为打乱当前解，使其散乱地分布在设计空间内。

（2）等温过程：通过系统状态自发朝自由能减少的方向进行，当自由能达到最小时，系统达到平衡态。在优化中抽象为解在设计空间中散乱运动时，趋向于停留在更小的区域（最小化问题）。

（3）冷却过程：使粒子的热运动减弱并渐趋有序，系统能量逐渐下降，从而得到低能的晶体结构。在优化中抽象为通过降低解在空间的运动速度，使其逐渐收敛于全局最优解。

在具体实施过程中，模拟退火算法以设计空间内任意点作为初始解。每一步先选择一个“邻域解”，然后再根据 Metropolis 准则[6]判断是否接受从当前解运动到达“邻域解”，以最小化问题为例，Metropolis 准则的定义如式（2.10）所示：

$$
\begin{aligned}
&\boldsymbol{x}_t=\begin{cases}\boldsymbol{x}_{t+1}, & F_{t+1}<F_t \text{ 或 } R<p_t\\ \boldsymbol{x}_t, & \text{其他}\end{cases}\\
&p_t=\exp\left(\frac{F_t-F_{t+1}}{T_t}\right)
\end{aligned}
\tag{2.10}
$$

式中：$\boldsymbol{x}_t$ 和 $\boldsymbol{x}_{t+1}$ 分别为当前解和邻域解；F_t 和 F_{t+1} 为当前解和邻域解的评价函数值；R 为 0~1 的随机数；T_t 为当前温度。

上述接受准则表明，当邻域解优于当前解时，接受邻域解；当邻域解劣于当前解时，以一定概率接受邻域解，此时的接受概率和当前温度以及评价函数的差值有关。若当前温度很高趋于无穷大时，$p_t\approx 1$，表明接受邻域解的概率较大；若当前温度很低接近于0时，$p_t\approx 0$，表明接受邻域解的概率较小。接受概率随温度的变化很好地体现了退火的思想，在前期设计较高的温度，对于新解的接受概率较大，后期温度逐步减小，只接受优于当前点的值。在相同的温度下，F_t 和 $-F_{t+1}$ 的差异越大，接受概率越小，表明在劣于当前解的邻域解中，性能下降的幅度越小，接受概率越大，体现了更优解被选择的概率更大的思想，更有利于在设计空间内寻优。

上述分析可知，模拟退火算法是一种准贪心算法，在贪心算法的搜索过程引入了随机因素，在迭代更新可行解时，以一定的概率来接受一个比当前解要差的解，因此具有一定的跳出局部最优解的能力，从而以更高的可能找到全局最优解。

综上所述，模拟退火算法的主要控制参数有初始温度 T、退火速率 α、等温

搜索次数 k、终止条件（降温次数 K 或冷却温度 T_{min}）以及邻域解生成规则。其计算流程主要包括：①初始化，设置初始温度 T、退火速率 α、等温搜索次数、最大仿真次数；②等温过程，在当前温度下，利用邻域解生成规则，生成 k 个邻域解，并采用式（2.10）判断每个邻域解是否被接受；③退火过程，$T_{t+1}=\alpha T_t$ 降低较差解的接受概率；④终止判定，利用终止条件 K 或 T_{min} 判定是否结束优化过程，并输出历史最优解。

将模拟退火算法用于优化拉丁超立方实验设计时，考虑一个 $N\times d$ 的优化拉丁超立方实验设计问题，其邻域解采用元素交换方式生成，即选择第 j 列的第 i 和第 k 个元素进行交换，生成新的设计矩阵，这种操作导致样本点在空间分布的变化是第 i 和第 k 样本点沿第 j 个变量进行位置交换，如图 2.5 所示。使设计矩阵第 1 列的 3 和 4 两个元素进行交换，采样点的变化效果是两个样本点在设计空间的位置互换，从而会进一步带来样本点空间分布均匀性的改变。

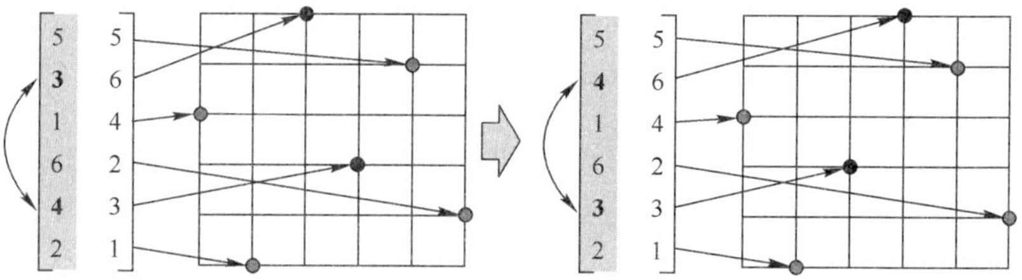

图 2.5　拉丁超立方实验设计邻域解生成方法

采用上述邻域解生成方法后，基于模拟退火算法的优化拉丁超立方实验设计算法可以总结如下，其流程图如图 2.6 所示。

（1）初始化：初始温度 T，冷却温度 T_{min}，初始解状态 $\boldsymbol{X}$，即初始实验设计矩阵，初始解对应的均匀性准则值 $F(\boldsymbol{X})$，记录最优解为当前设计矩阵 $f_{best}=f(\boldsymbol{X})$，迭代次数 $t=1$。

（2）进入第 t 次等温搜索过程。

① 等温搜索次数 $k_t=1$，开始等温搜索。

② 产生当前解的邻域解 $\boldsymbol{X}_{new}$：在当前解 $\boldsymbol{X}$ 的第 $k_t \bmod d$ 列，随机选取两个元素交换位置产生新解 $\boldsymbol{X}_{new}$，并且计算新解矩阵的均匀性指标 $f(\boldsymbol{X}_{new})$。

③ 判断是否接受：若 $f(\boldsymbol{X}_{new})<f_{best}$，则接受该解 $\boldsymbol{X}=\boldsymbol{X}_{new}$，并更新最优解 $f_{best}=f(\boldsymbol{X}_{new})$。若 $f(\boldsymbol{X}_{new})\geqslant f_{best}$，则以 Metropolis 准则判断是否接受，即以概率 $\exp(-\Delta F/T_t)$ 接受新解 $\boldsymbol{X}=\boldsymbol{X}_{new}$，但不更新最优解 f_{best}。

④ 退出等温搜索判定，若 $k_t=k$，跳出等温搜索，否则令 $k_t=k_t+1$ 返回第②步。

（3）收敛判定：若当前温度达到冷却温度或退火次数达到最大次数，结束搜索，输出当前最优解 $\boldsymbol{X}_{\text{best}}$，否则进行退火操作，迭代次数 $t=t+1$，温度降低为 $T_t=\alpha T_{t-1}$，返回第（2）步进行新的温度下的等温搜索。

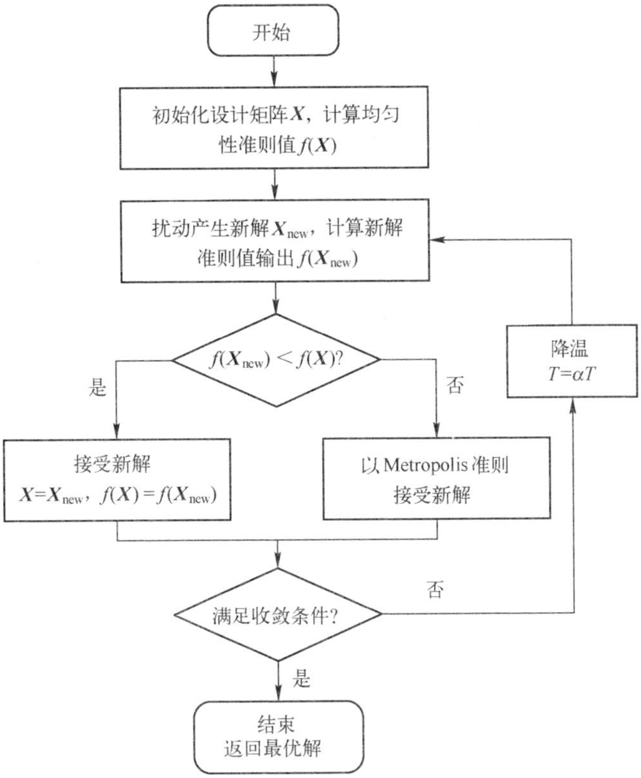

图 2.6　基于模拟退火算法的优化拉丁超立方实验设计算法

2.2.2　基于增强随机进化的优化拉丁超立方实验设计方法

模拟退火算法在贪婪搜索的基础上，引入了较劣解接受概率，保证了一定的跳出局部最优的能力，在对拉丁超立方实验设计的各列排列进行优化时，可以较好实现样本点在设计空间的均匀分布，并且原理简单、易于实现。但在使用过程中由于采用了较劣解接受概率的搜索模式，存在较差解被接受的可能性，导致面对多因素多水平优化拉丁超立方实验设计问题时优化速度缓慢，且难以寻找到真正的全局最优解。

针对该问题，随机进化算法（stochastic evolutionary，SE）在模拟退化算法基本原理的基础上，将 Metropolis 接受概率准则修改为接受阈值准则，采用基于阈值的方法来判断是否接受一个新解。因此，只有比当前稍差的解才会被接受，避免了无效设计域的探索，能够有效提升拉丁超立方实验设计效率及其均匀性。随机进化算法通过控制参数 P 决定算法是否接受劣解以跳出局部最优。根据 Saab 等研究[7]，随机进化算法收敛速度更高，并且具有更强的跳出局部极值的能力。

在随机进化算法的基础上，通过升温计划和降温计划的复杂组合控制阈值，从而实现算法的自我调整。当最优解更新时通过缩小控制参数以减小接受劣解的阈值，当最优解未更新时则放大控制参数以增加接受劣解的阈值，形成了增强随机进化算法（enhanced stochastic evolutionary，ESE）以适应不同设计类别、不同优化准则及不同设计规模的实验设计问题[8]。其算法流程如图 2.7 所示，算法由一个内循环和外循环组成，内循环通过元素交换生成新的设计，通过阈值判断是否接受，外循环则通过调整阈值实现整个优化过程的控制。详细流程如下。

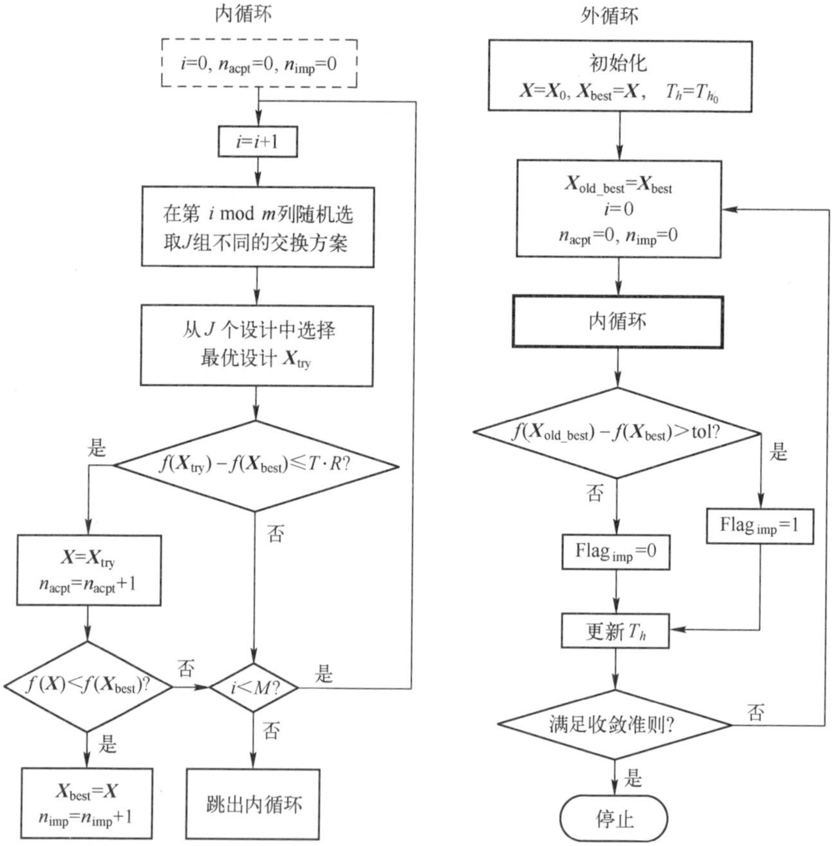

图 2.7　基于增强随机进化的优化拉丁超立方实验设计算法流程

（1）初始化：设计矩阵 $\boldsymbol{X}$、最优设计矩阵 $\boldsymbol{X}_{\mathrm{best}}$、接受阈值 T_{h_0}、迭代次数 i，接受解个数 n_{acpt} 和提高解个数 n_{imp}。

（2）内循环：每次选取 J 个方案，记录其中的最优设计矩阵 $\boldsymbol{X}_{\mathrm{try}}$，判断 $f(\boldsymbol{X}_{\mathrm{try}})-f(\boldsymbol{X}_{\mathrm{best}})\leqslant T\times\mathrm{random}(0,1)$ 是否成立。

（a）若成立，接受解个数加 1，若接受的解 $\boldsymbol{X}_{\mathrm{try}}$ 性能优于记录的最优解 $\boldsymbol{X}_{\mathrm{best}}$，则更新最优解，同时提高解个数加 1，然后进行下一次循环；若接受的设计矩阵 $\boldsymbol{X}_{\mathrm{try}}$ 性能不如最优设计矩阵 $\boldsymbol{X}_{\mathrm{best}}$，则不更新提高解的数量。

（b）若不成立，直接进入下一次循环。

（3）内循环达到 M 次，终止内循环。

（4）外循环：判断 $f(\boldsymbol{X}_{\mathrm{old\_best}})-f(\boldsymbol{X}_{\mathrm{best}})>\mathrm{tol}$ 是否成立，其中 tol 为接受阈值，即内循环是否产生了提高解。

（a）若成立，即内循环产生了提高解，则转性能提高方案，通过缩小 T_h 以加速算法收敛。

（b）若不成立，即内循环未产生提高解，转全局探索方案，通过放大 T_h 值接受劣解，从而跳出局部最优。

（5）达到最大迭代次数判定：是，停止迭代，输出结果；否则，转步骤（2）进行下一次迭代。

采用 20×2 和 100×2 两个算例来验证基于模拟退火算法的优化拉丁超立方实验设计算法性能，如图 2.7 所示。可以看出，由于采用了进化算法对拉丁超立方实验设计的各列排列进行优化，在 20 个样本点以及 100 个样本点的算例上都取得了很好的设计结果。样本点均匀地散布在设计空间内，采用这些实验设计点进行仿真实验可以最大化地反映真实模型的信息。

优化拉丁超立方实验设计方法由于能够生成设计空间内均匀性能良好的初始样本而被广泛使用。但随着问题越发复杂，设计变量逐渐增多，优化拉丁超立方实验设计的计算量呈指数增长，难以适应现代优化设计的需求。因此，如何快速高效地生成设计空间内均匀分布的样本点，成为研究者关注的问题。下一节将对常用的拉丁超立方实验设计高效实现方法展开详细讨论。

2.3　优化拉丁超立方实验设计快速生成方法

2.3.1　连续局部枚举法

连续局部枚举法（sequence local enumeration，SLE）通过制定样本的序列生

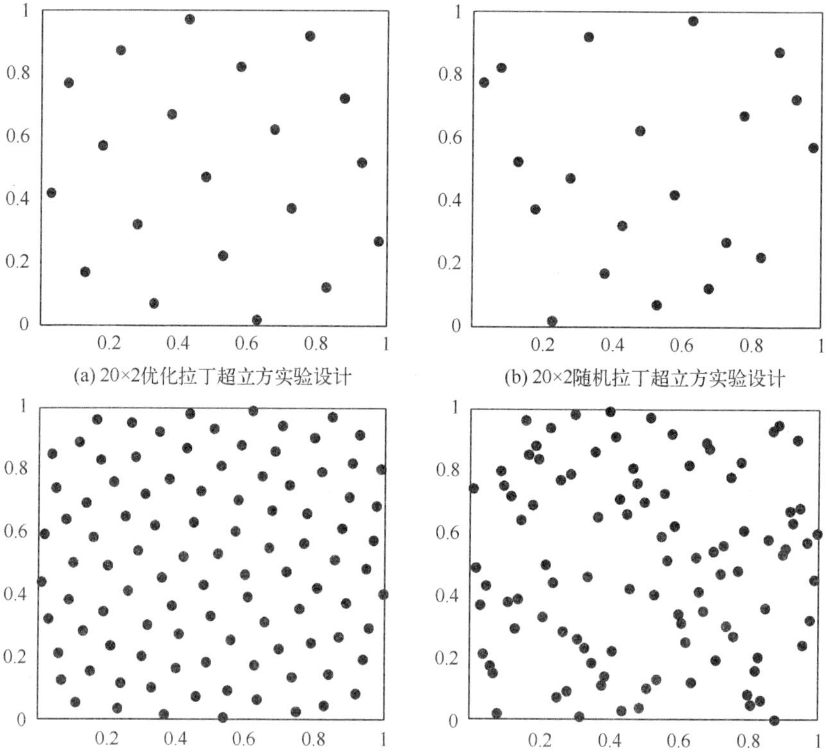

(a) 20×2优化拉丁超立方实验设计 (b) 20×2随机拉丁超立方实验设计

(c) 100×2优化拉丁超立方实验设计 (d) 100×2随机拉丁超立方实验设计

图 2.8 优化拉丁超立方实验设计与随机拉丁超立方实验设计

成规则，使新生成的样本与之前所有样本的最小距离最大，无须优化就能直接生成性能优良的样本点，原理简单、运行高效，成为最受欢迎的拉丁超立方实验设计快速实现方法之一[9]。

针对一个 N 水平 d 因子的实验设计问题，其中 N 为样本点个数，d 为设计维度，连续局部枚举通过在拉丁超立方实验设计过程中每个点的选取，都选择与已有采样点最远的位置，保证样本点的空间填充均匀性，其选取样本的主要步骤如下。

（1）采用 LHD 的思想，将设计域离散成 N^d 个单元，针对第一个样本点，固定其最后一维为 1，其他维度的量可以任意选择，即 X_1 定义为 $X_1(i_1, j_1, \cdots, h_1, 1)$ $(i_1, j_1, \cdots, h_1 \in \{1, 2, \cdots, N\})$，此时样本集合表示为 $P = \{P_1\}$。

（2）第二个样本点 P_2 的最后一维固定为 2，由于 $(i_1, j_1, \cdots, h_1, 1)$ 已经被 P_1 占据，P_2 其他维度变量需要在 P_1 剩余位置中生成，即 P_2 可定义为 $P_2(i_2, j_2, \cdots, h_2, 2)$ $(i_2, j_2, \cdots, h_2 \in \{1, 2, \cdots, m\}, i_2 \neq i_1, j_2 \neq j_1, h_2 \neq h_1)$。同时，$P_2$ 要保证在其可

能位置内与 P_1 的距离最远，此时样本集 $P=\{P_1,P_2\}$。

（3）对第 k 个样本点，最后一维固定为 k，其他维度变量位置需要与前 $k-1$ 样本错开选择。计算 P_k 可能位置与前 $k-1$ 样本最小距离，取其中最远位置放置 P_k 点，此时样本集更新为 $P=\{P_1,P_2,\cdots,P_k\}$。

（4）步骤重复（3），直至得到需要的 $m-1$ 个点，把第 m 样本放在唯一剩余的位置中。

以 2 因子 4 水平拉丁超立方实验设计问题为例，设计空间划分成如图 2.9 所示 4×4 的网格。第一个点 P_1 随机放置在(2,1)的位置，P_2 需要在第二列中剩余的 3 个位置(1,2)，(3,2)和(4,2)中选择，显然，(4,2)与 P_1 的距离最远为 2.2361。P_3 在第三列剩余的两个中选择，(3,3)和(1,3)与 P_1 的距离相等，但是(1,3)相对 P_2 的距离更大，保证了 P_3 与 P_1、P_2 的最小距离最大。P_4 放在最后剩余的(3,4)单元中。

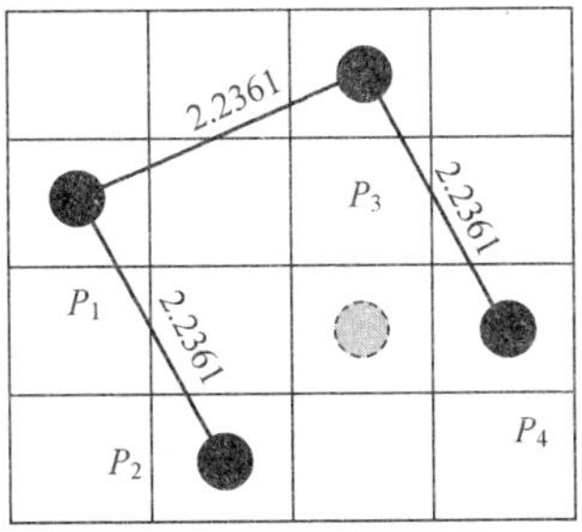

图 2.9 4^2 实验设计——连续局部枚举法

同样采用二维样本点数量为 20 和 100 的样本点进行实验设计以展现算法效果，所得结果如图 2.10 所示。从图中可以看出，采用连续局部枚举法生成的样本点在设计空间内同样具有良好的均匀性，并且由于无须优化直接按照一定规则选择样本点的机制，其计算效率远远高于普通的优化拉丁超立方实验设计方法。图 2.11 是 SLE 方法与直接优化方法计算时间对比图，图 2.10（a）是 50 样本点设计情形下，两种算法时间随样本维度变化图，图 2.10（b）是二维设计情形下，算法时间随采样点个数的变化。图中结果对比表明，在上述因子和水平规模下，连续局部枚举法耗时大幅降低。但同时也应该注意到，连续局部枚举法相当于在已有样本点的条件下进行动态遍历，因此其在小规模实验设计中获得良好的应用效果，但随着因子数和水平数的增加，每次枚举需要的计算量也会急剧增加。例如，对于 10 因子 100 水平的实验设计，在第一个点随机选择之后，第二个点可能的取值有 100^9 种，第三个点可能的取值有 99^9 种，该计算复杂度在现有计算能力下难以承受。

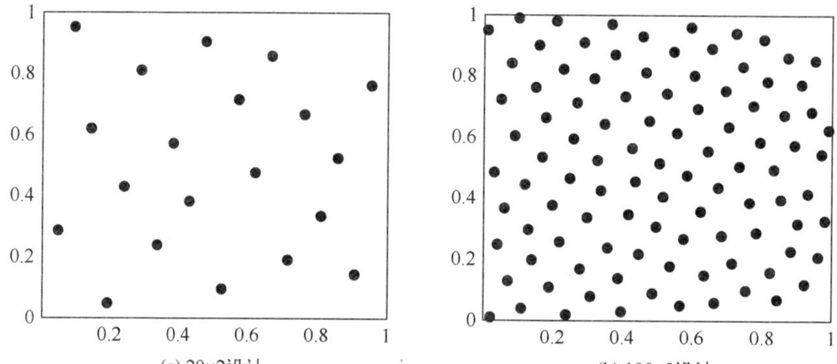

(a) 20×2设计　(b) 100×2设计

图 2.10　连续局部枚举法实验设计结果

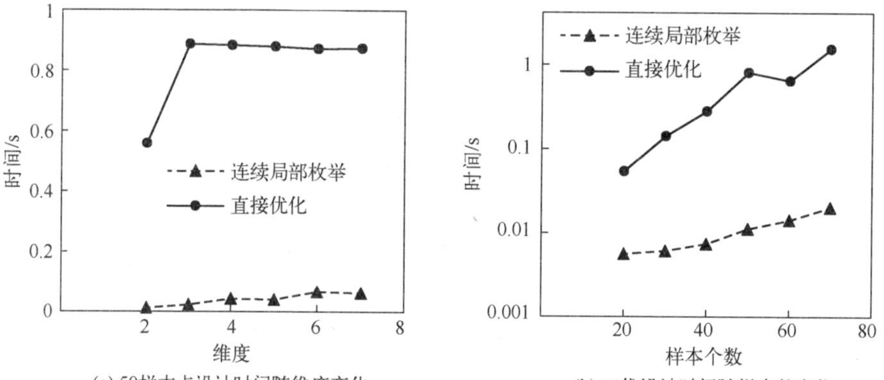

(a) 50样本点设计时间随维度变化　(b) 二维设计时间随样本数变化

图 2.11　连续局部枚举算法计算效率对比

2.3.2　平移传播算法

实验设计的样本数量直接影响实验设计的效率，尤其对于优化拉丁超立方实验设计方法，进行大样本实验设计需要的时间成本是难以接受的。平移传播算法(translational propagation algorithm，TPA)，通过“平移”空间填充性能和映射性能优越的小尺寸基础样本，快速获得更大尺寸且性能可接受的实验样本[10]。这种方法一旦生成性能优越的基础样本，无须进行额外的复杂优化运算，即可得到性能优良的大样本实验设计，“平移”种子所消耗的时间成本几乎可忽略不计。

平移传播算法将设计空间每一维度都一分为二，整个设计空间被划分为等效的数量为 b 的样本模块，每个样本模块都将按照一定规律被基础样本填充。假设需要生成一个尺寸为 $m_p \times n_p$ 实验样本，即在 n_p 维空间中产生 m_p 个样本点，需要构造一个性能优越的小尺寸样本 $m_b \times n_b$ 作为基础样本。模块数量 b 和基础样本点数量 m_b 计算表达式分别为

$$b = 2^{n_b} = 2^{n_p}$$
$$m_b = \frac{m_p}{b} = \frac{m_p}{2^{n_b}} = \frac{m_p}{2^{n_p}} \tag{2.11}$$

下面将通过一个 16×2 的实验设计实例来直观地阐述平移传播算法，由于需要设计的样本数量 $m_p = 16$，样本维度 $n_b = n_p = 2$，代入式（2.11）得模块数量 $b = 4$，举出样本点数量 $m_b = 4$，算法的详细过程展示在图 2.12 中。图中整个设计域被划分为 4 个模块，采用优化拉丁超立方实验设计方法生成一个 4×2 样本排布均匀的种子，如图 2.12（a）所示。采用平移传播算法对基础样本进行“平移”，依次填充剩余 3 个样本模块，为了保留拉丁超立方实验设计方法的映射特性（每个区间只有 1 个样本点），在每次“平移”过程中需移动 1 个区间。基础样本在水平方向“平移”过程中（移动 $m_p/2$ 区间），同时在竖直方向移动 1 个区间，得到第 2 个模块的样本，如图 2.12（b）所示。2 个基础样本模块在随后的“平移”过程中合为 1 个新样本模块，新模块中基础样本在竖直方向移动 $m_p/2$ 区间，同时在水平方向移动 1 个区间后，获得最终所需的实验样本，如图 2.12（c）所示。

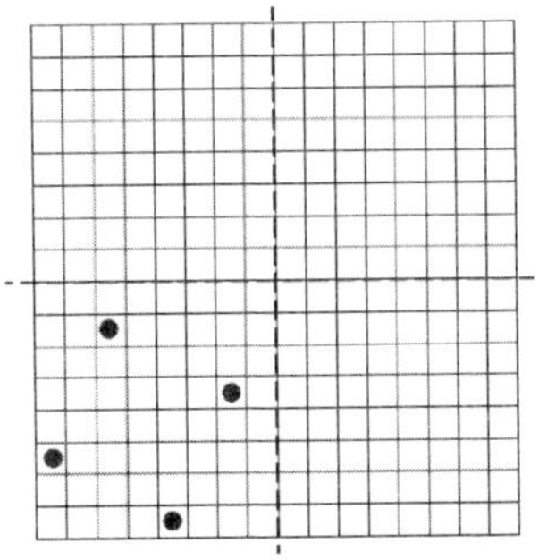

(a) 基础种子

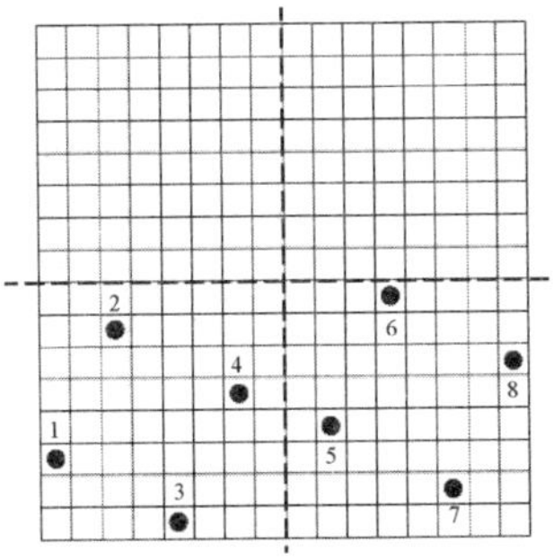

(b) 第一次平移

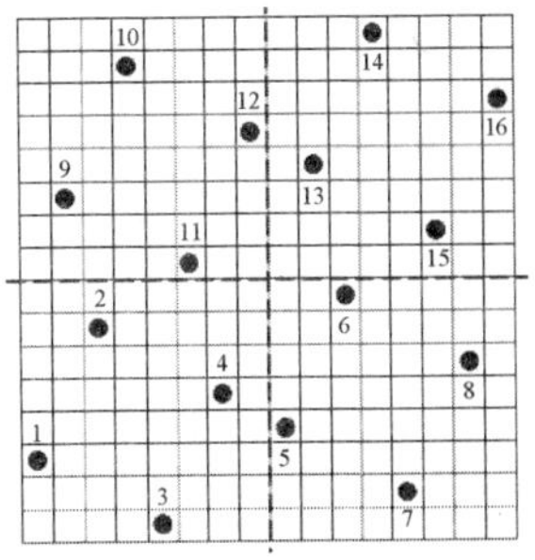

(c) 第二次平移

图 2.12　16×2 平移传播算法演示

因为平移传播算法参数 m_b 和 b 必须为整数，所以该算法只能生成特定样本的尺寸。为了与设计需求的样本尺寸相适应，需要进行样本点的删除。最常用的方法是删除距离样本空间中心最远的样本点，然后将剩余样本按比例填充到设计空间中。假设设计需求为一个 15×2 尺寸的实验设计，而通过平移传播算法已经得到了图 2.12（c）所示的 16×2 的样本点，选定序号 16 的样本点进行删除操作，得到最终 15×2 的样本点，具体过程如图 2.13 所示。

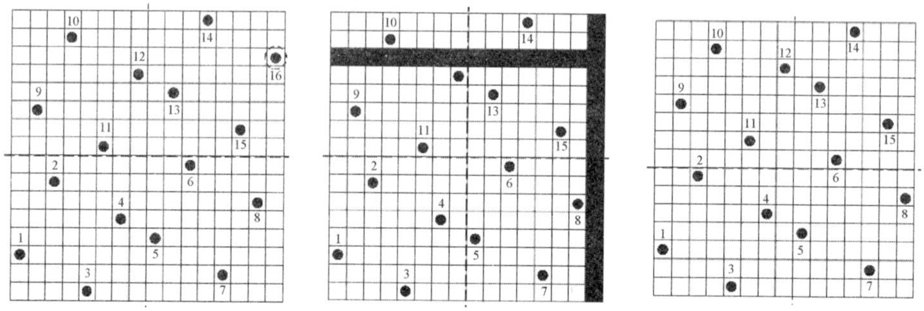

(a) 16×2的样本点　　(b) 删减样本过程　　(c) 设计域调整

图 2.13　样本点尺寸调整

采用二维样本点数量为 20 和 100 的样本点进行实验设计以评估平移传播算法效果，所得结果如图 2.14 所示。从图中可以看出，采用平移传播算法生成的样本点在设计空间内具有良好均匀性，且样本分布具有较强的规律性。平移传播算法针对种子实验设计进行扩展，免去了大量的优化工作，较于普通的优化拉丁超立方实验设计方法在效率上有了较大提高。但是算法的性能受种子样本的数量与均匀性影响较大，且在高维多样本设计情况下效果并不理想。

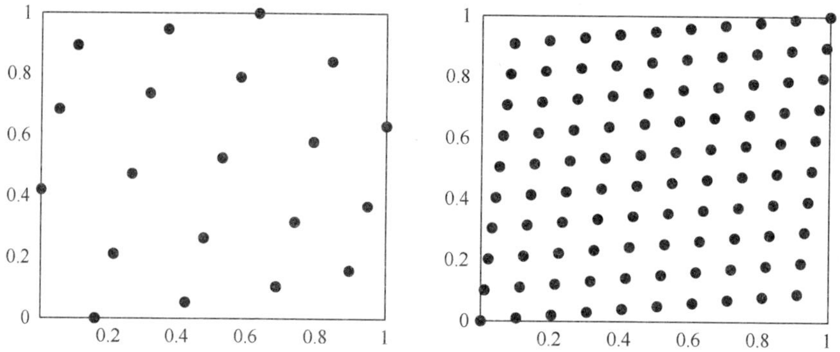

(a) 20×2设计　　(b) 100×2设计

图 2.14　平移传播算法设计结果

2.3.3　切片拉丁超立方实验设计方法

切片拉丁超立方实验设计（sliced Latin hypercube design，SLHD）在具有连续和分类因子的计算机实验设计中有着重要的应用。通过几个小切片样本的叠加得到大样本的实验设计，同时每个小切片也是一个拉丁超立方实验设计，可以进行单独的仿真分析。本节介绍一种易于实现，且适用于任意维度、任意样本数量的切片拉丁超立方实验设计构造方法。

假设实验设计变量为 q 连续因子，每个变量范围是$[0,1]$。给出如下的定义：若 $a\in\boldsymbol{R}$，则$\lceil a\rceil$为向上取整的操作，$\lfloor a\rfloor$为向下取整的操作。同理，$\boldsymbol{D}$ 为一个实数矩阵，$\lceil\boldsymbol{D}\rceil$为对 $\boldsymbol{D}$ 中的每个元素向上取整，$\lfloor\boldsymbol{D}\rfloor$为对 $\boldsymbol{D}$ 中的每个元素向下取整。对于一个矩阵，$\boldsymbol{A}(:,j)$为矩阵的第 j 列，$\boldsymbol{A}(i,:)$为矩阵的第 i 行，$\boldsymbol{A}(i,j)$为矩阵第 i 行第 j 列的元素。定义 m 和 t 严格限制为正整数，对于任意整数 $b\geqslant 1$，$\boldsymbol{Z}_b$ 表示$\{1,2,\cdots,b\}$。假设 $\boldsymbol{A}$ 为一个排列矩阵 $\mathbf{PM}(m,t)$ 且每行$\lceil \boldsymbol{A}/t\rceil$形成一个 $\boldsymbol{Z}_m$ 排列，那么可以称 $\boldsymbol{A}$ 为一个 $m\times t$ 切片排列矩阵，用 $\mathbf{SPM}(m,t)$定义。

采用如下算法生成切片排列矩阵。首先，将 $\boldsymbol{Z}_n$ 中的元素分成 m 块，即 $\boldsymbol{b}_1$，$\boldsymbol{b}_2,\cdots,\boldsymbol{b}_m$，其中

$$\boldsymbol{b}_i=\{a\in\boldsymbol{Z}_n\mid\lceil a/t\rceil=i\}\qquad(i=1,\ 2,\ \cdots,\ m)\tag{2.12}$$

然后一个 $\mathbf{SPM}(m,t)$矩阵可以通过以下两个步骤生成。

（1）定义一个 $m\times t$ 空矩阵 $\boldsymbol{H}$，对于其第 i 行$(i=1,2,\cdots,m)$用均匀排布的 $\boldsymbol{b}_i$ 去填充，$\boldsymbol{H}$ 矩阵每行的排列相互独立。

（2）对矩阵 $\boldsymbol{H}$ 的第 j 列$(j=1,2,\cdots,t)$随机置换列排列中的元素，其中矩阵 $\boldsymbol{H}$ 每列的排列相互独立。

显然通过这种办法生成的矩阵是一个 $\mathbf{SPM}(m,t)$矩阵，通过一个算例来直观地演示上面的过程。针对 $m=5$，$t=4$ 且 $n=20$ 的情况，将 $\boldsymbol{Z}_{20}$ 中的元素按照式（2.12）分为 5 部分：$\boldsymbol{b}_1=\{1,2,3,4\}$，$\boldsymbol{b}_2=\{5,6,7,8\}$，$\boldsymbol{b}_3=\{9,10,11,12\}$，$\boldsymbol{b}_4=\{13,14,15,16\}$，$\boldsymbol{b}_5=\{17,18,19,20\}$。步骤（1）的一种可能结果为

$$\boldsymbol{H}=\begin{pmatrix}3&1&2&4\\8&7&5&6\\11&10&9&12\\13&16&15&14\\17&18&20&19\end{pmatrix}\tag{2.13}$$

在步骤（2）之后，式（2.13）转化的一种可能性为

$$\boldsymbol{H}=\begin{pmatrix}8&1&5&4\\3&7&2&6\\17&16&9&12\\13&10&5&19\\11&18&20&14\end{pmatrix}\tag{2.14}$$

式中：每列$\lceil\boldsymbol{H}/4\rceil$为一个 $\boldsymbol{Z}_5$ 排列。

接下来给出通过组合切片排列矩阵来得到一个切片拉丁超立方实验设计。首

先，生成 q 的独立的 $\mathbf{SPM}(m,t)\boldsymbol{H}_1,\boldsymbol{H}_2,\cdots,\boldsymbol{H}_q$。令 $c=1,2,\cdots,t$，通过将 $\boldsymbol{H}_i$ 矩阵的第 c 列元素作为对应构建 $m\times q$ 的 $\boldsymbol{A}^{(c)}$ 矩阵的第 j 列元素。通过将 $\boldsymbol{A}^{(1)},\boldsymbol{A}^{(2)},\cdots,\boldsymbol{A}^{(t)}$ 矩阵按行叠加起来即得到矩阵 $\boldsymbol{A}$，记为

$$\boldsymbol{A}=\cup_{c=1}^{t}\boldsymbol{A}^{(c)} \tag{2.15}$$

注意 $\boldsymbol{A}$ 是一个特殊的拉丁超立方矩阵，其中每列都是 $\boldsymbol{Z}_n$ 的排列。令 $c=1,2,\cdots,t$，$\lceil \boldsymbol{A}^{(c)}/t$ 为一个有 m 行的小拉丁超立方矩阵，其每列都是 $\boldsymbol{Z}_m$ 的排列，称 $\boldsymbol{A}$ 为一个有 t 个切片的 $n\times q$ 切片拉丁超立方实验设计矩阵。利用 $\boldsymbol{A}=(a_{ik})$，可以得到一个 $n\times q$ 实验设计矩阵 $\boldsymbol{D}=(d_{ik})$，方法如下：

$$\begin{gathered}d_{ik}=(a_{ik}-u_{ik})/n\\(i=1,2,\cdots,n\quad k=1,2,\cdots,q)\end{gathered} \tag{2.16}$$

式中：u_{ik}为服从 $U[0,1)$的随机独立变量；d_{ik}为第 i 个样本的第 k 个变量值。

以 9×3 实验设计为例，设 $m=3$，$t=3$，$q=3$，$n=9$，首先构建 3 个 $\mathbf{SPM}(3,3)$矩阵，构建的 $\boldsymbol{H}_1$、$\boldsymbol{H}_2$、$\boldsymbol{H}_3$ 矩阵如下：

$$\boldsymbol{H}_1=\begin{pmatrix}5&6&4\\3&1&2\\8&7&9\end{pmatrix},\boldsymbol{H}_2=\begin{pmatrix}6&4&5\\1&3&2\\9&7&8\end{pmatrix},\boldsymbol{H}_3=\begin{pmatrix}4&6&5\\2&1&3\\7&9&8\end{pmatrix} \tag{2.17}$$

根据式（2.17）得到 $\boldsymbol{A}^1$、$\boldsymbol{A}^2$、$\boldsymbol{A}^3$：

$$\boldsymbol{A}^1=\begin{pmatrix}5&6&4\\3&1&2\\8&9&7\end{pmatrix},\boldsymbol{A}^2=\begin{pmatrix}6&4&6\\1&3&1\\7&7&9\end{pmatrix},\boldsymbol{A}^3=\begin{pmatrix}4&5&5\\2&2&3\\9&8&8\end{pmatrix} \tag{2.18}$$

按式（2.15）构建所得的 $\boldsymbol{A}$ 矩阵：

$$\boldsymbol{A}=\begin{pmatrix}5&6&4\\3&1&2\\8&9&7\\6&4&6\\1&3&1\\7&7&9\\4&5&5\\2&2&3\\9&8&8\end{pmatrix} \tag{2.19}$$

2.3.4 排列演化法

针对优化拉丁超立方实验设计计算效率低、耗时长的问题，提出排列演化实

验设计技术，将拉丁超立方实验设计计算复杂度从指数复杂度变为线性复杂度。通过将拉丁超立方实验设计矩阵的各列表示为第一列的排列，以及若干基矩阵的克罗内克积（Kronecker 积），提出低相关性 LHD 构造方法，并且通过对第一列排列的优化，实现低相关 LHD 的均匀性改进。

首先提出 $2^{m+1}+1$ 或 2^{m+1}（m 为正整数）水平的低相关性拉丁超立方实验设计样本点直接构造方法。给定任意正整数，对于因子数等于 2^m 的情况，按照生成的 2^m 因子 $2^{m+1}+1$ 水平的拉丁超立方实验设计，其设计结果为一个$(2^{m+1}+1)$行 2^m 列的矩阵，每行代表一组变量组合，每列代表不同水平 m 数的排列，最终的设计矩阵由 $2^m\times2^m$ 的符号矩阵 $\boldsymbol{S}$ 和排列矩阵 $\boldsymbol{M}$ 的元素积（Hadamard 积）生成。Hadamard 积定义如下：

$$\begin{gathered}A_{m\times n}\cdot B_{m\times n}=C_{m\times n}\\C_{ij}=A_{ij}B_{ij}\end{gathered}\tag{2.20}$$

为构造符号矩阵 $\boldsymbol{S}$ 和排列矩阵 $\boldsymbol{M}$，首先定义基矩阵：

$$\begin{gathered}\boldsymbol{I}=\begin{bmatrix}1&0\\0&1\end{bmatrix}\quad\boldsymbol{R}=\begin{bmatrix}0&1\\1&0\end{bmatrix}\quad\boldsymbol{1}=\begin{bmatrix}1\\1\end{bmatrix}\quad\boldsymbol{B}=\begin{bmatrix}1\\-1\end{bmatrix}\\\boldsymbol{e}=[1\quad2\quad3\quad\cdots\quad2^m-1\quad2^m]^{\mathrm{T}}\end{gathered}\tag{2.21}$$

符号矩阵 $\boldsymbol{S}$ 和排列矩阵 $\boldsymbol{M}$ 为式（2.21）中各矩阵的 Kronecker 积，Kronecker 积定义如下：

$$A_{m\times n}\otimes B_{l\times h}=\begin{bmatrix}A_{11}B&A_{12}B&\cdots&A_{1n}B\\A_{21}B&A_{22}B&\cdots&A_{2n}B\\\vdots&\vdots&\ddots&\vdots\\A_{m1}B&A_{m2}B&\cdots&A_{mn}B\end{bmatrix}_{ml\times nh}\tag{2.22}$$

给出上述定义后，对任意整数 $k\in[1,2^m]$，矩阵 $\boldsymbol{S}$ 和 $\boldsymbol{M}$ 第 k 列按如下规则生成：将 $k-1$ 转化为 m 位二进制串，g_k 为 $k-1$ 的格雷码，b_k 为 $k-1$ 的二进制码，有

$$\begin{gathered}\boldsymbol{S}_k=\bigotimes_{i=1}^{m}f(g_k^{(i)},\boldsymbol{1},\boldsymbol{B})\\\boldsymbol{A}_k=\bigotimes_{i=1}^{m}f(b_k^{(i)},\boldsymbol{I},\boldsymbol{R})\\\boldsymbol{M}_k=\boldsymbol{A}\boldsymbol{e}\end{gathered}\tag{2.23}$$

式中：$g_k^{(i)}$，$b_k^{(i)}$ 分别为 g_k，b_k 从高向低的第 i 位。$f(j,\boldsymbol{x}_1,\boldsymbol{x}_2)$定义如下：

$$f(j,\boldsymbol{x}_1,\boldsymbol{x}_2)=\begin{cases}\boldsymbol{x}_1&(j=0)\\\boldsymbol{x}_2&(j=1)\end{cases}\tag{2.24}$$

按上述规则生成矩阵 $\boldsymbol{S}$ 和 $\boldsymbol{M}$ 分别为2×2矩阵的 m 次 Kronecker 连乘，其结果为 $2^m\times2^m$ 矩阵，实验设计矩阵 $\boldsymbol{T}=\boldsymbol{S}\cdot\boldsymbol{M}$。

生成 $\boldsymbol{S}$ 矩阵后，按式（2.25）即可扩充为 $(2^{m+1}+1)\times2^m$ 的设计矩阵：

$$\boldsymbol{T}_{(2^{m+1}+1)\times2^m}=\begin{bmatrix}\boldsymbol{T}_{2^m\times2^m}\\ \boldsymbol{0}_{1\times2^m}\\ -\boldsymbol{T}_{2^m\times2^m}\end{bmatrix} \tag{2.25}$$

按式（2.25）生成 $(2^{m+1}+1)\times2^m$ 的设计矩阵后，去除中心点，并重新安排各水平，每个设计点的每一维度采样点值均向中心点移动0.5，使各水平之间的距离相等，即为 $2^{m+1}\times2^m$ 设计矩阵。

$$\boldsymbol{T}_{(2^{m+1}+1)\times2^m}=\begin{bmatrix}\boldsymbol{T}'_{2^m\times2^m}\\ -\boldsymbol{T}'_{2^m\times2^m}\end{bmatrix} \tag{2.26}$$

式中：$\boldsymbol{T}'_{ij}=\mathrm{sign}(\boldsymbol{T}_{ij})\times\mathrm{abs}(\boldsymbol{T}_{ij}-0.5)$，sign( )，abs( )分别为符号函数和绝对值函数。

对于上述方式生成的 2^m 因子拉丁超立方实验设计矩阵，其任意两列均具有较好的正交性，因此选出其中的任意 n 列，组成新的实验设计矩阵，仍具有较好的正交性，本文选用前 n 列正交设计。以二维实验设计为例，选取最小的 $m=1$，5×2、4×2的设计矩阵生成方法如下。

生成2×2矩阵 $\boldsymbol{S}$ 和 $\boldsymbol{M}$，其第一列和第二列对应的 $g_1=0$，$g_2=1$，$b_1=0$，$b_2=1$，初始排列 $\boldsymbol{e}=[1,2]^{\mathrm{T}}$。此时

$$\boldsymbol{S}_1=\boldsymbol{1},\boldsymbol{S}_2=\boldsymbol{B}$$
$$\boldsymbol{M}_1=\boldsymbol{Ie}=\begin{bmatrix}1\\2\end{bmatrix},\boldsymbol{M}_2=\boldsymbol{Re}=\begin{bmatrix}2\\1\end{bmatrix} \tag{2.27}$$

可得 $\boldsymbol{T}_{2\times2}$ 为

$$\boldsymbol{T}=\boldsymbol{S}\cdot\boldsymbol{M}=\begin{bmatrix}1&1\\1&-1\end{bmatrix}\cdot\begin{bmatrix}1&2\\2&1\end{bmatrix}=\begin{bmatrix}1&2\\2&-1\end{bmatrix} \tag{2.28}$$

扩展为5×2设计矩阵为

$$\boldsymbol{T}_{5\times2}=\begin{bmatrix}\boldsymbol{T}\\0\\-\boldsymbol{T}\end{bmatrix}=\begin{bmatrix}1&2\\2&-1\\0&0\\-1&-2\\-2&1\end{bmatrix} \tag{2.29}$$

采样点分布如图2.15所示。去除中心点，平移水平后得到的4×2设计矩阵为

$$T_{4\times 2}=\begin{bmatrix} T'_{2\times 2} \\ -T'_{2\times 2} \end{bmatrix}=\begin{bmatrix} 0.5 & 1.5 \\ 1.5 & -0.5 \\ -0.5 & -1.5 \\ -1.5 & 0.5 \end{bmatrix} \tag{2.30}$$

采样点空间分布如图 2.16 所示。

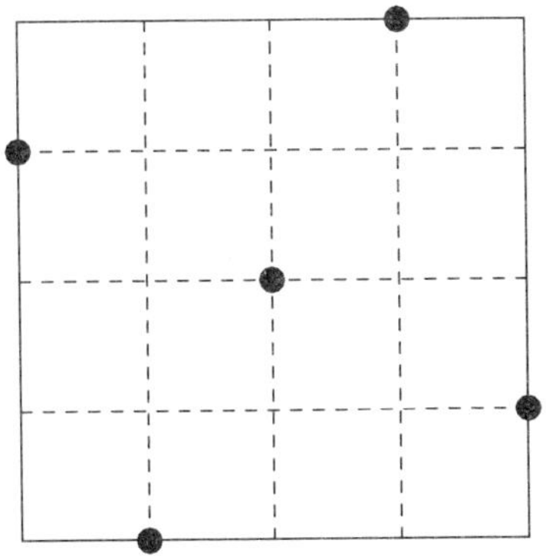

图 2.15　2 因子 5 水平正交拉丁超立方实验设计

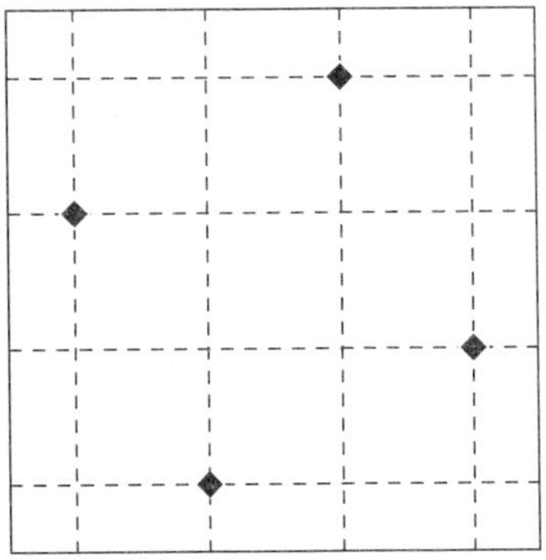

图 2.16　2 因子 4 水平正交拉丁超立方实验设计

当 $m=3$ 时，2 因子实验设计对应的 $g_1=000$，$g_2=001$，$b_1=000$，$b_2=001$，初始排列 $\boldsymbol{e}=[1, 2, \cdots, 8]^{\mathrm{T}}$。此时按上述方法生成的实验设计点如图 2.17、图 2.18 所示。由图中采样点分布可知，当 $\boldsymbol{e}=[1, 2, \cdots, 8]^{\mathrm{T}}$ 时，采样点虽然具有正交性，但其空间分布较差，所有采样点均分布在对角线附近，不利于对全空间进行探索。因此，需要通过合理安排 $\boldsymbol{e}$ 的排列来提高实验设计点空间分布均匀性。

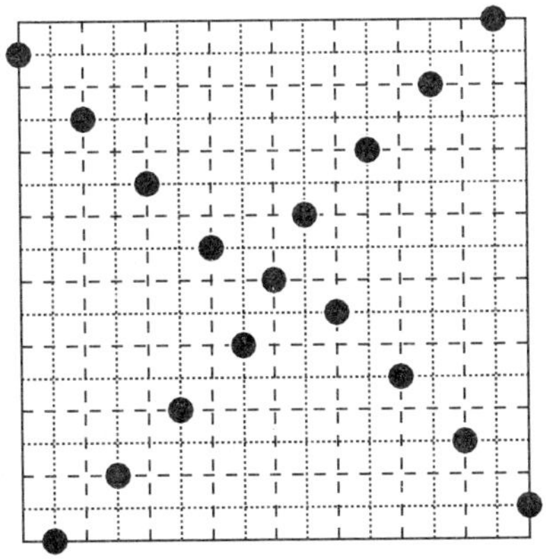

图 2.17　2 因子 17 水平正交拉丁超立方实验设计

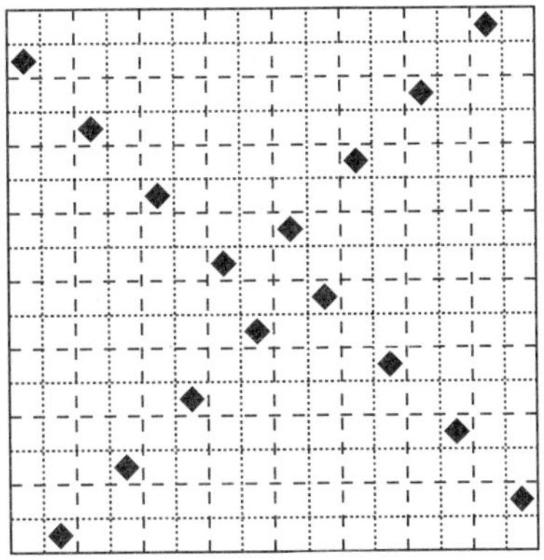

图 2.18　2 因子 16 水平正交拉丁超立方实验设计

为了对正交拉丁超立方实验设计样本点进行均匀性改进，定义均匀性改进问题为

$$\begin{aligned}&\text{Find}:\boldsymbol{e}\\&\min:\phi_p\\&\text{s.t.}:\rho_{\max}<\rho_0\end{aligned}\tag{2.31}$$

由上式可知，该问题的设计变量为 $1\sim2^m$ 的排列，采用模拟退火算法对上述问题进行优化，对于2因子17水平和2因子16水平设计结果优化后得到的采样点如图2.19、图2.20所示。

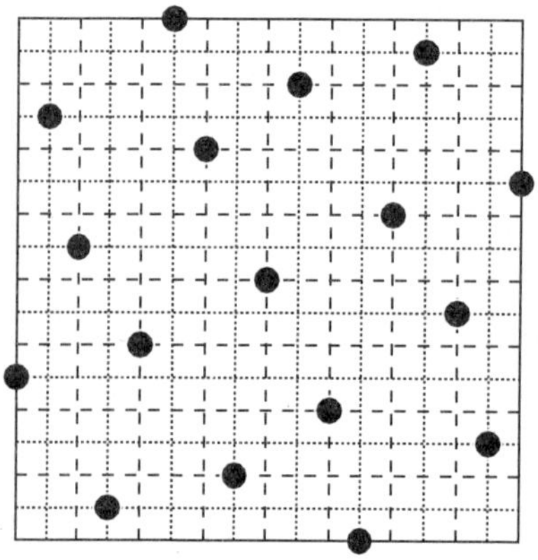

图2.19　2因子17水平优化正交拉丁超立方实验设计

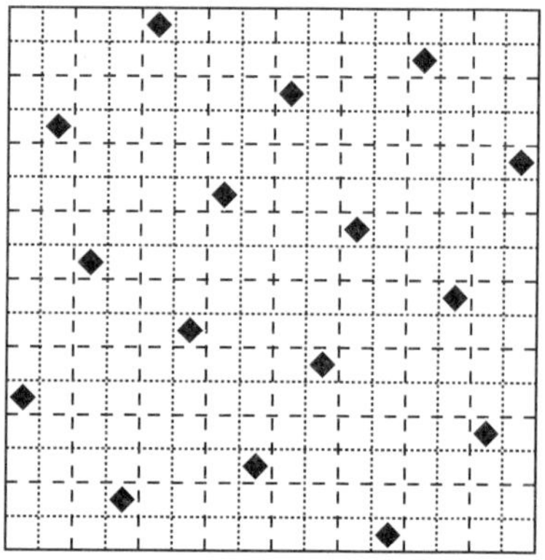

图2.20　2因子16水平优化正交拉丁超立方实验设计

通过图2.17~图2.20的对比可知，经过均匀性改进后，采样点空间分布更加均匀，空间探索能力大幅提升。同时，注意到此时 $m=3$，优化问题的计算复杂度为8!，生成样本点为17个，而常规优化拉丁超立方实验设计生成17个样本点的计算复杂度为 $(17!)^2$，由此表明，该方法可显著降低优化拉丁超立方实验设计的计算复杂度。

针对十维设计问题进一步验证本方法的效率，并与常规直接优化算法对比，在生成 m 分别为3、4、5、6、7时，对应采样点数随消耗的计算时间对比如图2.21所示。由图可知，采用排列演化后，由于样本所需时间远小于ESE算法，同时随着样本数量的增加，算法效率始终保持较高水平。若生成的样本数量超过了实验设计所需的样本数，则采用删除距离中心最远距离点的方法不断调整样本数量，直至满足设计样本数量需求。

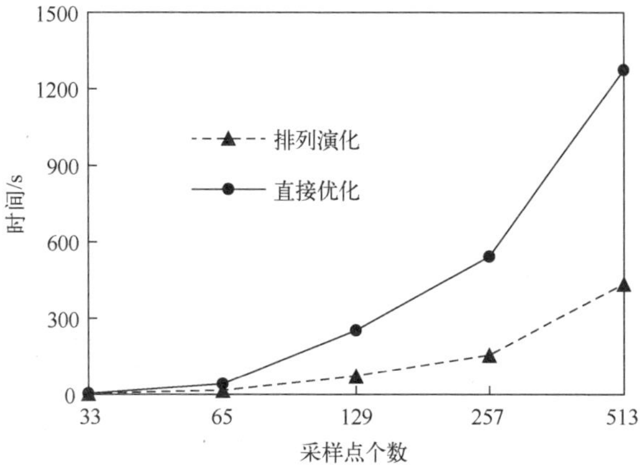

图 2.21 排列演化方法计算效率对比

2.4 小结

实验设计的主要目的是通过离散的样本点仿真结果对模型的全空间响应特征进行表征，而在模型特性未知的条件下，样本点在空间中分布得越均匀，所能反映模型的特征就越多。拉丁超立方实验设计由于在任意水平和任意因子条件下，均可生成空间分布性能良好的样本点，因此在计算机仿真的输入样本选择中得到广泛应用。

本章介绍了拉丁超立方实验设计方法的基本原理和基本操作，阐述了排列矩阵和设计样本点之间的对应关系，以及拉丁超立方实验设计的一般生成方法，针对随机生成的拉丁超立方实验设计矩阵空间均匀性难以保证的缺点，介绍了改进其均匀性的常用方法，并详细叙述了两种典型有效的优化拉丁超立方实验设计的方法。

针对优化拉丁超立方实验设计方法搜索空间大、计算复杂度高所带来的计算消耗大的问题，本章介绍了常用的优化拉丁超立方实验设计快速生成方法。引入连续局部枚举方法，实现了样本点的序贯获取，避免了大量的优化工作；引入平移传播算法和切片拉丁超立方实验设计方法，实现小样本设计向大样本设计的扩充，避免直接对大样本拉丁超立方实验设计进行优化；建立了排列演化算法，通过第一列排列的优化和其余各列排列的演化，降低了拉丁超立方实验设计的计算复杂度，提升了设计效率。

参考文献

[1] Shewry M C, Wynn H P. Maximum entropy sampling [J]. Journal of Applied Statistics, 1987, 14 (2): 165-170.

[2] Johnson M E, Moore L M, Ylvisaker D. Minimax and maximin distance designs [J]. Journal of Statistical Planning & Inference, 1990, 26 (2): 131-148.

[3] Morris M D, Mitchell T J. Exploratory designs for computational experiments [J]. Journal of Statistical Planning & Inference, 1995, 43 (3): 381-402.

[4] Hickernell F J. A generalized discrepancy and quadrature error bound [J]. Mathematics of Computation, 1998, 67 (221): 299-322.

[5] Joseph V R, Gul E, Ba S. Designing computer experiments with multiple types of factors: The MaxPro approach [J]. Journal of Quality Technology, 2020, 52 (4): 343-354.

[6] Pholdee N, Bureerat S. An efficient optimum Latin hypercube sampling technique based on sequencing optimisation using simulated annealing [J]. International Journal of Systems Science, 2015, 10 (40): 1780-1789.

[7] Saab Y G, Rao V B. Combinatorial optimization by stochastic evolution [J]. IEEE Trans. Computer-Aided Design, 1991, 10 (4): 525-535.

[8] Jin R, Chen W, Sudjianto A. An efficient algorithm for constructing optimal design of computer experiments [J]. Journal of Statistical Planning and Inference, 2016, 134 (1): 268-287.

[9] Zhu H, Liu L, Long T, et al. A novel algorithm of maximin Latin hypercube design using successive local enumeration [J]. Engineering Optimization, 2012, 44 (5): 551-564.

[10] Viana F a C, Venter G, Balabanov V. An algorithm for fast optimal Latin hypercube design of experiments [J]. International Journal for Numerical Methods in Engineering, 2010, 82 (2): 135-256.

第3章

序列实验设计方法

随着科学技术的发展和计算能力的提升，计算机仿真在复杂工程设计问题中的应用日趋广泛。但在仿真精度日益提高的同时，单次仿真耗时却越来越长，而一轮成功的设计方案确定需要通过大量仿真分析进行评估和决策，进一步增加了计算设计耗时。近似模型为解决此类问题提供了高效的解决思路，但近似模型的精度与训练数据的规模及其分布密切相关。在模型输入输出特性不明确的初期，难以提前预估构建满足精度要求的近似模型所需要的训练样本数。样本数过多会导致计算资源的浪费，样本数过少则近似模型预测精度难以保证。因此，如何在近似建模过程中动态地生成互不干扰且均匀性良好的实验设计样本，就成了工程设计人员关注的问题之一。

本章针对样本点难以提前预估的需求，建立面向动态近似建模的序列实验设计方法，在第 2 章对拉丁超立方实验设计及其优化论述的基础上，利用拉丁超立方实验设计各样本点排列的关系，通过在已有拉丁超立方实验设计样本一维投影的间隔中生成新的拉丁超立方实验设计并对其进行优化，逐步提升训练样本对模型空间响应特性的捕获能力。在填充过程中，保持已有样本点位置不变，对新加入的样本点分布进行优化，使新样本在未采样区域进行均匀填充，以充分利用前期计算结果，同时尽可能提升新样本的空间探索能力，从而实现了优化拉丁超立方实验设计矩阵的序列扩充。进一步借鉴第 2 章的排列演化技术，对任意水平和因子的拉丁超立方实验设计进行动态扩充，建立排列继承方法和样本规模递归拆分方法，降低优化拉丁超立方实验设计的计算量，避免样本规模的指数扩充。

3.1 序列实验设计基本原理

3.1.1 序列实验设计基本概念

在实际工程设计问题或计算机仿真实验中，通常情况下模型响应特性难以提前明确，为了构造精确的近似模型，一定规模的训练样本是必不可少的。但是由于计算机仿真耗时长，物理实验成本高等问题，仿真或实验通常难以大量开展，因此在实际工程设计中需要从少量的样本开始，动态构造新的样本进行仿真或实验，获取新的数据，以扩充设计者对模型响应特性的认知[1]。

面对上述情况，需要在工程设计过程中随着问题的研究和实验的不断进行，继续补充新的实验或仿真方案以获取更多的模型响应数据。在这种需求下，序列实验设计研究的重要性日益凸显。

序列实验设计[2]是指在已进行过仿真和实验的样本中，增添新的样本点，通过获取新的信息来指导后续的设计和分析。如图 3.1 所示，图 3.1（a）是初始 10 个样本点的实验设计，在不改变已有样本点位置的情况下序列插入 4 个新样本点；未考虑样本排斥而只关注新增样本均匀性的插入结果如图 3.1（b）所示；考虑样本排斥的序列插入结果如图 3.1（c）所示。图中“▲”标志的即为新插入样本点，“●”标志的即为已有样本点。可以看出未考虑样本排斥的插入样本点本身具有良好的均匀性，但嵌入已有样本之后，部分样本与已有样本过于接近，造成模型信息的重复获取，浪费了计算资源；而考虑样本排斥的 4 个新样本点皆位于空白处，最大限度地补充了未知信息。

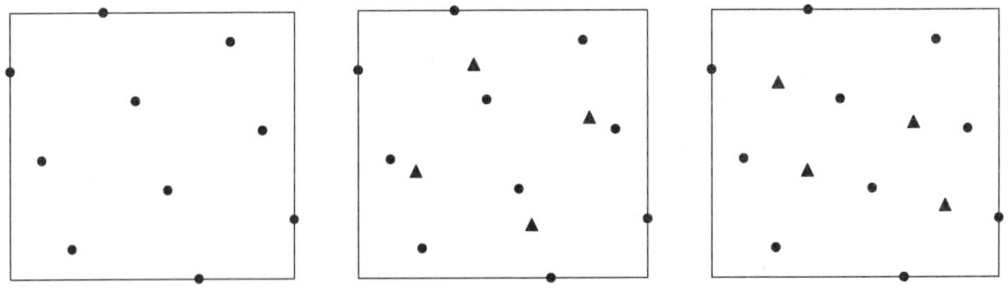

(a) 10×2 初始实验设计　(b) 未考虑样本排斥序列实验设计　(c) 考虑样本排斥的序列实验设计

图 3.1　序列实验设计原理

通过上述分析可知，序列实验设计中最重要的一点即关注新样本点与已有样本点之间的关系，若新样本点过于靠近已有样本点，则会造成实验信息的重复获得，如图 3.1（b）所示，浪费实验资源。因此，总是希望新样本点来填充已有样本点间的空白，以最大限度地获取模型全局信息。序列实验设计的问题定义如下：

$$\min : \text{Uniformity}^{\text{all}}(\boldsymbol{S}_{\text{new}})$$

$$\boldsymbol{S}_{\text{all}} = \begin{bmatrix} x_{11} & x_{12} & \cdots & x_{1d} \\ x_{21} & x_{22} & \cdots & x_{2d} \\ \vdots & \vdots & \ddots & \vdots \\ x_{m1} & x_{m2} & \cdots & x_{md} \\ x_{(m+1)1} & x_{(m+1)2} & \cdots & x_{(m+1)d} \\ \vdots & \vdots & \ddots & \vdots \\ x_{(m+n)1} & x_{(m+n)2} & \cdots & x_{(m+n)d} \end{bmatrix} \quad \boldsymbol{S}_{\text{new}} = \begin{bmatrix} x_{(m+1)1} & x_{(m+1)2} & \cdots & x_{(m+1)d} \\ \vdots & \vdots & \ddots & \vdots \\ x_{(m+n)1} & x_{(m+n)2} & \cdots & x_{(m+n)d} \end{bmatrix} \tag{3.1}$$

式中：$\boldsymbol{S}_{\text{all}}$为所有的样本点；$\boldsymbol{S}_{\text{new}}$为新加的样本点；其余为已存在的样本点；$\text{Uniformity}^{\text{all}}(.)$为所有新增样本点和已有样本点构成的总的设计矩阵的设计空间均匀性指标。

理想的序列实验设计方法不仅要能在已有均匀的样本点中序列插入新样本点，同时还应考虑已有随机实验设计、行列重合（如全因子实验设计）等特殊情况的处理，即只要设计空间内存在样本，都可以进行规避并在空白处插入新样本。

3.1.2 拉丁超立方实验设计序列扩充方法

拉丁超立方实验设计[3]的样本投影均匀散布在每一维度上，即在 N 个样本的拉丁超立方实验设计中，每一维度上有 $N-1$ 个间隔，即组成了一个$(N-1)^d$ 的设计空间，若在此空间内生成新的优化拉丁超立方实验设计，即可在已有仿真过的训练样本中补充新的样本，这个过程就是序列实验设计过程。

为此，首先考虑如下的简单情况：通过将一个拉丁超立方实验设计嵌入另一个优化拉丁超立方实验设计中，要求嵌入的拉丁超立方实验设计的样本数量为 $N-1$，而原优化拉丁超立方实验设计的样本数量为 N。图 3.2 为用于序列实验设计的两组优化拉丁超立方实验设计，图 3.2（a）为初始 5×2 的实验设计，图 3.2（b）为后续作为嵌入设计的 4×2 实验设计。图 3.3 为序列实验设计过程，由于拉丁超立方实验设计良好的一维投影性能，初始 5 个样本的实验设计在每个因子维度上的投影均匀散布在当前维度上，因此每个维度的投影之间包含 4 个空格，以空格的中点为设计空间，每个维度的空格综合起来形成了一个 2 因子 4 个样本的设计空间，如图 3.3（a）所示。将图 3.2（b）的 4×2 实验设计应用到空余的设计空间内，并且针对式（3.1）的问题进行优化，得到最终的叠加设计，如图 3.3（b）所示。图 3.3（b）中黑色为已有样本点，白色为嵌入的新样本点。图 3.2（b）的 4×2 实验设计，经过嵌入再优化之后，融入了原有设计样本之间的空白，最大化地获取了模型的信息。

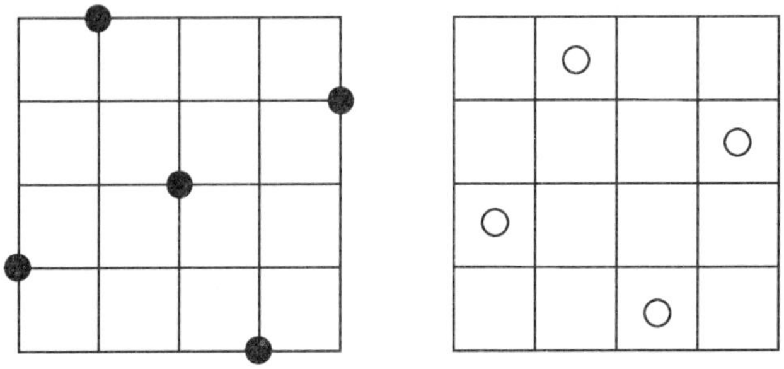

(a) 5×2初始实验设计　　(b) 4×2实验设计

图 3.2　序列实验设计样本点

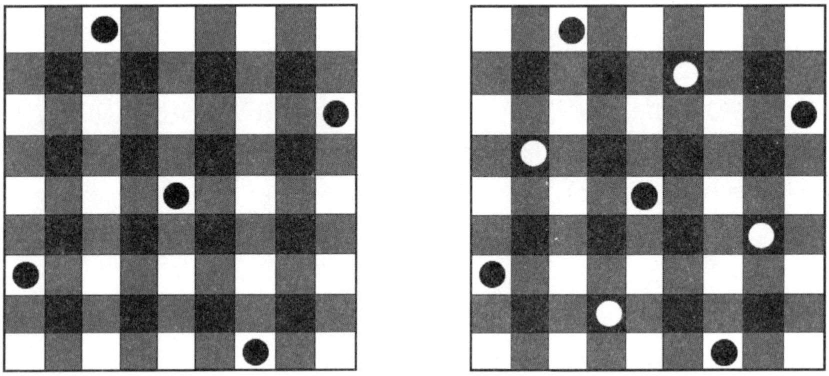

(a) 5×2初始实验设计　　(b) 4×2嵌入设计后

图 3.3　序列实验设计过程

上述序列实验设计方法简单明了，通过将新的拉丁超立方实验设计样本点插入已有的样本点之间，实现了动态增添新样本的功能，但注意到每次的扩充均是一个小规模的优化拉丁超立方实验设计过程，计算消耗仍然过大，且其采样点规模近似呈指数扩充。

注意到第 2 章提出的排列演化拉丁超立方实验设计方法，能够成功将拉丁超立方实验设计的计算复杂度从指数复杂度降低到线性复杂度，并将样本点的优化转化成排列矢量的优化，给降低序列优化拉丁超立方实验设计的计算复杂度提供了很好的思路。基于上述基础，本章发展一种基于排列演化的序列实验设计方法及改进技术，实现样本序列动态扩充。

3.2 基于排列演化的优化拉丁超立方实验设计高效实现方法

3.2.1 优化拉丁超立方实验设计排列演化序列扩充方法

在对未知模型进行实验设计时，往往难以事先确定合适的样本点个数，因此需要在设计分析过程中加入新的样本点，对模型进行更加精确的分析[3]。考虑到第 2 章提出的排列演化拉丁超立方实验设计方法，对任意小于 2^m 个设计变量，可以利用排列演化方法生成 $2^{m+1}+1$ 或 2^{m+1} 个样本点的实验设计，并且上述 2^{m+1} 个样本点的一维投影刚好分布在 $2^{m+1}+1$ 个样本点中间，如图 3.4 所示。

图 3.4　样本点低维投影分布

根据上述样本点采样水平的分布特性，结合拉丁超立方实验设计排列演化序列扩充需求，可以建立特定采样点个数下优化拉丁超立方设计排列演化序列扩充的方法，根据设计变量个数，从最小的优化拉丁超立方实验设计开始，不断扩充生成更大规模的拉丁超立方实验设计。在采样点个数扩充过程中，已有设计样本点位置保持不变，可以有效利用前期样本点计算结果。对于任意设计变量个数 d，第 2 章排列演化方法允许的最小初始样本点个数对应的 $m=\lceil \log_2 d \rceil$。为方便后续采样点扩充，将所有设计变量归一化到超立方体$[-1,1]^d$ 中进行，在进行模型仿真时再还原到真实设计空间。该序列扩充方法基本步骤如下：

（1）由设计变量个数，选择最小的 m，之后根据第 2 章建立的排列演化方法，生成初始设计矩阵 $\boldsymbol{T}_{(2^{m+1}+1)\times d}$；

（2）将 $\boldsymbol{T}_{(2^{m+1}+1)\times d}$中的元素，同时除以 2^m，映射到$[-1,1]^d$ 中，得到 $2^{m+1}+1$ 个采样点；

（3）令扩充次数 $k=0$，序列扩充过程开始；

（4）根据前面方法生成 $\boldsymbol{T}_{2^{m+1+k}\times d}$，在均匀性改进过程中，应将所有样本点（拟加入的点和已有样本点之和）进行计算，通过调整初始排列 $\boldsymbol{e}_k$，选择使所有样本点空间分布性能最好的排列 $\boldsymbol{e}_{\text{opt}}$对应的设计矩阵，作为新设计矩阵 $\boldsymbol{T}_{2^{m+1+k}\times d}$；

（5）将 $\boldsymbol{T}_{2^{m+1+k}\times d}$中的元素，同时除以 2^{m+k}，映射到$[-1, 1]^d$ 中，与前期样本组成$(2^{m+k+2}+1)\times d$ 的设计矩阵；

（6）终止条件是否满足？是，退出；否，$k=k+1$，返回步骤（4），继续下一次扩充。

对 2 因子拉丁超立方实验设计，最小的 $m=1$，初始 5×2 设计矩阵如图 3.5 黑色样本所示，之后对其进行序列扩充，第一次扩充时 $m=1$，生成新的 4×2 设计矩阵，与已有的 5×2 矩阵，共同构成扩充后的矩阵。通过调整新矩阵的初始排列 $\boldsymbol{e}$，对该 9×2 矩阵进行均匀性设计，得到的采样点如图 3.5 所示。同理，对设计继续扩充，依次得到如图 3.6～图 3.8 所示的采样点。图中，正方形点代表本次扩充得到的新采样点，圆点为已有的样本点。由图 3.5～图 3.8 的设计结果可知，在序列扩充过程中，已有样本点位置未变化，扩充采样点均匀地分布在已有采样之间的空白区域，实现了对为采样区域的充分探索。

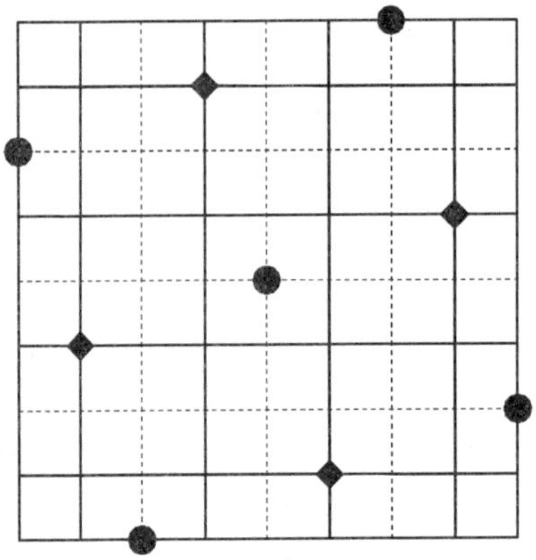

图 3.5　二维拉丁超立方实验设计第一次扩充

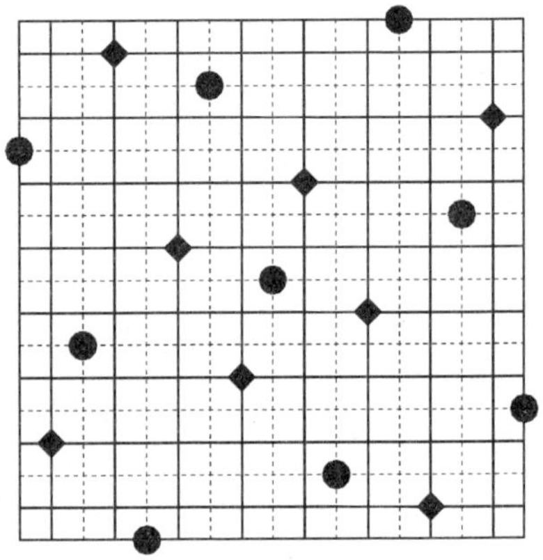

图 3.6　二维拉丁超立方实验设计第二次扩充

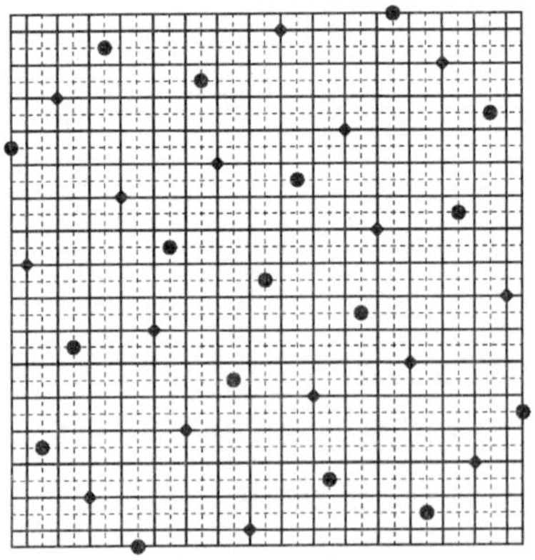

图 3.7　二维拉丁超立方实验设计第三次扩充

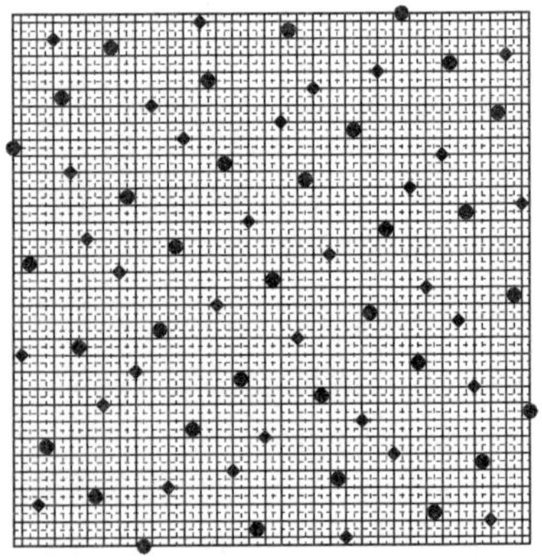

图 3.8　二维拉丁超立方实验设计第四次扩充

三维算例对应最小的 $m=2$，因此初始设计有 9 个点，如图 3.9 所示，依次扩充后的采样点分布如图 3.10～图 3.12 所示。

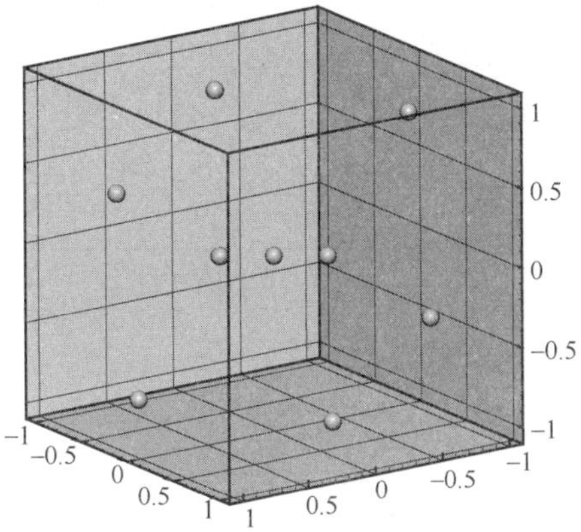

图 3.9 三维拉丁超立方实验设计初始采样

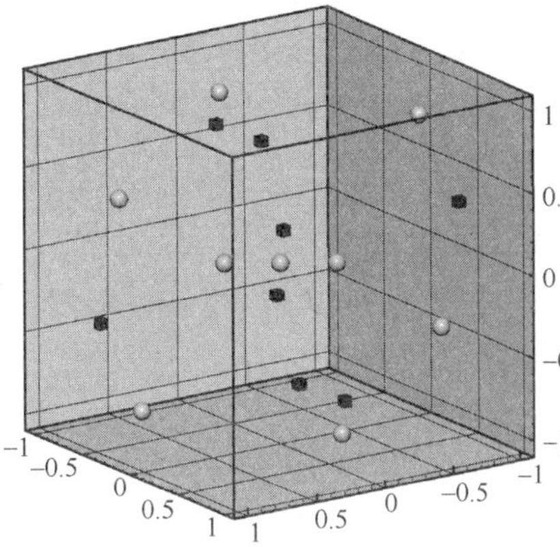

图 3.10 三维拉丁超立方实验设计第一次扩充

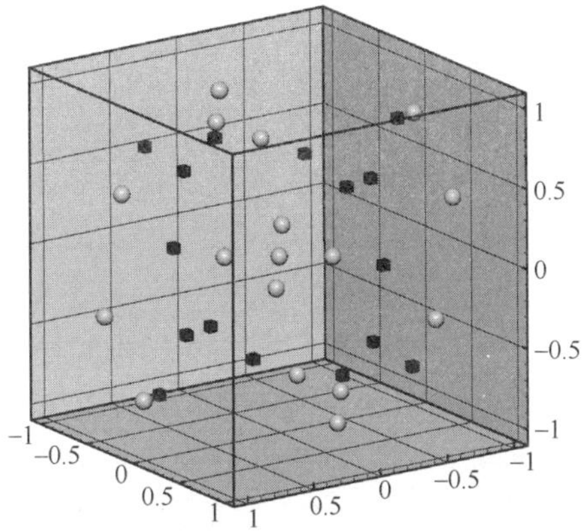

图 3.11 三维拉丁超立方实验设计第二次扩充

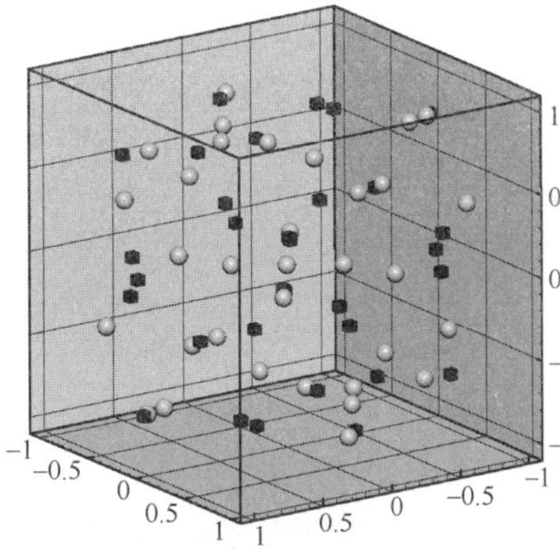

图 3.12 三维拉丁超立方实验设计第三次扩充

上述分析与设计结果，验证了排列演化序列实验设计方法的可行性。下面通过设计结果均匀性、正交性指标，进一步对本文提出的优化拉丁超立方实验设计排列演化序列扩充方法与经典优化拉丁超立方实验设计方法进行比较。每次扩充后，按式 ϕ_p 准则计算均匀性，并按照第 2 章所述计算正交性。二维算例指标对比如图 3.13 所示，三维算例指标对比如图 3.14 所示。由图可知，得益于排列演化方法对低相关性直接构造，并对均匀性改进，由排列演化方法得到的拉丁超立方实验设计矩阵在正交性上每次扩充均优于 ESE 方法。在均匀性方面，由于本方法将前期实验设计点位置固定，因此总搜索空间小于直接对所有列进行优化的搜索空间，在低维低水平时，搜索算法可以基本遍历所有情况，因此会出现排列演化方法设计结果不及直接优化算法的情况。随着序列扩充，样本点个数随之增加，尽管直接优化算法搜索空间远大于序列实验设计方法，但其在有限计算代价下得到的结果会劣于序列扩充方法。

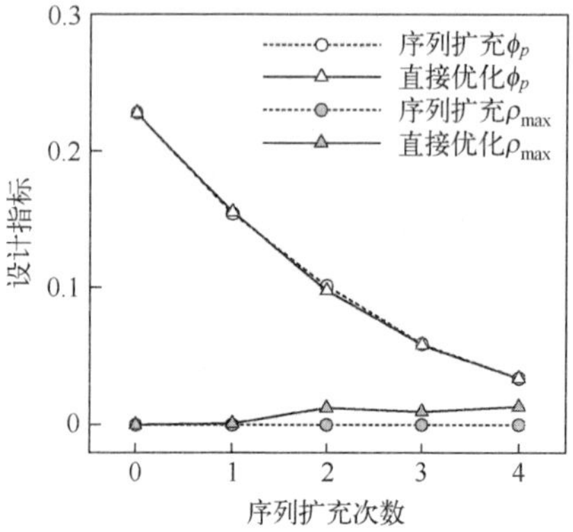

图 3.13　二维算例设计指标对比

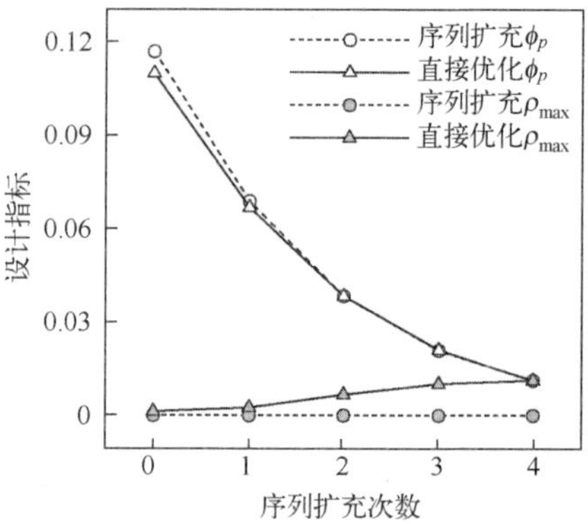

图 3.14　三维算例设计指标对比

针对高维算例，样本点空间分布难以直观展示，因此本文仅将其设计结果的均匀性、正交性和计算时间进行对比分析。十维拉丁超立方实验设计需要的最小的 $m=4$，初始水平数为 33，经过四次扩充后，依次得到水平数为 65、129、257 和 513 的设计结果，分别对应的新样本点个数为 32、64、128 和 256。图 3.15 展示了设计矩阵的均匀性和正交性指标对比，由图中结果可知，本文的序列扩充拉丁超立方实验设计方法和直接优化拉丁超立方实验设计方法相比，在未损失均匀性的情况下，正交性得到较大改善，同时由于加入新采样点时，已有样本点不需要调整，因此优化计算复杂度大幅降低，如图 3.16 所示。

通过序列扩充方法，每次嵌入新实验设计仅需针对第一列进行优化，但是每次需要优化的排列数量依然呈指数增长，随着样本数量的增加计算量逐渐增大。此序列扩充方法虽然实现了样本的动态扩充，但是对于只能生成 $2^{m+1}+1$ 或 2^{m+1} 这一限制尚未解决。因此下面在特定样本点指数扩充的基础上，引入排列继承技术，生成初始均匀性良好的种子，并继承种子良好的排列信息，实现样本的动态扩充，得到最终的序列实验设计。

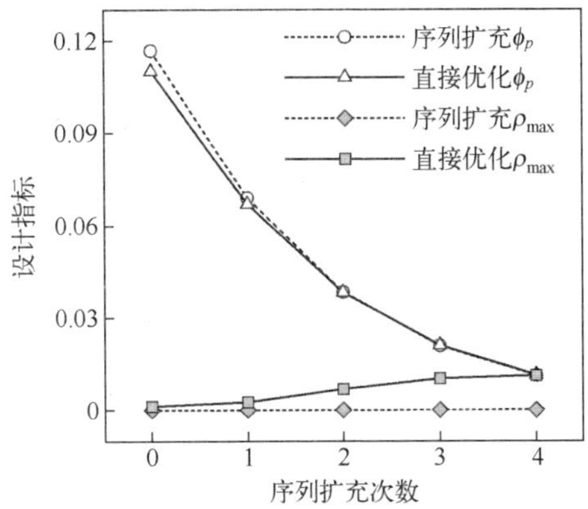

图 3.15　十维算例设计指标对比

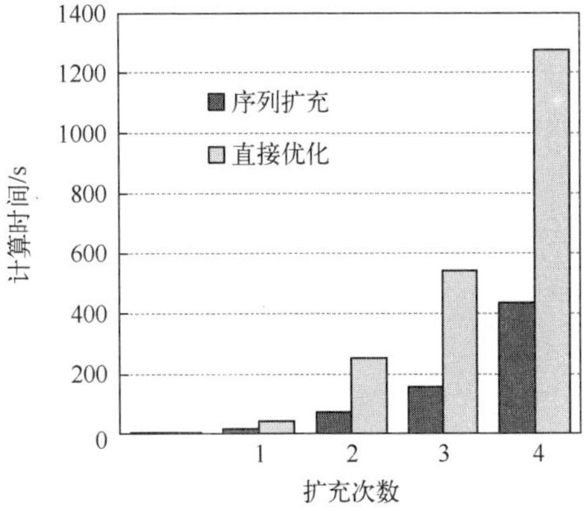

图 3.16　十维算例计算时间对比

3.2.2　排列信息继承拉丁超立方实验设计序列扩充方法

基于排列演化的序列扩充实验设计方法在实现序列扩充的基础上，降低了扩充样本需要的计算量，但是只能生成 $2^{m+1}+1$ 或 2^{m+1} 水平数样本的限制未能解决，对于不满足水平数的设计不能随意使用，或者需要样本点删除，以满足因子数和水平数的需求。所以有必要在上述基础上研究任意因子数和水平数的序列扩充实验设计方法。

进一步分析排列演化方法的操作过程可得，其本质就是对优质排列矩阵的继承从而降低计算复杂度，即除第一列外，其余列均通过第一列的排列乘一个排列矩阵获得，而这个排列矩阵通过基矩阵乘积的方式获得。因此，如果能将上述思想在排列矩阵生成的过程中，脱离基矩阵连乘的生成方式约束，即可将上述序列扩充方法在任意水平和因子下实现推广，实现基于任意水平初始实验设计矩阵的序列扩充设计。

上述过程的核心就是在不依赖基矩阵连乘的方式后，如何高效获得每列的排列矩阵，而该问题恰好可以通过第 2 章介绍的常规拉丁超立方实验设计实现，即针对任意水平的设计需求，通过对每列的排列进行优化，得到空间均匀性良好的排列矩阵。由于该排列矩阵，经过了进化算法优化，可认为其各列排列矩阵对于任意第一列的排列均可获得比较满意的空间分布结果，因此可作为后续扩充的基准排列矩阵，即将该排列矩阵继承下来，作为后续序列扩充的排列矩阵，该方法被称为排列继承方法。

在排列继承的拉丁超立方序列扩充方法中，采用直接优化方式生成排列矩阵，并通过排列继承，将其作为后续实验设计各列的排列矩阵，也称为排列种子。在后续扩充过程中，保持各列排列矩阵不变，可通过仅对第一列进行优化，得到高维的设计矩阵，从而降低计算量。对初始设计生成的排列执行演化操作以获得新增样本点，并采用扩充操作和样本规模调整过程以满足数量需求。此外，得益于继承初始设计中的排列信息，可以通过较少的计算量提高样本的均匀性，其计算流程如图 3.17 所示。

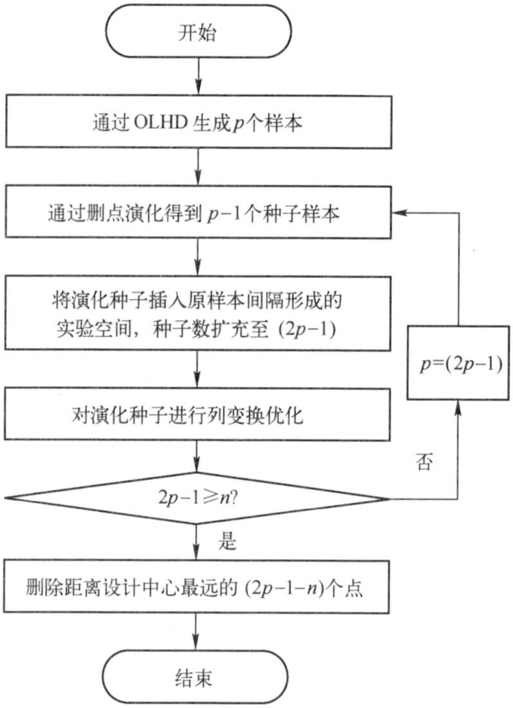

图 3.17　排列信息继承拉丁超立方序列扩充实验设计方法计算流程

不失一般性，对于初始种子大小 $p+1$，因子数为 d 的排列继承拉丁超立方实验设计方法具体流程如下所示。

步骤 1：采用优化拉丁超立方实验设计方法，得到 $p+1$ 个均匀分布的样本作为初始样本 $\boldsymbol{A}_1=\{S_1,S_2,\cdots,S_p,S_{p+1}\}$，其中 S_i 表示第 i 个样本。

步骤 2：删除初始实验设计矩阵 $\boldsymbol{A}_1$ 的一个样本点 $S_i=\{x_{i1},x_{i2},\cdots,x_{id}\}$ 得到演化矩阵 $\boldsymbol{A}_{1i}^*$；

步骤 3：$\boldsymbol{A}_1$ 中的 p 个间隔将形成一个$(p\times d)$的实验空间 $\boldsymbol{B}_1$。将演化矩阵 $\boldsymbol{A}_{1\text{best}}^*$ 叠加到实验空间 $\boldsymbol{B}_1$ 中，得到的扩充矩阵$(\boldsymbol{A}_1\boldsymbol{B}_1)$；

步骤 4：以 $\boldsymbol{A}_{1\text{best}}^*$ 的第一维排列为设计变量，保持 $\boldsymbol{A}_{1\text{best}}^*$ 的各列之间的变换关系

T_i 不变，以叠加后的扩充样本矩阵($\boldsymbol{A}_1\boldsymbol{B}_1$)的 ϕ_p 准则值为目标函数对($\boldsymbol{A}_1\boldsymbol{B}_1$)的排列进行优化，得到整体样本均匀性优良的设计($\boldsymbol{A}_1\boldsymbol{A}_2$)；

步骤 5：判断样本数量($2p+1$)与需求的样本数 m 的大小关系，若($2p+1$)<m 则令 $p=(2p+1)$ 重复步骤 2 到步骤 5 直至($2p-1$)$\geqslant m$；

步骤 6：删除样本集中距离设计中心最远的[($2p-1$)$-m$]（该值可为 0）个点，完成实验设计。

上述排列信息继承拉丁超立方序列扩充实验设计方法中，满足样本数要求的步骤包括初始设计、演化操作、叠加操作和规模调整过程，具体如下。

1）初始设计

OLHD 的构造可以采用多种算法，其中 ESE 算法[4]在中小型 LHD 的设计中具有明显优势[5-6]。因此，采用 ESE 算法来构建初始设计 $\boldsymbol{A}_1$，样本矩阵如式（3.2）所示。

$$\boldsymbol{A}_1=\begin{bmatrix} x_{11} & x_{12} & \cdots & x_{1d} \\ x_{21} & x_{22} & \cdots & x_{2d} \\ \vdots & \vdots & \ddots & \vdots \\ x_{(p+1)1} & x_{(p+1)2} & \cdots & x_{(p+1)d} \end{bmatrix} \tag{3.2}$$

$\boldsymbol{A}_1$ 中的 $p+1$ 个样本点将每个维度的设计域划分为 p 个区间，这些区间将形成一个新的设计空间 $\boldsymbol{B}_1$。样本的一维投影示例如图 3.18 所示。为了实现样本的扩充，需要 p 个种子填充 $\boldsymbol{B}_1$。

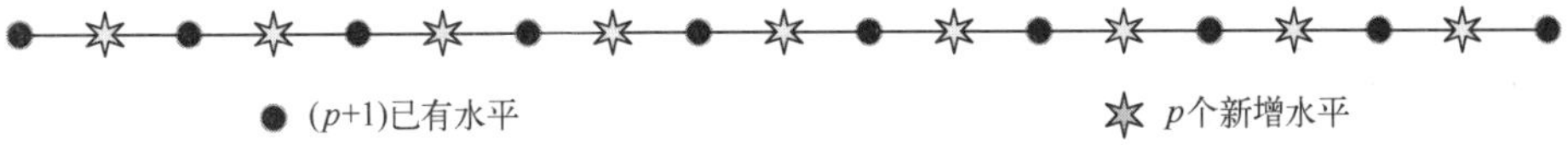

图 3.18 样本一维投影

2）演化操作

对初始设计执行演化操作，得到用于扩充的种子。由于和种子大小之间的差异为 1，因此可通过移除中的特定点来实现种子。通过遍历算法来选择特定点，可使剩余样本的空间均匀性最佳。上述做法，可以充分利用先前的结果来减少计算量，同时可以继承初始样本的排列信息。演化操作的步骤如下所示。

步骤 1：删除初始设计的一个样本点，以获得演化设计 $\boldsymbol{A}_{1i}^*$。

$$A_{1i}^{*}=\begin{bmatrix} x_{11} & x_{12} & \cdots & x_{1d} \\ \vdots & \vdots & \ddots & \vdots \\ x_{(i-1)1} & x_{(i-1)2} & \cdots & x_{(i-1)d} \\ x_{(i+1)1} & x_{(i+1)2} & \cdots & x_{(i+1)d} \\ \vdots & \vdots & \ddots & \vdots \\ x_{(p+1)1} & x_{(p+1)2} & \cdots & x_{(p+1)d} \end{bmatrix} \tag{3.3}$$

步骤 2：在所有样本点上执行此操作，并使用$(\min:\phi_p)$从所有演化矩阵 A_{1i}^{*} 中选择 $A_{1\text{best}}^{*}$ 作为最优演化矩阵。

$$A_{1\text{best}}^{*}=\begin{bmatrix} x'_{11} & x'_{12} & \cdots & x'_{1d} \\ x'_{21} & x'_{22} & \cdots & x'_{2d} \\ \vdots & \vdots & \ddots & \vdots \\ x'_{p1} & x'_{p2} & \cdots & x'_{pd} \end{bmatrix} \tag{3.4}$$

3）叠加操作

将来自 $A_{1\text{best}}^{*}$ 的种子叠加到实验空间 B_1 中，得到扩展矩阵(A_1B_1)：

$$(A_1B_1)=\begin{bmatrix} x_{11} & x_{12} & \cdots & x_{1d} \\ x'_{11} & x'_{12} & \cdots & x'_{1d} \\ x_{21} & x_{22} & \cdots & x_{2d} \\ \vdots & \vdots & \ddots & \vdots \\ x'_{p1} & x'_{p2} & \cdots & x'_{pd} \\ x_{(p+1)1} & x_{(p+1)2} & \cdots & x_{(p+1)d} \end{bmatrix} \tag{3.5}$$

4）规模调整过程

如果在最后一个循环中获得的样本数量大于所需数量，则删除距离当前设计空间中心最远的冗余点。

接下来介绍基于排列信息继承的列操作优化方法。在本节中，首先，说明排列信息继承和列操作优化的优点；其次，给出了一个简单的实例。

$$A=\begin{bmatrix} x_{11} & x_{12} & \cdots & x_{1d} \\ x_{21} & x_{22} & \cdots & x_{2d} \\ \vdots & \vdots & \ddots & \vdots \\ x_{m1} & x_{m2} & \cdots & x_{md} \end{bmatrix} \tag{3.6}$$

式（3.6）为拉丁超立方实验设计的设计矩阵，其第一列以及其他各列均是 $X^L \leqslant x \leqslant X^U$ 的整数排列：

$$P_1 = \{x_{11}, x_{21}, \cdots, x_{N1}\}$$
$$P_i = \{x_{1i}, x_{2i}, \cdots, x_{Ni}\} \tag{3.7}$$

式中：P_1 为设计矩阵的第一列；P_i 为其他各列。P_1 和 P_i 内的各元素均为整数，所有 P_i 均可通过 P_1 左乘变换矩阵得到

$$P_i = \boldsymbol{T}_i P_1 \tag{3.8}$$

变换矩阵 $\boldsymbol{T}_i$ 是大小为 $N \times N$ 的对角矩阵。

这样，拉丁超立方实验设计的每列都通过变换矩阵与其第一列相关联。整个拉丁超立方实验设计可以在变换矩阵不变的情况下，通过对拉丁超立方实验设计的第一列执行列元素交换来更新，这种以初始设计排列信息为指导的操作称为排列信息继承操作。以 5×4 的拉丁超立方实验设计进行排列信息继承操作为例（图 3.19）：

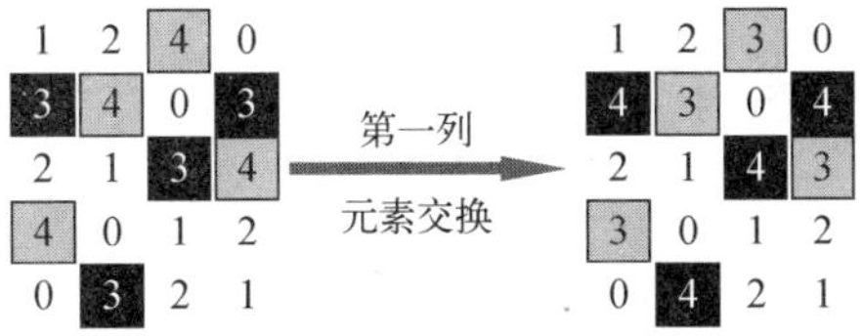

图 3.19　排列信息继承方法

显然，通过排列信息继承操作，拉丁超立方实验设计的每列都发生了变化，而设计仍然满足拉丁超立方的特征。因此，在实验空间 $\boldsymbol{B}_1$ 中执行排列信息继承，并保持扩展矩阵的原始样本位置不变。基于该方法，通过继承初始设计的排列属性，能以较低的计算成本完成对设计的更新。在所有结果中，选择空间均匀性最好的一个作为最优设计：

$$(\boldsymbol{A}_1 \boldsymbol{A}_2) = \begin{bmatrix} x_{11} & x_{12} & \cdots & x_{1d} \\ x_{11}^o & x_{12}^o & \cdots & x_{1d}^o \\ x_{21} & x_{22} & \cdots & x_{2d} \\ \vdots & \vdots & \ddots & \vdots \\ x_{p1}^o & x_{p1}^o & \cdots & x_{p1}^o \\ x_{(p+1)1} & x_{(p+1)2} & \cdots & x_{(p+1)d} \end{bmatrix} \tag{3.9}$$

式中：x_{ii}^o 为空间 $\boldsymbol{B}_1$ 中种子的优化排列。

上述优化方法命名为列操作优化，通过该方法，遍历一个拉丁超立方实验设计的计算量将由 $(N!)^d$ 下降至 $(N!)$。以二维设计为例，排列信息继承拉丁超立方序列扩充实验设计方法的逐步构建如下所示。

（1）初始矩阵如图 3.20（a）所示。

（2）对初始设计执行演化操作，样本数为 10 的最优演化矩阵如图 3.20（b）所示。

（3）通过叠加获得扩充矩阵，如图 3.20（c）所示，其中黑色圆点表示叠加的种子，灰色三角表示现有的采样点。

（4）对扩充矩阵执行列操作优化。第一轮排列信息继承拉丁超立方序列扩充如图 3.20（d）所示。重复迭代以获得第二和第三个循环的结果，如图 3.20（e）和图 3.20（f）所示，其中灰色菱形表示在该循环中获得的新采样点，黑色圆点表示现有采样点。

（5）使用样本规模调整步骤删除冗余点以获得所需的设计。

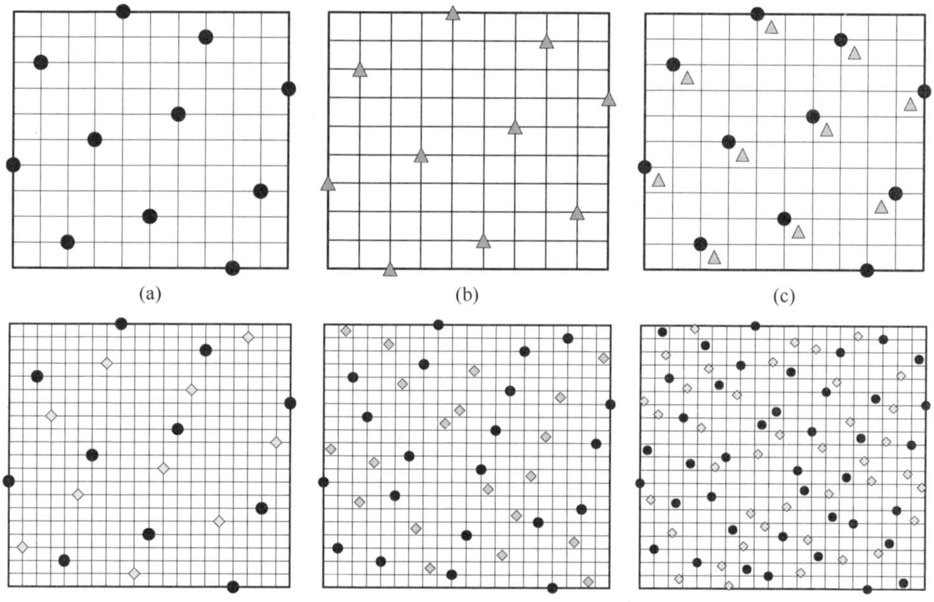

(a) (b) (c)

(d) (e) (f)

图 3.20　拉丁超立方实验设计排列继承序列扩充

与直接优化的拉丁超立方实验设计相比，扩充过程中排列信息继承拉丁超立方序列扩充实验设计方法不需要对原有设计进行调整。此外，通过排列信息继承操作，整个拉丁超立方实验设计的排列与其第一列相关联，并且来自演化种子的排列信息得以继承。最后，在排列信息继承的基础上提出了列操作优化，大大降低了优化设计的复杂度。

然而，排列信息继承拉丁超立方序列扩充实验设计方法仍有一些不足之处需要改进。例如，假设在算法循环 K 次后满足终止条件，将获得$(2^k \times p+1)$个点。样本数量可能远远超出所需样本，规模调整过程的工作量将非常繁重。同时，随着样本数量的增加，列操作优化的计算量也将迅速增加。并且，需要对参数 p 的确定进一步讨论。针对这些问题，在 3.23 节引入递归的思想，实现样本动态扩充的同时减少每次扩充的样本量，减轻计算资源的消耗。

3.2.3 序列实验设计训练样本递归拆分方法

针对排列演化序列扩充实验设计方法所存在的问题，可通过样本规模递归拆分，建立递归排列演化实验设计技术。递归算法广泛应用于编程语言中。它通常将一个大而复杂的问题转化为多个类似于原始问题的小规模问题，从而大大降低了计算复杂度。当样本数较大时，通过递归拆分整个设计的样本空间来改进排列演化实验设计技术。样本空间的递归拆分算法描述如下。

前文中并未给出确切的种子样本数量的确定方法。当给定一个实验设计数 N 时，将其递归演化为若干小样本实验设计。事实上，任意给定的不小于 2 的正整数 N 均可以通过递归拆分的方法，拆分到一定区间内。将样本数 N 拆分到一个大小较为合适的区间，当拆分满足区间条件时，停止拆分过程，并确定在区间内适当选择参数 p 完成整个设计。由于 N 为正整数，则若 N 为奇数，则 N 可拆分为$\frac{N+1}{2}$与$\frac{N-1}{2}$两个整数之和；若 N 为偶数，则可拆分为$\frac{N}{2}$与$\frac{N}{2}$两个整数之和。同理，对于$\frac{N+1}{2}$、$\frac{N-1}{2}$或$\frac{N}{2}$，在其大于 1 时同样可以拆分成两个相同或相邻的整数之和。对给定样本数 N 的拆分方法如图 3.21 所示。其中，$[\cdot|2]$表示可以被 2 整除。

在经过相同拆分次数得到的系列整数中，假设所能获得的最大数和最小值分别为 Max_k 和 Min_k，则前后项的关系为

$$\begin{aligned}\mathrm{Max}_k &= \frac{\mathrm{Max}_{k-1}+1}{2} \\ \mathrm{Min}_k &= \frac{\mathrm{Min}_{k-1}-1}{2}\end{aligned} \tag{3.10}$$

消除常数项以获得

$$\begin{aligned}2\mathrm{Max}_{k+1}-3\mathrm{Max}_k+\mathrm{Max}_{k-1} &= 0 \\ 2\mathrm{Min}_{k+1}-3\mathrm{Min}_k+\mathrm{Min}_{k-1} &= 0\end{aligned} \tag{3.11}$$

式（3.11）是一个简单的递归数列问题。结合拆分的初始条件可求得

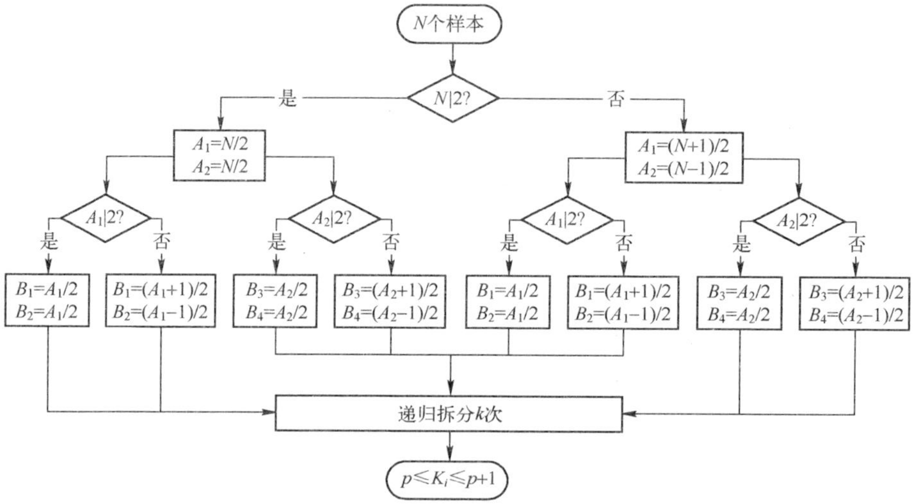

图 3.21　N 个样本的递归拆分算法

$$\mathrm{Max}_k=\frac{N-1}{2^k}+1$$
$$\mathrm{Min}_k=\frac{N+1}{2^k}-1 \tag{3.12}$$

则拆分 K 次后得到的因子最大差为

$$\mathrm{Max}_k-\mathrm{Min}_k=2-\frac{1}{2^{k-1}}<\lim_{k\to\infty}\left(2-\frac{1}{2^{k-1}}\right)=2 \tag{3.13}$$

因此，子样本数之间的大小差异为 1 或 0，这意味着可以通过递归拆分算法将样本拆分为多个小样本。同样，递归拆分算法也可以分割样本空间，其原理如图 3.22 所示。可以看出，通过两次拆分，将包含 19 个样本点的整个采样空间划分为四个子空间，其中包含 4 个或 5 个设计点。

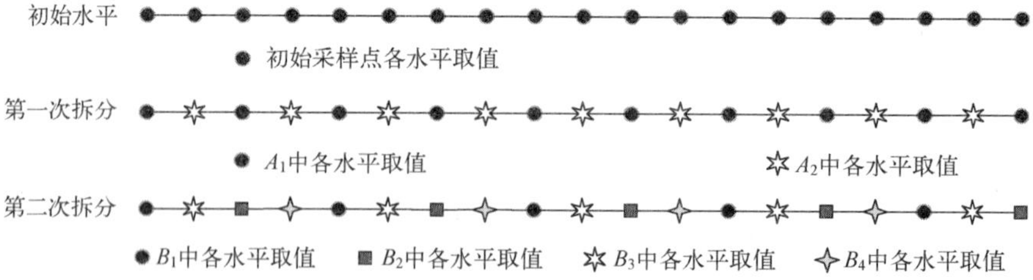

图 3.22　样本一维投影

结合上文提出的递归拆分算法和排列演化实验设计技术，给出了递归演化排列拉丁超立方实验设计方法。递归排列演化实验设计的步骤如下所示。

步骤1：递归拆分样本空间，直至每个子空间容纳 p 或 $p+1$ 个样本。拆分的次数为 k，此时获得 2^k 个子空间。

步骤2：执行上节中的初始设计和演化操作，得到带有 p 和 $p+1$ 个样本的种子。

步骤3：采用相应数量的种子填充子空间。通过对每个叠加的种子执行列操作优化，完成整个设计。

以递归排列演化实验设计技术构建105个样本的拉丁超立方实验设计为例。将递归拆分算法中的参数 p 设为13，通过三次拆分得到7个13样本子空间和1个14样本子空间。列操作优化后每个填充点的位置如图3.23（a）~（h）所示，整个设计如图3.23（i）所示。

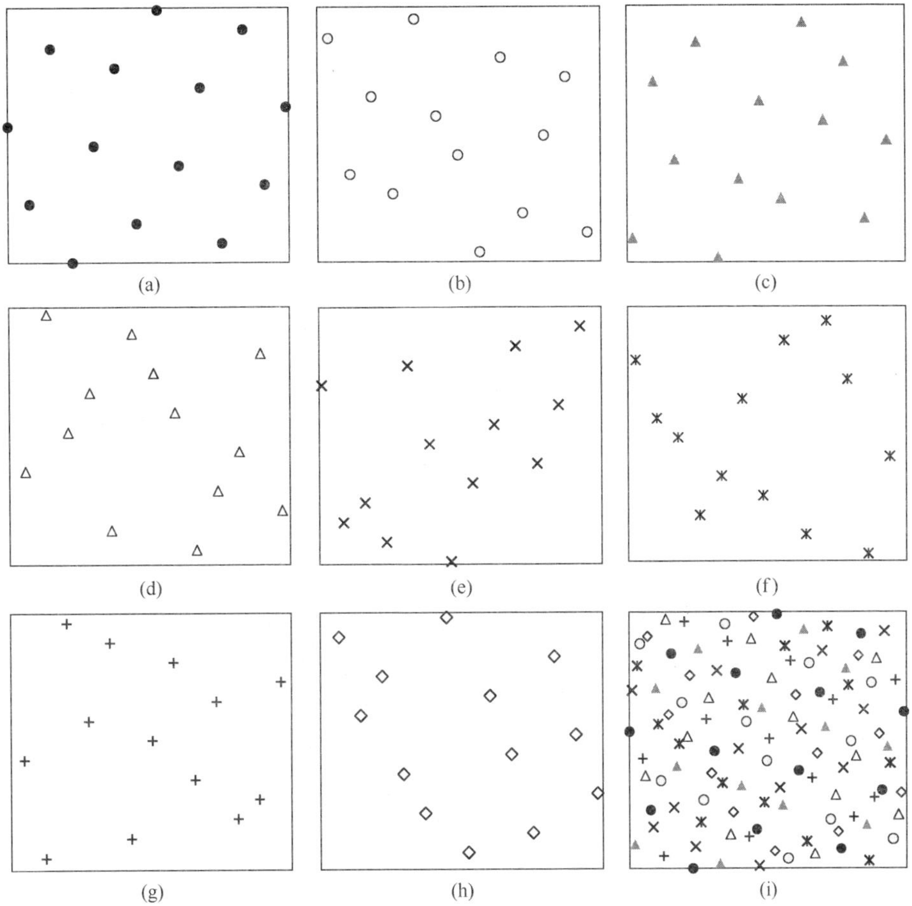

图3.23　递归排列演化实验设计

本节中提出的递归排列演化实验设计技术解决了排列演化实验设计技术的不足。从以上步骤可以看出，递归排列演化实验设计技术不会产生冗余采样点。此外，列操作优化的计算量从排列演化实验设计技术的 $N!$，通过 k 次分割减少到了 $2^k*(N/2^k)!$。然而，当参数 p 值太小时，序列扩充采样过程会逐渐退化为逐点采样，产生明显的倾向，不利于排列信息的继承和并行计算。因此，接下来针对种子排列个数 p 进行递归排列演化的参数影响分析。

参数 p 是列操作优化的终止准则，对递归排列演化实验设计的性能具有重要意义。为了分析 p 的影响，进行了维度 2~20，样本范围 180~500 的 16 个数值实验，并重复 20 次实验以降低随机误差的影响。式（3.14）中定义的 $\overline{\phi}_p$[7] 箱线图如图 3.24 所示，表明标准平均值有先减小后增大的趋势。当空间填充性能较好时，相应实验得到的准则值也比较紧凑。这些结果与之前的分析一致。

$$\overline{\phi}_p=\frac{\phi_p-\min(\phi_p)}{\max(\phi_p)-\min(\phi_p)} \tag{3.14}$$

式中：$\max(\phi_p)$ 和 $\min(\phi_p)$ 是递归排列演化实验设计技术中的最大值和最小值，也就是说，$\overline{\phi}_p\in[0,1]$。

从表 3.1 可以看出，获得最佳结果的绝大多数实验在[15,28]范围内。因此，优选终止参数以实现更好的结果。

表 3.1　同一系列中性能最佳的参数 p

d	$N\times d$			d	$N\times d$		
	N	拆分次数	p		N	拆分次数	p
2	180	3	22	10	180	3	22
	230	3	28		230	3	28
	300	4	18		300	4	18
	500	5	15		500	5	15
5	180	3	22	20	180	3	22
	230	4	14		230	3	28
	300	4	18		300	4	18
	500	5	15		500	4	31

为了探索递归排列演化拉丁超立方的空间填充性能，进行了一系列实验[8]。如表 3.2 所列，本节考虑了 Viana 等提出的取样问题配置[9]。然而，递归排列演化拉丁超立方是基于小样本优化拉丁超立方的扩展，这意味着该方法主要适用于中等或大样本的设计。还应注意到当维度较高时，ESE 的计算时间将超出承受范围。因此，总共采用了 8 种设计，具有中型和大型样本，维度范围为 2~8（d：2、4、6 和 8）。

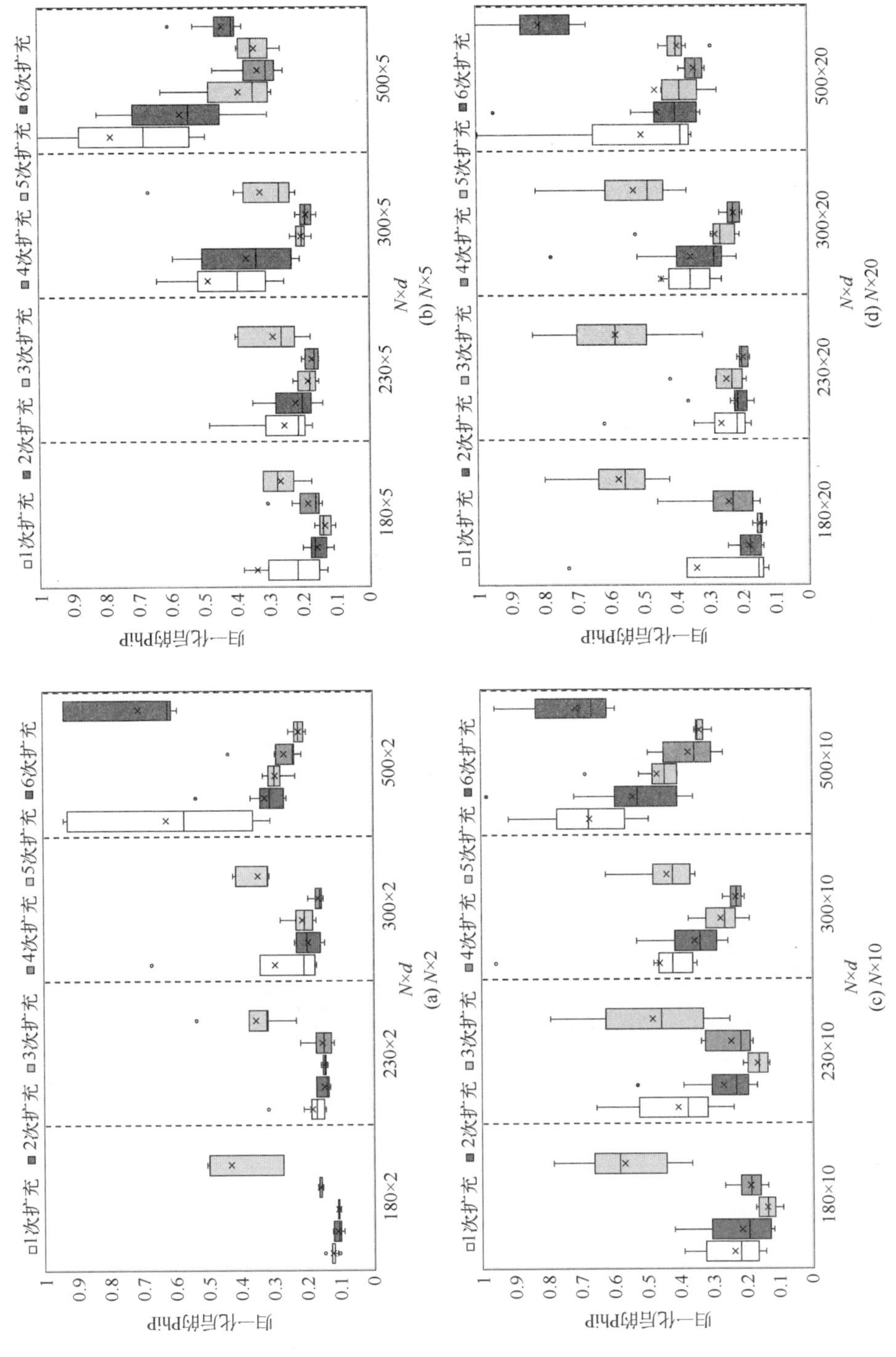

图 3.24 具有以下不同值的标准箱线图

表 3.2　拉丁超立方实验设计采样配置

	样本数量 N		
d	小规模采样	中等规模采样	大规模采样
2	12	20	120
4	30	70	300
6	56	168	560
8	90	330	900
10	132	572	1320
12	182	910	1820

图 3.25 显示了中大型采样问题的拉丁超立方实验设计比较结果。可以看出，lhsdesign 的性能非常差且具有较强的随机性，而 ESE 算法在大多数情况下表现最好。TPA 具有良好的低维特性，特别是当样品数量较大时，具有良好的性能。然而，随着维度的增加，TPA 的性能将急剧下降。相反，随着设计维度和样本的增加，递归排列演化拉丁超立方的性能逐渐提高并接近于 ESE。

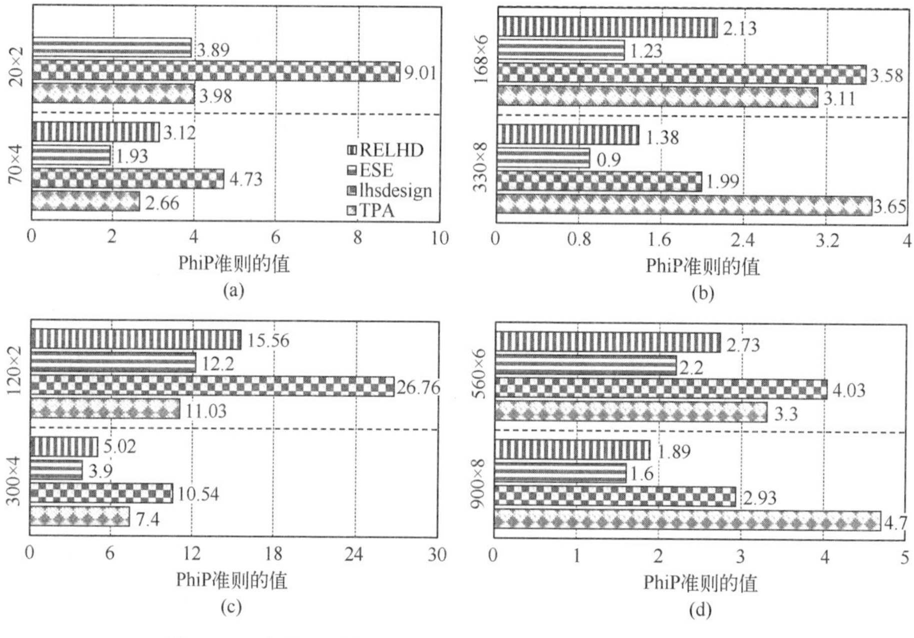

图 3.25　中大型采样问题的拉丁超立方实验设计比较结果

为了进一步分析递归排列演化拉丁超立方的空间填充性能，我们考虑了一系列实验，其中包括四个高维 10~30（d：10、15、20 和 30）和几个小样本或中样本 100~500（N：100、300 和 500），以进行比较。结果如图 3.26 所示，可以观察到：①在高维中小样本问题下，ESE 生成的设计点在所有算法中表现最好，RELHD 与 ESE 接近，均明显优于 TPA 和拉丁超立方实验设计。②在样本量相同的情况下，随着维数的增加，递归排列演化拉丁超立方的性能逐渐接近 ESE，这可能与从排列中继承了更充分的信息有关。③随着样本数量的增加，对于相同维度的 ESE 和递归排列演化拉丁超立方之间的优势没有显著影响。

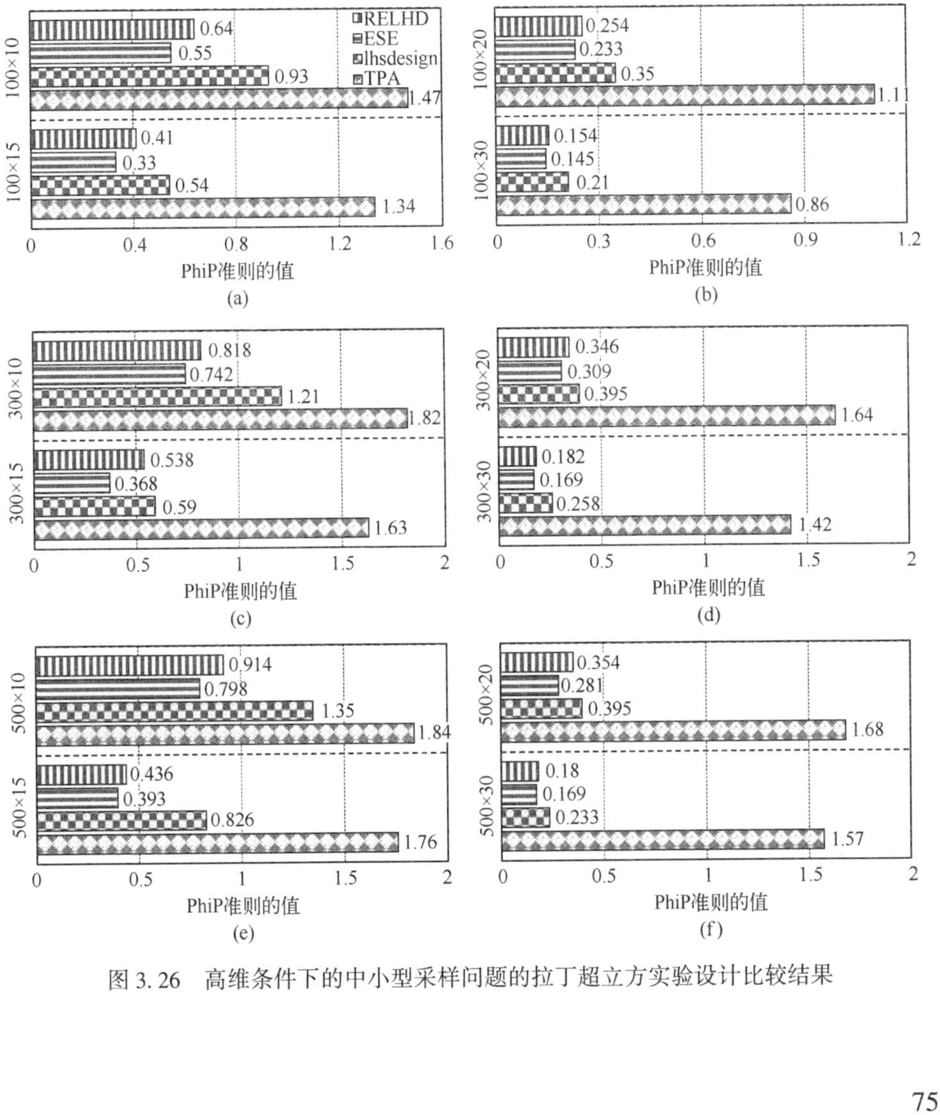

图 3.26 高维条件下的中小型采样问题的拉丁超立方实验设计比较结果

就各方法的空间填充性能方面，可以得出以下结论。对于大样本问题，递归排列演化拉丁超立方在不同维度上显示出与 ESE 相当的空间填充性能。此外，对于高维问题（超过 10 个变量），递归排列演化拉丁超立方甚至可以与 ESE 在中小样本问题上进行比较。虽然，对于低维和中小型采样问题，与其他方法相比，递归排列演化拉丁超立方可能没有吸引力。但是，对于大样本或高维问题，递归排列演化拉丁超立方是一种很有竞争力的方法。

递归排列演化拉丁超立方的空间填充性能在较高维度上可与 ESE 媲美（$d\geqslant 8$）。此外，本文提出的递归排列演化拉丁超立方实验设计方法的核心是使用 ESE 获得的小样本递归演化和演化优化拉丁超立方实验设计。因此，计算效率通过递归排列演化拉丁超立方和 ESE 所消耗的计算时间来进行比较。

图 3.27 显示了不同维度下计算时间的对比结果。从图 3.27 可以看出，递归排列演化拉丁超立方的计算效率要远高于 ESE。随着维数的增加，递归排列演化拉丁超立方的优越性越来越明显，这表明与 ESE 相比，递归排列演化拉丁超立方的计算效率对采样维数不敏感。

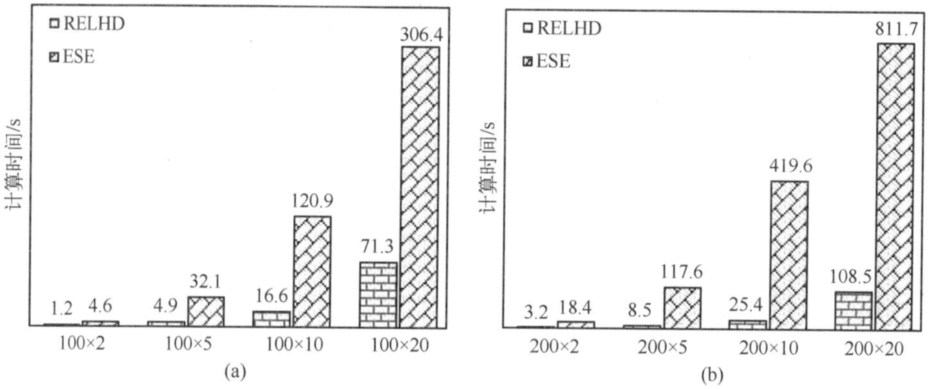

图 3.27　不同维度下计算时间的对比结果

为了量化递归排列演化拉丁超立方与 ESE 相比的计算效率，通过式（3.15）计算耗时比。

$$R=\frac{T_{\mathrm{ESE}}}{T_{\mathrm{RE}}} \tag{3.15}$$

式中：T_{ESE}和 T_{RE}分别为 ESE 和递归排列演化拉丁超立方的计算时间。

在确定参数 p 的情况下进行了若干扩充实验。通过将参数 p 分别设置为 20 和 25，可以在不同维度（d：2、5 和 10）上展开。将计算时间与 ESE 进行比较，可以获得耗时比，如图 3.28 所示。结果表明，与 ESE 相比，递归排列演化拉丁超立方的计算效率与样本量和维度呈正相关。随着样本数量的增加，递归排列演化拉丁超立方的效率显著提高。此外，在样本数相同的情况下，维数越高，递归排列演化拉丁超立方的效率越高。这在高维和大样本问题的情况下尤为明显。例如，对于(800×10)的设计，递归排列演化拉丁超立方的效率大约是 ESE 的 30 倍。

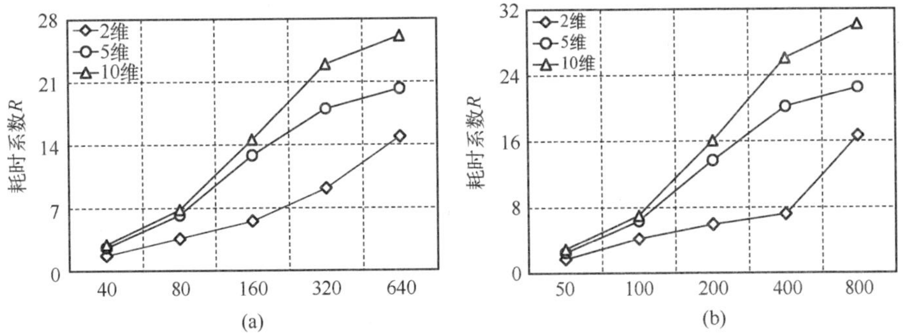

图 3.28　扩展条件下的耗时比

结合以上实验结果可以得出结论，在高维或大样本问题条件下，递归排列演化拉丁超立方是一种功能强大的方法，其空间填充性能与直接优化相当，但效率远高于直接优化设计。

3.3 小　　结

随着设计问题的复杂度和考虑因素个数的提升，不同设计问题对样本点规模的需求难以提前预估，因此需要通过动态样本扩充以满足不同设计需求，本章针对该问题建立了面向动态近似建模的序列实验设计方法，并建立了高效的优化拉丁超立方实验设计序列扩充方法。

介绍了实验设计序列扩充的基本概念和拉丁超立方实验设计序列扩充的基本原理，通过在各变量一维间隔中增加新的采样点，使新采样点与已有采样点扩充而成的设计矩阵满足拉丁超立方的基本原则，并且在已有样本点位置不变的条件下，通过优化新样本点的位置，实现新样本点在已有样本点之间的均匀填充，能够显著提升样本点对模型特征的表征能力。

针对序列扩充过程中每次都需要独立进行一次拉丁超立方的优化带来的计算量增加问题，借鉴第 2 章优化拉丁超立方低复杂度思想，通过排列演化和排列继承将扩充过程中的优化拉丁超立方设计转化为第一列排列的设计，大幅减少了序列扩充计算复杂度。

针对序列扩充中每次仅能从 N 个样本扩充到 $2N-1$ 个样本的样本规模指数增加问题，建立了面向任意样本规模序列扩充的样本点递归拆分算法，并通过数值实验研究了不同拆分次数和初始种子个数对最终实验设计结果的影响，得到了最优的种子个数区间，通过时间对比和空间均匀性对比，对方法的性能进行了测试并对结果进行了分析。

参考文献

[1] Viana F A C, Venter G, Balabanov V. An Algorithm for Fast Optimal Latin Hypercube Design of Experiments [J]. International Journal for Numerical Methods in Engineering, 2010, 82 (2): 135-156.

[2] Shi R, Long T, Ye N, et al. Metamodel-based multidisciplinary design optimization methods for aerospace system [J]. Astrodyn 5, 185-215 (2021).

[3] McKay M D, Beckman R J, Conover W J. A comparison of three methods for selecting values of input variables in the analysis of output from a computer code [J]. Technometrics, 1979, 21 (2): 239-245.

[4] Shan S, Wang G G. Survey of modeling and optimization strategies to solve high-dimensional design problems with computationally-expensive black-box functions [J]. Struct Multidisc Optim 41, 219-241 (2010).

[5] Simpson T, Poplinski J, Koch P, et al. Metamodels for Computer-based Engineering Design: Survey and recommendations [J]. EWC 17, 129-150 (2001).

[6] Simpson T, Booker A, Ghosh D, et al. Approximation methods in multidisciplinary analysis and optimization: a panel discussion [J]. Struct Multidisc Optim 27, 302-313 (2004).

[7] Johnson M E, Moore L E, Ylvisaker D. Minimax and Maximin Distance Design [J]. Journal of Statistical Planning And Inference, 1990, 26 (2): 131-148.

[8] Viana, Felipe A C. Surrogates Toolbox User's Guide [CP/DK]. 2011. Version 3.0 ed. https://sites.google.com/site/srgtstoolbox/.

[9] Viana, F A C. A Tutorial on Latin Hypercube Design of Experiments [J]. Quality and Reliability Engineering International, 2016, 32 (5): 1975-1985.

[10] Jin R, Chen W, Sudjianto A. An efficient algorithm for constructing optimal design of computer experiments [J]. Journal of Statistical Planning and Inference, 2005, 134 (1): 268-287.

第4章

有偏实验设计方法

前面章节中详细讨论了面向空间均匀分布的实验设计方法，其基本假设是设计变量是连续的，可以在设计范围内任意取值，并且整个空间的设计样本点都是有效的，因此样本分布越均匀，对模型响应特性的获取能力就越强。但是实际工程设计问题往往同时存在各种各样的约束，导致空间均匀分布的样本点中存在大量无效样本，造成了有效样本减少的问题。例如，工程设计中通常存在类似于尺寸、面积、体积和建模冲突等解析表达式约束，此类显式约束可在初始采样阶段进行预筛选，或者有一些变量只能取标准化的离散参数等。在实验设计阶段对上述设计约束进行考虑，对不可行样本进行预剔除或者将不可行点投影到可行取值上，能够大幅提升初始有效样本比例；同时由于不可行样本的剔除或者投影操作会破坏样本点在设计空间的均匀性，造成样本数据利用率低的问题。

本章面向上述实际需求，在优化拉丁超立方实验设计的基础上，建立面向显式约束域采样以及连续离散混合变量的实验设计方法，解决工程显式约束导致的可行样本量减少的问题。进一步发展面向非线性约束域、混合整数设计域以及混合整数约束域实验设计的优化设计指标，并对优化拉丁超立方实验设计方法进行适应性改造，以完成面向不同约束条件下的空间均匀分布实验设计方法。在此基础上，结合优化拉丁超立方实验设计序列实验扩充的思想，对样本规模进行过扩充以实现动态全局采样。

4.1 非规则设计域有偏实验设计方法

4.1.1 约束域实验设计直接优化方法

在实际工程设计问题中，大量存在着尺寸、面积、体积和建模干涉等具有解析表达式的显式约束，这类约束的存在导致直接最优化空间均匀分布特性得到的拉丁超立方实验设计样本点集具有不可行样本，从而使可行样本量减少。在高维多约束问题中，由于这类显式约束的存在，通常会使可行域远小于初始超立方体，若直接对优化拉丁超立方实验设计进行筛选，则可行样本比例相对较低，需要大量采样点才能得到一定数量的可行点。

例如对一个三组分的配方优化问题，有如下显式约束：

$$x_1+x_2+x_3=1 \quad (0\leqslant x_i\leqslant 1;i=1,2,3) \tag{4.1}$$

通过变量代换后，可将式（4.1）等式约束转化为如式（4.2）所示的不等式约束：

$$\begin{cases} x_1+x_2\leqslant 1 \\ x_3=1-x_1-x_2 \end{cases} \tag{4.2}$$

此时变量 x_1 和 x_2 在式（4.2）约束下的取值如图 4.1 所示。

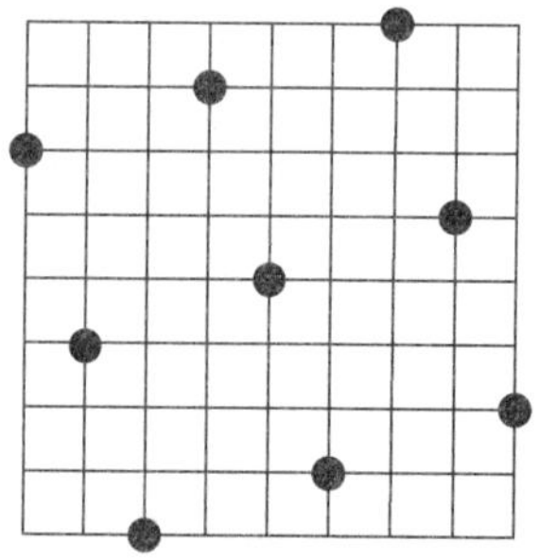

(a) 优化拉丁超立方实验设计

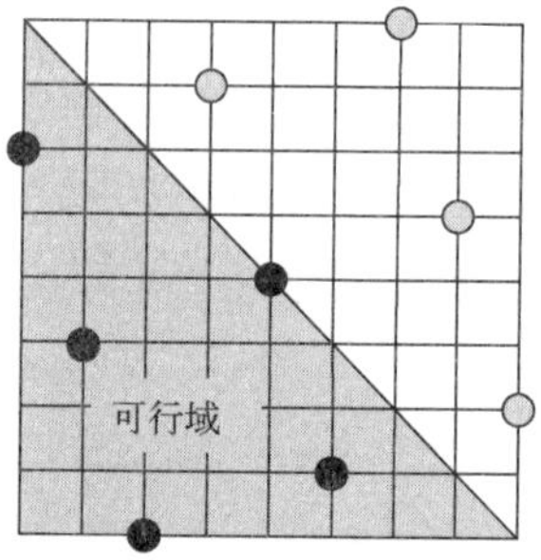

(b) 优化拉丁超立方实验设计可行点

图 4.1 三组分配方设计问题约束导致可行样本减少

针对此类问题，本节主要研究如何建立直接在约束域内进行均匀采样的实验设计方法。为此，首先根据显示约束重新确定设计变量边界以增加设计空间中可行域所占比例，从而降低约束域采样计算复杂度；其次在此基础上，通过分析约束域实验设计的需求（让尽可能多的样本点均匀分布在可行域内），构造综合考虑样本可行性和均布性的约束域实验设计指标，并采用优化拉丁超立方实验设计方法对该指标进行优化，获得可行域内均匀分布的样本点；最后针对不可行样本导致的可行样本个数不满足设计需求问题，通过比例调整基准设计点个数，使可行采样点个数满足指定需求。

4.1.1.1 约束域矩形设计包络重构

在设计参数空间进行采样时，需首先确定设计变量范围，工程设计中的常用做法是根据经验手动给出各变量范围与约束。此时为增加设计空间，导致预先给定的设计变量范围内存在大范围不可行域。为降低搜索复杂度，提高实验设计效率，在约束域进行实验设计之前，需要根据约束条件，重构设计变量的范围。

为重构设计变量的上限，根据显式设计约束，构造如下优化问题：

$$\begin{aligned} &\max: x_i (i=1,2,\cdots,d) \\ &\text{s.t.}: g_c(\boldsymbol{x})<0 \\ &\boldsymbol{x}_{\min}<\boldsymbol{x}<\boldsymbol{x}_{\max} \end{aligned} \tag{4.3}$$

式中：d 为设计变量个数，即问题维度；$g_c(\boldsymbol{x})<0$ 为显式约束的可行域；$\boldsymbol{x}_{\min}$、$\boldsymbol{x}_{\max}$ 为变量原始的上、下界。求解上述问题可得到重构后的上限 $\boldsymbol{x}'_{\max}$。同理，将上述最大化问题改为最小化，可重构变量下界 $\boldsymbol{x}'_{\min}$。设计变量范围重构如图 4.2 所示，由图可知，若不对设计范围进行重构，会导致一维投影在 $\boldsymbol{x}'_{\max}$ 与 $\boldsymbol{x}_{\max}$ 之间或 $\boldsymbol{x}_{\min}$ 与 $\boldsymbol{x}'_{\min}$ 之间的一部分采样点始终无法落到可行域内。

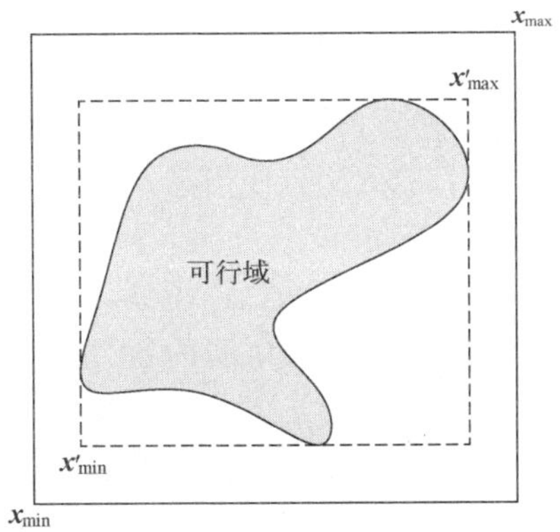

图 4.2 设计变量范围重构

4.1.1.2 约束域均匀性指标构造

当约束的存在导致可行域减少后，在超立方体内均匀分布的样本点中，可行样本也会相应减少，因此需要对采样过程进行设计，以使更多的可行样本尽可能均匀分布于约束域内，实现对约束域的充分探索。由此可建立约束域实验设计的基本需求：在 d 维空间选择 n 个实验设计点，使其均匀地分布在可行域。

针对上述需求，本节在优化拉丁超立方实验设计的基础上，建立约束域实验设计准则及方法。由于本方法以优化拉丁超立方实验设计为基础，因此设计结果为拉丁超立方实验设计得到样本点的子集，通过对优化拉丁超立方实验设计适应性改造，实现约束域实验均匀采样。由此引出了约束域实验设计的两个目标：①可行域内样本点尽可能多；②可行域内样本点分布尽可能均匀。

针对任意拉丁超立方实验设计矩阵 $\boldsymbol{X}$，定义该实验设计的采样点个数 N 为基准水平数，即该约束域实验设计是在基准水平的拉丁超立方实验设计中筛选。对 $\boldsymbol{X}$ 中每个采样点按下式定义可行性标识。

$$w_i = \begin{cases} 1 & (g_c(\boldsymbol{x}) \leqslant 0) \\ 0 & (g_c(\boldsymbol{x}) > 0) \end{cases} \tag{4.4}$$

通过构造如式（4.5）优化问题，实现设计矩阵 $\boldsymbol{X}$ 中落在可行域的样本点个数最大化。

$$\max : c = \sum_{i=1}^{n} w_i \tag{4.5}$$

式中：w_i 为第 i 采样点的可行性标识，根据式（4.4）可知，上式通过各样本点的标识函数直接求和得到的结果即为可行域内的样本个数。

为构造可行域内样本点均匀性指标，根据式（4.4）采样点的可行性标识，将 ϕ_p 准则改写成如下加权形式：

$$\overline{\varphi}_p = \left[\sum_{i=1}^{n} \sum_{j=1}^{i-1} (w_i w_j d_{ij}^{-p}) \right]^{1/p} \tag{4.6}$$

式中：w_i、w_j 分别为第 i 个采样点和第 j 个采样点的可行性标识；d_{ij} 为第 i 个采样点和第 j 个采样点之间的距离，因此当且仅当第 i 个采样点和第 j 个采样点的标识均为 1，上述括号中的求和项才不为 0，因此式（4.6）中非零项共有 C_n^2 项，其本质是仅对可行域内的采样点计算得到的 ϕ_p 指标。若所有采样点均可行，上式与常规 ϕ_p 准则等价，自动退化为超立方空间的 ϕ_p 指标，根据均匀性指标 ϕ_p 的定义可知，通过将式（4.6）最小化，实现可行域内采样点均匀分布的目标。

据上述分析，将以上两个目标进行加权，可构造约束域优化拉丁超立方实验设计的优化指标如（4.7）所示：

$$\max : \Psi = c + \frac{c(c-1)}{2\overline{\varphi}_p} \tag{4.7}$$

式中：第一项的目标为使可行点尽可能多；第二项的目标为通过最大化 $1/\overline{\varphi}_p$，让可行点之间的 ϕ_p 准则最小。为了使这两个目标在数量级上实现平衡，增加了 $1/\overline{\varphi}_p$ 的系数。根据式（4.7）构造的优化指标，采用优化拉丁超立方实验设计的方法对其进行优化，即可得到可行域内均匀分布的 $c \leqslant N$ 个样本点，通常可采用在拉丁超立方实验设计中性能较好的增强随机进化算法进行优化。

4.1.1.3 基准水平调整

在约束域实验设计中，可行域在设计空间内占的比例较小，即使采用最大化可行点个数作为优化目标，多数情况下仍不能保证所有采样点落在可行域内，导致上述方法生成的可行采样点个数达不到预先指定的规模。因此需要通过调整基础采样点个数，使可行样本点规模满足预定需求。

设需要的可行采样点个数为 n，基准采样点个数 $N=n$，得到的可行采样点个数为 c，则可预测 n 个可行采样点所需的基准采样点个数为

$$N=\frac{nN}{c} \tag{4.8}$$

在基准水平数调整后，对新的基准拉丁超立方实验设计矩阵进行优化，重复上述过程，直至 $n_1 \geqslant n$，则约束优化 LHD 过程完成，得到约束域均匀分布的 n 个采样点，可用来运行计算机仿真模型，并进行后续分析与设计。

采用上述方法在单纯形和超球形内采样，设计得到的二维样本点分布如图 4.3 所示，可行样本点个数从左到右分别是 20 个、50 个和 100 个。从图中可以看出采样点在约束域内均匀分布，验证了方法的有效性。另外，可以看到这些设计点的分布在单纯形的直角顶点和圆心附近的区域更加稀疏，这是因为拉丁超立方实

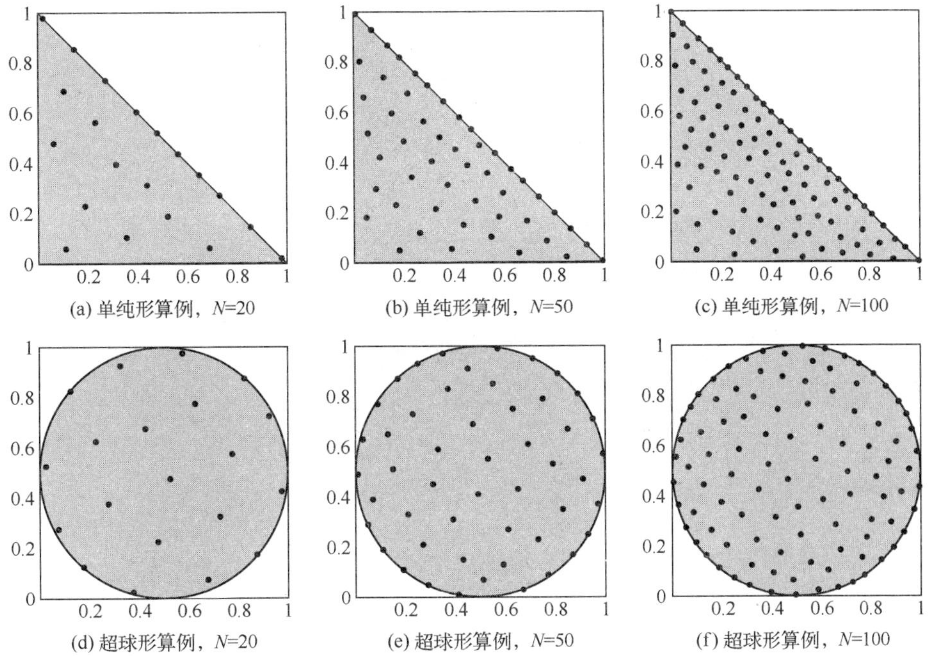

(a) 单纯形算例，N=20　(b) 单纯形算例，N=50　(c) 单纯形算例，N=100

(d) 超球形算例，N=20　(e) 超球形算例，N=50　(f) 超球形算例，N=100

图 4.3　二维单纯形和超球形算例实验设计结果

验设计天然是一维投影均匀的，而本方法来自拉丁超立方实验设计的子集，因此也具有良好的一维投影均匀性。

为进一步说明本方法的效果，采用两个非连通域实验设计算例验证本文方法的适用性，其非连通可行域如图 4.4、图 4.5 中阴影区域所示。

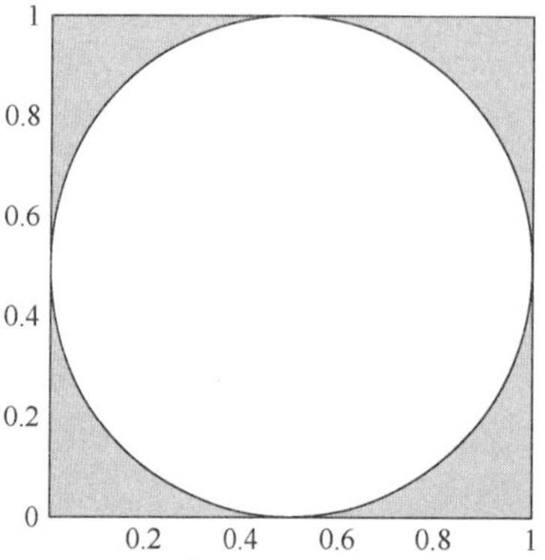

图 4.4　非连通算例 1

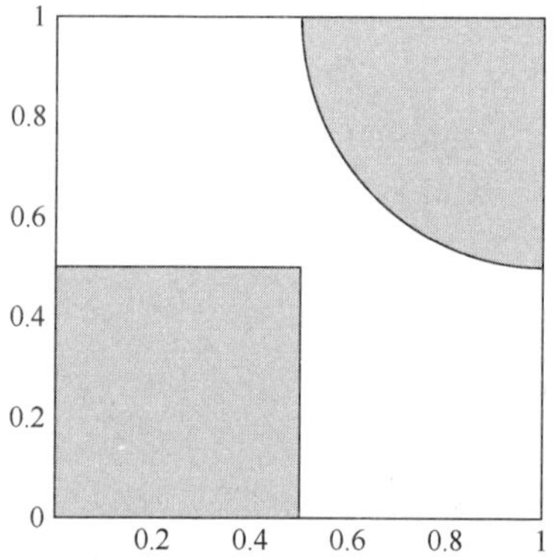

图 4.5　非连通算例 2

二维的实验设计结果在图 4.6 中展示。从图中可以看出，尽管设计空间为不规则非连通区域，实验设计点均匀地分布在可行区域内，表明非规则约束域实验

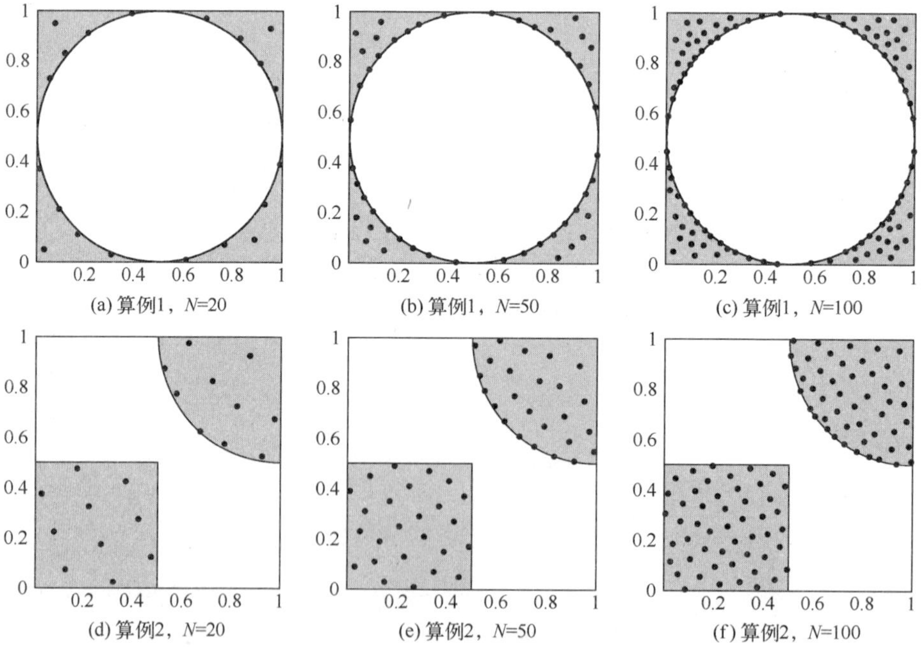

图 4.6　二维非连通约束域实验设计结果

设计方法在非凸约束空间中的实验设计能力。此外，可以从图中看出实验设计点更多地分布在角落中，使实验设计结果更好地保持了一维投影的均匀性。

本节所述的不规则空间实验设计方法，将可行点和不可行点加权考虑，直接生成约束域均匀分布的采样点。同常规矩形域拉丁超立方实验设计，再对可行点进行筛选的方法相比，可以在更少的基准水平下生成相同数量的可行点。考虑到优化拉丁超立方实验设计计算复杂度随水平数的增加呈指数增长趋势，本文方法可以显著减少计算量。本文仅考虑可行点的空间分布，不可行点对均匀性指标没有贡献，此时可行域内样本点可以分布更加均匀。而直接筛选法，由于同时考虑可行点和不可行点之间的距离，为满足整体均匀性，可行域内样本点会尽量远离不可行点，造成样本点在可行域内聚集，因此其均匀性相对较差。

考虑到该约束域实验设计方法是 LHD 的子集，通常会不可避免地去除部分不可行点，造成某些采样水平上的值被删除。因此，仅考虑该方法生成的可行域实验设计点，该设计并不属于严格意义上的拉丁超立方实验设计，只有同时考虑可行点和不可行点的实验设计，才属于严格意义上的拉丁超立方实验设计。

4.1.2 非规则域序列填充采样算法

4.1.1 节约束域实验设计方法，由于约束和不可行样本的存在，导致需要多次进行基准水平数的调整，才能得到满足既定样本规模的可行点。当面临高维大样本采样时，上述约束域实验设计方法需要进行多次优化拉丁超立方实验设计，计算效率会进一步降低。在优化拉丁超立方实验设计中介绍了样本规模调整的两种方法，即从大样本到小样本的样本筛选和从小样本到大样本的样本扩充，约束域实验设计中，由于约束的存在，通过大样本设计点筛选实现小样本设计的方法，会因为各水平的偏移，造成样本可行性被破坏，因此不适合约束域实验设计。而序列扩充的方法，通过在样本间隔增加新样本点，能够在充分利用前期采样和计算结果的基础上，生成整体分布性最优的样本点。

借鉴超立方体内序列实验设计的方法，本节建立约束域内序列填充方法，实现在可行样本不足时样本规模的补充。定义约束域局部密度用来表征约束域内样本点的空间分布特征，并采用设计空间均匀性和样本点一维投影均匀性作为优化指标，实现约束域内样本点序列生成，为进一步保证约束域内的均匀性，采用可行解替换策略，规避填充样本和已有样本的聚集。

4.1.2.1 约束域单点扩充的空间分布表征

在整个设计空间内单个样本点的空间均匀性采用样本点局部密度函数进行表征，具体表达式为

$$\rho(\boldsymbol{x}) = \sum_{i=1}^{N} \exp(-\|\boldsymbol{x}-\boldsymbol{x}_i\|^2/\sigma^2) \tag{4.9}$$

式中：σ 为样本点对设计空间中局部密度的贡献程度，可通过式（4.10）确定

$$\sigma=\sqrt{d}/(\sqrt{d}\ \sqrt[d]{N})=1/\sqrt[d]{N} \tag{4.10}$$

当考虑各种类型的非线性约束时，可行区域将非规则地分布在立方体空间中，采用如式（4.9）所示的 σ 估计值来表征非规则可行域内样本点的分布将不再合适。为此，记非规则可行域 Ω 在立方体空间中的占比为 λ_Ω，直观地，若可行域 Ω 内分布 N 个样本点，则立方体域应具有$\lceil N/\lambda_\Omega \rceil$个样本点才可近似表征此时非规则可行域内样本点的局部密度。因此，适用非规则可行域的 σ_Ω 可近似估计为

$$\sigma_\Omega=\sqrt{d}/(\sqrt{d}\ \sqrt[d]{\lceil N/\lambda_\Omega \rceil}) \approx \sqrt[d]{\lambda_\Omega}/\sqrt[d]{N} \tag{4.11}$$

式中：λ_Ω 可通过蒙特卡罗方法求得。特别地，当 $\lambda_\Omega \to 1$ 时，有 $\sigma_\Omega \to \sigma$ 成立，采用上式度量的约束域样本点空间分布疏密程度如图 4.7 所示，其中连通可行域为

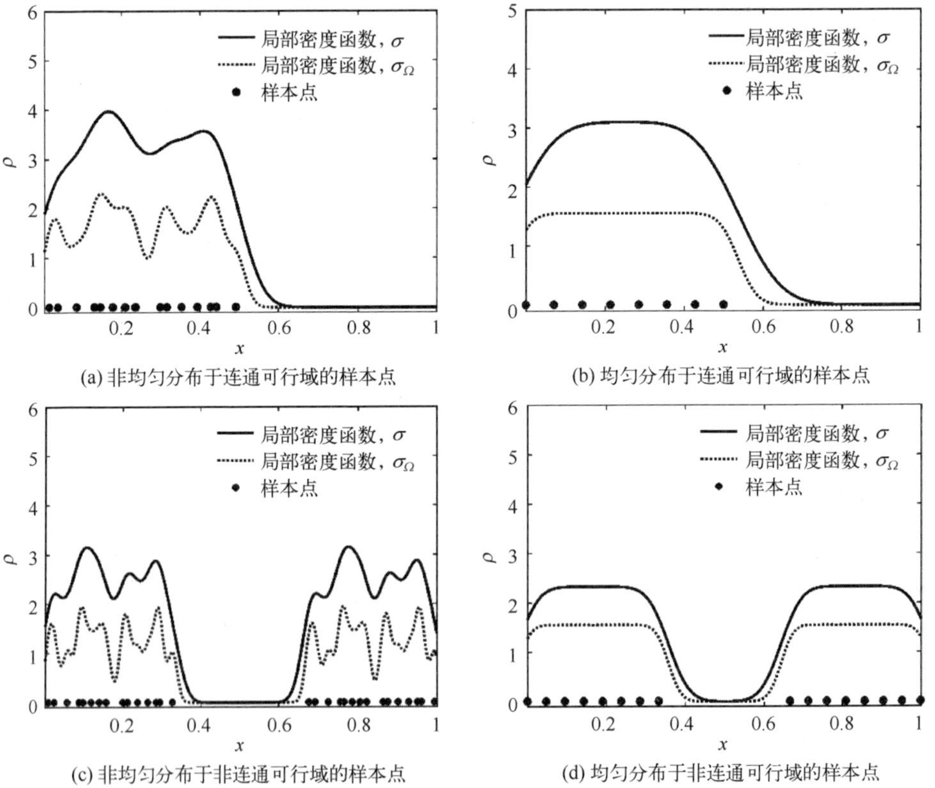

(a) 非均匀分布于连通可行域的样本点

(b) 均匀分布于连通可行域的样本点

(c) 非均匀分布于非连通可行域的样本点

(d) 均匀分布于非连通可行域的样本点

图 4.7　不同分布形式下一维样本点局部密度曲线对比

[0,0.5]，非连通可行域为[0,1/3]∪[2/3,1]。由图可知，该局部密度函数可准确描述样本点在可行域内的疏密程度。

4.1.2.2 约束域逐点序列采样扩充方法

基于样本点局部密度函数得到可行域样本点分布疏密程度的表征能力，直观地通过逐步选取样本点局部密度函数在非规则可行域的最小值点作为新的采样点，将有助于该区域的样本点分布趋于均匀。如图4.8所示，通过在当前局部密度函数最小值点处采样，样本点局部密度函数将趋于平坦，且空间均布性得以改善。

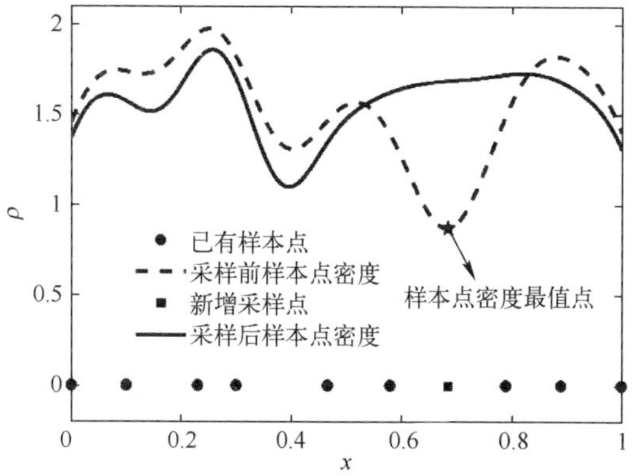

图4.8 基于局部密度函数最小值点采样前后局部密度函数曲线

然而，仅以样本点局部密度函数最小值作为采样准则将难以满足样本点低维投影均匀性要求，如图4.7所示，由于约束边界外无样本点存在，因此样本点局部密度在靠近边界处取值相对较低，上述采样方式将极易导致样本点在边界处聚集，甚至重复采样。为进一步提高非规则可行域样本点的低维投影均匀性，以样本点局部密度函数为基础，采用综合考虑样本点空间分布均匀性和低维投影均匀性的序列采样准则 $\psi(\boldsymbol{x})$，基于该采样准则，非规则可行域序列采样问题可表述为

$$\begin{cases}\text{find } \boldsymbol{x} \\ \min \ \psi(\boldsymbol{x}) = \sum_{i=1}^{N_{\text{fesi}}} \exp\left(-\dfrac{\|\boldsymbol{x}-\boldsymbol{x}_i\|^2}{\sigma_{\Omega}^2}\right) + \min\limits_{k=1,2,\cdots,d}\left(\dfrac{d_{\min}^k(\boldsymbol{D}_{\text{fesi}})}{d_{\text{proj}}^k(\boldsymbol{x},\boldsymbol{D}_{\text{fesi}})}\right) \\ \text{s.t. } \boldsymbol{g}_{\text{cons}} \leqslant \boldsymbol{0} \quad (\boldsymbol{x} \in \mathbb{X}^d)\end{cases} \tag{4.12}$$

$$\begin{cases} d_{\text{proj}}^{k}(\boldsymbol{x},\boldsymbol{D}_{\text{fesi}}) = \min\limits_{\boldsymbol{x}_j \in D_{\text{fesi}}} (\,|x^{(k)} - x_j^{(k)}|\,) \\ d_{\min}^{k}(\boldsymbol{D}_{\text{fesi}}) = \min\limits_{\boldsymbol{x}_i,\boldsymbol{x}_j \in D_{\text{fesi}}} (\,|x_i^{(k)} - x_j^{(k)}|\,) \end{cases} \tag{4.13}$$

式中：$\boldsymbol{D}_{\text{fesi}}$为在非规则可行域$\Omega$内生成的可行样本集；$N_{\text{fesi}}$为可行样本点数量；$d_{\text{proj}}^{k}(\boldsymbol{x},\boldsymbol{D}_{\text{fesi}})$为新增样本点与样本集$\boldsymbol{D}_{\text{fesi}}$中样本点在第$k$维投影的最小距离；$d_{\min}^{k}(\boldsymbol{D}_{\text{fesi}})$为样本集$\boldsymbol{D}_{\text{fesi}}$中样本点之间在第$k$维投影的最小距离。采样准则$\psi(\boldsymbol{x})$第一项表征样本点空间均布性，第二项表征低维投影均匀性，考虑到非规则可行域在各维的投影并不相同，相对投影距离$d_{\min}^{k}(\boldsymbol{D}_{\text{fesi}})/d_{\text{proj}}^{k}(\boldsymbol{x},\boldsymbol{D}_{\text{fesi}})$旨在平衡各维间投影距离的量级差。当新采样点与任一已有样本点低维投影距离过于靠近，即$d_{\text{proj}}^{k}(\boldsymbol{x},\boldsymbol{D}_{\text{fesi}})\to 0$时，将有$\min\limits_{k=1,2,\cdots,d}(d_{\min}^{k}(\boldsymbol{D}_{\text{fesi}})/d_{\text{proj}}^{k}(\boldsymbol{x},\boldsymbol{D}_{\text{fesi}}))\to\infty$，进而有效避免了新采样点在靠近边界处聚集或重复采样。式（4.12）通过最小化采样准则$\psi(\boldsymbol{x})$获取新的采样点，同步实现了最小化样本点局部密度$\rho(\boldsymbol{x})$和最大化最小样本点投影距离$d_{\text{proj}}^{k}(\boldsymbol{x},\boldsymbol{D}_{\text{fesi}})$，综合提高了样本集$\boldsymbol{D}_{\text{fesi}}$的空间分布均匀性和低维投影均匀性。

4.1.2.3 空间分布均匀性改进方法

前面已在非规则可行域内生成了具有一定空间均布性和低维投影均匀性的样本集$\boldsymbol{D}_{\text{fesi}}$。然而，逐点序列采样要求已有的样本点位置保持不变，这在一定程度上制约了逐点序列采样策略获得最优分布的样本点。直观地，考虑替换样本集$\boldsymbol{D}_{\text{fesi}}$中已存在的距离过近的样本点将有助于改善样本集$\boldsymbol{D}_{\text{fesi}}$的空间均布性。基于此，为进一步提高样本集$\boldsymbol{D}_{\text{fesi}}$在非规则可行域内空间均布性和低维投影均匀性，本节提出了基于样本点替换的均匀性改善策略，即剔除$\boldsymbol{D}_{\text{fesi}}$中距离过近的样本点并重新采样直至趋于收敛。

通过上述步骤，可构建面向约束域均匀采样的序列扩充实验设计方法，分为内外两层循环执行：内层循环基于样本点局部密度函数改造的采样准则对非规则可行域进行序列采样，直至获得满足需求数量的可行样本点；外层循环基于样本点替换策略进一步改善非规则可行域内样本点的空间分布均匀性和低维投影均匀性。总体流程如图 4.9 所示。

采样上述算法生成的约束域内空间均匀和投影均匀的样本如图 4.10 所示，图中采样结果表明，样本点较为均匀地散布在非规则可行域内，并且随着样本点数量的增加，样本点的空间填充性逐渐增强，未出现样本在边界或某局部聚集的现象，表明了该方法在不同类型非规则域生成具有空间分布均匀性样本点的可行性。

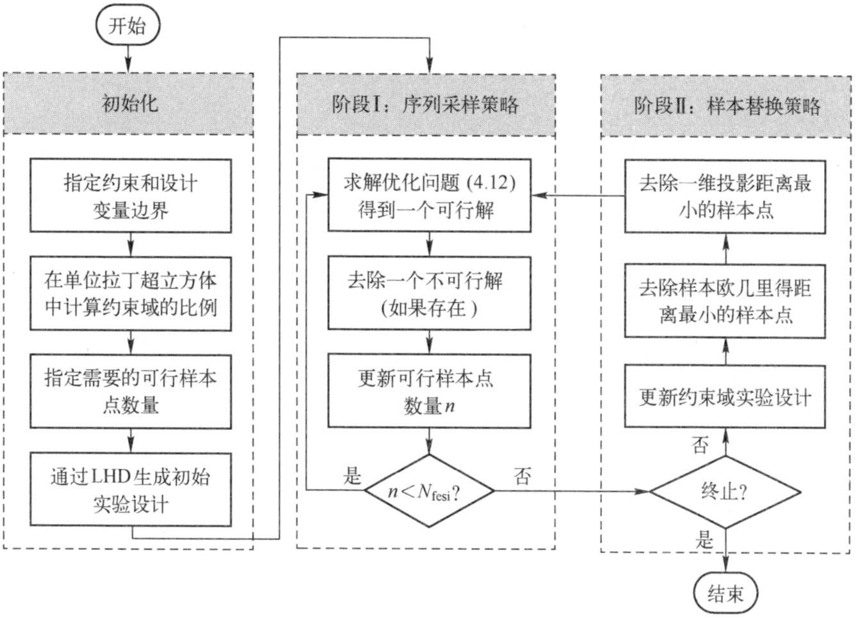

图 4.9 非规则域序列填充算法总体流程

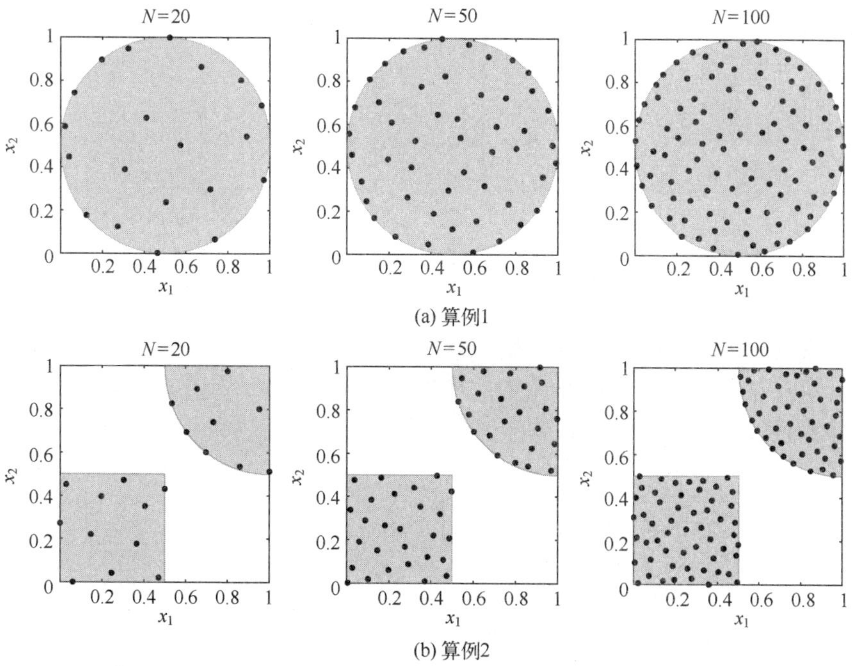

图 4.10 二维非规则域序列扩充实验设计结果

4.2 混合整数实验设计方法

4.2.1 考虑混合整数的拉丁超立方均匀性准则

除显式约束外，实际工程问题中还存在大量离散变量，因此需要生成能够兼顾离散变量和连续变量的初始样本点。面向该需求可采用实数取整的方式进行初始样本生成，但该生成方式会使整数因子不同水平上的样本点不均衡，进而使样本点对该整数因子不同水平的探索能力不均衡。如图 4.11（a）所示为 2 因子 15 水平的 OLHD 样本点在设计空间中的分布，如图 4.11（b）所示为通过取整生成的 MIOLHD 样本点，由图可知，直接取整后样本点在空间的均布特性变差。

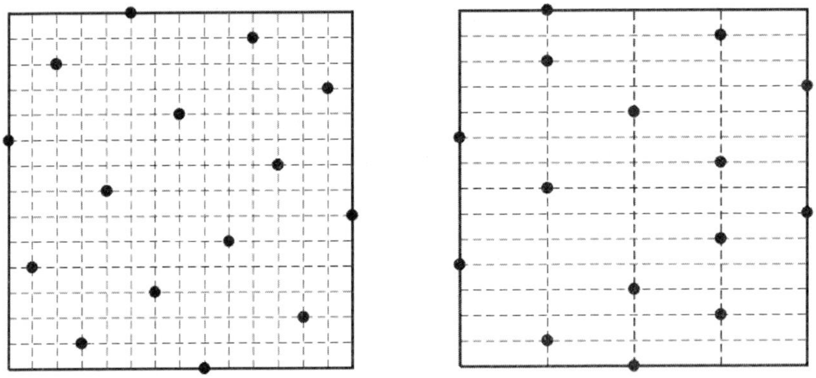

(a) 实数域内的OLHD 样本点　　(b) 取整后的MIOLHD样本点

图 4.11　基于取整生成的 2 因子 15 水平 MIOLHD 样本点

为提高近似模型对含混合整数模型的近似能力，合理高效生成 MIOLHD 样本点是一个关键问题，混合整数样本点均匀性准则是生成 MIOLHD 样本点的基础。针对该问题，Joseph 等提出了考虑混合整数的 MaxPro（maxmum projection）准则[1-2]

$$\phi_{\text{MaxPro}} = \left(\frac{1}{\mathrm{C}_N^2} \sum_{i}^{N} \sum_{j \neq i} \frac{1}{\prod_{l=1}^{m_{\text{real}}} (x_i^{(l)} - x_j^{(l)})^2 \prod_{k=1}^{m_{\text{int}}} \left(d_{\text{proj}}^k(\boldsymbol{x}_i, \boldsymbol{x}_j) + \dfrac{1}{L_k} \right)^2} \right)^{1/m} \tag{4.14}$$

式中：m_{real}为实数因子的数量；m_{int}为整数因子的数量，且 $m_{\text{real}}+m_{\text{int}}=m$；$d_{\text{proj}}^k(x_i^{(k)}, x_j^{(k)})$为样本点 $\boldsymbol{x}_i$ 与 $\boldsymbol{x}_j$ 在第 k 个整数因子上的投影距离，即 $d_{\text{proj}}^k(\boldsymbol{x}_i, \boldsymbol{x}_j)=$

$|x_i^{(k)}-x_j^{(k)}|$；L_k 为第 k 个整数因子的水平数。通过最小化 ϕ_{MaxPro}，实现 MIOLHD 样本点设计。

通常情况下，整数因子的水平数远小于样本点数量，因而整数因子同一水平上将分布多个样本点。观察式（4.14），不难发现，MaxPro 准则倾向于生成具有较大 $d_{\text{proj}}^k(\boldsymbol{x}_i,\boldsymbol{x}_j)$ 取值的 MIOLHD 样本点，导致样本点向边界聚集，降低样本点对整个设计空间的探索能力。如图 4.12 所示，相较于图 4.11（b）所示的样本点，MaxPro 准则生成的样本点最小距离更大，表明其改善了样本点空间均布性。但使样本点在整数因子的不同水平上分布数量不一，在边界水平上分布 4 个样本点，而在中间水平上仅分布 1 个样本点，导致样本点对设计空间探索力度并不均衡。

为改善 MaxPro 准则这一不足，均衡 MIOLHD 样本点对整数因子各个水平的探索力度，建立基于最小弧长距离的整数因子处理方式，将整数因子的不同水平均匀置于周长为 1 的圆上，进而，样本点 $\boldsymbol{x}_i$ 与 $\boldsymbol{x}_j$ 在整数因子上的投影距离 $d_{\text{proj}}^k(\boldsymbol{x}_i,\boldsymbol{x}_j)$ 通过 $x_i^{(k)}$ 及 $x_j^{(k)}$ 在该圆上对应的最小弧长距离计算而得，这避免了 $x_i^{(k)}$ 和 $x_j^{(k)}$ 分别取整数因子最小、最大水平上的聚集，如图 4.13 所示。

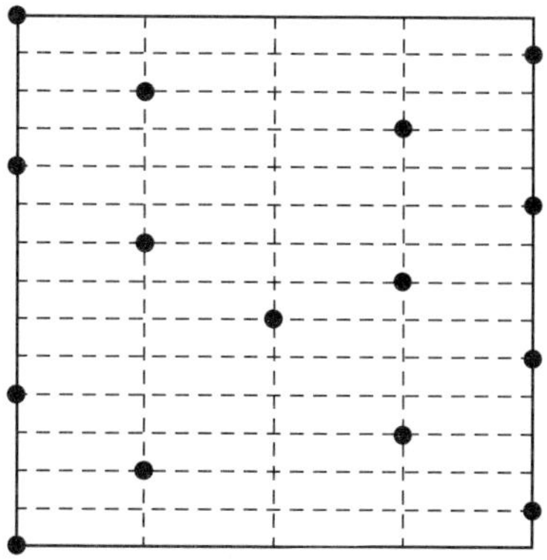

图 4.12　基于 MaxPro 的 2 因子 15 水平样本点

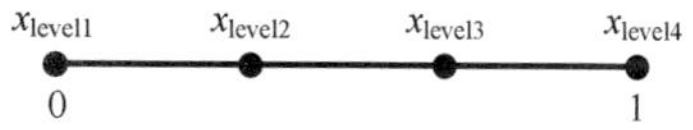

(a) 基于欧氏距离的处理方式

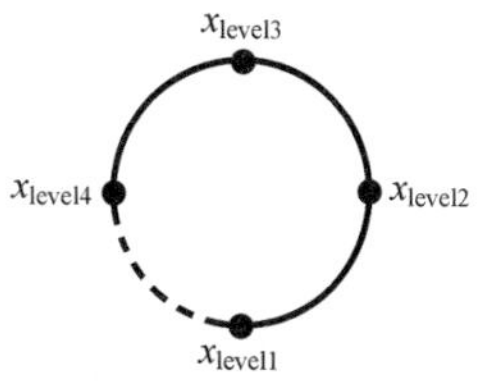

(b) 基于最小弧长距离的处理方式

图 4.13　整数因子处理方式

因此，基于最小弧长距离的整数因子处理方式，mMaxPro 准则可表示为

$$\phi_{\text{mMaxPro}}=\left(\frac{1}{C_N^2}\sum_{i}^{N}\sum_{j\neq i}\frac{1}{\prod_{l}^{m_{\text{real}}}(x_i^{(l)}-x_j^{(l)})^2\prod_{k=1}^{m_{\text{int}}}\left(d_{\text{projarc}}^k(\boldsymbol{x}_i,\boldsymbol{x}_j)+\frac{1}{L_k}\right)^2}\right)^{1/m} \tag{4.15}$$

式中：$d_{\text{projarc}}^k(\boldsymbol{x}_i,\boldsymbol{x}_j)$ 为样本点 $\boldsymbol{x}_i$ 与 $\boldsymbol{x}_j$ 在第 k 个整数因子上投影所对应的最小弧长距离。建立上述混合整数域的均匀性度量准则后，可通过最小化 ϕ_{mMaxPro} 获得

MIOLHD 设计，如图 4.14 所示，15 个样本点均匀地分布在整数因子的 5 个水平上，实现了样本点对整数因子不同水平的均衡探索。

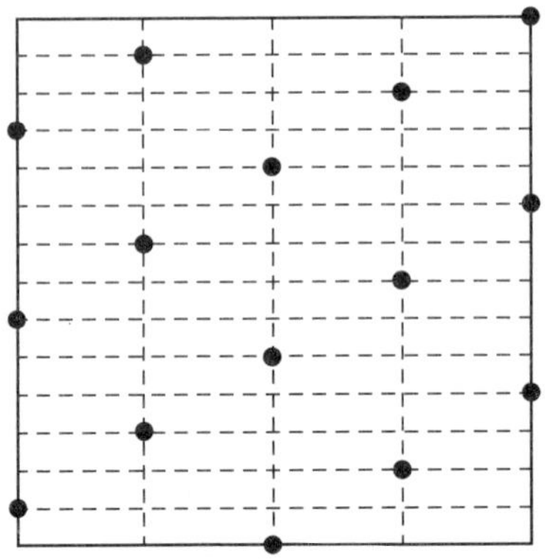

图 4.14　基于 mMaxPro 生成的 2 因子 15 水平 MIOLHD 样本点

4.2.2　基于设计因子扩充的混合整数实验设计方法

混合整数实验设计的难点在于设计域包含连续域和离散域，并且由于离散域的特殊性，常用的连续域优化拉丁超立方算法无法应用于离散域。因此，需要寻求针对连续域和离散域的不同设计算法。本节针对该问题建立面向混合整数实验设计的高效优化设计方法，通过将设计变量分为连续和离散两个部分，分别采用增强随机进化算法和改进的连续局部枚举法进行处理。

连续局部枚举法是连续变量实验设计方法，由于其无须优化即可直接按照一定方法生成性能优良的实验设计点，大幅提高了实验设计的采样计算效率，同时连续局部枚举法具有的直接在离散点上选择样本点的性质，为离散变量处理提供了新思路。但是由于不同离散变量可选的水平数不同，难以直接利用连续实验设计中的连续局部枚举思想进行采样，因此本节首先对连续局部枚举法进行适当修正以适应不同水平数 n 和样本数 N 的采样需求。

假设对于第 k 个离散变量，样本数量 N 与该变量水平数 n_k 划分关系可表示为 $N=r_k n_k+t_k$。式中：r_k、t_k 均为非负整数；r_k 为各水平重复采样的次数；t_k 为样本数被水平数整除后的剩余样本点个数，根据样本数与水平数的关系，可以划分为以下几类。

（1）$r_k=0$，采样点个数小于离散变量水平个数，存在未采样的水平，因此采用连续局部枚举法直接在当前维度根据样本点筛选 t_k 个采样水平。

（2）$r_k \geqslant 1$，$t_k=0$，此时表明在每个离散水平上均会重复采样 r_k 次，可按常规连续局部枚举法重复 r_k 次实现样本选择。

(3) $r_k \geqslant 1$，$t_k>0$，此时是上述两种情况的组合，首先按照第 (2) 种情况生成每个水平重复采样 r_k 次，生成 $r_k n_k$ 个样本，之后根据连续局部枚举的思想，筛选采样水平并生成剩余的 t_k 个样本。

特别地，在连续变量的连续局部枚举法生成实验设计样本点时，由于样本数一般与因子的水平划分数一致，因此仅需一轮枚举，即可生成满足设计需求的样本。但对于离散变量来说，其水平和样本点数不一致，因此会存在需要进行多轮连续局部枚举，该过程中除第一次连续局部枚举的第一个点随机选择外，第二次以后的连续局部枚举的第一个点，都需要选取与已有采样点最近距离里最远的点。

为了更直观地演示改进连续局部枚举法，下面通过两个算例演示算法的流程。第一个算例是一个二维算例，其中一维是有 6 个水平数的离散变量，改进连续局部枚举法过程如图 4.15 所示。图中，横轴的连续变量按照拉丁超立方的理论均匀取 4 个点，纵轴的连续变量包含 6 个水平数。第一个点 P_1 被随机放置在第一列(3,1)单元中。如同常规的连续局部枚举法一样，在第二列剩余的 5 个位置中寻找距离 P_1 最远的单元来放置 P_2。计算第三列剩余的 4 个单元中距离 P_1 和 P_2 最小距离最大的单元用来放置 P_3，最后一个样本点需要在第四列剩余的 3 个位置与已有 3 个点的最小距离，因此最后一个点 P_4 被放置在(4,4)单元中。

第二个算例同样是一个二维算例，其中一维为有 4 个水平数的离散变量，而要求设计采样的个数为 6。由于 6=4×1+2，前 4 个样本点的选取过程与普通连续局部枚举法相同，P_1、P_2、P_3 和 P_4 的位置如图 4.16 所示。P_5 同样需要保证与前 4 个样本的最小距离最大，因此 P_5 被放置在(1,5)单元中。P_6 在第 6 列有 3 个可选位置，根据最小距离最大的原则选取(4,6)单元，则完成 6 个样本的混合整数实验设计。

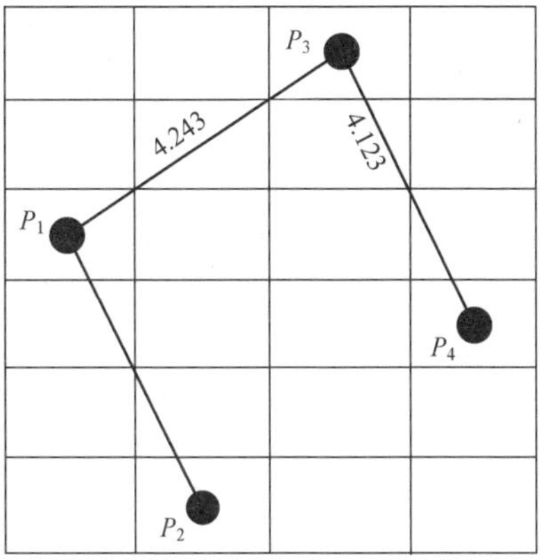

图 4.15　4 样本二维算例

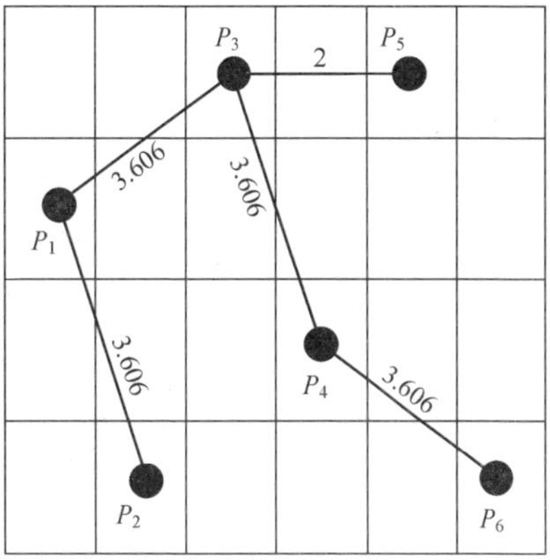

图 4.16　6 样本二维算例

基于增强随机进化和改进连续局部枚举的混合整数实验设计方法把设计变量分为连续和离散两个部分。利用增强随机进化算法（ESE）针对连续变量部分进行优化，给出连续设计变量的初始集合；利用改进连续局部枚举算法得到样本集合离散部分，从而得到整个设计矩阵；以连续部分为输入，整个矩阵的空间填充性能指标为输出，利用增强随机进化算法进行整体优化。对于一个 N 样本 d 因子混合整数实验设计问题，N 为样本点数量，d 为样本维度，其中 f 维为连续变量个数，$d\text{-}f$ 为离散变量个数，ISLE-ESE 算法计算流程如图 4.17 所示。

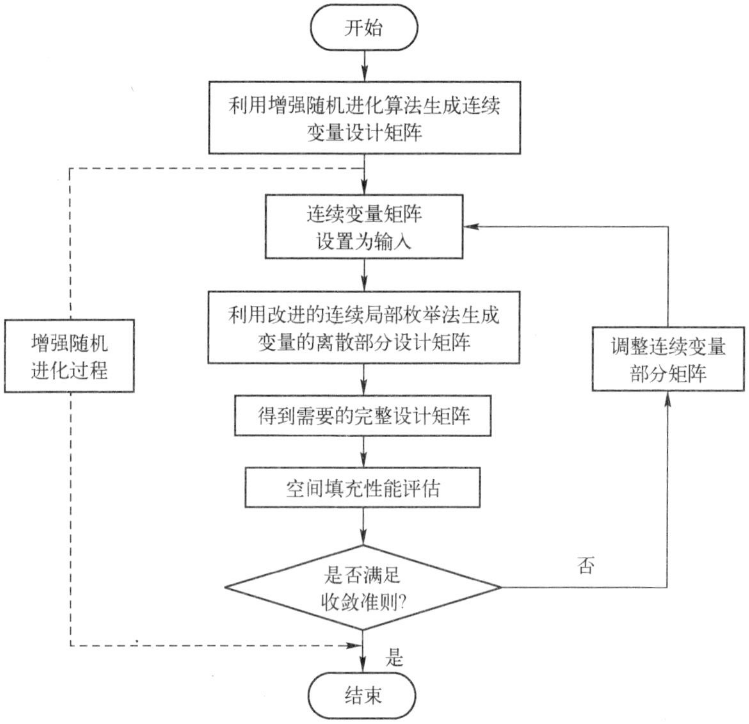

图 4.17　ISLE-ESE 算法计算流程

考虑 20×2 设计，其中样本点个数为 20，设计变量维度为 2，考虑离散变量水平数能整除样本点个数的情况，设置一维是包含 5 个均匀离散值的离散变量。从图 4.18 和图 4.19 所示结果可以看出，ISLE-ESE 设计出的 20 个样本点相比直接对优化拉丁超立方进行圆整后得到的样本点具有更佳均匀性。

同样考虑 20×2 设计，其中样本点个数为 20，设计变量维度为 2，考虑离散变量水平数不能整除样本点个数的情况，设置其中一维是包含 7 个均匀离散值的离散变量。从图 4.20 和图 4.21 所示结果可以看出，ISLE-ESE 设计出的 20 个样本点也具有更佳均匀性，且样本点在离散变量每个水平数的取值次数更为均匀。

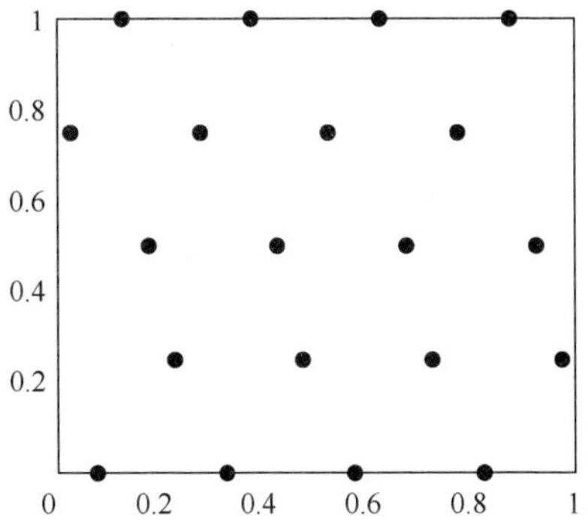

图 4.18　20×2 ISLE-ESE 设计结果（能整除）

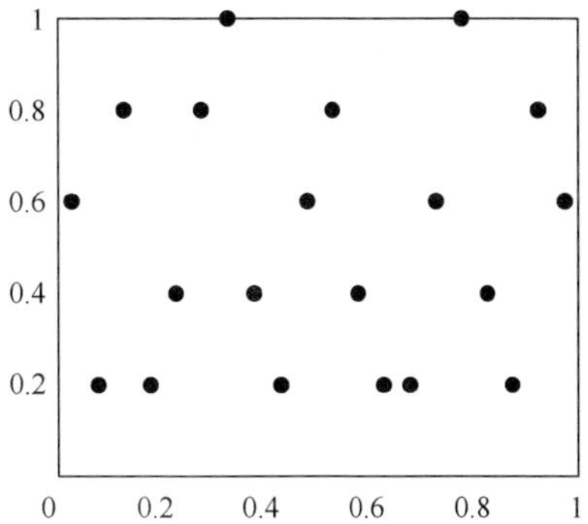

图 4.19　20×2 设计结果（ESE，能整除）

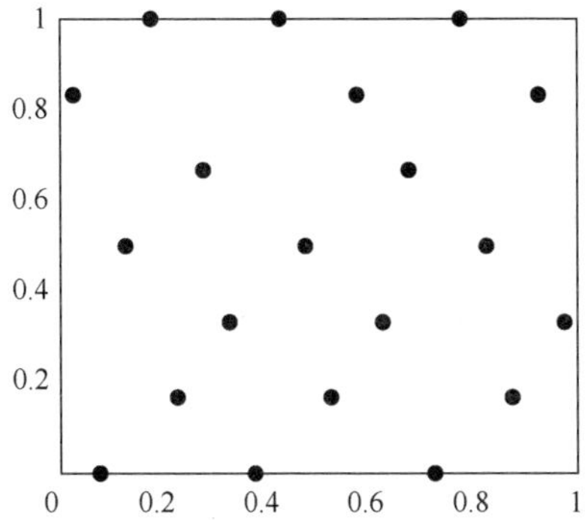

图 4.20　20×2 ISLE-ESE 设计结果（不能整除）

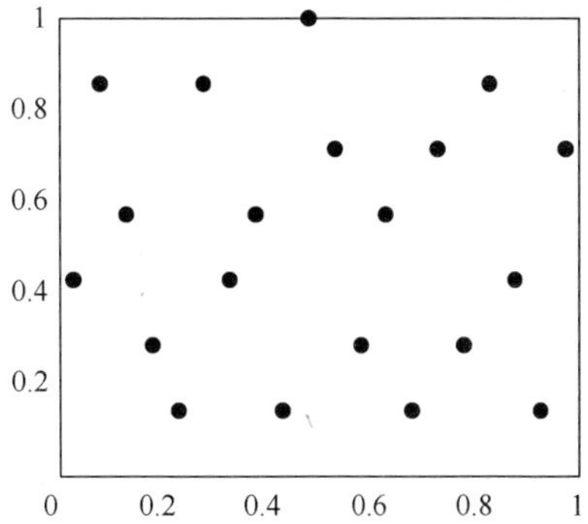

图 4.21　20×2 设计结果（ESE，不能整除）

4.2.3　基于设计水平扩充的混合整数实验设计方法

与实数 OLHD 采样类似，混合整数实验设计在面临“黑箱”工程问题时，基于一次性采样生成 OLHD 样本点的方式也面临样本规模难以事先确定，以及大样本设计计算量大的问题。因此，借鉴实数空间优化拉丁超立方实验设计的序列扩充思想，建立基于递归演化和概率跃迁混合整数序列填充采样算法来提高大规模混合整数优化拉丁超立方实验设计的采样效率。

对于已生成的 $N\times d$ 的 OLHD 样本点 $\boldsymbol{D}_{N\times m}$，其中含 d_l 个实数因子，d_k 个整数因子，且整数因子的水平数分别为 $\{L_k\}_{k=1}^{d_k}$。为了将其扩充为 $(2N-1)\times d$ OLHD，需在未采样区域填充 $N-1$ 个样本点。具体来说，对于实数因子，按前面章节所示的“插空”填充方式直接新增 $N-1$ 个水平；对于整数因子，为均衡不同水平的探索力度，依已有样本点在不同水平上的数量，将 $N-1$ 个样本点分别分配至 d_k 个整数因子的 $\{L_k\}_{k=1}^{d_k}$ 个水平上，使各个水平上的样本点趋于一致，进而获得新增样本集 $\boldsymbol{D}_{(N-1)\times d}$，并与已有样本点集 $\boldsymbol{D}_{N\times d}$ 构成 $(2N-1)\times d$ 的 OLHD 样本集 $\boldsymbol{D}_{(2N-1)\times d}$，进一步调整新增样本点各水平的排列，改善扩充后样本点的空间整体均布性。

改善扩充后样本点空间分布均匀性的优化问题可构造为

$$\begin{cases}\text{given} & \boldsymbol{D}_{N\times d}\\ \text{find} & \{\boldsymbol{\kappa}_{\text{real},i}(\boldsymbol{D}_{(N-1)\times d})\}_{i=1}^{d_{\text{real}}},\{\boldsymbol{\kappa}_{\text{int},j}(\boldsymbol{D}_{(N-1)\times m})\}_{j=1}^{d_{\text{int}}}\\ \min & \phi_{\text{mMaxPro}}(\boldsymbol{D}_{(2N-1)\times d})\end{cases} \tag{4.16}$$

式中：$\boldsymbol{\kappa}_{\text{real},i}(\boldsymbol{D}_{(N-1)\times d})$ 为新增样本点 $\boldsymbol{D}_{(N-1)\times d}$ 中第 i 个实数因子的排列；$\boldsymbol{\kappa}_{\text{int},j}(\boldsymbol{D}_{(N-1)\times d})$ 为新增样本点 $\boldsymbol{D}_{(N-1)\times d}$ 中第 j 个整数因子的排列。

对于上述优化问题，当仅涉及实数因子的排列优化时，采用传统的模拟退火算法（simulated annealing，SA）[3] 或者改进的随机进化算法（enhanced stochastic evolutionary，ESE）[4] 即可求解。然而，当涉及整数因子的排列优化时，由于允许同一水平上存在多个样本点，SA 和 ESE 算法中基于随机选取两个样本点并互相交换元素的搜索机制（图 4.22）本质上缩减了整数因子排列的搜索空间，进而制约了混合整数拉丁超立方空间分布均匀性的提高。为此，采用概率跃迁的方式对整数因子排列进行调整，即以一定概率允许某一样本点不通过与另一样本点进行元素交换，直接从整数因子的某一水平跃迁至另一水平（图 4.23），进而最大限度提高样本点的空间均布性。

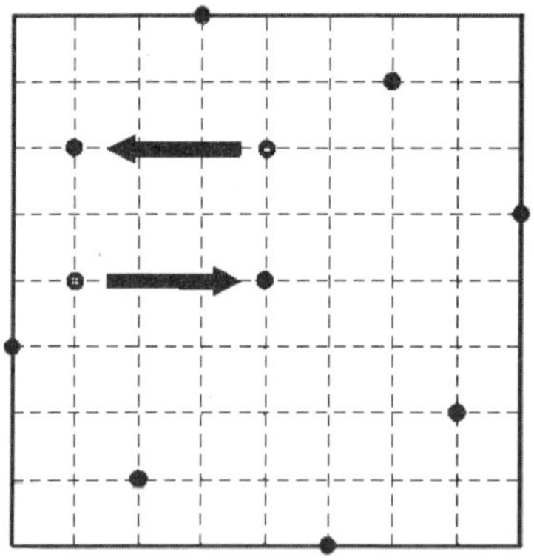

图 4.22　基于元素交换的搜索机制

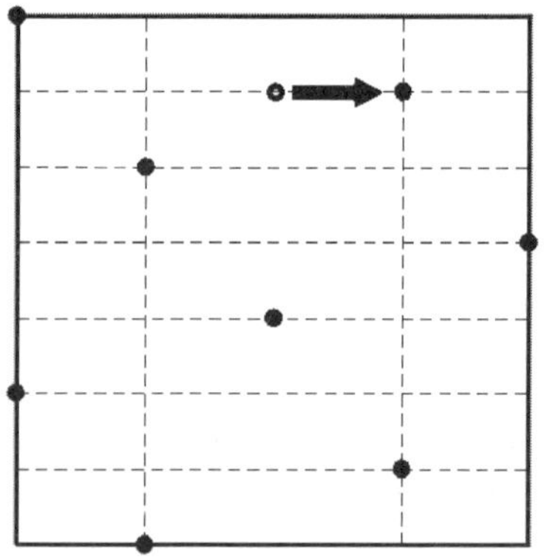

图 4.23　基于“概率跃迁”的搜索机制

对于任意两个样本点 $\boldsymbol{x}_i$ 和 $\boldsymbol{x}_j$，其整数因子的搜索机制可表述为

$$
\begin{cases}
x_i^{(k)} = x_j^{(k)} & (p_{\text{rand}} < p_1) \\
x_j^{(k)} = x_i^{(k)} & (p_{\text{rand}} > p_2) \\
x_0 = x_i^{(k)}, x_i^{(k)} = x_j^{(k)}, x_j^{(k)} = x_0 & (p_1 \leqslant p_{\text{rand}} \leqslant p_2)
\end{cases}
\tag{4.17}
$$

式中：$x_i^{(k)}$ 和 $x_j^{(k)}$ 分别为样本点 $\boldsymbol{x}_i$ 和 $\boldsymbol{x}_j$ 在第 k 个整数因子上的取值；p_1 和 p_2 为跃迁概率，且满足 $0<p_1<p_2<1$；p_{rand} 为区间$[0,1]$内的随机数。混合整数序列填充采样算法 SMIRP 可总结为如下 4 个步骤，算法流程如图 4.24 所示。

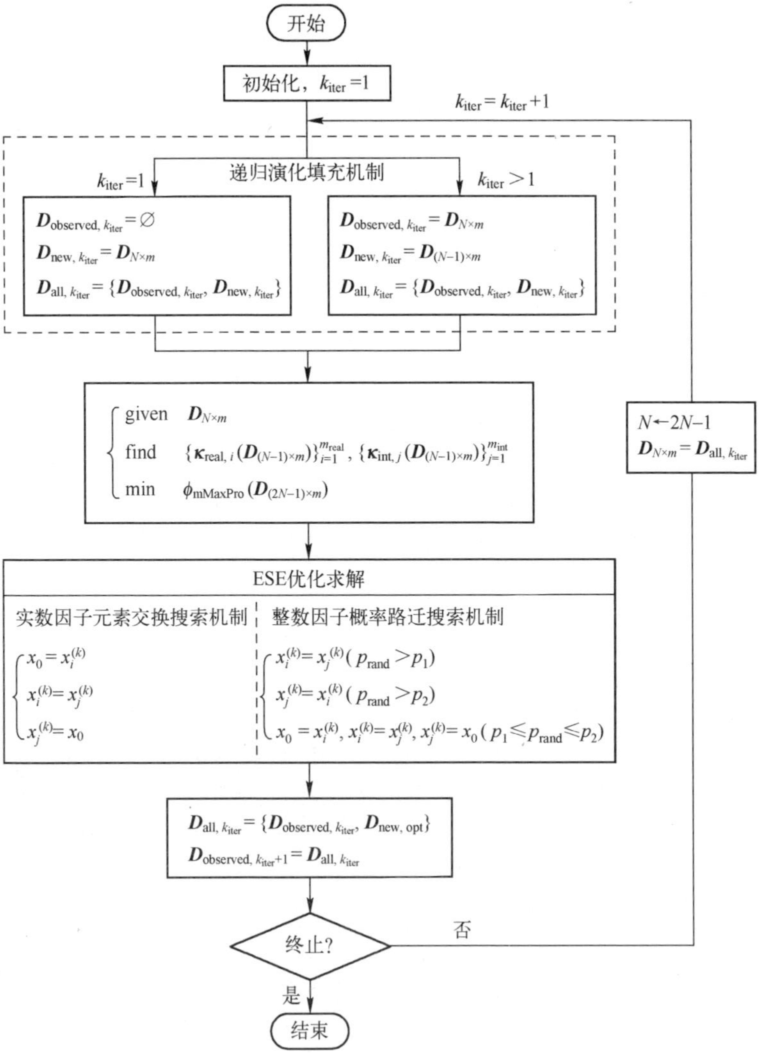

图 4.24　混合整数序列填充采样算法流程

步骤 1：算法初始化。记已观测样本点为 $\boldsymbol{D}_{\text{observed}}$，新增样本点为 $\boldsymbol{D}_{\text{new}}$，所有样本点为 $\boldsymbol{D}_{\text{all}}=\{\boldsymbol{D}_{\text{oberved}},\boldsymbol{D}_{\text{new}}\}$。记填充次数为 $k_{\text{iter}}=1$。

步骤 2：生成 MIOLHD 样本点 $\boldsymbol{D}_{\text{new}}$。

步骤 2.1：若 $k_{\text{iter}}=1$，表明生成初始 MIOLHD 样本点，即 $\boldsymbol{D}_{\text{new},k_{\text{iter}}}=D_{N\times m}$，此时 $\boldsymbol{D}_{\text{observed},k_{\text{iter}}}=\varnothing$。在 m 维设计空间中，对于实数因子，均匀生成 N 个水平；对于整数因子，选取整数因子某一水平与实数组成样本点 $\{\boldsymbol{x}_i\}_{i=1}^{N}$，同时使整数因子不同水平上的样本点尽量均衡，记构成的样本集 $\boldsymbol{D}_{\text{new},k_{\text{iter}}}$。若 $k_{\text{iter}}>1$，表明生成新增 MIOLHD 样本点，即 $\boldsymbol{D}_{\text{new},k_{\text{iter}}}=\boldsymbol{D}_{(N-1)\times m}$。

步骤 2.2：更新 $\boldsymbol{D}_{\text{all},k_{\text{iter}}}=\{\boldsymbol{D}_{\text{observed},k_{\text{iter}}},\boldsymbol{D}_{\text{new},k_{\text{iter}}}\}$。

步骤 3：改善样本点 $\boldsymbol{D}_{\text{new}}$ 空间均布性。对于实数变量，采用元素交换搜索机制；对于整数变量，采用如式（4.17）所述的概率跃迁搜索机制。在改善 $\boldsymbol{D}_{\text{new},k_{\text{iter}}}$ 均匀性的过程，应以所有样本点 $\boldsymbol{D}_{\text{all},k_{\text{iter}}}$ 的均匀性为评价指标，通过调整 $\boldsymbol{D}_{\text{new}}$ 中样本点的实数因子排列 $\{\boldsymbol{\kappa}_{\text{real},i}(\boldsymbol{D}_{\text{new},k_{\text{iter}}})\}_{i=1}^{m_l}$ 和整数因子排列 $\{\boldsymbol{\kappa}_{\text{int},j}(\boldsymbol{D}_{\text{new},k_{\text{iter}}})\}_{j=1}^{m_k}$，使 $\boldsymbol{D}_{\text{all},k_{\text{iter}}}$ 中所有样本点空间均布性最优，记改善后的新增样本点为 $\boldsymbol{D}_{\text{new,opt}}$，并更新 $\boldsymbol{D}_{\text{all},k_{\text{iter}}}=\{\boldsymbol{D}_{\text{observed},k_{\text{iter}}},\boldsymbol{D}_{\text{new,opt}}\}$，$\boldsymbol{D}_{\text{observed},k_{\text{iter}}+1}=\boldsymbol{D}_{\text{all},k_{\text{iter}}}$，$N\leftarrow 2N-1$，$\boldsymbol{D}_{N\times m}=\boldsymbol{D}_{\text{all},k_{\text{iter}}}$。

步骤 4：终止判断。当 $\boldsymbol{D}_{\text{all}}$ 中样本点数量满足需求时，算法终止；当 $\boldsymbol{D}_{\text{all}}$ 中样本点数量不满足需求时，令 $k_{\text{iter}}=k_{\text{iter}}+1$，并转至步骤 2。

以二维设计空间中存在一个 5 水平整数因子为例，对 SMIRP 混合整数序列填充算法进行验证。图 4.25 给出了该混合整数序列填充过程，由图可知，经序列填充后，整数因子各水平上的样本点数量趋于一致，验证了 SMIRP 算法的有效性。

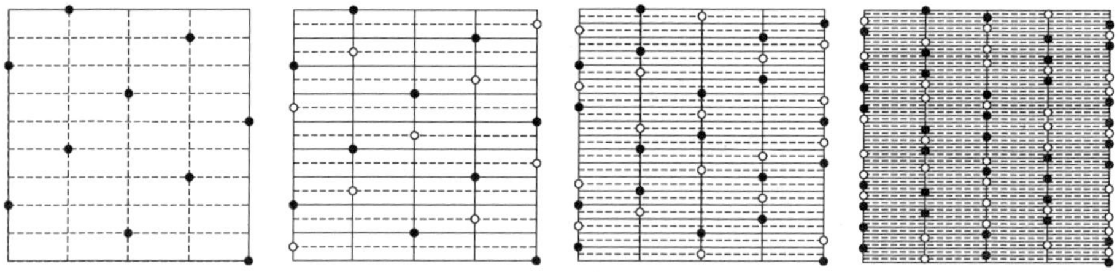

(a) 初始设计　(b) 第一次填充　(c) 第二次填充　(d) 第三次填充

图 4.25　二维设计空间混合整数序列填充

以三维设计空间中存在一个 5 水平整数因子为例，其中 x_1 为 5 水平整数变量，x_2 和 x_3 为实数变量。图 4.26 给出了该采样过程，由图可知，经序列采样后，样本点在设计空间中的均匀性和填充性得到较大改善，同时，整数因子各水平上的样本点趋于一致，且在各平面投影内均匀分布。

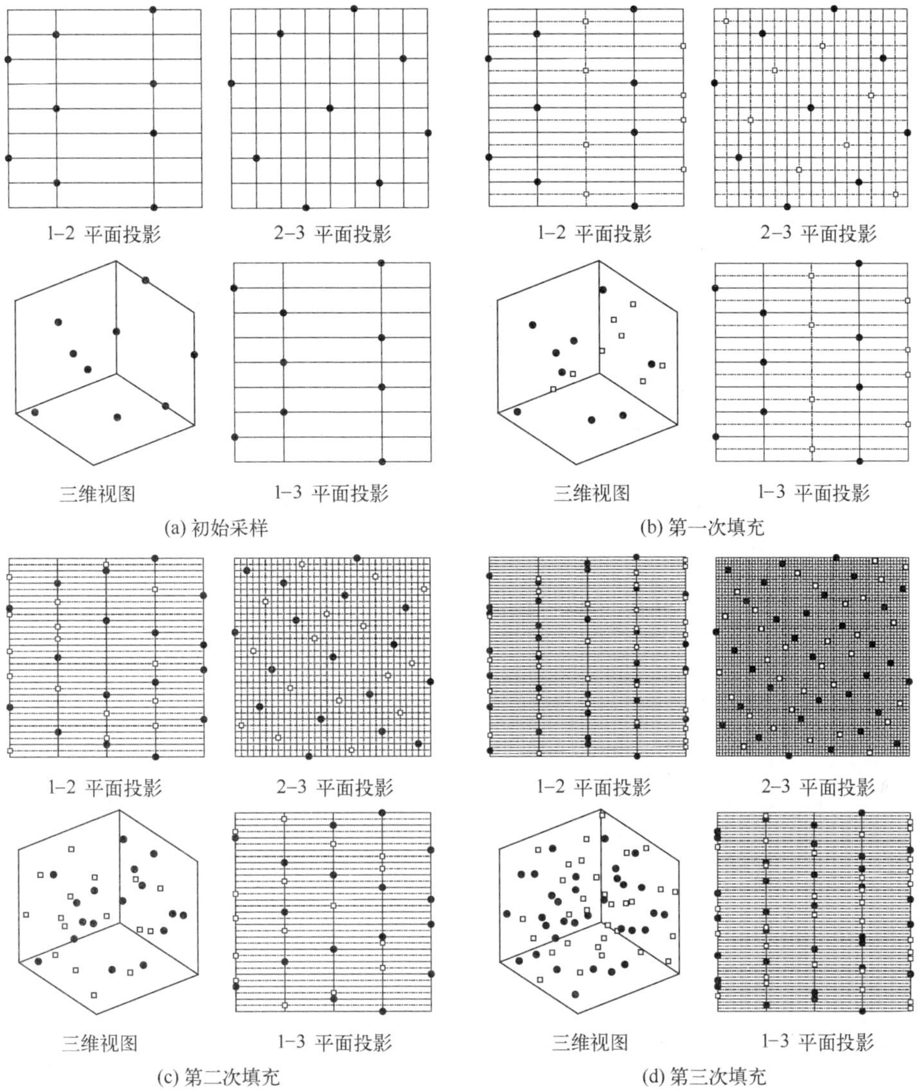

图 4.26 三维设计空间混合整数序列填充

4.3 非规则域混合整数实验设计算法

前面两节中介绍了非规则域实验设计和连续离散混合实验设计的相关方法，在实际优化设计中，往往是上述两种情况并存的问题，不仅包括具有显式或隐式表达式的简单约束[5-6]，如结构质量、尺寸比例关系约束，也包括各类离散变量。

合理考虑各类约束和变量将对初始采样效率和后续设计过程产生影响。若将有限的计算资源仅用于可行域采样及近似建模，将在一定程度上有利于提升对可行域的探索力度，进而指引优化过程更高效地搜索至最优解区域，缩短计算时长。

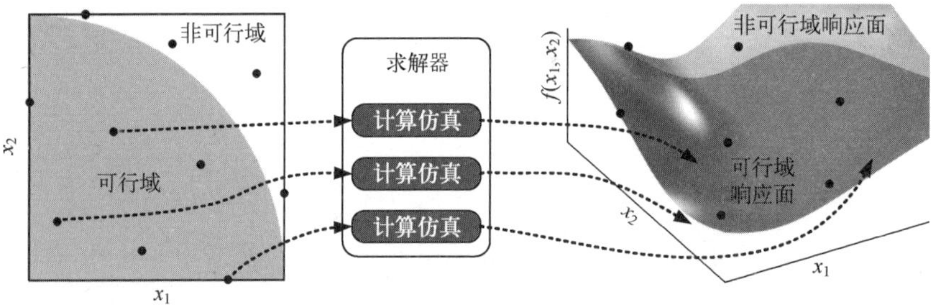

图 4.27　可行域和非可行域的近似模型

为有效地解决混合整数的可行域采样问题，本节结合约束域实验设计和混合整数实验设计方法，建立基于排列优化算法的混合整数非规则域序列填充采样算法。结合前面章节中建立的考虑混合整数的均匀性准则，以及针对整数因子的概率跃迁搜索机制，发展基于逐点采样—排列优化的非规则混合整数序列填充采样算法。

4.3.1　非规则域混合整数实验设计均匀性指标

较高的空间均布性要求新增样本点应距离非规则域内已生成的样本点足够远，为定量评估新增样本点与已生成样本点间的距离关系，给出如下评估准则：

$$\phi_{\text{dist}}(\boldsymbol{x}\,|\,\boldsymbol{D}_{\text{fesi}}) = \frac{1}{N_{\text{fesi}}}\sum_{i=1,\boldsymbol{x}_i\in\boldsymbol{D}_{\text{fesi}}}^{N_{\text{fesi}}}\frac{1}{\|\boldsymbol{x}-\boldsymbol{x}_i\|^2} + \frac{1}{\min\limits_{1\leqslant i\leqslant N_{\text{fesi}},\boldsymbol{x}_i\in\boldsymbol{D}_{\text{fesi}}}\|\boldsymbol{x}-\boldsymbol{x}_i\|^2} \tag{4.18}$$

式中：第一项评估新增样本点 $\boldsymbol{x}$ 到样本点集 $\boldsymbol{D}_{\text{fesi}}$ 中所有样本点 $\{\boldsymbol{x}_i\}_{i=1}^{N_{\text{fesi}}}$ 的距离；第二项评估新增样本点 $\boldsymbol{x}$ 到样本点集 $\boldsymbol{D}_{\text{fesi}}$ 中样本点的最近距离。最小化 $\phi_{\text{dist}}(\boldsymbol{x}\,|\,\boldsymbol{D}_{\text{fesi}})$ 即可使新增样本点 $\boldsymbol{x}$ 距离样本点集 $\boldsymbol{D}_{\text{fesi}}$ 足够远。

为提高填充后的样本点的低维投影均匀性，进一步给出如下低维投影评估准则：

$$\phi_{\text{prodist}}(\boldsymbol{x}\,|\,\boldsymbol{D}_{\text{fesi}}) = \left(\frac{1}{N_{\text{fesi}}}\sum_{i=1,\boldsymbol{x}_i\in\boldsymbol{D}_{\text{fesi}}}^{N_{\text{fesi}}}\frac{1}{\prod\limits_{l=1}^{m_{\text{real}}}(x^{(l)}-x_i^{(k)})^2\prod\limits_{k=1}^{m_{\text{int}}}\left(|x^{(k)}-x_i^{(k)}|+\dfrac{1}{L_k}\right)^2}\right)^{1/m} + \frac{1}{\min\limits_{1\leqslant i\leqslant N_{\text{fesi}},\boldsymbol{x}_i\in\boldsymbol{D}_{\text{fesi}}}\left\{\prod\limits_{l=1}^{m_{\text{real}}}(x^{(l)}-x_i^{(k)})^2\prod\limits_{k=1}^{m_{\text{int}}}\left(|x^{(k)}-x_i^{(k)}|+\dfrac{1}{L_k}\right)^2\right\}} \tag{4.19}$$

综合考虑空间均布性和低维投影均匀性，新增样本点 $\boldsymbol{x}_{\mathrm{sup}}$ 可通过求解如下优化问题获得：

$$\boldsymbol{x}_{\mathrm{sup}} = \underset{\boldsymbol{x} \in \mathbb{X}^m}{\operatorname{argmin}} \left(\phi_{\mathrm{dist}}(\boldsymbol{x} \mid \boldsymbol{D}_{\mathrm{fesi}}) + \phi_{\mathrm{prodist}}(\boldsymbol{x} \mid \boldsymbol{D}_{\mathrm{fesi}}) \right) \tag{4.20}$$

其与在非规则可行域 Ω 中生成满足需求数量样本点的序列填充采样过程类似，本节不再赘述。

当在非规则域生成具有一定空间均布性和低维投影均匀性的样本点集 $\boldsymbol{D}_{\mathrm{fesi,\,I}}$ 后，为提高样本点集 $\boldsymbol{D}_{\mathrm{fesi,\,I}}$ 在非规则约束域内的空间均布性，可采用基于样本替换的均匀性改善策略。然而，样本点替换策略每次仅关注样本点集 $\boldsymbol{D}_{\mathrm{fesi,\,I}}$ 中距离过近的两个样本点，忽略了调整其余样本点的空间布局对空间均布性和低维投影均匀性的贡献。另外，该策略也缺少合理考虑混合整数变量的机制，这使其在应用于混合整数填充采用问题中具有一定的局限性。因此，本节将综合考虑样本点集 $\boldsymbol{D}_{\mathrm{fesi,\,I}}$ 中所有样本点的空间布局，并合理考虑混合整数变量，进一步针对样本点集 $\boldsymbol{D}_{\mathrm{fesi,\,I}}$ 的空间均匀性改进策略开展研究。

非规则域均匀填充采样需满足如下两个优化目标[7]，其一，落入非规则域的样本点数量足够多；其二，非规则域内样本点具有较高的空间均布性和低维投影均匀性。在对样本点集 $\boldsymbol{D}_{\mathrm{fesi,\,I}}$ 中所有样本点进行布局位置调整后，将不可避免地出现调整后的个别样本点落入不可行域内，因此，为同时满足上述两个目标，构造了如下非规则域均匀性指标函数：

$$\begin{aligned}\phi_{\mathrm{fesi}}(\boldsymbol{D}_{\mathrm{fesi,\,I}}) = {} & (N_{\mathrm{fesi,\,I}} - N_{\mathrm{fesi,\,II}}) + \frac{1}{\mathrm{C}^2_{N_{\mathrm{fesi,\,II}}}} \\ & \left(\sum_{i=1,\boldsymbol{x}_i,\boldsymbol{x}_j \in \boldsymbol{D}_{\mathrm{fesi,\,II}}}^{N_{\mathrm{fesi,\,II}}} \sum_{j \neq i} \prod_{l}^{m_{\mathrm{real}}} (x_i^{(l)} - x_j^{(l)})^{-2} \prod_{k=1}^{m_{\mathrm{int}}} \left(d^k_{\mathrm{projarc}}(\boldsymbol{x}_i, \boldsymbol{x}_j) + \frac{1}{L_k} \right)^{-2} \right)^{1/m}\end{aligned} \tag{4.21}$$

式中：$\boldsymbol{D}_{\mathrm{fesi,\,II}}$ 为对样本点集 $\boldsymbol{D}_{\mathrm{fesi,\,I}}$ 中样本点进行布局调整后落入非规则可行域的样本点；$N_{\mathrm{fesi,\,I}}$ 为样本点集 $\boldsymbol{D}_{\mathrm{fesi,\,I}}$ 中样本点的数量；$N_{\mathrm{fesi,\,II}}$ 为样本点集 $\boldsymbol{D}_{\mathrm{fesi,\,II}}$ 中样本点的数量。等式右端第一项表示调整后样本点集 $\boldsymbol{D}_{\mathrm{fesi,\,I}}$ 中落入不可行域内样本点的数量，最小化该指标可使得 $\boldsymbol{D}_{\mathrm{fesi,\,II}}$ 中样本点尽可能多；等式右端第二项源自式（4.15）给出的 mMaxPro 准则，最小化该指标可使样本点集 $\boldsymbol{D}_{\mathrm{fesi,\,II}}$ 具有较优的空间均布性。

进而对于样本点集 $\boldsymbol{D}_{\mathrm{fesi,\,I}}$ 来说，改善其空间分布特性的优化问题可表述为

$$\begin{cases} \text{given} & \boldsymbol{D}_{\mathrm{fesi,\,I}} \\ \text{find} & \boldsymbol{\kappa}_{\mathrm{real}}(\boldsymbol{D}_{\mathrm{fesi,\,I}}),\ \{\boldsymbol{\kappa}_{\mathrm{int},i}(\boldsymbol{D}_{\mathrm{fesi,\,I}})\}_{i=1}^{m_{\mathrm{int}}} \\ \min & \phi_{\mathrm{fesi}}(\boldsymbol{D}_{\mathrm{fesi,\,I}}) \end{cases} \tag{4.22}$$

其中，采用优化拉丁超立方实验设计的算法求解上述优化问题，优化后的样本点集 $\boldsymbol{D}_{\text{fesi, I}}$ 中落入非规则可行域 Ω 内的样本点组成新的样本点集 $\boldsymbol{D}_{\text{fesi, II}}$。

4.3.2 基于排列优化的混合整数非规则域序列填充采样算法

基于排列优化的混合整数非规则域序列填充采样算法实施过程与非规则实数域序列填充采样算法类似，可总结为以下 7 个步骤，总体流程如图 4.28 所示。

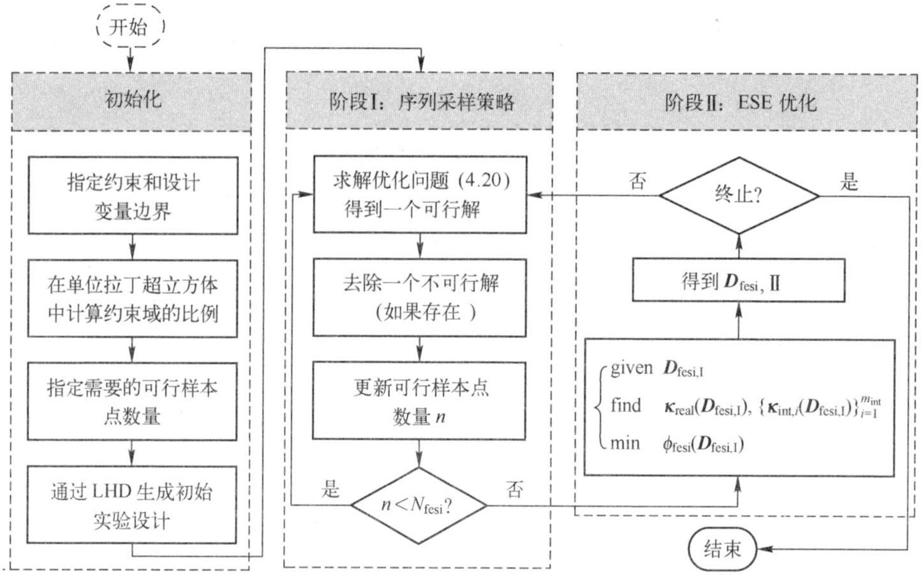

图 4.28　非规则与混合整数实验设计算法总体流程

步骤 1：算法初始化。指定变量取值范围、约束函数、非规则可行域内预期采样点数量 N_{fesi}。

步骤 2：生成初始样本集 $\boldsymbol{D}_{\text{fesi, I}}$。在超立方体空间 $\boldsymbol{X}^m$ 内生成一定数量的 LHD 样本点作为初始样本点。

步骤 3：非规则可行域逐点序列填充采样。求解优化问题（4.12），并将优化解作为新增采样点加入样本点集 $\boldsymbol{D}_{\text{fesi, I}}$。

步骤 4：剔除样本集 $\boldsymbol{D}_{\text{fesi, I}}$ 中的不可行样本点。计算并判断样本集 $\boldsymbol{D}_{\text{fesi, I}}$ 中样本点违反约束情况，并剔除一个不可行样本点。

步骤 5：逐点序列填充采样终止判断。若样本集 $\boldsymbol{D}_{\text{fesi, I}}$ 中均为可行样本点，且样本点数量为 N_{fesi}，逐点序列填充采样结束，进而转步骤 6；否则，转步骤 3。

步骤 6：样本点集 $\boldsymbol{D}_{\text{fesi, I}}$ 均匀性改善。求解优化问题（4.22），并获得均匀性

改善后的样本点集 $\boldsymbol{D}_{\mathrm{fesi},\mathrm{II}}$。

步骤 7：CSFSSMI 算法终止判断。若 $N_{\mathrm{fesi},\mathrm{I}}=N_{\mathrm{fesi},\mathrm{II}}$，算法终止，输出非规则可行域内生成的样本集 $\boldsymbol{D}_{\mathrm{fesi},\mathrm{II}}$；否则，转步骤 3。

在连续变量超球形约束域采样的基础上，以 x_1 作为整数因子，采用非规则域混合整数实验设计方法得到的结果如图 4.29 所示，展示了整数因子不同水平数下 20 个样本点的空间布局，由图可知，CSFSSMI 算法生成的混合整数样本点具有较高的空间填充特性。

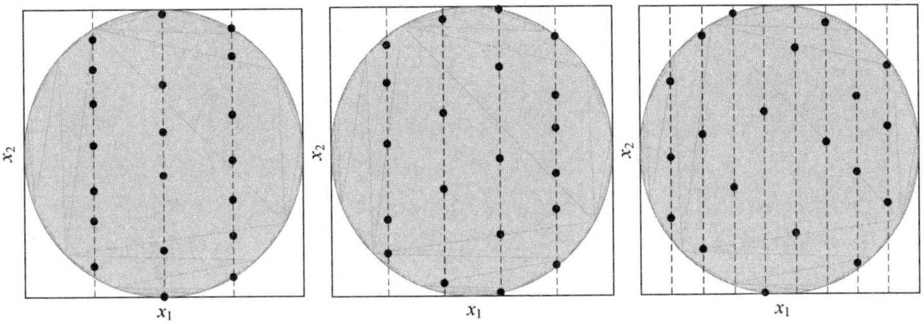

(a) 3水平整数因子　(b) 4水平整数因子　(c) 8水平整数因子

图 4.29　非规则域混合整数样本点

4.4 小　　结

本章针对工程设计中大量存在的显式约束以及离散设计变量的情况，在优化拉丁超立方实验设计及其序列扩充的基础上，建立了面向非规则设计与混合整数设计域的实验设计方法，给基于近似模型的工程设计中不可行点预剔除和可行域高效初始采样提供了有效方法。

针对非规则空间实验设计，将非规则域实验设计样本点作为超立方体内样本点的子集，构造了表征非规则空间均匀性的实验设计优化指标，即综合考虑样本可行性、样本高维空间均布性和低维设计空间投影均匀性的设计指标，并对其进行优化以提升非规则空间实验设计效率，在此基础上建立了非规则域的样本点序列扩充方法，为样本规模动态调整和前期计算结果的充分利用提供了有效手段。

建立了基于因子扩充和水平扩充的混合整数实验设计方法，将混合整数设计问题的实数变量和整数变量分别考虑，实数变量沿用现有优化拉丁超立方实验设计方法，整数变量采用局部枚举法进行采样；在动态扩充问题中，通过概率跃迁方法代替实数变量上的元素交换，规避了多点落到一个取值上导致元素交换失效的问题，实现了混合整数实验设计的序列扩充，并进一步将二者结合，建立了非规则域混合整数实验设计方法以满足更加广泛的设计需求。

参考文献

[1] Joseph V R, Gul E, Ba S. Designing Computer Experiments with Multiple Types of Factors: The Maxpro Approach [J]. Journal of Quality Technology, 2020, 52 (4): 343-354.

[2] Joseph V R, Gul E, Ba S. Maximum Projection Designs for Computer Experiments [J]. Biometrika, 2015, 102 (2): 371-380.

[3] Morris M D, Mitchell T J. Exploratory Designs for Computational Experiments [J]. Journal of Statistical Planning and Inference, 1995, 43 (3): 381-402.

[4] Jin R C, Chen W, Sudjianto A. An Efficient Algorithm for Constructing Optimal Design of Computer Experiments [J]. Journal of Statistical Planning and Inference, 2005, 134 (1): 268-287.

[5] Chen R B, Li C H, Hung Y, et al. Optimal Noncollapsing Space-Filling Designs for Irregular Experimental Regions [J]. Journal of Computational and Graphical Statistics, 2019, 28 (1): 74-91.

[6] Piepel G F, Stanfill B A, Cooley S K, et al. Developing a Space-Filling Mixture Experiment Design When the Components Are Subject to Linear and Nonlinear Constraints [J]. Quality Engineering, 2019, 31 (3): 463-472.

[7] 武泽平. 基于数值模拟的序列近似优化方法研究 [D]. 长沙: 国防科技大学, 2018.

第二部分

近似建模方法

第5章

多项式近似建模方法

近似模型是工程设计中对复杂黑箱仿真模型输出进行预测的重要技术，其基本思想是通过实验设计得到样本点输入，代入复杂黑箱仿真模型获得训练样本的输出，从而通过这些输入输出映射关系，利用一定的插值和拟合手段，得到任意点处输出的预测值。在众多近似建模方法中，多项式近似模型从数理统计领域的线性回归发展而来，具有原理简单、任意阶连续光滑、能够有效过滤数据噪声等优势，是工程设计领域中应用最早的近似模型，也在早期工程设计中发挥了重要作用。多项式近似模型，就是以高维多项式作为近似模型的基本形式，通过训练样本对多项式系数求解，得到用于全空间输出预测的近似模型。

本章首先从最简单的单变量多项式近似建模入手，引入近似模型的基本概念、基本思想、基本建模原则以及模型验证的主要指标，并逐步将单变量多项式扩展到多变量、高阶多项式近似建模，阐述了高维多项式近似建模基本方法。进一步针对高维高阶多项式近似建模中基函数项数冗余的问题，通过引入正交多项式，实现了多项式项数的自适应选取，以满足高维复杂黑箱仿真模型预测需求。

5.1 多项式近似建模基本原理

多项式响应面是工程设计领域中应用最早，也是形式最简单的一种近似模型，其假设模型输入和响应的关系可以用多项式来表达，通过训练样本数据，利用最小二乘法对多项式系数进行回归，得到多项式近似模型的系数，从而对任意非采样点处的输出进行预测。

5.1.1 单变量多项式近似建模

为介绍多项式近似建模的基本概念和原理，首先考虑一个单变量近似建模的问题，其训练数据为$[x_i, y_i]$ $(i=1,2,\cdots,N)$。基于上述训练数据，假设近似模型的形式为多项式，即

$$\hat{y}(x)=\beta_0+\beta_1 x+\beta_2 x^2+\cdots+\beta_p x^p=\sum_{i=0}^{p}\beta_i x^i \tag{5.1}$$

式中：p 为多项式的阶数，或者为次数；x^i 为多项式近似模型的基函数；β_i 为基函数系数，因此该近似模型本质上是多项式基函数的线性叠加。

根据近似模型在样本点处的输出预测值等于样本真实输出，可以建立以下关于β_i 的线性方程组：

$$\begin{bmatrix} 1 & x_1 & \cdots & x_1^p \\ 1 & x_2 & \cdots & x_2^p \\ \vdots & \vdots & \ddots & \vdots \\ 1 & x_N & \cdots & x_N^p \end{bmatrix}\begin{bmatrix} \beta_0 \\ \beta_1 \\ \vdots \\ \beta_p \end{bmatrix}=\begin{bmatrix} y_0 \\ y_1 \\ \vdots \\ y_N \end{bmatrix} \tag{5.2}$$

式中：一共有 $p+1$ 个未知数，N 个方程，因此只有当 $N\geqslant p+1$，式（5.2）才有满足工程应用的唯一解。特别地，当 $N=p+1$，上述近似模型构建过程本质为多项式插值；当 $N>p+1$，上述近似模型构建过程就转化为多项式最小二乘拟合。采用最小二乘法求解线性方程组式（5.2）可得到多项式的系数为

$$\boldsymbol{\beta}=(\boldsymbol{\Phi}^{\mathrm{T}}\boldsymbol{\Phi})^{-1}\boldsymbol{\Phi}^{\mathrm{T}}\boldsymbol{y} \tag{5.3}$$

式中：$\boldsymbol{\Phi}$ 为式（5.2）中的系数矩阵。

根据上述讨论，在给定 N 个训练样本的条件下，多项式阶数 m 选择为 1～$N-1$ 中的任意阶多项式，均可构建多项式近似模型。因此，多项式阶数 m 的合理选择成为多项式近似模型的研究重点。

由泰勒展开理论可知，理论上多项式的阶数取得越高，其对响应特征的表达能力越强，结果越精确。但实际应用过程中，由于数值仿真和物理实验均普遍存在计算或测试误差，在低阶多项式近似模型构建过程中，主要采用拟合方式实现，利用多项式的任意阶光滑特性，能够很好地过滤随机误差，对数据进行光滑逼近。

随着多项式的阶数增加，多项式模型的表达能力增强，与样本点处的逼近误差逐渐缩小，特别当阶数接近样本数时，多项式近似模型变成了完全的高阶多项式插值，此时模型在样本点处的预测误差接近于 0。因此，样本点包含的随机误差被模型当作样本输出特性进行逼近，随机误差影响从而扩大到全局，导致严重

的龙格现象，预测曲线出现震荡，不能反映原模型的全局响应特性。

以图 5.1 所示的问题为例，对于该问题，多项式取到 2 阶时，对模型整体变化趋势可以大致预测；当阶数增加到 4 时，模型在全局均有较高的预测精度；当进一步增加多项式阶数到 10 时，虽然近似模型在样本点处的预测误差为 0，但是在非样本点处，出现严重震荡，因此该 10 阶多项式模型并不能反映实际模型的响应特征。

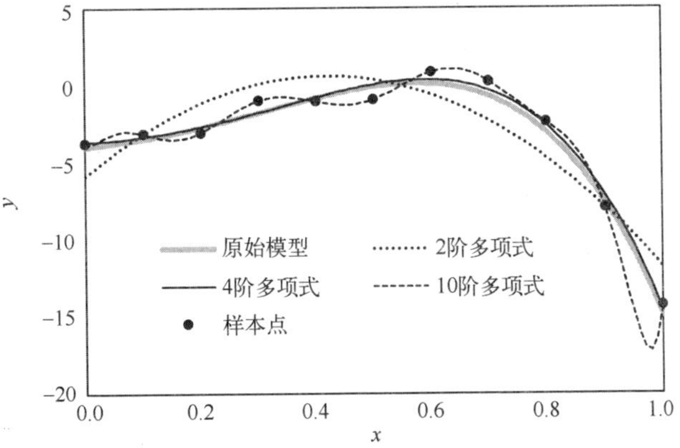

图 5.1　不同阶数多项式近似模型效果

上述问题中的全局逼近能力和样本点处的预测误差就是近似模型构建过程中需要考虑的两个误差，第一是近似模型在训练样本处的预测误差，即经验误差，第二是近似模型在非样本点处的预示误差，即泛化误差。一味追求经验误差的降低，会导致近似模型丧失泛化能力，因此近似模型构建过程不仅需要考虑经验误差，更重要的是模型在整个设计空间的预测误差要小，即具有较强的泛化能力。

但在构建近似模型时，除了训练样本点的输出特性，并没有其他数据可以利用，因此经验误差通常是容易控制的，而泛化能力无法仅通过训练样本来进行评估，这就需要利用额外的信息来进行泛化误差评估，也引出了构建近似模型的另一个概念，验证样本。近似模型构建过程通常是利用训练样本进行模型构建，通过近似模型在验证样本处的预测误差，衡量模型的泛化能力，通过减小验证样本的预测误差对模型进行训练，提升模型泛化能力，常用表征近似模型在验证样本集上预测误差的准则，如表 5.1 所列。其中复相关系数是与模型输出的量级无关的参数，而均方根误差和最大绝对误差和模型本身输出的数量级有关，有时为了使用方便，也会将后两者进行归一化，即相对均方根误差和相对最大绝对误差。

表 5.1　近似模型精度评估准则

精度准则	表达式	
复相关系数	$R^2 = 1 - \sum_{i=1}^{N}(y_i - \hat{y}_i)^2 \Big/ \sum_{i=1}^{N}\left(y_i - \frac{1}{N}\sum_{j=1}^{N} y_j\right)^2$	[↑]
均方根误差	$E_{\mathrm{RMSE}} = \sqrt{\frac{1}{N}\sum_{i=1}^{N}(y_i - \hat{y}_i)^2}$	[↓]
相对最大绝对误差	$E_{\mathrm{RMAE}} = \max(\lvert y_i - \hat{y}_i \rvert)$	[↓]

注：↑表示值越大精度越高；↓表示值越小精度越高。

以上通过一个单变量多项式近似模型的问题，介绍了多项式近似建模的基本原理，以及近似建模过程中的基本概念和术语。但工程设计中的问题大多是多变量问题，为了解决多变量近似问题，下面将上述单变量多项式近似模型扩展到多变量模型，实现高维多项式响应面近似模型构建。

5.1.2　高维多项式近似模型

参考单变量多项式基函数的数学形式，高维多项式的基函数为单变量基函数的乘积，即

$$\phi(\boldsymbol{x}) = \prod_{j=0}^{d} \boldsymbol{x}_j^{p_j} \tag{5.4}$$

式中：p_j 为变量 x_j 的阶数。$\sum p_j$ 为基函数 $\phi(\boldsymbol{x})$ 的阶数。当 p_j 取不同的值时，构成了不同的基函数 $\phi(\boldsymbol{x})$，将上述基函数进行线性叠加，即可构成高维多项式基本数学模型：

$$\hat{f}(\boldsymbol{x}) = \sum_{k=1}^{m} \beta_k \phi_k(\boldsymbol{x}) \tag{5.5}$$

式中：m 为该多项式近似模型的项数，该模型的阶数为每个基函数阶数的最大值，记为 p，因此包含了所有可能项的 p 阶 d 维多项式近似模型的总项数为

$$m = \mathrm{C}_{d+p}^{p} = \frac{(d+p)!}{d!p!} \tag{5.6}$$

例如，2 阶二维多项式共有 6 项，写成展开形式为

$$\hat{f}(\boldsymbol{x}) = \beta_0 + \beta_1 x_1 + \beta_2 x_2 + \beta_{12} x_1 x_2 + \beta_{11} x_1^2 + \beta_{22} x_2^2 \tag{5.7}$$

3 阶二维多项式共有 10 项，写成展开形式为

$$\begin{aligned}\hat{f}(\boldsymbol{x}) = \beta_0 &+ \beta_1 x_1 + \beta_2 x_2 + \\ &\beta_{12} x_1 x_2 + \beta_{11} x_1^2 + \beta_{22} x_2^2 + \\ &\beta_{122} x_1 x_2^2 + \beta_{211} x_2 x_1^2 + \beta_{111} x_1^3 + \beta_{222} x_2^3\end{aligned} \tag{5.8}$$

将式（5.5）写成矢量形式后，可得

$$\hat{f}(\boldsymbol{x}) = \boldsymbol{\phi}^{\mathrm{T}}(\boldsymbol{x})\boldsymbol{\beta} \tag{5.9}$$

将所有采样点 $\boldsymbol{X}$ 的输出 $\boldsymbol{y}$ 代入式（5.9），可得到线性方程式（5.10）

$$\boldsymbol{\phi}^{\mathrm{T}}(\boldsymbol{x}_i)\boldsymbol{\beta} = y_i \quad (i = 1, 2, \cdots, N) \tag{5.10}$$

式中：为了保证上式有唯一解，需要样本点个数 N 大于多项式的总项数 m，此时可通过最小二乘法获得回归系数 $\boldsymbol{\beta}$，如式（5.11）所示。

$$\boldsymbol{\beta} = (\boldsymbol{\Phi}^{\mathrm{T}}\boldsymbol{\Phi})^{-1}\boldsymbol{\Phi}^{\mathrm{T}}\boldsymbol{y} \tag{5.11}$$

式中：矩阵 $\boldsymbol{\Phi}$ 的第 i 行为 $\boldsymbol{\phi}^{\mathrm{T}}(\boldsymbol{x}_i)$。

当多项式的阶数为 1 时，即近似模型式（5.5）中仅包含线性项和常数项时，近似建模问题便转化为多变量线性回归问题；当多项式的阶数为 2 时，该近似模型成为 2 阶响应面，此时，该多项式近似模型不仅可以考虑单变量的单独影响，还可以考虑任意两个变量间的交叉效应对模型输出的影响，这一点在数理统计中做数据分析也得到了广泛应用。

上述 1 阶和 2 阶响应面是工程中应用最广泛的多项式响应面，不仅因为其原理简单，使用方便，而且上述低阶响应面可以直接根据各变量的系数，判断该变量对输出的影响大小及趋势。对于如式（5.12）所示的 1 阶多项式响应面，可以直接通过各变量 x_j 的回归系数 β_j 判断各变量对模型输出的影响大小，并且根据 β_j 的符号判断该变量对系统输出的影响规律。对于如式（5.13）所示的 2 阶近似模型时，可以通过 $x_i x_j$ 交叉项的系数 β_{ij} 的大小，判断该近似模型中变量 x_i 和 x_j 的交叉效应对模型输出的影响大小，详细的定量分析结果在后续章节中进行论述。

$$\hat{f}(\boldsymbol{x}) = \beta_0 + \sum_{j=1}^{d} \beta_j x_j \tag{5.12}$$

$$\hat{f}(\boldsymbol{x}) = \beta_0 + \sum_{i=1}^{d} \beta_i x_i + \sum_{i=j}^{d} \sum_{j=1}^{d} \beta_{ij} x_i x_j \tag{5.13}$$

低阶多项式近似模型的上述优良性质，使其在多变量回归和预测中发挥了重要作用，但随着设计问题的复杂度提升，在实际工程设计中仿真模型非线性程度越来越高，利用变量耦合效应以挖掘设计潜力的需求越来越迫切。因此，低阶多项式难以满足工程应用中非线性模型精确预测需求，需要通过更高阶的多项式对离散高维数据进行逼近，以寻求较好预测效果。与此同时，随着多项式阶数的增加，直接从多项式系数中读取变量影响的性质不复存在。

尽管如此，低阶多项式的求解思路和良好的性质给多项式近似模型在工程设计中的应用奠定了良好基础，也为具有上述良好性质的高阶多项式的发展提供了思想启发，由此发展形成的正交多项式很好地继承了上述优点，同时具备了可以直接从回归系数中读取变量影响的性质。

5.2 正交多项式近似建模方法

正交多项式近似模型是将正交多项式族作为基函数，并将其线性叠加作为输出预测值的近似模型，其本质与多项式响应面近似模型没有区别，但是通过将基函数正交化，实现了高阶多项式也可通过基函数系数直接去分析各变量及其耦合效应对模型输出的影响大小。

5.2.1 正交多项式的基本概念

首先引入正交概念，若一维函数$f(x)$与$g(x)$满足：

$$\int_a^b f(x)g(x)\mathrm{d}x = 0 \tag{5.14}$$

则称$f(x)$与$g(x)$在区间$[a,b]$上正交，记为

$$\langle f(x),g(x)\rangle = E[f(x)g(x)] = \int_a^b f(x)g(x)\mathrm{d}x = 0 \tag{5.15}$$

上式的写法参考了向量内积的概念，因此也被称为函数$f(x)$与$g(x)$在区间$[a,b]$的内积。

若$f(x)$与$g(x)$满足：

$$\int_a^b \eta(x)f(x)g(x)\mathrm{d}x = 0 \tag{5.16}$$

则称$f(x)$与$g(x)$在区间$[a,b]$上关于权函数$\eta(x)$正交，区间$[a,b]$称为正交区间，正交区间未必是有限区间。

对于单变量多项式模型：

$$\hat{f}(x) = \sum_{k=1}^{m} \beta_k \mathcal{P}_k(x) \tag{5.17}$$

如果所有元素满足：

$$\int_a^b \eta(x)\mathcal{P}_i(x)\mathcal{P}_j(x)\mathrm{d}x = \begin{cases} 0 & (i \neq j) \\ \int_a^b \eta(x)[\mathcal{P}_i(x)]^2\mathrm{d}x & (i = j) \end{cases} \tag{5.18}$$

则称$\hat{f}(x)$为在区间$[a,b]$上带权$\eta(x)$的正交多项式序列，序列中的每个元素可称为一个正交多项式，参考向量模长的定义，上述非零项常数也称作函数$\mathcal{P}_i(x)$

模长的平方，简称模方。

上述权函数其特点就是表明被积函数 $\mathcal{P}_i(x)$ 在定义域上取值的重要程度不一致，通常被用来对输入参数服从某一随机分布时，对其各阶矩的积分求解，这一特性在第 10 章对设计参数进行灵敏度分析时会发挥重要作用。表 5.2 中给出了各种权函数或概率密度函数下的正交多项式序列展开基函数。比如：勒让德多项式用来解决均匀形式分布参数，埃尔米特多项式用来解决高斯形式分布参数，等等。如果是其他权函数或概率密度函数的情况，可使用 Stieltjes 方法或 Chebyshev 方法来计算相对应的正交基函数。

表 5.2 不同权函数下的正交多项式

分布形式	标准概率密度函数	多项式	权重函数	变量区间
均匀分布	$1/2$	Legendre $P_n(x)$	1	$[-1,+1]$
高斯分布	$1/\sqrt{2\pi}\mathrm{e}^{-x^2/2}$	Hermite $H_{e_n}(x)$	$\mathrm{e}^{-x^2/2}$	$(-\infty,+\infty)$
指数分布	e^{-x}	Laguerre $L_n(x)$	e^{-x}	$[0,+\infty)$
Beta 分布	$\dfrac{(1-x)^{\alpha}(1+x)^{\beta}}{2^{\alpha+\beta+1}\mathrm{B}(\alpha+1,\beta+1)}$	Jacobi $J_n(x)$	$(1-x)^{\alpha}(1+x)^{\beta}$	$[-1,+1]$
Gamma 分布	$x^{\alpha}\mathrm{e}^{-x}/\Gamma(\alpha+1)$	Generalized Laguerre $G_n(x)$	$x^{\alpha}\mathrm{e}^{-x}$	$[0,+\infty)$

表注：Gamma 函数 $\Gamma(\alpha+1)=\alpha\Gamma(\alpha)$，Beta 函数 $\mathrm{B}(\alpha+1,\beta+1)=\Gamma(\alpha)\Gamma(\beta)/\Gamma(\alpha+\beta)$。

一般来说，考虑定义在高维设计空间$[\boldsymbol{x}_l,\boldsymbol{x}_u]$上的确定性仿真模型，不考虑参数的随机分布，通常认为参数在设计空间的权重一致，因此对于该类问题进行近似建模，通常采用均匀分布上的勒让德多项式作为基函数，进一步，对于任意设计空间，可将其归一化至区间$[-1, 1]$内，归一化后的勒让德多项式可通过递推方式求解，其递推公式如下：

$$\begin{cases}P_0(x)=1\\P_1(x)=x\\P_{n+1}(x)=x\dfrac{2n+1}{n+1}P_n(x)-\dfrac{n}{n+1}P_{n-1}(x)\quad(n=1,2,3\cdots)\end{cases}\tag{5.19}$$

根据上述递推公式，可得勒让德正交多项式的基本形式，其前 6 阶递推结果以及其内积如表 5.3 所示，将其在定义域区间$[-1,1]$上画出函数图像如图 5.2 所示。同时，由于上述多项式乘一个常系数并不影响其相互之间的正交关系，因此还可以根据实际需求，将上述多项式进行缩放，获得具有良好性质的正交多项式基函数，如最高次系数为 1 的首 1 多项式，或模方为 1 的模 1 多项式。

表 5.3 前 6 阶勒让德多项式

阶数	$P(x)$	内积
0	1	2
1	x	2/3
2	$(3x^2-1)/2$	2/5
3	$(5x^3-3x)/2$	2/7
4	$(35x^4-30x^2+3)/8$	2/9
5	$(63x^5-70x^3+15x)/8$	2/11

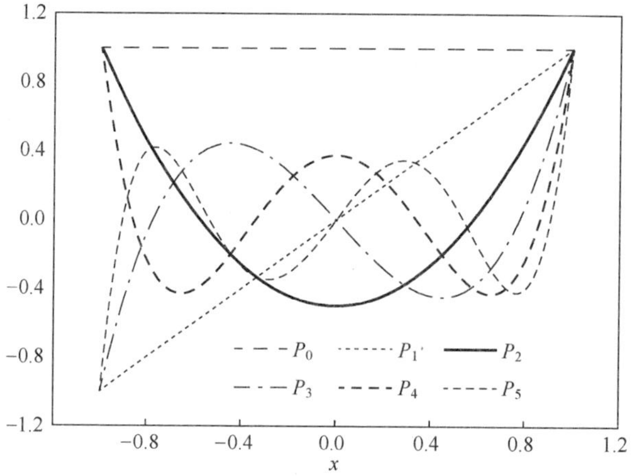

图 5.2 前 6 阶勒让德多项式

通过将上述单变量正交多项式序列应用于多变量函数，采用常规单变量基函数直接相乘得到多变量多项式基函数的方式，即可得到高维正交多项式近似模型对应的各基函数：

$$\mathcal{P}_k(\boldsymbol{x}) = \prod_{j=0}^{d} P_{k_j}(x_j) \tag{5.20}$$

式中：k_j 为第 k 项基函数中第 j 个变量对应的正交多项式阶数。例如，对于二变量二次多项式，常规多项式的展开形式为

$$\hat{f}(\boldsymbol{x})=\beta_0+\beta_1x_1+\beta_2x_2+\beta_{12}x_1x_1+\beta_{11}x_1^2+\beta_{22}x_2^2 \tag{5.21}$$

对应的正交多项式的展开形式为

$$\begin{aligned}\hat{f}(\boldsymbol{x})&=\beta_0+\beta_1P_1(x_1)+\beta_2P_1(x_2)+\beta_{12}P_1(x_1)P_1(x_2)+\beta_{11}P_2(x_1)+\beta_{22}P_2(x_2)\\&=\beta_0+\beta_1x_1+\beta_2x_2+\beta_{12}x_1x_2+\beta_{11}\frac{3x_1^2-1}{2}+\beta_{22}\frac{3x_2^2-1}{2}\end{aligned} \tag{5.22}$$

对于更高阶的多变量基函数也可按照类似方式展开，比如常规多项式 $x_1^2x_2x_3^3$ 对应的三个变量的阶数分别为 2，1，3，对应阶数的正交多项式如式（5.23）所示。

$$\mathcal{P}(\boldsymbol{x})=P_2(x_1)P_1(x_2)P_3(x_3)=\frac{3x_1^2-1}{2}\cdot x_2\cdot\frac{5x_3^3-3x_3}{2} \tag{5.23}$$

在实际应用中，类似于常规多项式模型，正交多项式通常需要设置其最高展开阶数 p，将其表示为有限项截断的正交多项式模型，即

$$\hat{f}(\boldsymbol{x})=\sum_{k=1}^{m}\beta_k\mathcal{P}_k(\boldsymbol{x}) \tag{5.24}$$

式中：m 为 p 阶 d 维多项式的展开项数，由式（5.6）得到。

如果式（5.24）中的基函数 $\mathcal{P}_k(\boldsymbol{x})$ 是由单变量正交多项式的乘积组成，如式（5.20）所示，将其中任意两项在区间$[-1,1]^d$上做内积，利用分离变量积分法可得

$$\int_{-1}^{1}\mathcal{P}_i(\boldsymbol{x})\mathcal{P}_k(\boldsymbol{x})\mathrm{d}x=\prod_{j=0}^{d}\int_{-1}^{1}P_{i_j}(x_j)P_{k_j}(x_j)\mathrm{d}x \tag{5.25}$$

根据一元正交多项式的定义可知，对于任意变量 x_j，若 $i_j\neq k_j$，则上式为 0，因此式（5.25）不为 0 的条件是对于任意 x_j，都有 $i_j=k_j$，也即 $i=k$。因而由单变量正交多项式的乘积组成的高维正交多项式近似模型式（5.24）中，各项基函数也满足正交性。

确定了多项式次数后，即可按照常规多项式近似模型的求解方法，在采样点个数 N 大于多项式项数 m 时，采用最小二乘法对多项式系数 β_k 进行求解，进一步得到近似模型实现任意输入处的输出预测。

5.2.2 正交多项式系数投影解法

上一节介绍了正交多项式的基本概念和基本形式，注意到正交多项式的各项基函数是常规多项式的各基函数进行线性叠加所得到的，在相同的多项式截断次数下，正交多项式基函数和常规多项式基函数之间的差异仅为一个叠加矩阵，且该矩阵可逆。因此在训练数据相同的条件下，正交多项式近似模型与常规多项式近似模型在本质上没有区别，只是引入基函数正交化的概念，简化计算过程并将各基函数的影响直接从基函数系数大小进行读取，能够有效在近似建模之前评估某项函数的重要性。

本节将利用正交基函数的特点，介绍正交多项式近似模型基函数系数的直接估计方法。根据正交多项式的定义可知，对于 p 阶 d 维多项式近似模型

$$\hat{f}(\boldsymbol{x}) = \sum_{k=1}^{m} \beta_k \mathcal{P}_k(\boldsymbol{x}) \tag{5.26}$$

其中的基函数两两正交，此时将任意基函数 $\mathcal{P}_k(\boldsymbol{x})$ 与近似模型 $\hat{f}(\boldsymbol{x})$ 做内积，可得

$$\begin{aligned} \langle \mathcal{P}_l(\boldsymbol{x}), \hat{f}(\boldsymbol{x}) \rangle &= \langle \mathcal{P}_l(\boldsymbol{x}), \sum_{k=1}^{m} \beta_k \mathcal{P}_k(\boldsymbol{x}) \rangle \\ &= \sum_{k=1}^{m} \beta_k \langle \mathcal{P}_l(\boldsymbol{x}), \mathcal{P}_k(\boldsymbol{x}) \rangle \end{aligned} \tag{5.27}$$

由于基函数 $\mathcal{P}_k(\boldsymbol{x})(k=1,2,\cdots,m)$ 满足正交条件，因此式（5.27）中，当且仅当 $l=k$ 时不为 0，由此可得

$$\langle \mathcal{P}_l(\boldsymbol{x}), \hat{f}(\boldsymbol{x}) \rangle = \beta_l \langle \mathcal{P}_l(\boldsymbol{x}), \mathcal{P}_l(\boldsymbol{x}) \rangle \tag{5.28}$$

进一步，由于高维基函数 $\mathcal{P}_l(\boldsymbol{x})$ 是各单变量正交多项式的乘积，因此式（5.28）可利用分离变量积分法写为各单变量基函数模方的乘积。

$$\langle \mathcal{P}_l(\boldsymbol{x}), \hat{f}(\boldsymbol{x}) \rangle = \beta_l \prod_{j=1}^{d} \int_{-1}^{1} P_{l_j}^2(x_j)\,\mathrm{d}x_j = \beta_l \prod_{j=1}^{d} \frac{2}{2l_j + 1} \tag{5.29}$$

式中：等号右边仅包含未知数 β_l；等号左边其本质就是一个高维积分，也可以采用另一种形式

$$\langle \mathcal{P}_l(\boldsymbol{x}), \hat{f}(\boldsymbol{x}) \rangle = \int_{-1}^{1} \mathcal{P}_l(\boldsymbol{x}) \hat{f}(\boldsymbol{x})\,\mathrm{d}\boldsymbol{x} \tag{5.30}$$

式中：$\hat{f}(\boldsymbol{x})$ 为未知的近似模型，其具体表达式未知，但其在训练样本 $\boldsymbol{x}_i(i=1,2,\cdots,N)$ 处的输出 y_i 是已知的，因此，可将样本处的输出当作近似模型的输出，即 $\hat{f}(\boldsymbol{x}_i)=y_i(1=1,2,\cdots,m)$。此时，利用训练样本数据，将式（5.30）进行蒙特卡罗积分，可得

$$\langle \mathcal{P}_l(\boldsymbol{x}), \hat{f}(\boldsymbol{x}) \rangle = \int_{-1}^{1} \mathcal{P}_l(\boldsymbol{x}) \hat{f}(\boldsymbol{x})\,\mathrm{d}\boldsymbol{x} \approx \frac{2^d}{N} \sum_{i=1}^{N} \mathcal{P}_l(\boldsymbol{x}_i) y_i \tag{5.31}$$

将式（5.31）代入式（5.29）可得 β_l 的计算方式为式（5.32）。

$$\beta_l = \left(\frac{1}{N} \sum_{i=1}^{N} \mathcal{P}_l(\boldsymbol{x}_i) y_i \right) \prod_{j=1}^{d} (2l_j + 1) \tag{5.32}$$

利用式（5.32），理论上可通过基函数的单变量正交多项式阶数和基函数在训练样本处的取值直接求解得到。实际使用过程中，直接投影法的系数计算精度取决于式（5.31）蒙特卡罗积分的精度，随着样本点个数和积分精度的增加，其计算结果逐渐趋于直接求解法。

例如，对如式（5.33）所示的函数

$$y=\sin(\pi x)+1 \quad (-1\leqslant x\leqslant 1) \tag{5.33}$$

基函数阶数取到 5 阶，在区间[-1,1]取均匀划分的不同个数样本点进行积分时，对应的系数和预测模型的收敛曲线如图 5.3、图 5.4 所示，图中采用投影法对各系数求解结果显示，随着样本点的增多，其系数逐渐收敛，收敛后的预测曲线逐步收敛到原始模型。对比收敛后的各系数可知，二次项和四次项收敛后的系数接近于 0，这与 $\sin(\pi x)$ 的泰勒展开项中不含偶数次项的结果是一致的，说明了各阶基函数的影响可以从近似模型系数中直接读取。

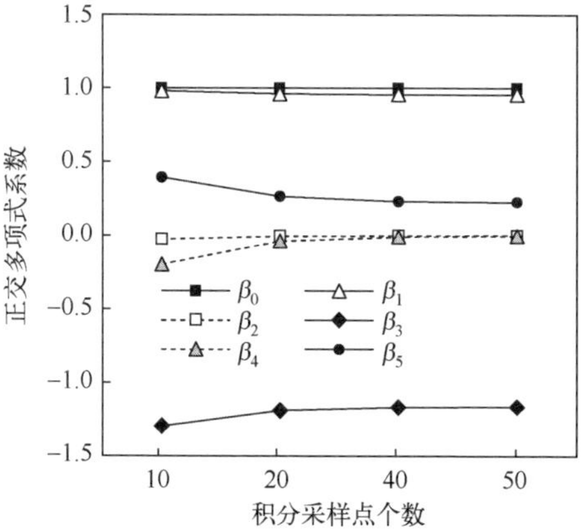

图 5.3　正交多项式投影系数收敛过程

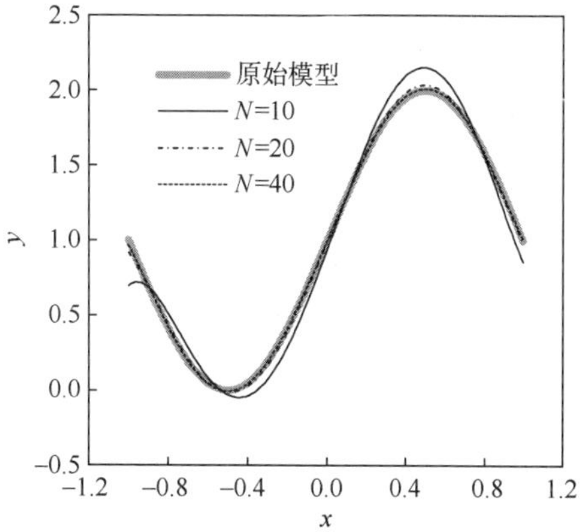

图 5.4　正交多项式投影法预测结果收敛过程

因此在实际使用过程中，样本规模较小时，通常采用直接归回法求解，以降低残差；而在样本规模较大时，由于蒙特卡罗积分具有较高的精度，因此采用投影法进行求解以降低计算量。下面对二者计算在理论上的联系与区别进行简要分析。

对于如式（5.26）所示的正交多项式，给定训练数据后，将训练数据代入式（5.26），并写成矩阵的形式：

$$\boldsymbol{\Phi\beta}=\boldsymbol{y} \tag{5.34}$$

式中：矩阵 $\boldsymbol{\Phi}$ 的元素为 $\boldsymbol{\Phi}_{ij}=\mathcal{P}_j(\boldsymbol{x}_i)$ 和 $\boldsymbol{y}=[y_1,y_2,\cdots,y_N]^{\mathrm{T}}$，采用回归法得到的系数为

$$\boldsymbol{\beta}=(\boldsymbol{\Phi}^{\mathrm{T}}\boldsymbol{\Phi})^{-1}\boldsymbol{\Phi}^{\mathrm{T}}\boldsymbol{y} \tag{5.35}$$

此时注意到式（5.35）中，矩阵 $\boldsymbol{\Phi}^{\mathrm{T}}\boldsymbol{\Phi}$ 的第 i 行第 j 列为

$$(\boldsymbol{\Phi}^{\mathrm{T}}\boldsymbol{\Phi})_{ij}=\sum_{k=1}^{N}\mathcal{P}_i(\boldsymbol{x}_k)\mathcal{P}_j(\boldsymbol{x}_k) \tag{5.36}$$

若多项式基函数相互正交，理论上式（5.36）应满足如下条件

$$(\boldsymbol{\Phi}^{\mathrm{T}}\boldsymbol{\Phi})_{ij}=0 \quad (i\neq j) \tag{5.37}$$

此时矩阵 $\boldsymbol{\Phi}^{\mathrm{T}}\boldsymbol{\Phi}$ 变为对角阵，系数可以直接求解为

$$\beta_l = \frac{\sum_{k=1}^{N} \mathcal{P}_l(\boldsymbol{x}_k)\boldsymbol{y}_k}{\sum_{k=1}^{N} \mathcal{P}_l(\boldsymbol{x}_k)\mathcal{P}_l(\boldsymbol{x}_k)} = \frac{\frac{2^d}{N}\sum_{k=1}^{N} \mathcal{P}_l(\boldsymbol{x}_k)\boldsymbol{y}_k}{\frac{2^d}{N}\sum_{k=1}^{N} \mathcal{P}_l(\boldsymbol{x}_k)\mathcal{P}_l(\boldsymbol{x}_k)} \tag{5.38}$$

式中：分子和分母分别为采用样本点计算的基函数 $\mathcal{P}_l(\boldsymbol{x})$ 和 $\hat{f}(\boldsymbol{x})$ 的内积，以及基函数 $\mathcal{P}_l(\boldsymbol{x})$ 模方的求解公式。进一步将式（5.32）求解得到的系数，写成如下形式：

$$\beta_l = \frac{\frac{\sum_{k=1}^{N} \mathcal{P}_l(\boldsymbol{x}_k)y_k}{N}}{\prod_{j=1}^{d}\frac{1}{2l_j+1}} = \frac{\frac{2^d\sum_{k=1}^{N} \mathcal{P}_l(\boldsymbol{x}_k)y_k}{N}}{\prod_{j=1}^{d}\frac{2}{2l_j+1}} \tag{5.39}$$

式中：分子项为 $\mathcal{P}_l(\boldsymbol{x})$ 和 $\hat{f}(\boldsymbol{x})$ 的内积，分母项为采用理论方法求解得到的基函数 $\mathcal{P}_l(\boldsymbol{x})$ 的模方，所以当采样点足够多时，二者的数值积分和理论积分方法得到的结果是一致的。

当采样点个数较少时，由于数值积分的误差，式（5.37）并不严格等于 0，式（5.38）和式（5.39）的分母项也有差异，因此造成了回归法和投影法的计算结果差异，但随着样本点的增加，二者结果趋于一致。为了提高投影法求解基函数系数的精度，降低数值积分误差，可在采样点选择上进行合理设置，例如使用将采样点改变到高斯积分点的方式以提高积分精度。

由于正交多项式与常规多项式在本质上没有区别，因此随着设计问题维度的和最高截断阶数的增加，近似模型构建所需的样本数也将急剧增加，但实际工程设计中每个响应样本的获取都需要花费大量的计算开销，大规模的样本根本无法提供。从另一个角度来说，如果可以提供数目巨大的响应样本数据，就可以直接采用蒙特卡罗、进化算法、数值积分等方法对仿真模型进行设计、分析，近似模型的必要性也就不复存在。

设计变量多、模型非线性是工程设计中常遇到的问题，这就必须增加多项式的阶数以提升非线性逼近能力，但同时样本数目较小、获取代价高也是工程设计中仿真模型的显著特征，因此不可能将所有的多项式展开项考虑到近似模型中。同时，大量工程实践表明，实际工程设计问题中输出与输入的函数关系，并不一定需要所有多项式展开来表征，例如式（5.33）所示的例子，仅需要常数项、1 阶、3 阶、5 阶项已经可以对该模型进行高精度的逼近了。在实际工程设计问题

中，也存在类似的特点，部分多项式展开项系数值可能非常小甚至为0，完全可以舍去，如何合理确定多项式的截断阶数和对响应具有重要影响的展开项成为多项式近似模型研究的重要问题。

5.3 多变量高阶多项式稀疏化近似建模方法

多项式近似模型的基函数项数随着设计变量个数和多项式阶数的增加呈几何级数增加，导致高维非线性近似建模的“维数灾难”现象产生。稀疏多项式就是为克服高维高阶多项式的维度灾难而发展起来的技术。假设对原始模型产生重要影响的展开项远小于全阶多项式的展开项数综合，那么通过多项式稀疏化技术，可以快速提取关键展开项，实现在相对较小的计算成本下与全阶多项式近似精度大体相当的结果。

5.3.1 高维多项式展开项的范数截断

为了对多项式展开项进行稀疏化，首先对多项式阶数的截断方式进行改造。由前面章节的讨论可知，最高阶数不超过 p 阶 d 维多项式展开项的为

$$m = \mathrm{C}_{d+p}^{p} = \frac{(d+p)!}{d!p!} \tag{5.40}$$

上述项数是通过将所有变量的阶数之和不超过 p 阶的项数之和得到的。对于高维多项式近似模型中任意一项展开项，d 个设计变量对应的阶次组成一个整数矢量 $\boldsymbol{p} \equiv [p_1, p_2, \cdots, p_d]$，根据前面对高维多项式展开项的定义可知，该展开项的阶数为

$$\boldsymbol{p} = \sum_{i=1}^{d} p_i \tag{5.41}$$

同时，上述阶数也可以写成矢量 $\boldsymbol{p} \equiv [p_1, p_2, \cdots, p_d]$ 的范数形式

$$\boldsymbol{p} = \sum_{i=1}^{d} p_i = \|\boldsymbol{p}\|_1 \tag{5.42}$$

在截断阶数为 p 的高维多项式中，各展开项对应的阶次矢量 $\boldsymbol{p}$ 对应着一个非空有限非负整数矢量集，记为

$$\boldsymbol{Y} = \boldsymbol{Y}^{d,p} \equiv \{\boldsymbol{p} \in \mathbf{N}^d : \|\boldsymbol{p}\|_1 \leqslant p\} \tag{5.43}$$

但由于实际工程设计问题中，多变量的高阶耦合效应较弱，因此上述截断方式可以通过进一步改造，过滤变量高阶耦合效应展开项，从而减少总的备选项数。为此将式（5.42）1 范数集改为 q 范数，则式（5.43）中的阶数矢量集变为[1]

$$\boldsymbol{Y}_q^{d,p} \equiv \{\boldsymbol{p} \in \mathbf{N}^d : \|\boldsymbol{p}\|_q \leqslant p\} \tag{5.44}$$

其中

$$\|\boldsymbol{p}\|_q \equiv \left(\sum_{i=1}^{d} p_i^q\right)^{1/q} \tag{5.45}$$

通过引入 q 范数，可以通过改变 q 对高阶耦合项的取舍进行合理控制。在相同的截断阶次 p 下，$q=1$ 对应于常规多项式截断，即 $\boldsymbol{Y}_1^{d,p}=\boldsymbol{Y}^{d,p}$，保留的展开项位于单纯形以内；当 $q<1$ 时，保留的展开项处于双曲面下，保留的高阶耦合项更少；反之当 $q>1$ 时，保留的展开项处于超椭球样曲面下，保留了更多的高阶耦合项。在实际使用过程中，由于高阶耦合项通常很小，因此 q 一般取小于 1 的值，用来对高阶耦合项进行惩罚，使其更不容易包括在阶数矢量集式（5.44）中，如图 5.5 中二维情况所示。通过上述截断，使多项式中阶次更低、耦合变量更少的展开项更有可能被保留下来，而在实际工程设计问题中，这也与设计人员对模型简单性的期望是一致的，因为设计人员往往希望尽量采用低阶多项式、不考虑变量耦合的模型对复杂工程问题进行模拟。

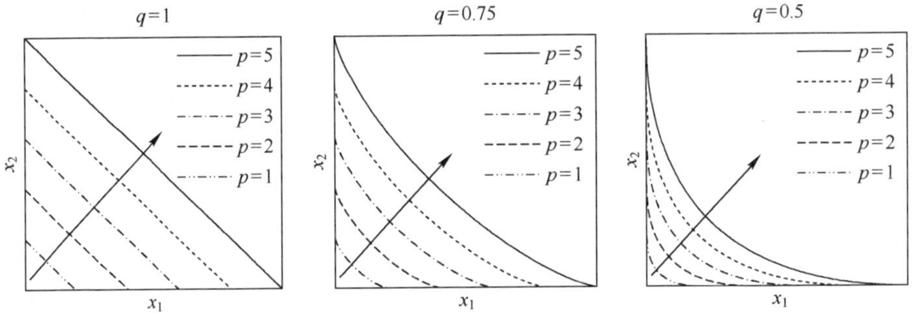

图 5.5　二维多项式范数 q 范数截断方法

图 5.6 画出了 q 取不同值时（$q=1$，$q=0.75$ 和 $q=0.5$）多项式展开项中的保留项，图中采用实心圆点表示保留项，实心圆点的横纵坐标分别表示这两个变量对应的阶次，例如圆点的坐标为(0,1)表示该项为变量 x_1 的阶次为 0，变量 x_2 的阶次为 1，对应的多项式展开项为 $x_1^0x_2^1=x_2$；圆点的坐标为(2,1)表示该项为变量 x_1 的阶次为 2，变量 x_2 的阶次为 3，对应的多项式展开项在常规多项式或勒让德正交多项式下分别为 $x_1^2x_2^3$ 或 $(3x_1^2-1)(5x_2^3-3x_2)/4$。因此可以看出多项式项数会随着 p 的增加而增加，随着 q 的减小而减少。

特别地，当 $q=0$ 时，式（5.45）所示的指数项 $1/q\to\infty$，p_i^q 的取值为 0，$(p_i=0)$ 或 1，$(p_i\neq0)$，因此

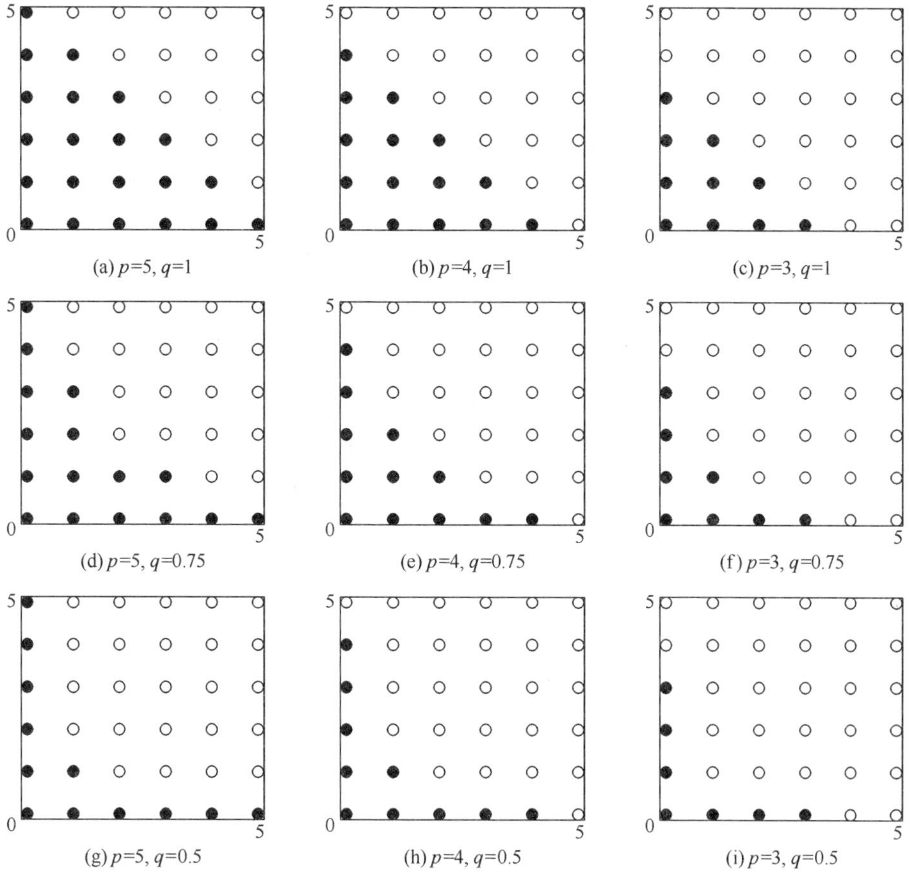

图 5.6　二维多项式范数 q 范数截断后保留展开项

$$\sum_{i=1}^{d} p_i^q = \mathrm{card}\{\boldsymbol{p} \mid p_i \neq 0\} \tag{5.46}$$

式中：card{ · }为集合{ · }的计数函数，因此当且仅当 $\boldsymbol{p}=\boldsymbol{0}$ 或 $\boldsymbol{p}$ 仅包含一个非零项时，式（5.45）为有限值，即

$$\|\boldsymbol{p}\|_q \equiv \left(\sum_{i=1}^{d} p_i^q\right)^{1/q} = \begin{cases} 0 & (\boldsymbol{p}=\boldsymbol{0}) \\ 1 & (\mathrm{card}\{\boldsymbol{p} \mid p_i \neq 0\}) \\ \infty & (\text{其他}) \end{cases} \tag{5.47}$$

范数截断方式退化称为单变量的多项式模型的叠加，在实际使用过程中，由于阶次矢量的元素只能取整数，因此当 q 取到有限小的实数时，即可对交叉项进行截断，如图 5.6（i）所示。

上述范数截断方法与常规截断方式相比，通过截断范数 q 的选择，能够过滤高阶多变量耦合项，大幅减少多项式的截断项数，如图 5.7、图 5.8 所示。但是仍保留了 $\boldsymbol{Y}_q^{d,p}$ 中的所有项，而这些保留项中，并不是每项都对实际输出产生重要影响。例如式（5.33）所示的一维函数，其 2 阶项和 4 阶项对实际建模过程没有任何影响，随着维度的增加，仅依靠范数截断难以将所有不显著项进行有效过滤，同时由于基函数项数的增加，也会增加样本需求量和建模复杂度。因此可根据已有数据，对不显著项进行剔除或对关键保留项进行提取，以提高建模精度。

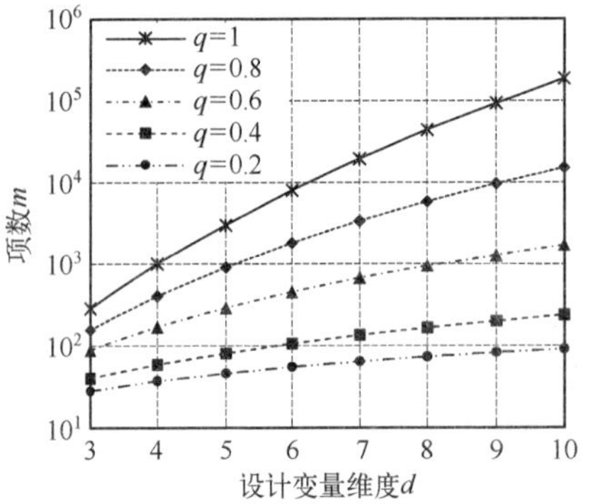

图 5.7　不同维度下 10 阶多项式范数截断保留项个数

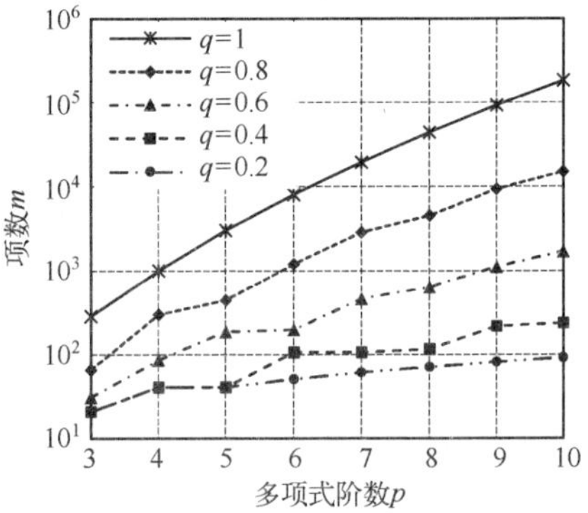

图 5.8　不同阶数下 10 维问题范数截断保留项个数

5.3.2　高维多项式关键保留项提取方法

5.3.2.1　多项式稀疏化问题数学模型

$\boldsymbol{Y}$ 为 d 维空间 p 阶截断的任意有限阶数集，则其对应的截断多项式为

$$\hat{f}_{\boldsymbol{Y}}(\boldsymbol{x}) = \sum_{k \in \boldsymbol{Y}} \beta_k \phi_k(\boldsymbol{x}) \tag{5.48}$$

据此，$\boldsymbol{Y}$ 的稀疏性可以定义为

$$\mathrm{IS}(\boldsymbol{Y}) \equiv \frac{\mathrm{card}(\boldsymbol{Y})}{\mathrm{card}(\boldsymbol{Y}^{d,p})} \tag{5.49}$$

式中：$\mathrm{card}(\boldsymbol{Y})$ 和 $\mathrm{card}(\boldsymbol{Y}^{d,p})$ 为集合 $\boldsymbol{Y}$ 和 $\boldsymbol{Y}^{d,p}$ 的元素个数，即多项式基函数中保留项的数量，即 $\mathrm{card}(\boldsymbol{Y}^{d,p})=m$，若 $\mathrm{IS}(\boldsymbol{Y})<1$，则称 $\boldsymbol{Y}$ 及其多项式 $\hat{f}_{\boldsymbol{Y}}(\boldsymbol{x})$ 为稀疏的。稀疏多项式可以在有限样本下对确定性原函数进行逼近时，通过忽略不显著项取到更高的阶数，从而实现重要高阶非线性特性提取。

假设原模型 $f(\boldsymbol{x})$ 在多项式序列 $\boldsymbol{Y}^{d,p}$ 上展开后，只有少量展开项对输出有重要影响，那么可以只选取这部分展开项构造稀疏多项式近似模型，以远小于 p 阶完

整多项式项数 m 的样本数 N 来求解多项式的系数。但是 $f(\boldsymbol{x})$ 模型的展开特性一般是不清楚的，可供利用的信息只有少量样本数据，因此上述问题转化为如何根据样本数据，对 $f(\boldsymbol{x})$ 多项式展开项中的显著项进行提取。利用展开阶数矢量的稀疏性定义，展开项中显著项提取可以用如下优化问题表示[2]：

$$\begin{aligned}&\text{find } \hat{\boldsymbol{\beta}}=\operatorname{argmin}\ \|\boldsymbol{\beta}\|_0\\&\text{s. t. } \boldsymbol{\beta}^{\mathrm{T}}\mathcal{P}(\boldsymbol{x}_i)-y_i=0\quad(i=1,2,\cdots,N)\end{aligned}\tag{5.50}$$

式中：$[\boldsymbol{x}_i,y_i](i=1,2,\cdots,N)$ 为训练样本；半范数 $\|\boldsymbol{\beta}\|_0$ 为待定常系数矢量 $\boldsymbol{\beta}$ 中非零元素的个数，用来度量系数矢量 $\boldsymbol{\beta}$ 的稀疏性，约束表示稀疏多项式在训练样本处的精度。而通过求解式（5.50），可以在给定样本下，得到一组满足插值条件且含非零项最少的展开系数向量。这样做一方面在近似模型中保留了输入变量和输出变量间的主要交互关系，另一方面也减少了需要求解的展开系数个数。

上述问题在理论上建立了多项式稀疏化的基本方法，但由于其目标函数 $\min\|\boldsymbol{\beta}\|_0$ 是不连续的，直接求解存在困难，因此一般需要通过逐项选择的贪婪算法进行求解。下面介绍两种典型的求解方法：正交匹配追踪法和最小角度回归法。

5.3.2.2 正交匹配追踪法

正交匹配追踪法（orthogonal matching pursuit，OMP）[3] 利用正交多项式近似模型回归系数和样本数据在正交多项式基函数上投影的关系，根据训练样本数据在不同基函数上投影大小，对该基函数的重要性进行评估，之后将最重要的项作为保留项，构建正交多项式近似模型。进一步通过不断重复上述过程，利用残差和备选基函数之间的投影，不断扩充保留项，减小预测残差，确定最终最优保留项[4]。

给定样本数据 $[\boldsymbol{x}_i,y_i](i=1,2,\cdots,N)$ 和备选项 $\mathcal{P}_j(\boldsymbol{x})$ 后，利用矢量在矢量上投影定义方式，以及基函数内积的概念，可得样本数据在基函数上的投影为

$$\lambda_j=\frac{\langle\mathcal{P}_j(\boldsymbol{x}),\boldsymbol{y}\rangle}{\langle\mathcal{P}_j(\boldsymbol{x}),\mathcal{P}_j(\boldsymbol{x})\rangle}\tag{5.51}$$

式中：分子为基函数 $\mathcal{P}_j(\boldsymbol{x})$ 与样本数据 $\boldsymbol{y}$ 的内积，基函数 $\mathcal{P}_j(\boldsymbol{x})$ 在样本数据处进行离散后转化为矢量内积进行计算；分母为 $\mathcal{P}_j(\boldsymbol{x})$ 与 $\mathcal{P}_j(\boldsymbol{x})$ 的内积，即基函数 $\mathcal{P}_j(\boldsymbol{x})$ 模长的平方，可以通过解析计算得到，也可以通过离散到样本点处进行计算得到。根据正交多项式系数的投影解法式（5.28）可知，数据 $\boldsymbol{y}$ 在基函数 $\mathcal{P}_j(\boldsymbol{x})$ 上的投影式（5.51），就是投影法求解得到的多项式 $\mathcal{P}_j(\boldsymbol{x})$ 的系数，因此可

以通过该投影大小判断基函数系数对模型输出影响的大小。

根据正交多项式基函数投影解法的讨论可知，小样本条件下的基函数投影法得到的结果是回归法在一定条件下的近似，而通常情况下，样本数量又是远小于备选基函数项数的，导致上述投影法得到的基函数系数并不严格等于回归法求得的系数，上述方法无法直接用于选择重要项。

尽管如此，上述投影的大小对于定性分析各基函数影响的大小具有重要意义，因此为防止投影法的计算误差导致不显著项被保留，通常采用逐项选取，回归验证的方法对重要性进行选择，即正价匹配追踪。该方法在每次迭代中遍历备选函数集 $\boldsymbol{C}=\{\mathcal{P}_j(\boldsymbol{x})\}(j=1,2,\cdots,m)$后，仅选择投影最大的一项保留，并将其与已有保留项一起采用回归法构造多项式近似模型，同时将训练数据在近似模型上的预测残差作为下一次迭代的新的训练数，直至预测残差满足一定精度或多项式项数达到最大。正价匹配追踪法的具体算法如下。

（1）设置给定收敛精度 ε，最大保留项 m'，保留基函数集 $\boldsymbol{A}_0=\varnothing$，候选基函数集 $\boldsymbol{C}_0=\{\mathcal{P}_j\}$，初始残差为真实响应值，保留项数 $k=0$。

（2）$k=k+1$，计算当前残差在所有候选集内所有基函数上的投影，并找到其中最大投影对应的项，作为保留项：

$$j_k=\arg\max_{j\in \boldsymbol{C}_{k-1}}\boldsymbol{\lambda}_j \tag{5.52}$$

（3）将候选集的第 j_k 项从候选基函数集中取出，并添加到保留基函数集，按式（5.53）更新保留基函数和候选基函数集：

$$\begin{cases}\boldsymbol{A}_k=\boldsymbol{A}_{k-1}\cup\mathcal{P}_{j_k}\\ \boldsymbol{C}_k=\boldsymbol{C}_{k-1}\setminus\mathcal{P}_{j_k}\end{cases} \tag{5.53}$$

（4）采用回归法计算已有样本点在当前保留基函数集下的基函数回归系数 $\boldsymbol{\beta}_k$，并更新残差 $\boldsymbol{r}_k=\boldsymbol{y}-\boldsymbol{\beta}_k\boldsymbol{\mathcal{P}}_k(\boldsymbol{x})$。

（5）重复（2）~（4），直至 $k=m'$或$\|\boldsymbol{r}_k\|\leqslant\varepsilon$。

（6）输出当前的基函数集 $\boldsymbol{A}_k$ 和系数 $\boldsymbol{\beta}_k$ 作为最优稀疏多项式近似模型。

注意到在少样本数据下，计算样本数据在基函数上的投影时会带来误差，这种误差有时会使高阶项比低阶项具有更小的投影，如图 5.9 所示。图中三个训练样本几乎呈线性关系，但是在实际计算中可能在三次项上的投影更小，因此为了防止样本稀疏和样本数据本身的噪声带来的显著项选取错误，在实际计算投影过程中，通常采用一个惩罚系数对高阶项进行惩罚，来计算投影的方式 x：

$$j_k = \arg\max_{j \in \boldsymbol{C}_{k-1}} C(p_j)\lambda_j \tag{5.54}$$

其中：p_j 为第 j 项的阶数；$C(p_j)$ 为对阶数 p_j 的惩罚函数，引入上述惩罚后，在实际使用中当样本数据在低阶项上的投影和高阶项上的投影相当时，会选择低阶项作为保留项，只有在低阶项的投影远小于在高阶项的投影时，才会舍弃低阶项保留高阶项。

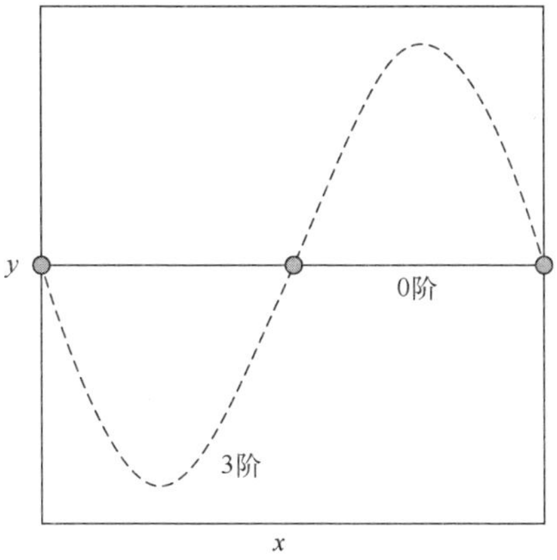

图 5.9　少样本在高低阶基函数上的投影

5.3.2.3　最小角度回归法

最小角度回归法（least angle regression，LAR）[5] 的本质和正交匹配追踪法是一致的，但相对于正交匹配追踪每次保留项选取均需要构建现有保留项的近似模型，并对残差进行计算的直接方法来说，最小角度回归通过显著项的选取和基函数系数的迭代，在进行保留项选取的同时实现了基函数系数的计算。

最小角度回归法根据训练样本数据与不同基函数相关程度的大小，即训练样本结果与基函数的夹角大小，选取夹角最小的基函数，通过调整基函数系数，将预测响应与样本数据间的残差调整到在两个基函数上的投影相等，再协同调整两个基函数的性质，将残差调整到在已有的两个基函数上的投影与第三个基函数上的投影相等；重复上述过程，直至预测响应与样本数据间的残差小于给定阈值，或基函数达到指定数量。

最小角度回归法在稀疏多项式的构建中选择多项式基的具体步骤如下[1]。

（1）设置给定收敛精度 ε，最大保留项 m'，保留基函数集 $\boldsymbol{A}_0 = \varnothing$，候选基函数集 $\boldsymbol{C}_0 = \{\mathcal{P}_j\}$，初始化多项式系数 $\beta_1, \beta_2, \cdots, \beta_m = 0$，初始残差为真实响应值，保留项数 $k = 0$。

（2）$k=k+1$，计算当前残差在所有候选集内所有基函数上的投影，并找到其中最大投影对应的项 $\mathcal{P}_i$。

（3）将候选集的第 j_k 项从候选基函数集中取出，并添加到保留基函数集，按式（5.53）更新保留基函数和候选基函数集：

$$\begin{cases}\boldsymbol{A}_k=\boldsymbol{A}_{k-1}\cup\mathcal{P}_i\\ \boldsymbol{C}_k=\boldsymbol{C}_{k-1}\setminus\mathcal{P}_i\end{cases}\tag{5.55}$$

（4）如图5.10，将 β_i 由0不断增大，即逐渐增大 $\beta_i\mathcal{P}_i$，直至另一个多项式基 $\mathcal{P}_j$ 与 $\mathcal{P}_i$ 有同样大小的相关性，即预测响应和真实响应的残差在两个基上的投影相等：

$$y_i-\beta_i\mathcal{P}_i=y_j\tag{5.56}$$

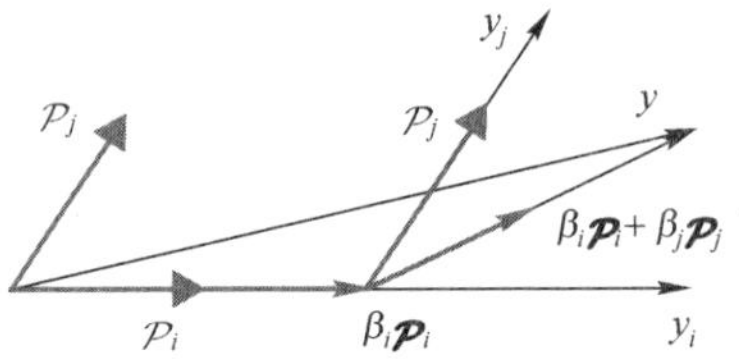

图5.10　最小角度回归法

（5）更新残差 $\boldsymbol{r}_k=\boldsymbol{y}-\boldsymbol{\beta}_k\boldsymbol{\mathcal{P}}_k(\boldsymbol{x})$。

（6）协同调整 $\{\beta_i,\beta_j\}$ 增大 $\{\beta_i\mathcal{P}_i,\beta_j\mathcal{P}_j\}$，使预测响应和真实响应的残差向 $\mathcal{P}_i+\mathcal{P}_j$ 方向调整，即向两个多项式基的角平分线方向调整，直至另一个多项式基 $\mathcal{P}_k$ 有与 $\mathcal{P}_i+\mathcal{P}_j$ 同样大小的相关性，即预测响应和真实响应的残差在两个方向上的投影相等：

$$y_i-\beta_i\mathcal{P}_i-\beta_j\mathcal{P}_j=y_k\tag{5.57}$$

（7）重复此法，直至 $k=m'$ 或 $\|\boldsymbol{r}_k\|\leqslant\varepsilon$。

（8）输出当前的基函数集 $\boldsymbol{A}_k$ 和系数 $\boldsymbol{\beta}_k$ 作为最优稀疏多项式近似模型。

步骤（4）和（6）中系数的变化规律如下：

$$\boldsymbol{\beta}=\boldsymbol{\beta}+\gamma\boldsymbol{\varpi}\tag{5.58}$$

矢量 $\boldsymbol{\varpi}$ 和系数 γ 为LAR的下降方向和步长。当 $N\geqslant P$，LAR的最后一步提供了常规最小二乘解，此时LAR方法得到稀疏多项式的计算复杂度为 $O(NP^2+P^3)$，远比常规多项式的训练高效。

以式（5.33）所示的函数为例，选取在区间 $[-1,1]$ 上均匀分布的11个点作为训练样本，多项式最高阶数设置为9阶，保留项最高设置为4，收敛精度设置为0.001，采用正交匹配追踪法对其各保留项进行选取并构建稀疏多项式近似模型。首先计算训练样本在基函数上的投影，并选择最大的投影建立近似模型，重复上述过程，选择最显著的 4 项构建近似模型，对应的残差收敛过程如图 5.11 所示，在不同保留项下得到的近似模型如图 5.12 所示。上述过程得到的最显著保留项依次为 0 阶、1 阶、3 阶和 5 阶项，与图 5.3 得到的正交多项式系数的取值特性一致。进一步对比稀疏正交多项式和常规正交多项式计算结果可知，通过稀疏化方法，在保留项为 4 项时得到了与前 6 阶多项式相近的结果，验证了稀疏多项式对识别不显著项的重要作用。

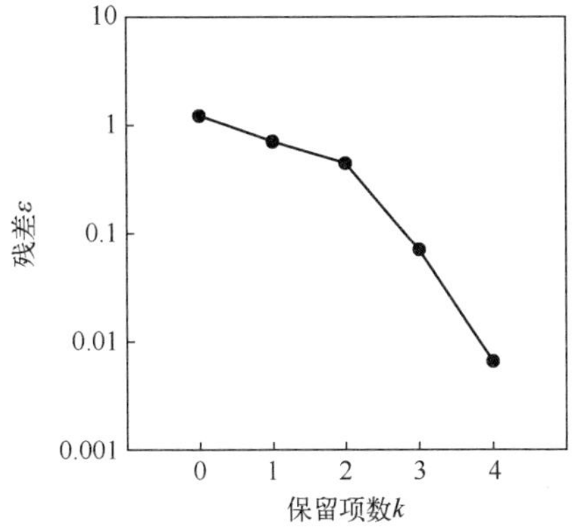

图 5.11 稀疏多项式残差收敛曲线

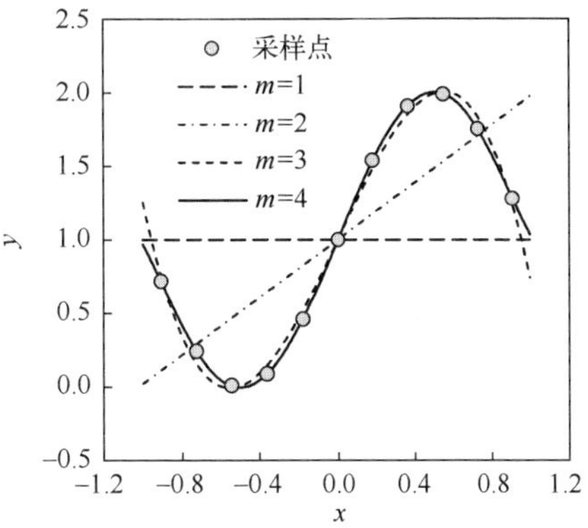

图 5.12 不同保留项下的近似模型

5.4 小 结

多项式响应面模型，特别是线性回归和二次回归模型是发展最早的，并且在经典数据处理领域应用广泛的离散实验数据拟合方法。因此，其也成为面向计算机黑箱仿真模型数据拟合的重要手段。

本章首先从经典数理统计领域的单变量多项式拟合和多变量线性回归出发，介绍了近似模型的基本概念和基本原理，并在此基础进一步向多变量高阶多项式扩展，形成了通用的多变量高阶多项式近似建模的基本方法。引入正交多项式基函数，通过对基函数正交化实现了不同基函数影响的解耦，进一步介绍了正交多项式系数的投影法和回归法求解，分析了其异同。

针对高维高阶多项式展开项数目随维度和阶数呈指数级增长的难题，讨论了多项式稀疏化方法，利用正交多项式基函数影响可解耦的特点，介绍了正交匹配追踪和最小角度回归两种稀疏化方法，通过逐项添加的方式，实现了显著项的提取。

参考文献

[1] Blatman G, Sudret B. Adaptive sparse polynomial chaos expansion based on least angle regression [J]. Journal of Computational Physics, 2011, 230 (6): 2345-2367.

[2] Doostan A, Owhadi H. A non-adapted sparse approximation of PDEs with stochastic inputs [J]. Journal of Computational Physics, 2011, 230 (8): 3015-3034.

[3] Chen S, Billings S A, Luo W. Orthogonal least squares methods and their application to non-linear system identification [J]. International Journal of Control, 1989, 50 (5): 1873-1896.

[4] Tropp J A. Greed is good: Algorithmic results for sparse approximation [J]. IEEE Transactions on Information Theory, 2004, 50 (10): 2231-2242.

[5] Efron B, Hastie T, Johnstone I, et al. Least angle regression [J]. The Annals of Statistics, 2004, 32 (2): 407-499.

第6章

径向基函数近似建模方法

多项式近似模型通过多项式或正交多项式基函数的线性叠加，在低维低阶模型的近似建模问题中具有良好的效果。但随着问题维度和非线性程度的增加，需通过增加多项式阶数和项数来提升近似模型预测精度，导致待求多项式系数和所需的样本点数量也急剧增加。同时，高阶多项式容易出现龙格现象，不利于提升预测精度。为了解决高维近似建模中多项式基函数的维度相关问题，Hardy 于 1971 年首次提出径向基函数（radial basis function，RBF）插值方法，并将其用于多变量插值[1]。

径向基函数近似模型以待测点与训练样本点之间的距离为自变量，把高维空间映射到一维欧式距离，从而将多变量函数逼近转化为与维度无关的径向函数逼近。进一步通过简单基函数的线性组合来模拟复杂非线性模型的响应特性，通过求解线性方程组得到基函数的系数，以实现设计空间内任意输入点的响应预测。

本章对径向基函数近似建模方法进行详细论述，首先介绍径向基函数插值近似模型的基本理论和方法，针对插值型近似模型对带噪声数据的预测，介绍正则化方法的基本原理和正则化径向基函数近似模型；通过大数据量的模型训练，介绍径向基函数神经网络模型的基本原理。在此基础上，分析了径向基函数形状参数对近似模型精度的影响；针对形状参数的确定问题，详细介绍了矩估计法和交叉验证法的模型训练基本原理和详细步骤，进一步提升径向基函数近似建模精度，发展了径向基函数系列训练方法。

6.1 径向基函数近似模型基本理论

6.1.1 径向基函数插值近似模型基本原理

径向基函数插值近似模型与多项式近似模型类似，也是首先假设近似模型是基函数的线性叠加形式，其次通过求解基函数系数，实现任意非采样点的输出预测。

不失一般性，假设近似建模的样本被归一化到单位立方体空间 $\Omega=[0,1]^d$ 中，对于给定的一组训练样本集

$$\boldsymbol{S}=\{[\boldsymbol{x}_i,y_i]\mid \boldsymbol{x}_i\in\mathbf{R}^d,y_i\in\mathbf{R},i=1,2,\cdots,N\} \tag{6.1}$$

式中：$\mathbf{R}^d$ 为 d 维设计空间；$\boldsymbol{x}_i$ 为第 i 个样本点的设计变量；y_i 为第 i 个样本点对应真实模型的输出；N 为训练样本集 $\boldsymbol{S}$ 中样本点的个数。

标准 RBF 插值近似模型的基本形式为

$$\hat{f}(\boldsymbol{x})=\sum_{i=1}^{n}\omega_i\varphi_i(\boldsymbol{x})=\boldsymbol{\varphi}(\|\boldsymbol{x}-\boldsymbol{x}_i\|)\boldsymbol{\omega}\triangleq\boldsymbol{\varphi}(r)\boldsymbol{\omega} \tag{6.2}$$

式中：$\varphi_i(\boldsymbol{x})$ 为第 i 个基函数；$r=\|\boldsymbol{x}-\boldsymbol{x}_i\|$ 为预测位置 $\boldsymbol{x}$ 和第 i 个基函数中心 $\boldsymbol{x}_i$ 的欧氏距离；ω_i 为第 i 个基函数系数，是近似模型的待求参数，可以通过插值条件或者最小二乘拟合得到。将 N 个训练样本代入近似模型的基本形式（6.2），通过引入插值条件 $\hat{f}(\boldsymbol{x}_i)=y_i$，可得如式（6.3）所示的关于基函数系数 $\boldsymbol{\omega}$ 的线性方程组。

$$\begin{bmatrix}\varphi_1(\boldsymbol{x}_1) & \varphi_2(\boldsymbol{x}_1) & \cdots & \varphi_N(\boldsymbol{x}_1)\\ \varphi_1(\boldsymbol{x}_2) & \varphi_2(\boldsymbol{x}_2) & \cdots & \varphi_N(\boldsymbol{x}_2)\\ \vdots & \vdots & \ddots & \vdots\\ \varphi_1(\boldsymbol{x}_N) & \varphi_2(\boldsymbol{x}_N) & \cdots & \varphi_N(\boldsymbol{x}_N)\end{bmatrix}\begin{bmatrix}\omega_1\\ \omega_2\\ \vdots\\ \omega_N\end{bmatrix}=\begin{bmatrix}y_1\\ y_2\\ \vdots\\ y_N\end{bmatrix} \tag{6.3}$$

通过求解上述线性方程组，可得基函数系数 $\boldsymbol{\omega}$ 如式（6.4）所示，当基函数的具体形式确定后，即可唯一确定训练样本集 $\boldsymbol{S}$ 获得的近似模型 $\hat{f}(\boldsymbol{x})$。

$$\boldsymbol{\omega}=\boldsymbol{\Phi}^{-1}\boldsymbol{y} \tag{6.4}$$

径向基函数近似模型中常用的基函数包括简单基函数和含参基函数两类，简单基函数的基本形式主要有以下几种。

（1）线性基函数：$\varphi(r)=r$。

（2）立方基函数：$\varphi(r)=r^3$。

（3）薄板样条基函数：$\varphi(r)=r^{e}\ln r$。

为提高径向基函数针对不同问题的通用性，在基函数中引入控制参数来控制基函数形式，发展形成了系列含参基函数。含参基函数可通过控制参数的变化，获得不同的基函数，从而对更加复杂的模型输出响应特性进行预测。典型的含参基函数包括以下几种。

（1）多元二次基函数：$\varphi(r)=(r^2+c^2)^{1/2}$。

（2）逆多元二次基函数：$\varphi(r)=(r^2+c^2)^{-1/2}$。

（3）高斯基函数：$\varphi(r)=\mathrm{e}^{-r^2/c^2}$。

式中：c 为基函数的控制参数，决定了基函数随距离的变化（基函数图像的形状），因此该控制参数也被称为基函数形状参数。各简单基函数及不同形状参数下的含参基函数图像如图 6.1~图 6.4 所示。

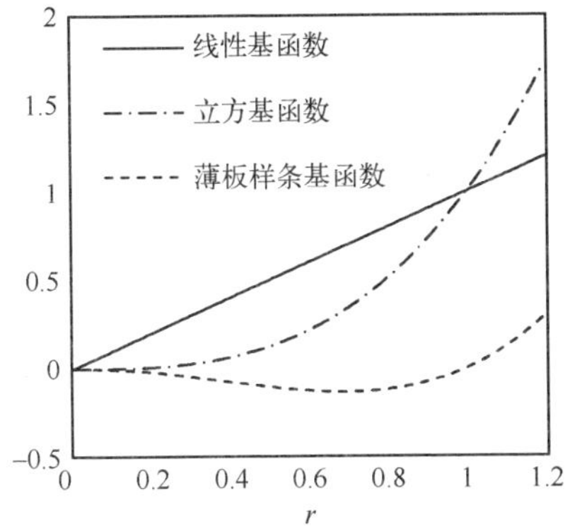

图 6.1　简单基函数

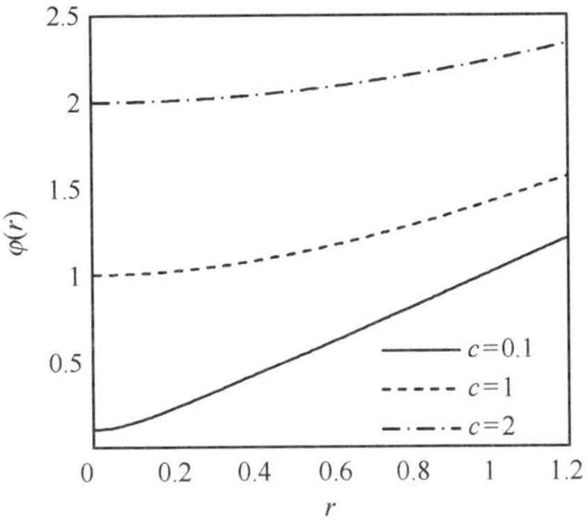

图 6.2　不同形状参数的多元二次基函数

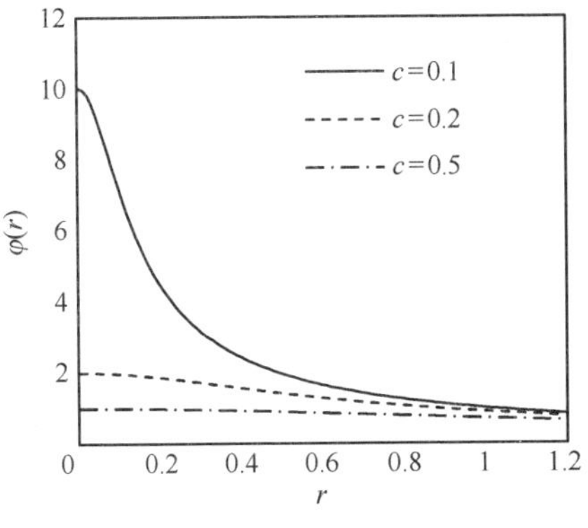

图 6.3　不同形状参数的逆多元二次基函数

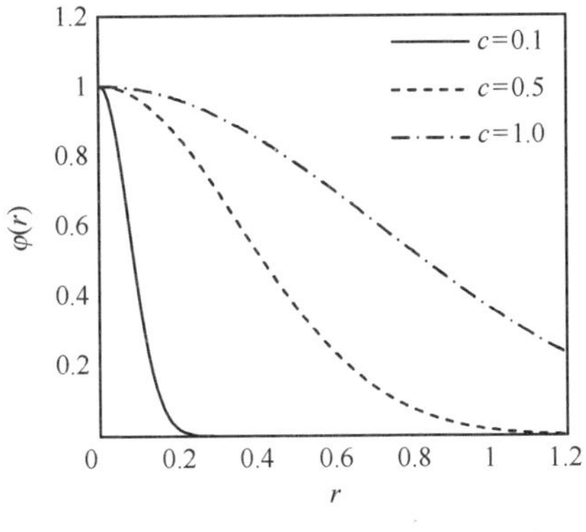

图 6.4　不同形状参数的高斯基函数

在所有类型基函数中，只有基于逆多元二次基函数和高斯基函数的径向基函数矩阵非负定，在迭代求解过程中，能够保证残差函数存在唯一极小值，即存在唯一解[2]，因此在工程设计问题中得到了较多的关注和应用。

6.1.2 面向带噪声数据的正则化径向基函数近似模型

基本径向基函数采用精确插值方法对复杂模型输出进行逼近，使其在处理高维非线性近似模型方面有明显优势，但精确经过样本点的插值型近似模型通常会面临过拟合的问题，特别是训练样本中带有随机误差或数值误差时，若直接利用训练样本数据建模，则难以对随机噪声进行有效过滤，容易降低近似模型泛化能力。

为了解决径向基函数插值型近似模型过拟合的现象，可以采取正则化的方式对模型进行处理，在标准误差项的基础上添加一个正则化项，来控制逼近函数的光滑程度，消除数据分布不合理造成的矩阵病态性，有效过滤数据噪声[3]。正则化方法的基本原理是在近似建模过程中，在近似误差较小的前提下增加一个限制模型复杂性的项，即正则化项：

$$\varepsilon_c(F)=\frac{1}{2}\|DF\|^2 \tag{6.5}$$

式中：D 为线性微分算子，用以代表对 F 的平滑性约束程度。因此正则化后的总误差项即为

$$\varepsilon(F)=\varepsilon_0(F)+\lambda\varepsilon_c(F)=\|\hat{\boldsymbol{y}}(\boldsymbol{x})-\boldsymbol{y}\|^2+\frac{\lambda}{2}\|D\hat{\boldsymbol{y}}(\boldsymbol{x})\|^2 \tag{6.6}$$

式中：$\varepsilon(F)$为 Tikhonov 泛函；$\varepsilon_0(F)$为常规近似建模过程的经验风险；$\varepsilon_c(F)$为用来控制近似模型复杂度，防止模型震荡的指标；λ 为正则化参数，通常为正实数，用来控制模型复杂度和预示误差的最终解。通过将式（6.6）最小化，即可求得对应的近似模型。

特别地，当 $\lambda\to0$ 时，则代价函数 $\varepsilon(F)$最小点问题的求解是无函数光滑程度约束的，完全由经验风险确定最终解；当 $\lambda\to\infty$ 时，表明样本完全不可信，经验风险最小化没有任何意义，变成了单纯使模型光滑、简单，而完全不依赖训练样本的近似建模问题，此时得到的模型没有任何意义。因此，基于训练样本和先验知识，选择一个合适的 λ 值，对求解 $\varepsilon(F)$最小化问题具有重要意义。

将正则化项引入 RBF 插值近似模型中，将函数复杂性或平滑性约束式（6.5）中的微分算子去二阶微分，并进一步简化，可将基本 RBF 近似模型转化为如下正则化 RBF 近似模型基函数求解的形式[4]：

$$(\boldsymbol{\Phi}+\boldsymbol{\Lambda})\boldsymbol{\omega}=\boldsymbol{y} \tag{6.7}$$

其中

$$
\boldsymbol{\Lambda}=\begin{bmatrix}\lambda_1 & 0 & \cdots & 0\\ 0 & \lambda_2 & \cdots & 0\\ \vdots & \vdots & \ddots & \vdots\\ 0 & 0 & \cdots & \lambda_N\end{bmatrix}
$$

为正则化参数，一般选 0~0.001。引入正则化项后，近似模型 $\hat{f}(\boldsymbol{x})$ 不会准确经过所有样本点，而会在一定的误差范围内保证近似模型的光滑性。当 $\lambda_i=0$ 时，近似模型准确经过第 i 个样本点；当 $\lambda_i=\infty$ 时，近似模型完全忽略第 i 个样本点的数据信息，等价于没有该样本点时的近似模型。

6.1.3 面向大数据的径向基函数神经网络近似建模方法

插值型径向基函数近似模型的构建需要求解线性方程组以确定基函数系数，在小规模训练数据下，采用直接求解的方式即可满足近似建模需求。但随着样本规模的增加，线性方程组求解的计算复杂度不断提升，甚至大于仿真分析模型本身的求解耗时，此时直接求解线性方程组构建近似模型的效率已不能满足快速计算需求，需采用更加高效的求解方法。同时由于数据量较大，将所有样本均作为基函数中心，容易出现过拟合现象，导致模型失真。

通过线性方程组不同数值解法特点分析可得，在大规模线性方程组求解中，迭代法的效率一般情况下要优于直接法。同时，在大规模训练样本的情况下，直接将每个样本都作为基函数中心会导致在很小的区域内存在大量冗余的基函数，建模复杂度大幅度增加的同时预测精度的提升却十分有限，而通过合理选择基函数中心、形状参数和系数，可利用远少于训练样本规模的基函数个数，得到精度相当的预测结果，有效解决上述计算复杂度问题。

径向基函数神经网络是指上述问题采用梯度下降的方法将基函数中心、形状参数和系数均作为网络参数进行训练而得到的近似模型。式中：x_i 为神经网络输入；$\varphi_j(x)$ 为径向基函数；y 为神经网络输出，其基本结构为一种典型的三层前馈神经网络，分为输入层、隐含层和输出层，网络结构如图 6.5 所示。从输入层空间到隐含层空间为径向基函数的非线性变换，即采用了径向基函数作为隐含层激活函数，而隐含层空间到输出层空间是线性变换的，即输出层为隐含层的线性叠加。

其基本表达和插值型径向基函数近似模型类似，如式（6.8）所示。

$$
\hat{y}=\sum_{i=1}^{N}\omega_i\exp\left(-\frac{\|x-x_{c_i}\|^2}{c_i^2}\right) \tag{6.8}
$$

为了得到合适的 RBF 函数中心、形状参数和输出权值，通常采用监督学习

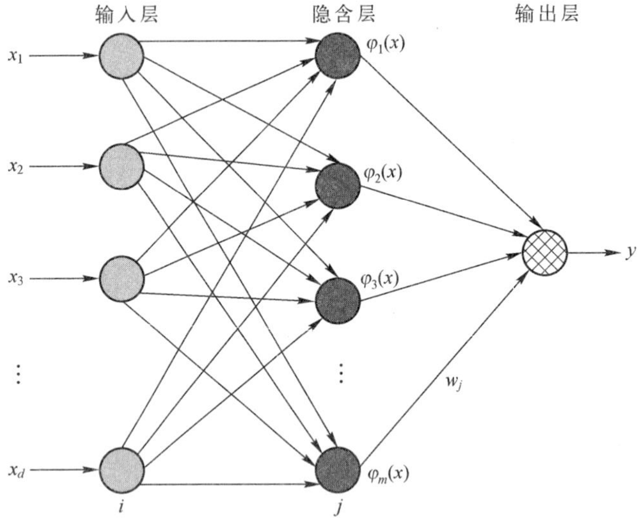

图 6.5　RBF 神经网络结构

算法对上述参数进行训练，通过不断修正预测值与训练数据之间的偏差对上述神经网络进行训练，为此，定义神经网络预测残差为

$$E = \frac{1}{2}\sum_{i=1}^{n} e_i^2 = \frac{1}{2}\sum_{i=1}^{N} [y_i - \hat{y}_i]^2 \tag{6.9}$$

式中：e_i 为输入第 i 个样本的预测误差，即训练样本的输出与预测值之差。为使上述残差最小化，通过梯度下降法对各参数进行训练，即从任意初始值开始训练，每次迭代根据当前梯度，将各参数沿负梯度方向移动一小段距离，即

$$\begin{aligned}
\Delta x_{c_i} &= -\eta \frac{\partial E}{\partial x_{c_i}} = -\eta \sum_{i=1}^{n} e_i \frac{\partial \hat{y}}{\partial x_{c_i}} \\
\Delta c_i &= -\eta \frac{\partial E}{\partial c_i} = -\eta \sum_{i=1}^{n} e_i \frac{\partial \hat{y}}{\partial c_i} \\
\Delta w_i &= -\eta \frac{\partial E}{\partial w_i} = -\eta \sum_{i=1}^{n} e_i \frac{\partial \hat{y}}{\partial w_i}
\end{aligned} \tag{6.10}$$

式中：η 为学习速率或步长，表征当前负梯度方向上前进的速度，η 越大前期收敛速度越快，但容易跳过最佳网络参数，且训练后期模型震荡难以收敛，收敛精度差，η 越小训练过程越慢，但具有较好的收敛精度，在式（6.9）仅包含一个全局最优解时，更容易找到最优的神经网络参数。

特别地，当径向基函数的形式为高斯基函数时，上述各梯度具有解析形式，可以进行显式求解，具体计算公式为

$$\Delta x_{c_i} = \eta \frac{w_i}{c_i^2} \sum e_j \varphi(\|x_j - x_{c_i}\|)(x_j - x_{c_i})$$
$$\Delta c_i = \eta \frac{w_i}{c_i^3} \sum e_j \varphi(\|x_j - x_{c_i}\|) \|x_j - x_{c_i}\|^2 \tag{6.11}$$
$$\Delta w_i = \eta \sum e_j \varphi(\|x_j - x_{c_i}\|)$$

根据上述修正公式，在给定任意初值 $\boldsymbol{w}$、$\boldsymbol{x}$ 和 $\boldsymbol{c}$ 后，即可对各参数进行修正，以求得近似模型第 k 次更新后参数可表示为

$$w_i(k)=w_i(k-1)+\Delta w_i$$
$$c_i(k)=c_i(k-1)+\Delta c_i \tag{6.12}$$
$$x_{c_i}(k)=x_{c_i}(k-1)+\Delta x_{c_i}$$

上述更新过程，可以形象理解为参数 $\boldsymbol{w}$、$\boldsymbol{x}$ 和 $\boldsymbol{c}$ 从初值出发，在设计空间不断向残差最小的点运动的过程。当步长小时，运动轨迹就光滑，更容易找到真正的最优网络参数；当步长大时，会跳过最优参数而在局部震荡，为了解决该问题，有学者提出在残差训练过程中引入动量项，在加快收敛的同时避免震荡[5]。此时在第 k 次更新后参数可表示为

$$w_i(k)=w_i(k-1)+\Delta w_i(k)+\alpha\Delta w_i(k-1)$$
$$c_i(k)=c_i(k-1)+\Delta c_i(k)+\alpha\Delta c_i(k-1) \tag{6.13}$$
$$x_{c_i}(k)=x_{c_i}(k-1)+\Delta x_{c_i}(k)+\alpha\Delta x_{c_i}(k-1)$$

式中：α 为动量因子，其物理意义是将上一步的运动方向做适当的继承，从而保证参数在设计空间运动的过程不会产生大幅度震荡，这一点与粒子群优化方法中引入动量因子的意义是相同的。

大规模数据下采用神经网络训练后，得到的近似模型由于其神经元（基函数）个数远小于样本点个数，因此其不再是插值型近似模型，而是拟合型近似模型。

6.1.4 基函数形状参数对近似精度的影响

根据径向基函数插值基本理论可知，对于采样点两两不同的训练样本集，将任意形状参数代入式（6.3），均可通过求解线性方程组，得到相应的基函数系数，进而获得近似模型。但在实际使用过程中，形状参数的取值对 RBF 模型的预测精度有重要影响，如图 6.6 所示。

形状参数对近似精度的影响主要体现在以下两个方面：

（1）c 从零附近不断增大的过程中，径向基近似模型的全局近似精度先增加，之后随着形状参数的增大，近似模型出现震荡，精度下降；

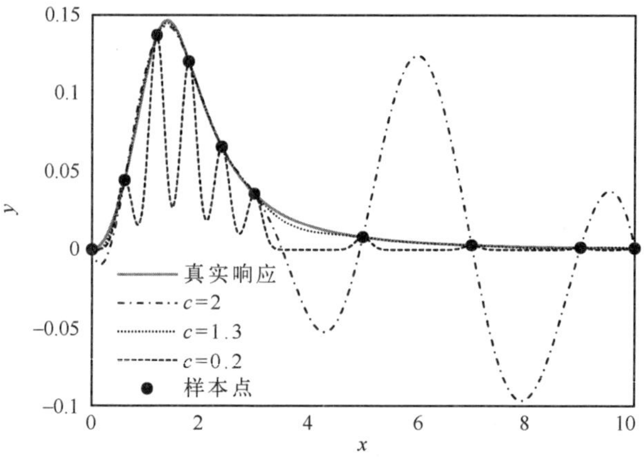

图 6.6　形状参数对近似精度的影响

(2) 形状参数的取值没有统一标准，取决于真实模型的性质。

因此，合理确定基函数形状参数，可以有效提升近似模型全局近似精度，进而减少训练样本个数，提升优化设计效率。在径向基函数实际应用过程中，性能优良的近似模型，需要通过优化基函数形状参数获得，而随着样本点个数的增加，形状参数数量随之增加，其优化复杂度急剧攀升，因此合理高效地确定基函数形状参数成为径向基函数近似模型领域的研究难点。针对径向基函数近似模型形状参数确定问题，目前普遍使用的方法有按经验的直接确定法和优化法两类。

1. 直接确定法

根据形状参数就是该样本点对样本空间影响能力的意义，将该样本点与其他样本点之间的最小距离作为该样本点的形状参数，即

$$c_i = \min r_{ij} \quad (j=1,2,\cdots,N \text{ 且 } j\neq i) \tag{6.14}$$

针对样本点均匀分布的情况，Nakayama[6] 提出了如式 (6.15) 所示的形状参数估计方法。

$$c_i = \frac{d_{\max}}{\sqrt[d]{dN}} \tag{6.15}$$

式中：$d_{\max}$为所有样本点之间的最大距离，该方法在大样本时 $d_{\max}$ 可用$\sqrt{d}$近似，因此，所有形状参数取统一值。Kitayama[7] 通过分析式 (6.15) 在面临非均匀样本点时的不足，提出了如下的形状参数确定方法：

$$c_i = \frac{d_{i,\max}}{\sqrt{d}\ \sqrt[d]{n}} \tag{6.16}$$

式中：$d_{i,\max}$为第 i 个样本点到其他样本点间的最大距离。该方法的意义在于，当样本点处于设计空间的中间区域时，有着较小的形状参数值，当该点处于边缘位

置时有着较大的形状参数值。但优化设计过程接近收敛时，设计变量会在局部区域聚集，此时 Kitayama 提出的方法，对不同样本点 $d_{i,\max}$ 的差别有限。

2. 优化法

优化方法即以形状参数为设计变量，以近似模型的误差为目标函数构建优化问题进行求解，模型的误差通常采用均方根误差值（root mean square error, RMSE）来度量，即

$$\text{RMSE} = \sqrt{\frac{1}{n}\sum_{i=1}^{n}(f(x) - \hat{f}(x))^2} \tag{6.17}$$

则形状参数优化问题可以构造如下：

$$\begin{aligned}\min \text{RMSE} &= \sqrt{\frac{1}{n}\sum_{j=1}^{n}[f(\boldsymbol{x}_j) - \hat{f}(\boldsymbol{x}_j)]^2} \\ &= \sqrt{\frac{1}{n}\sum_{j=1}^{n}\left[f(\boldsymbol{x}_j) - \sum_{i=1}^{N}\omega_i \exp\left(-\frac{\|\boldsymbol{x}_j - \boldsymbol{x}_i\|^2}{c_i^2}\right)\right]^2}\end{aligned} \tag{6.18}$$

如式（6.18）所示，在径向基插值近似模型中，每个基函数均有一个形状参数 c_i，则待优化形状参数 $\boldsymbol{c}=[c_1,c_2,\cdots,c_N]$ 为一个 N 维变量，构建模型至少需要 N 个训练样本，另外需要至少 1 个验证样本点来评估模型误差，即验证样本数量 $n\geqslant 1$，由于每个样本点的高精度模型运行都相当耗时，过多的验证样本点将使计算量明显增加。

由于总样本数量常常是有限的，而训练样本数量越多，得到的近似模型越精确，为了在构造近似模型的过程中，增加训练样本数量以增加模型精度，交叉验证（cross validation, CV）方法经常被用于验证近似模型的精度。交叉验证方法主要有留一交叉验证和 K 折交叉验证，其具体原理和实现步骤将在 6.4 节详细叙述。

6.2 径向基函数形状参数低维表征方法

对于复杂系统近似建模问题，需要通过大量样本点进行训练以建立满足精度要求的近似模型。由于 RBF 模型基函数数量与训练样本点数量相同，如果把每个基函数的形状参数作为独立变量进行优化，则优化变量数目将与训练样本点数相同，导致优化复杂度迅速提高甚至难以承受，一般通过减少优化变量个数来降低优化复杂度。

6.2.1 单一形状参数优化

单一形状参数优化法，即所有的形状参数取相同的值，这样就将 n 个形状参

数 $\boldsymbol{c}=[c_1,c_2,\cdots,c_n]$ 的确定问题转为一个形状参数 c 的确定，则式（6.18）表述的形状参数优化问题可以转化为

$$\begin{aligned}\min \text{RMSE} &= \sqrt{\frac{1}{n}\sum_{j=1}^{n}[f(\boldsymbol{x}_j)-\hat{f}(\boldsymbol{x}_j)]^2} \\ &= \sqrt{\frac{1}{n}\sum_{j=1}^{n}\left[f(\boldsymbol{x}_j)-\sum_{i=1}^{N}\omega_i\exp\left(-\frac{\|\boldsymbol{x}_j-\boldsymbol{x}_i\|^2}{c^2}\right)\right]^2}\end{aligned} \tag{6.19}$$

当各样本点的形状参数相同时，可以通过很少的验证样本完成优化问题式（6.19）的计算。尽管直接归一法使所有形状参数取值相同，将原优化问题变为单变量优化问题。但是，仅优化单个形状参数无法满足精度需求，特别是当训练样本点分布不均匀或者精确模型为高度非线性时。

6.2.2 聚类表征法

考虑到相邻样本点一般具有相似的空间分布特性和精确函数响应值的非线性分布特性，在具体使用过程中，可将样本点进行分簇，使各簇样本点具有相同形状参数并作为独立变量进行优化，既可兼顾样本点在全空间位置不同、最优形状参数不一致的问题，又可在一定程度上降低计算量，以此实现近似精度和建模效率的折中。将样本分簇后，确定形状参数的优化问题变量数目降低为分簇数。

将训练样本点集划分为非重叠的 N_S 个簇：$\{S_1,S_2,\cdots,S_{N_s}\}$，每个簇包含若干个样本点 $\boldsymbol{x}_i\in S_k(i=1,2,\cdots,N;k=1,2,\cdots,N_s)$，同一簇的样本点共享同一个形状参数，故待优化的形状参数由 N 个减少到 N_s 个，记为 $\boldsymbol{c}=[c_1,c_2,\cdots,c_{N_s}]$，一般来说 $N_s\ll N$。分簇可以通过机器学习算法 k-means 聚类方法实现。各簇中心点的各维坐标为该簇内所有样本点该维坐标的平均值。

则式（6.18）表述的形状参数优化问题可以转化为

$$\begin{aligned}\min \text{RMSE} &= \sqrt{\frac{1}{n}\sum_{j=1}^{n}[f(\boldsymbol{x}_j)-\hat{f}(\boldsymbol{x}_j)]^2} \\ &= \sqrt{\frac{1}{n}\sum_{j=1}^{n}\left[f(\boldsymbol{x}_j)-\sum_{k=1}^{N_S}\sum_{\boldsymbol{x}_i\in S_k}\omega_i\exp\left(-\frac{\|\boldsymbol{x}_j-\boldsymbol{x}_i\|^2}{c_k^2}\right)\right]^2}\end{aligned} \tag{6.20}$$

因此，采用分簇形状参数的径向基函数的参数优化问题只包括 N_S 个独立优化变量，极大简化了优化复杂度。

6.2.3 局部密度法

6.1.4 节详细讲解了形状参数对基函数的影响特性，即在相同基函数形式

下，形状参数决定了每个样本点对周围空间影响衰减的快慢，较大形状参数意味着该点输出对整个空间输出的影响可以传播得更远，而较小形状参数决定该点影响区域较小。

当设计空间内有若干个训练样本点时，根据高斯径向基函数的物理意义可知，样本点分布较密的区域，每个样本点的影响范围应适当小一些，以防止过拟合。样本点分布稀疏的区域，若任意给定输入参数，由于该点周围无更多信息用来预测输出，只能通过增加周围样本点的影响，对该点输出进行预测，即适当增大形状参数取值。

根据上述分析，可以根据样本点在空间的分布特性，实现各基函数形状参数的表征，即基于样本点局部密度的形状参数确定局部密度表达式：

$$\begin{gathered}\rho(\boldsymbol{x}) = \sum_{i=1}^{N} \rho_i(\boldsymbol{x}) \\ \rho_i(\boldsymbol{x}) = \mathrm{e}^{-\frac{\| x - x_i \|}{c^2}}\end{gathered} \tag{6.21}$$

式中：c 为每个样本点对局部密度贡献的影响范围，c 过大或过小均会导致局部密度失去局部特性。不失一般性，考虑在单位超立方体实验设计空间，c 的取值为

$$c = \frac{1}{\sqrt[d]{N}} \tag{6.22}$$

式中：N 为样本点个数；d 为设计变量个数，即问题维度。根据式（6.22）得到一维问题对应式（6.21）所示的局部密度如图 6.7 所示。图中局部密度曲线表明，在采样点集中的区域，该函数有较大取值，而在采样点分布较稀疏的区域有较小取值，表明该方法可以合理地对离散样本点的局部密度进行量化。

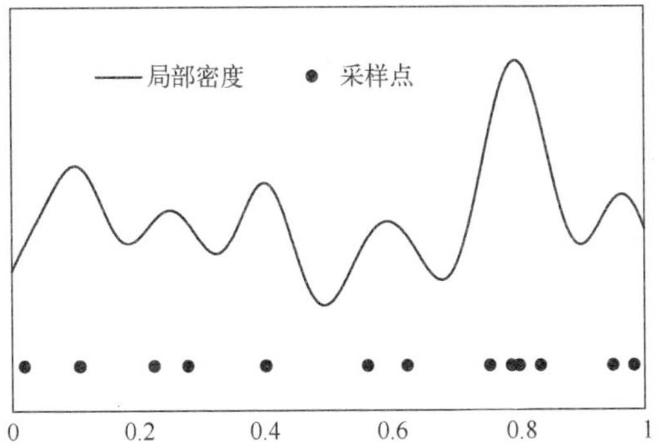

图 6.7　采样点局部密度

得到样本点局部密度之后，将径向基函数形状参数视为该样本点影响半径，根据前面讨论，令每个样本点影响范围（影响体积）与该点局部密度成反比，即

$$\frac{V_i}{V_j}=\frac{c_i^d}{c_j^d}=\frac{\rho_j}{\rho_i} \tag{6.23}$$

之后，令所有点影响体积之和等于1，即可求得形状参数的基准值，即各个形状参数的基准大小$\bar{c}_i$。

$$\sum_{i=1}^{n} V_i = 1 \tag{6.24}$$

基准形状参数求解的主要思路如下：

（1）根据式（6.21）求各点局部密度ρ_i；

（2）令$V_i=1/\rho_i$，求影响体积相对大小；

（3）按照式（6.24）将影响体积归一化；

（4）根据$\bar{c}_i=1/\sqrt[d]{N}$估计样本点基准形状参数。

由于最优形状参数的取值随模型特性不同而改变，因此需在保持各形状参数相对大小不变的基础上，将基准形状参数进行缩放，得到各形状参数的取值如下：

$$c_i=\lambda\bar{c}_i \tag{6.25}$$

特别地，当$\lambda=1$，$N\to\infty$，所有采样点在单位超立方设计空间内均匀分布时，每个样本点的局部密度相等，因此

$$V_i=V_j \quad (i,j=1,2,\cdots,N) \tag{6.26}$$

根据式（6.24）可得

$$V_i=\frac{1}{N} \tag{6.27}$$

从而得到

$$c_i=\bar{c}_i=\frac{1}{\sqrt[d]{N}} \tag{6.28}$$

上述基本径向基函数方法认为：输出函数在每个设计变量上非线性程度相当，仅考虑各向同性的基函数。但是考虑到真实模型对每个维度的敏感性可能不同，针对各设计变量非线性程度不一致的情况，在不同方向采用不同形状参数，即各向异性径向基函数，能够进一步提高径向基近似模型的性能。

考虑到不同设计变量的灵敏性不同，需要对每一维度分配一个单独的形状参数，此时最终的核宽度可用式（6.29）计算：

$$c_{ij}=\lambda_j\bar{c}_{ij} \quad (j=1,2,\cdots,d) \tag{6.29}$$

径向基函数即变为各向异性的形式，见式（6.30）：

$$\widetilde{\varphi}_i(r)=\exp\left(-\sum_{j=1}^{d}\frac{(\boldsymbol{x}_{,j}-\boldsymbol{x}_{i,j})^2}{c_{ij}^2}\right)\quad(i=1,2,\cdots,N)\tag{6.30}$$

依据径向基原理计算出权系数 ω_i 后，最终的各向异性径向基函数即构建为

$$\tilde{f}(\boldsymbol{x})=\sum_{i=1}^{n}\omega_i\widetilde{\varphi}_i(r)\quad(i=1,2,\cdots,N)\tag{6.31}$$

6.3 高斯径向基函数形状参数矩估计法

6.3.1 形状参数矩估计法基本原理

在基于局部密度信息确定形状参数方法中，多个形状参数的确定被转化为一个缩放系数 λ 的确定，本节基于局部密度法，介绍基于矩估计的缩放系数确定方法。

在设计空间 $R^d=[0,1]^d$ 内，由于近似模型 $\hat{f}(\boldsymbol{x})$ 是通过训练样本 $[\boldsymbol{x}_i,\boldsymbol{y}_i]$ $(i=1,2,\cdots,N)$ 得到的真实模型的近似，因此对真实模型 $f(\boldsymbol{x})$ 的各阶矩，同时存在两种计算方法，即通过训练样本和近似模型进行计算的方法。

通过训练样本估计的真实模型各阶矩为

$$\begin{gathered}E[f(\boldsymbol{x})]\approx E(Y)=\sum_{i=1}^{N}\boldsymbol{y}_iV_i\\E[f^2(\boldsymbol{x})]\approx E(Y^2)=\sum_{i=1}^{N}\boldsymbol{y}_i^2V_i\\\cdots\cdots\end{gathered}\tag{6.32}$$

通过近似模型估计真实模型各阶矩为

$$\begin{gathered}E[f(\boldsymbol{x})]\approx E[\hat{f}(\boldsymbol{x})]=\int_V\hat{f}(\boldsymbol{x})\mathrm{d}V\\E[f^2(\boldsymbol{x})]\approx E[\hat{f}^2(\boldsymbol{x})]=\int_V\hat{f}^2(\boldsymbol{x})\mathrm{d}V\\\cdots\cdots\end{gathered}\tag{6.33}$$

由于式（6.32）和式（6.33）均是真实模型各阶矩的估计，因此合适的缩放系数 λ 应该使上述两种方法得到的各阶矩相同，即

$$\begin{gathered}E(Y)=E[\hat{f}(\boldsymbol{x})]\\E(Y^2)=E[\hat{f}^2(\boldsymbol{x})]\\\cdots\cdots\end{gathered}\tag{6.34}$$

根据统计学矩估计理论，矩的阶数通常与待估计参数个数相同。但此处由于近似模型会经过训练样本导致一阶矩 $E(Y)$ 与 $E[\hat{f}(\boldsymbol{x})]$ 接近，只取一阶矩通常会导致一个恒等式，因此本节方法中取二阶中心矩，即用方差来衡量二者的接近程度，构造如下所示的一维优化问题，来确定合适的缩放系数。

$$F(\lambda)=\left[\frac{E[\hat{f}^2(\boldsymbol{x})]-E^2[\hat{f}(\boldsymbol{x})]}{E(Y^2)-E^2(Y)}-1\right]^2\to\min \tag{6.35}$$

式（6.35）本质是通过调整缩放系数，使近似模型的波动与训练样本点波动相近。当 λ 过小时，会导致近似模型仅在训练样本周围很小的范围有效，其他区域会衰减为 0，导致近似模型整体波动太小；而当 λ 过大时，会出现龙格现象，近似模型在训练样本处预测误差为 0，但会产生剧烈震荡现象，严重偏离真实函数，导致近似模型整体波动过大，只有合适的 λ 才可以使二者一致。针对式（6.35）中 $E(Y^2)$ 和 $E(Y)$，通过联立式（6.21）、式（6.23）、式（6.24）和式（6.32）即可求解，其取值不随 λ 的变化而变化。下面针对 $E[\hat{f}(\boldsymbol{x})]$ 和 $E[\hat{f}^2(\boldsymbol{x})]$ 的求解，给出一种直接高效的方法。

6.3.2 近似模型二阶矩显式求解方法

不失一般性，在单位超立方体内对近似模型各阶矩进行求解。根据高斯径向基函数的基本形式可得

$$\begin{aligned}E(\hat{f}(\boldsymbol{x}))&=\int_0^1\hat{f}(\boldsymbol{x})\,\mathrm{d}\boldsymbol{x}\\&=\sum_{i=1}^{n}\int_0^1 w_i\varphi_i(\boldsymbol{x})\,\mathrm{d}\boldsymbol{x}\\&=\sum_{i=1}^{n}w_i\int_0^1\varphi_i(\boldsymbol{x})\,\mathrm{d}\boldsymbol{x}\\&=\sum_{i=1}^{n}w_i\psi_i\end{aligned} \tag{6.36}$$

其中

$$\begin{aligned}\psi_i&=\int_0^1\varphi_i(\boldsymbol{x})\,\mathrm{d}\boldsymbol{x}\\&=\int_0^1\exp(-\|\boldsymbol{x}-\boldsymbol{x}_i\|^2/c_i^2)\,\mathrm{d}\boldsymbol{x}\\&=\int_0^1\exp\left(-\sum_{j=1}^{d}(x^j-x_i^j)^2\Big/c_i^2\right)\mathrm{d}x^1\mathrm{d}x^2\cdots\mathrm{d}x^j\end{aligned}$$

$$= \prod_{j=1}^{d} \int_0^1 \exp(-(x^j - x_i^j)^2 / c_i^2) \mathrm{d}x^j$$

$$= \prod_{j=1}^{d} \psi_i^j \tag{6.37}$$

式中：x^j 为设计变量 $\boldsymbol{x}$ 的第 j 个分量。

$$\psi_i^j = \int_0^1 \mathrm{e}^{-\left(\frac{x^j - x_i^j}{c_i}\right)^2} \mathrm{d}x^{(j)}$$

$$= \frac{c_i}{\sqrt{2}} \int_{-\sqrt{2}\frac{x_i^j}{c_i}}^{\sqrt{2}\frac{1-x_i^j}{c_i}} \mathrm{e}^{-\frac{s^2}{2}} \mathrm{d}s$$

$$= c_i \sqrt{\pi} \int_{-\sqrt{2}\frac{x_i^j}{c_i}}^{\sqrt{2}\frac{1-x_i^j}{c_i}} \frac{1}{\sqrt{2\pi}} \mathrm{e}^{-\frac{s^2}{2}} \mathrm{d}s \tag{6.38}$$

其中的被积函数为正态分布的密度函数，从负无穷到任意一点 x 的积分为正态分布函数：

$$\Phi(x) = \int_{-\infty}^{x} \frac{1}{\sqrt{2\pi}} \mathrm{e}^{-\frac{s^2}{2}} \mathrm{d}s \tag{6.39}$$

将式（6.39）代入式（6.38）可得

$$\psi_i^j = c_i \sqrt{\pi} \int_{-\sqrt{2}\frac{x_i^j}{c_i}}^{\sqrt{2}\frac{1-x_i^j}{c_i}} \frac{1}{\sqrt{2\pi}} \mathrm{e}^{-\frac{s^2}{2}} \mathrm{d}s$$

$$= c_i \sqrt{\pi} \left[\Phi\left(\sqrt{2}\,\frac{1 - x_i^j}{c_i}\right) - \Phi\left(-\sqrt{2}\,\frac{x_i^j}{c_i}\right) \right]$$

$$= c_i \sqrt{\pi} \left[\Phi\left(\sqrt{2}\,\frac{1 - x_i^j}{c_i}\right) + \Phi\left(\sqrt{2}\,\frac{x_i^j}{c_i}\right) - 1 \right] \tag{6.40}$$

因此，式（6.2）的一阶矩可表示为

$$\begin{aligned} E[\hat{f}(\boldsymbol{x})] &= \sum_{i=1}^{n} w_i \int_0^1 \varphi_i(\boldsymbol{x}) \mathrm{d}\boldsymbol{x} \\ &= \sum_{i=1}^{n} \left\{ w_i c_i^m \pi^{m/2} \prod_{j=1}^{m} \left[\Phi\left(\sqrt{2}\,\frac{1 - x_i^j}{c_i}\right) + \Phi\left(\sqrt{2}\,\frac{x_i^j}{c_i}\right) - 1 \right] \right\} \end{aligned} \tag{6.41}$$

近似模型式（6.2）的二阶矩可表示为

$$E(\hat{f}^2(\boldsymbol{x})) = \int_0^1 \hat{f}^2(\boldsymbol{x}) \mathrm{d}\boldsymbol{x}$$

$$= \sum_{k=1}^{n}\sum_{i=1}^{n}\int_{0}^{1} w_k w_i \varphi_k(\boldsymbol{x})\varphi_i(\boldsymbol{x})\,\mathrm{d}\boldsymbol{x}$$

$$= \sum_{k=1}^{n}\sum_{i=1}^{n} w_k w_i \int_{0}^{1}\varphi_k(\boldsymbol{x})\varphi_i(\boldsymbol{x})\,\mathrm{d}\boldsymbol{x}$$

$$= \sum_{k=1}^{n}\sum_{i=1}^{n} w_k w_i \psi_{ki} \tag{6.42}$$

其中

$$\psi_{ki} = \int_{0}^{1}\varphi_k(\boldsymbol{x})\varphi_i(\boldsymbol{x})\,\mathrm{d}\boldsymbol{x}$$

$$= \int_{0}^{1}\mathrm{e}^{-\frac{\|\boldsymbol{x}-\boldsymbol{x}_k\|^2}{c_k^2}-\frac{\|\boldsymbol{x}-\boldsymbol{x}_i\|^2}{c_i^2}}\,\mathrm{d}\boldsymbol{x}$$

$$= \prod_{j=1}^{d}\int_{0}^{1}\mathrm{e}^{-\frac{(x^j-x_k^j)^2}{c_k^2}-\frac{(x^j-x_i^j)^2}{c_i^2}}\,\mathrm{d}x^j \tag{6.43}$$

记

$$\psi_{ki}^{j} = \int_{0}^{1}\mathrm{e}^{-\left[\frac{(x^j-x_k^j)^2}{c_k^2}+\frac{(x^j-x_i^j)^2}{c_i^2}\right]}\,\mathrm{d}x^j \tag{6.44}$$

略去上标j，式中指数项可表述为

$$\frac{(x-x_k)^2}{c_k^2}+\frac{(x-x_i)^2}{c_i^2} = \frac{x^2+x_k^2-2xx_k}{c_k^2}+\frac{x+x_i^2-2xx_i}{c_i^2}$$

$$= \frac{(c_i^2+c_k^2)x^2-2(c_k^2x_i+c_i^2x_k)+c_k^2x_i^2+c_i^2x_k^2}{c_i^2c_k^2}$$

$$= \frac{(c_i^2+c_k^2)\left[x-\left(\frac{c_k^2x_i+c_i^2x_k}{c_i^2+c_k^2}\right)\right]^2}{c_i^2c_k^2}+\frac{(x_i-x_k)^2}{c_i^2+c_k^2} \tag{6.45}$$

还原上标j，将式（6.45）代入式（6.44）可得

$$\psi_{ki}^{j} = \int_{0}^{1}\mathrm{e}^{-\left[\frac{(x^j-x_k^j)^2}{c_k^2}+\frac{(x^j-x_i^j)^2}{c_i^2}\right]}\,\mathrm{d}x^j$$

$$= \mathrm{e}^{-\frac{(x_i^j-x_k^j)^2}{c_k^2+c_i^2}}\int_{0}^{1}\mathrm{e}^{-\frac{(c_i^2+c_k^2)}{c_i^2c_k^2}\left[x^j-\left(\frac{c_k^2x_i^j+c_i^2x_k^j}{c_i^2+c_k^2}\right)\right]^2}\,\mathrm{d}x^j \tag{6.46}$$

记

$$c_{ik}^2 = \frac{c_k^2c_i^2}{c_k^2+c_i^2},\quad x_{ik}^j = \frac{c_k^2x_i^j+c_i^2x_k^j}{c_k^2+c_i^2} \tag{6.47}$$

式（6.46）可以简化为

$$\psi_{ki}^{j} = \mathrm{e}^{-\frac{(x_i^j - x_k^j)^2}{c_k^2 + c_i^2}} \int_0^1 \mathrm{e}^{-\left(\frac{x^j - x_{ik}^j}{c_{ik}}\right)^2} \mathrm{d}x^j \tag{6.48}$$

根据式（6.38）和式（6.40）可得

$$\int_0^1 \mathrm{e}^{-\left(\frac{x^j - x_i^j}{c_i}\right)^2} \mathrm{d}x^{(j)} = c_i\sqrt{\pi}\left[\Phi\left(\sqrt{2}\,\frac{1 - x_i^j}{c_i}\right) + \Phi\left(\sqrt{2}\,\frac{x_i^j}{c_i}\right) - 1\right] \tag{6.49}$$

将式（6.49）代入式（6.48）可得

$$\psi_{ki}^{j} = \mathrm{e}^{-\frac{(x_i^j - x_k^j)^2}{c_k^2 + c_k^2}} c_{ik}\sqrt{\pi}\left[\Phi\left(\sqrt{2}\frac{1 - x_{ik}^j}{c_{ik}}\right) + \Phi\left(\sqrt{2}\frac{x_{ik}^j}{c_{ik}}\right) - 1\right] \tag{6.50}$$

因此，近似模型二阶矩可表示为

$$\begin{aligned} E(\hat{f}^2(\boldsymbol{x})) &= \sum_{k=1}^{n}\sum_{i=1}^{n} w_k w_i \int_0^1 \varphi_k(\boldsymbol{x})\varphi_i(\boldsymbol{x})\,\mathrm{d}\boldsymbol{x} \\ &= \sum_{k=1}^{n}\sum_{i=1}^{n}\left\{w_k w_i c_{ik}^d \pi^{d/2} \mathrm{e}^{-\frac{\|\boldsymbol{x}_i - \boldsymbol{x}_k\|^2}{c_i^2 + c_k^2}} \prod_{j=1}^{d}\left[\Phi\left(\sqrt{2}\,\frac{1 - x_{ik}^j}{c_{ik}}\right) + \Phi\left(\sqrt{2}\,\frac{x_{ik}^j}{c_{ik}}\right) - 1\right]\right\} \end{aligned} \tag{6.51}$$

本节提出的高斯径向基函数形状参数确定方法基本框架如图6.8所示。针对一维优化问题求解，可以采用一维搜索方法，如二分法、黄金分割法等方法进行搜索。

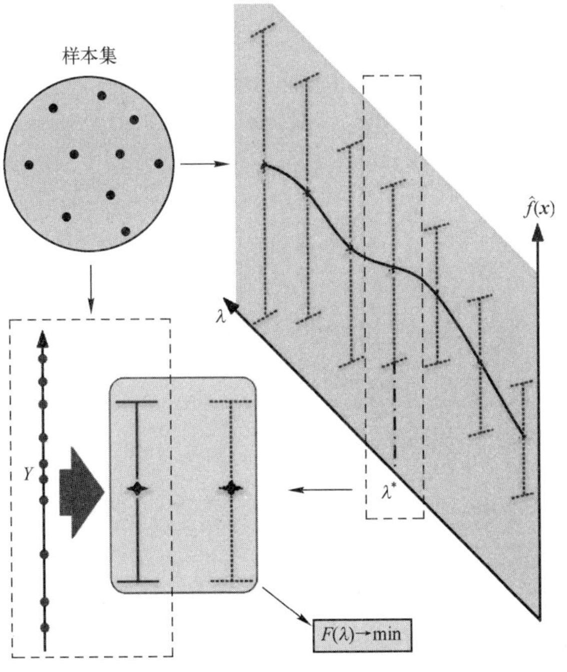

图6.8　径向基函数形状参数确定方法

6.4 基于交叉验证的缩放系数确定方法

6.4.1 交叉验证基本原理

交叉验证方法的基本思想是将原始数据分组，一组作为训练集训练模型，另一组作为测试集对模型精度进行评估，以验证模型精度和泛化能力。在模型存在未知参数时，通过优化未知模型参数，使交叉验证误差最小化，可实现预测模型与训练数据的匹配，从而提升预测模型性能。

目前，近似建模领域常用的交叉验证方法主要有简单交叉验证（hold-out cross-validation，Hold-out CV）法、K 折交叉验证（k-fold cross-validation，K-fold CV）法和留一交叉验证（leave-one-out cross-validation，LOOCV）法。Hold-out CV 法是将数据集分为 2 个子集，一个子集为测试集，另一个子集为训练集。K-fold CV 法是将数据集分为 k 个子集，每个子集轮流作为测试集，其余 $k-1$ 个子集则作为训练集。特别地，当 $k=N$ 时，数据集中的 N 个样本轮流选取 1 个作为测试集，其余 $N-1$ 个样本作为训练集的方法就是 LOOCV 法。

相对于 Hold-out CV 法和 LOOCV 法，K 折交叉验证是最通用的方法，LOOCV 法是 K-fold CV 法中 $k=N$ 时的特殊情况，Hold-out CV 法是 $k=2$ 时的特殊情况。因此本章重点针对 K 折交叉验证方法进行阐述，其误差求解过程如图 6.9 所示，通过将样本均分为 k 组，每次选取 1 组作为测试集，剩余所有样本作为训练集构建近似模型，循环测试后得到对所有样本的预测误差。

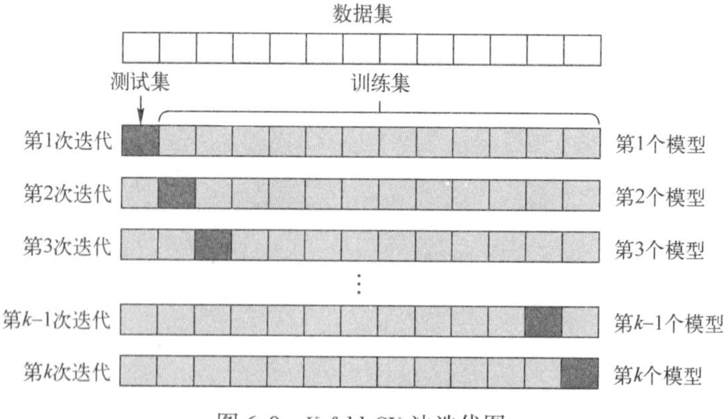

图 6.9 K-fold CV 法迭代图

将原始系数矩阵 $\boldsymbol{\Phi}_n$ 的 n 行数据划分为 k 组，若某组内有 r 行数据。K-fold CV 法误差 $\Delta \boldsymbol{y}$ 为近似模型预测值与真实值之差，即

$$\Delta \boldsymbol{y}=\hat{\boldsymbol{y}}_r-\boldsymbol{Y}_r \tag{6.52}$$

式中：$\hat{\boldsymbol{y}}_r$ 为采用 $n-r$ 个训练样本构建的近似模型在 r 个验证样本处的预测值；$\boldsymbol{Y}_r$ 为 r 个验证样本的真实输出。

$$\begin{bmatrix}\omega_1\\ \omega_2\\ \omega_3\\ \vdots\\ \omega_{n-r}\end{bmatrix}=\begin{bmatrix}\varphi_{1,1} & \varphi_{1,2} & \varphi_{1,3} & \cdots & \varphi_{1,n-r}\\ \varphi_{2,1} & \varphi_{2,2} & \varphi_{2,3} & \cdots & \varphi_{2,n-r}\\ \varphi_{3,1} & \varphi_{3,2} & \varphi_{3,3} & \cdots & \varphi_{3,n-r}\\ \vdots & \vdots & \vdots & \ddots & \vdots\\ \varphi_{n-r,1} & \varphi_{n-r,2} & \varphi_{n-r,3} & \cdots & \varphi_{n-r,n-r}\end{bmatrix}^{-1}\begin{bmatrix}y_1\\ y_2\\ y_3\\ \vdots\\ y_{n-r}\end{bmatrix} \tag{6.53}$$

由式（6.53）可见，在 K-fold CV 中每折都需要训练一个新近似模型，即对一个 $n-r$ 阶矩阵进行求逆，整个过程需求解 k 个 $n-r$ 阶矩阵的逆。k 和 n 越大、r 越小，计算速度越慢。

利用不同批次样本点构建不同近似模型的计算量主要在于针对不同样本训练新的近似模型，即需要对新的系数矩阵进行求逆。然而，由于每次仅抽取一组作为测试，不同近似模型的训练样本具有重复性，导致系数矩阵中包含大量的相似信息。因此，为提升 K 折交叉验证的运算效率，节约计算成本，需要利用上述重复元素，减少重复计算，针对每组参数能够快速计算出模型在所有样本点上的预测误差，从而有效解决反复求解高阶矩阵逆的耗时问题。

6.4.2 交叉验证误差快速计算方法

将所有样本的原始系数矩阵 $\boldsymbol{\Phi}_n$ 中的 n 行数据划分为 k 组，通过左乘变行，右乘变列对原系数矩阵行列交换，将应作为测试集的第 i 组与第 k 组换位后，得到新的系数矩阵 $\boldsymbol{\Phi}_n$。交换后当前测试集均位于系数矩阵末端。$\boldsymbol{I}(i,k)$ 定义为 N 阶单位阵第 i 组与第 k 组交换后得到的矩阵，$\boldsymbol{\Psi}_n$ 与 $\boldsymbol{\Phi}_n$ 关系如式（6.54）所示：

$$\boldsymbol{I}(i,k)\boldsymbol{\Phi}_n\boldsymbol{I}(i,k)=\boldsymbol{\Psi}_n$$

$$\boldsymbol{I}(i,k)\left[\begin{array}{cc:c:cc}\varphi_{1,1} & \cdots & \varphi_{1,i} & \cdots & \varphi_{1,k}\\ \vdots & \ddots & \vdots & \vdots & \vdots\\ \hdashline \varphi_{i,1} & \cdots & \varphi_{i,i} & \cdots & \varphi_{i,k}\\ \hdashline \vdots & \vdots & \vdots & \ddots & \vdots\\ \varphi_{k,1} & \cdots & \varphi_{k,i} & \cdots & \varphi_{k,k}\end{array}\right]\boldsymbol{I}(i,k)=\left[\begin{array}{cc:c:cc}\varphi_{1,1} & \cdots & \varphi_{1,k} & \cdots & \varphi_{1,i}\\ \vdots & \ddots & \vdots & \vdots & \vdots\\ \hdashline \varphi_{k,1} & \cdots & \varphi_{k,k} & \cdots & \varphi_{k,i}\\ \hdashline \vdots & \vdots & \vdots & \ddots & \vdots\\ \varphi_{i,1} & \cdots & \varphi_{i,k} & \cdots & \varphi_{i,i}\end{array}\right] \tag{6.54}$$

所有样本划分为 k 组后，相应的系数矩阵 $\boldsymbol{\Psi}_n$ 也划分为 k 组，设当前测试组 i 内有 r 个样本，即对应系数矩阵 $\boldsymbol{\Phi}_n$ 的 r 行数据，按式（6.54）将第 i 组与第 k 组数据交换位置，式中矩阵元素为 $r\times r$ 的小矩阵。对式（6.55）两端求逆得

$$\boldsymbol{I}(i,k)^{-1}\boldsymbol{\Phi}_n^{-1}\boldsymbol{I}(i,k)^{-1}=\boldsymbol{\Psi}_n^{-1} \tag{6.55}$$

根据逆矩阵定义，$\boldsymbol{I}(i,k)*\boldsymbol{I}(i,k)^{-1}=\boldsymbol{I}$，式（6.55）转化为

$$\boldsymbol{\Psi}_n^{-1}=\boldsymbol{I}(i,k)\boldsymbol{\Phi}_n^{-1}\boldsymbol{I}(i,k) \tag{6.56}$$

将 $\boldsymbol{\Psi}_n$ 矩阵划分为 4 部分，记为

$$\boldsymbol{\Psi}_n=\begin{bmatrix}\boldsymbol{A} & \boldsymbol{B}\\ \boldsymbol{C} & \boldsymbol{D}\end{bmatrix}$$

式中：$\boldsymbol{A}$ 为训练集构建近似模型的 $(n-r)$ 阶系数矩阵 $\boldsymbol{\Phi}_{n-r}$；$\boldsymbol{B}$ 为 $(n-r)\times r$ 阶矩阵；$\boldsymbol{C}$ 为 $r\times(n-r)$ 阶矩阵；$\boldsymbol{D}$ 为测试集的 r 阶系数矩阵 $\boldsymbol{\Phi}_r$。由于 $\boldsymbol{\Psi}_n$ 由 $\boldsymbol{\Phi}_n$ 行列变换所得，因此 $\boldsymbol{B}$、$\boldsymbol{C}$ 和 $\boldsymbol{D}$ 包含测试集的信息，记 $\boldsymbol{\Psi}_n^{-1}$ 为 $\boldsymbol{\Psi}_n$ 的逆矩阵，根据分块矩阵逆的定义，$\boldsymbol{\Psi}_n^{-1}$ 可表示为

$$\begin{aligned}\boldsymbol{\Psi}_n^{-1}&=\begin{bmatrix}\boldsymbol{A} & \boldsymbol{B}\\ \boldsymbol{C} & \boldsymbol{D}\end{bmatrix}^{-1}=\begin{bmatrix}\boldsymbol{A}_1 & \boldsymbol{B}_1\\ \boldsymbol{C}_1 & \boldsymbol{D}_1\end{bmatrix}\\ &=\begin{bmatrix}\boldsymbol{A}^{-1}+\boldsymbol{A}^{-1}\boldsymbol{B}(\boldsymbol{D}-\boldsymbol{C}\boldsymbol{A}^{-1}\boldsymbol{B})^{-1}\boldsymbol{C}\boldsymbol{A}^{-1} & -\boldsymbol{A}^{-1}\boldsymbol{B}(\boldsymbol{D}-\boldsymbol{C}\boldsymbol{A}^{-1}\boldsymbol{B})^{-1}\\ -(\boldsymbol{D}-\boldsymbol{C}\boldsymbol{A}^{-1}\boldsymbol{B})^{-1}\boldsymbol{C}\boldsymbol{A}^{-1} & (\boldsymbol{D}-\boldsymbol{C}\boldsymbol{A}^{-1}\boldsymbol{B})^{-1}\end{bmatrix}\end{aligned} \tag{6.57}$$

记 $\boldsymbol{F}=(\boldsymbol{D}-\boldsymbol{C}\boldsymbol{A}^{-1}\boldsymbol{B})^{-1}$，式（6.57）化简为

$$\boldsymbol{\Psi}_n^{-1}=\begin{bmatrix}\boldsymbol{A}^{-1}+\boldsymbol{A}^{-1}\boldsymbol{B}\boldsymbol{F}\boldsymbol{C}\boldsymbol{A}^{-1} & -\boldsymbol{A}^{-1}\boldsymbol{B}\boldsymbol{F}\\ -\boldsymbol{F}\boldsymbol{C}\boldsymbol{A}^{-1} & \boldsymbol{F}\end{bmatrix} \tag{6.58}$$

$\boldsymbol{A}_1$、$\boldsymbol{B}_1$、$\boldsymbol{C}_1$、$\boldsymbol{D}_1$ 矩阵的规模与 $\boldsymbol{A}$、$\boldsymbol{B}$、$\boldsymbol{C}$、$\boldsymbol{D}$ 相同。根据式（6.58），可由 $\boldsymbol{A}_1$、$\boldsymbol{B}_1$、$\boldsymbol{C}_1$、$\boldsymbol{D}_1$ 推导得到当前训练近似模型系数矩阵的逆 $\boldsymbol{A}^{-1}$。

$$(\boldsymbol{\Phi}_{n-r})^{-1}=\boldsymbol{A}^{-1}=\boldsymbol{A}_1-\frac{\boldsymbol{B}_1}{\boldsymbol{D}_1}\boldsymbol{C}_1=\boldsymbol{A}_1-\boldsymbol{B}_1\boldsymbol{D}_1^{-1}\boldsymbol{C}_1 \tag{6.59}$$

式中：$\boldsymbol{\Phi}_{n-r}$ 为训练集构建近似模型的系数矩阵，即原始系数矩阵 $\boldsymbol{\Phi}_n$ 去除最后 r 行、r 列所得矩阵，即为 $\boldsymbol{A}$ 矩阵。同时 $\boldsymbol{A}_1$、$\boldsymbol{B}_1$、$\boldsymbol{C}_1$、$\boldsymbol{D}_1$ 矩阵均为原始系数矩阵的逆 $\boldsymbol{\Phi}_n^{-1}$ 中的元素通过行列交换得到的矩阵。

K 折交叉验证误差 $\Delta \boldsymbol{y}$ 为训练模型的预测误差，即

$$\Delta \boldsymbol{y}=\hat{\boldsymbol{y}}_r-\boldsymbol{Y}_r=\boldsymbol{\Phi}_{r,n-r}(\boldsymbol{\Phi}_{n-r})^{-1}\boldsymbol{Y}_{n-r}-\boldsymbol{Y}_r \tag{6.60}$$

式中：$\hat{\boldsymbol{y}}_r$ 为近似模型在 r 个验证样本处的预测值；$\boldsymbol{\Phi}_{r,n-r}$ 为系数矩阵 $\boldsymbol{\Phi}$ 中验证样本对应的 r 行和前 $n-r$ 列元素；$\boldsymbol{Y}_{n-r}$ 为训练样本的真实输出；$\boldsymbol{Y}_r$ 亦为验证样本真实输出。根据式（6.59），式（6.60）右侧第一项可表示为

$$\boldsymbol{\Phi}_{r,n-r}(\boldsymbol{\Phi}_{n-r})^{-1}\boldsymbol{Y}_{n-r}=\boldsymbol{\Phi}_{r,n-r}(\boldsymbol{A}_1-\boldsymbol{B}_1\boldsymbol{D}_1^{-1}\boldsymbol{C}_1)\boldsymbol{Y}_{n-r} \tag{6.61}$$

在$(\boldsymbol{\Phi}_{n-r})^{-1}$将$\boldsymbol{\Phi}_n^{-1}$矩阵删去的$r$行$r$列元素添加到原来的位置，$(\boldsymbol{A}_1-\boldsymbol{B}_1\boldsymbol{D}_1^{-1}\boldsymbol{C}_1)$转化为$(\boldsymbol{\Phi}_n^{-1}-\boldsymbol{\Phi}_{,r}^{-1}(\boldsymbol{\Phi}_{r\times r}^{-1})^{-1}\boldsymbol{\Phi}_{r,}^{-1})$。式中：$\boldsymbol{\Phi}_{,r}^{-1}$为$\boldsymbol{\Phi}_n^{-1}$矩阵中验证样本对应的$r$列元素；$\boldsymbol{\Phi}_{r,}^{-1}$为$\boldsymbol{\Phi}_n^{-1}$矩阵中验证样本对应的$r$行元素；$\boldsymbol{\Phi}_{r\times r}^{-1}$为$\boldsymbol{\Phi}_n^{-1}$矩阵中验证样本对应的$r$行$r$列元素重叠部分的$r$阶矩阵。考虑到$\boldsymbol{\Phi}_n^{-1}$与$\boldsymbol{\Phi}_{,r}^{-1}(\boldsymbol{\Phi}_{r\times r}^{-1})^{-1}\boldsymbol{\Phi}_{r,}^{-1}$矩阵中测试元素对应的$r$行$r$列元素完全相同，实际$(\boldsymbol{\Phi}_n^{-1}-\boldsymbol{\Phi}_{,r}^{-1}(\boldsymbol{\Phi}_{r\times r}^{-1})^{-1}\boldsymbol{\Phi}_{r,}^{-1})$项$r$行$r$列元素全为0，因此式（6.61）可转化为

$$\boldsymbol{\Phi}_{r,n-r}(\boldsymbol{\Phi}_{n-r})^{-1}\boldsymbol{Y}_{n-r}=\boldsymbol{\Phi}_{r,}(\boldsymbol{\Phi}_n^{-1}-\boldsymbol{\Phi}_{,r}^{-1}(\boldsymbol{\Phi}_{r\times r}^{-1})^{-1}\boldsymbol{\Phi}_{r,}^{-1})\boldsymbol{Y} \tag{6.62}$$

式中：$\boldsymbol{Y}$为所有样本的真实输出，且验证样本的r个输出对该项没有任何贡献；$\boldsymbol{\Phi}_{r,}$为系数矩阵$\boldsymbol{\Phi}$中验证样本对应的r行元素。式（6.62）展开得

$$\begin{aligned}\boldsymbol{\Phi}_{r,n-r}(\boldsymbol{\Phi}_{n-r})^{-1}\boldsymbol{Y}_{n-r}&=\boldsymbol{\Phi}_{r,}[\boldsymbol{\Phi}_n^{-1}-\boldsymbol{\Phi}_{,r}^{-1}(\boldsymbol{\Phi}_{r\times r}^{-1})^{-1}\boldsymbol{\Phi}_{r,}^{-1}]\boldsymbol{Y}\\&=\boldsymbol{\Phi}_{r,}\boldsymbol{\Phi}_n^{-1}\boldsymbol{Y}-\boldsymbol{\Phi}_{r,}\boldsymbol{\Phi}_{,r}^{-1}(\boldsymbol{\Phi}_{r\times r}^{-1})^{-1}\boldsymbol{\Phi}_{r,}^{-1}\boldsymbol{Y}\end{aligned} \tag{6.63}$$

根据逆矩阵定义有

$$\begin{aligned}&\boldsymbol{\Phi}_{r,}\boldsymbol{\Phi}_n^{-1}=[0,0,\cdots,\boldsymbol{I},\cdots,0]_{r\times n}\\&\boldsymbol{\Phi}_{r,}\boldsymbol{\Phi}_{,r}^{-1}=\boldsymbol{I}_r\end{aligned} \tag{6.64}$$

式（6.63）可转化为如下形式

$$\begin{aligned}\boldsymbol{\Phi}_{r,n-r}(\boldsymbol{\Phi}_{n-r})^{-1}\boldsymbol{Y}_{n-r}&=\boldsymbol{\Phi}_{r,}[\boldsymbol{\Phi}_n^{-1}-\boldsymbol{\Phi}_{,r}^{-1}(\boldsymbol{\Phi}_{r\times r}^{-1})^{-1}\boldsymbol{\Phi}_{r,}^{-1}]\boldsymbol{Y}\\&=\boldsymbol{Y}_r-(\boldsymbol{\Phi}_{r\times r}^{-1})^{-1}\boldsymbol{\Phi}_{r,}^{-1}\boldsymbol{Y}\end{aligned} \tag{6.65}$$

根据径向基函数的定义可知

$$\boldsymbol{\Phi}_{r,}^{-1}\boldsymbol{Y}=\boldsymbol{\omega}_r \tag{6.66}$$

将式（6.65）和式（6.66）代入式（6.60）得

$$\Delta\boldsymbol{y}=-(\boldsymbol{\Phi}_{r\times r}^{-1})^{-1}\boldsymbol{\omega}_r \tag{6.67}$$

式中：$\boldsymbol{\omega}_r$为所有样本进行训练后r个验证样本对应的权系数。采用快速交叉验证法计算预测误差，需要矩阵求逆的阶数从$N-r$降低到r，而一般情况下$N-r\gg r$，从而大幅节省了计算量。k取1时，按照以上过程推导得留一交叉验证误差

$$\Delta y=-\frac{\omega_i}{\boldsymbol{\Phi}_{ii}^{-1}} \tag{6.68}$$

式中：ω_i为验证样本对应的权系数，$\boldsymbol{\Phi}_{ii}^{-1}$为$\boldsymbol{\Phi}_n^{-1}$矩阵第$i$行$i$列个元素。本节对留一交叉验证法计算误差的推导结果与留一交叉验证的误差计算公式相同，Rippa推导的快速误差计算公式是本节介绍的方法中k取n时的特殊情况。表明该计算公式可以推广到任意分析条件下的交叉验证误差快速计算。

在计算时间上，对采样点个数为n的近似建模问题，普通K折交叉验证的时

间复杂度为 n^3，快速 K 折交叉验证的时间复杂度为$(n/k)^3$，表明快速交叉验证具有更高的求解效率。采用 500 个样本点的数值算例分别对普通的 K-fold CV 法和本节介绍的 K-fold CV 法求解效率进行测试，在不同折数下时间节省幅度如图 6.10 所示。折数越多时间节省幅度越大，尤其在与常规留一交叉验证法对比时，节省了超过 90%的时间。

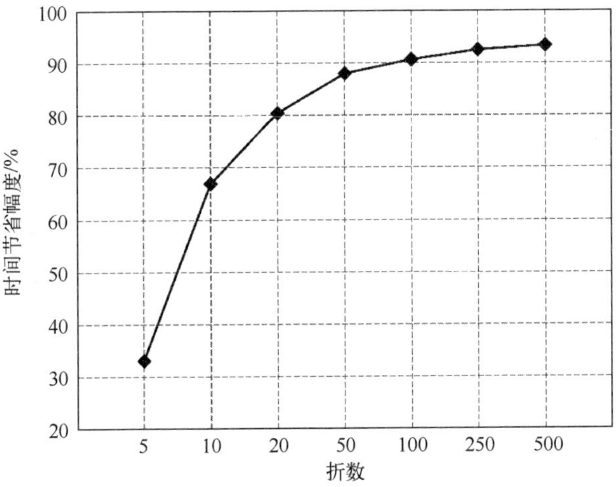

图 6.10　时间节省幅度

6.4.3　交叉验证误差求解的程序实现方法

由于建立辅助模型$\hat{\boldsymbol{y}}_k(\boldsymbol{x}\mid\boldsymbol{S}\backslash\boldsymbol{S}_k)$的样本集不包含子集 $\boldsymbol{S}_k$ 中的观测信息，为使$\hat{\boldsymbol{y}}_k(\boldsymbol{x}\mid\boldsymbol{S}\backslash\boldsymbol{S}_k)$尽可能多地捕获真实模型在设计空间中的特征信息，要求各子集$\{\boldsymbol{S}_i\}_{i=1,i\neq k}^{K}$中样本点都具有较高的空间均匀性。为此，将划分入子集 $\boldsymbol{S}_k$ 中的样本点 $\boldsymbol{x}_i$ 标记编号为 $k(1\leqslant k\leqslant K)$，并定义一个与之对应的新变量 $\boldsymbol{X}_i=(\boldsymbol{x}_i,k)$。进而，改善各子集 $\boldsymbol{S}_k$ 中样本点空间均布性的优化问题可描述为

$$\begin{cases}\text{find}:P\\ \min:\widetilde{\varphi}(\boldsymbol{X})=\max\limits_{k=1,2,\cdots,K}(\varphi(D_k))\end{cases}\tag{6.69}$$

式中：$\boldsymbol{X}=[\boldsymbol{x}_1,\boldsymbol{x}_2,\cdots,\boldsymbol{x}_N]^{\mathrm{T}}$；$P$ 为矩阵 $\boldsymbol{X}$ 第一列，即每个样本点编号。上述优化问题本质上为排列优化问题，可通过模拟退火算法进行求解。采用上述样本分割算法后的 k 维样本拆分效果如图 6.11 和图 6.12 所示。

采用样本拆分方法得到在设计空间内均匀分布的 k 维样本后，即可获得各组样本的编号 $P_k(k=1,2,\cdots,K)$，根据各组样本点的编号，可获得其在近似建模过

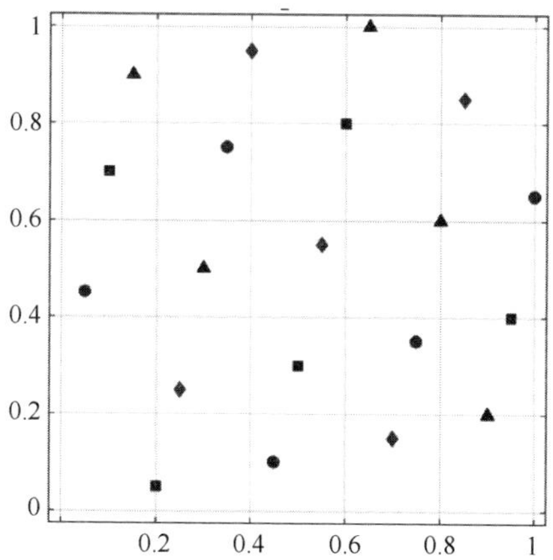

图 6.11　二维样本拆分效果

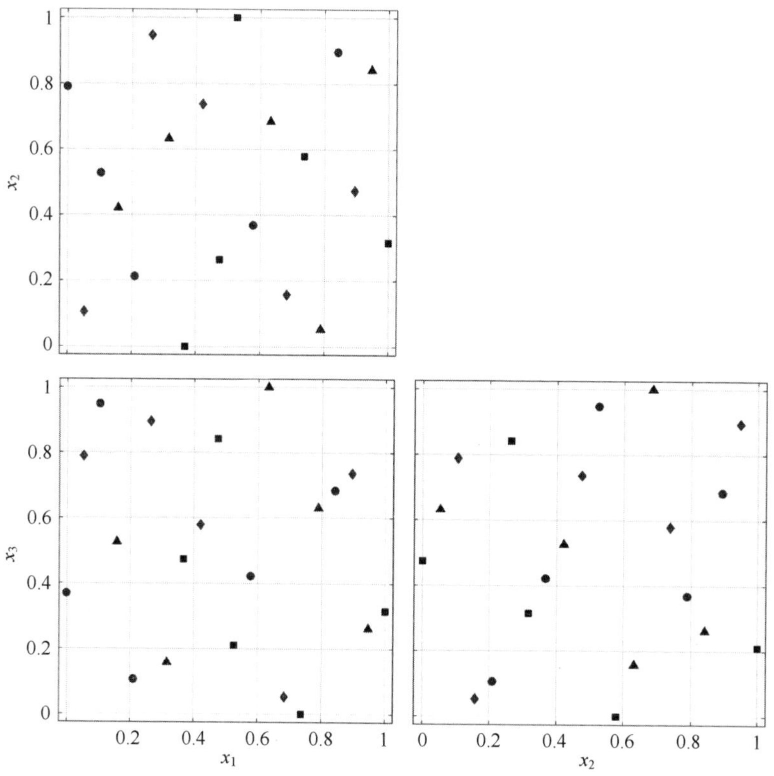

图 6.12　三维样本拆分效果

程中系数矩阵的汇总的位置，因此只需将求解交叉验证的 $\boldsymbol{\Phi}_{r\times r}^{-1}$ 变为 $\boldsymbol{\Phi}^{-1}$ 中编号 P_k 对应的行和列的子集 $\boldsymbol{\Phi}_{P_k}^{-1}$ 即可，无须进行多次行列交换，如式（6.70）所示。

$$[\boldsymbol{\Phi}_{P_k}^{-1}]_{ij}=[\boldsymbol{\Phi}^{-1}]_{P_k^iP_k^j} \tag{6.70}$$

式中：P_k^i 和 P_k^j 分别为第 k 组样本编号 P_k 中第 i 和第 j 个点的编号。

6.5 小　结

本章在多项式近似模型局限性分析的基础上，基于近似模型的本质是基函数的线性叠加这一观点，详细论述了径向基函数近似模型的基本原理和主要实现方法。

详细阐述了径向基函数的基本原理，介绍了径向基函数的基本概念，从维度无关性的特点出发，论述了径向基函数在多变量近似建模中的应用前景，基于多项式近似模型中基函数线性叠加的方式，建立了径向基函数近似模型的基本形式和求解方法，分析了不同基函数形式和参数对近似模型精度的影响，并针对大规模数据的计算效率问题和带噪声数据的噪声平滑问题，叙述了正则化径向基近似模型和径向基函数神经网络近似模型。

针对径向基函数近似建模精度与形状参数密切相关，而模型待求形状参数与训练样本成比例增加的问题，本章研究了形状参数的低维表征方法，讨论了单一形状参数表征、聚类表征和局部密度表征等不同方法在降低形状参数的自由度方面的作用，对近似模型训练过程中寻找最优参数提供了低计算复杂度的方法。

针对近似模型训练样本获取代价高、模型精度校验匮乏的问题，讨论了不依赖验证样本形状参数确定和模型训练方法，分别从模型全局散布特性和交叉验证的角度出发，建立了基于矩估计和交叉验证的径向基函数近似模型训练方法，并建立了高斯径向基函数的二阶矩显式计算方法和交叉验证误差通用快速计算方法，实现了近似模型的高效训练。

参考文献

[1] Hardy R L. Multiquadric equations of topography and other irregular surfaces [J]. Journal of Geophysical Research, 1971, 76 (8): 1905-1915.

[2] 吴宗敏. 散乱数据拟合的模型、方法和理论 [M]. 北京：科学出版社，2007.

[3] Orr M J L. Regularization in the Selection of Radial Basis Function Centers [J]. Neural Computation, 1995, 7 (3): 606-623.

[4] Valencia C, Yuan M. Radial basis function regularization for linear inverse problems with random noise [J]. Journal of Multivariate Analysis, Elsevier Inc., 2013, 116: 92-108.

[5] 杨淑莹, 张桦. 模式识别与智能计算: Matlab 技术实现 [M]. 北京: 电子工业出版社, 2015.

[6] Nakayama H, Arakawa M, Sasaki R. Simulation-based optimization using computational intelligence [J]. Optimization and Engineering, 2002, 3 (2): 201-214.

[7] Kitayama S, Arakawa M, Yamazaki K. Sequential approximate optimization for discrete design variable problems using radial basis function network [J]. Applied Mathematics and Computation, Elsevier Inc., 2012, 219 (8): 4143-4156.

[8] Rippa S. An algorithm for selecting a good value for the parameter c in radial basis function interpolation [J]. Advances in Computational Mathematics, 1999, 11 (2): 193-210.

第7章

Kriging 近似建模方法

7.1 引　　言

前面两章详细讨论了多项式和径向基函数近似建模的基本原理和主要方法，上述两类方法在近似建模过程中仅依赖样本输入输出信息，利用最小二乘法或者插值条件进行任意输入样本处的模型输出预测。本章在上述预测模型基础上，引入模型的概率分布信息，介绍 Kriging 模型的基本原理和预测方法。

Kriging 模型的思想最初是由南非地质学家 Krige 在研究矿产储量分布时提出[1]，是一种基于最优线性无偏估计（best linear unbiased estimation，BLUE）的高维函数预测方法。随着计算机仿真模型在工程设计中的广泛应用，上述预测方法逐步完善并形成了 Kriging 近似建模理论，成为高耗时黑箱仿真模型输出预测的通用方法之一。由于 Kriging 近似模型采用了最小方差无偏估计原理，在预测模型输出时除给出预测值外还可以给出预测值的方差，用来对当前点输出预测的可信程度进行评估，因此在动态近似建模中得到广泛应用。

本章详细论述 Kriging 近似模型的基本假设、模型输出及其方差的预测方法，并在此基础上，分析 Kriging 近似建模中超参数对相关函数以及模型预测精度的影响，针对超参数训练过程面临的计算效率难题，建立超参数快速训练方法，从降低参数训练耗时和减少参数训练次数入手，实现 Kriging 近似模型的快速构建。为进一步利用计算数据，建立了梯度增强的 Kriging 近似模型以实现对梯度信息的有效利用。

7.2 Kriging 近似模型基本理论

7.2.1 Kriging 近似模型最小方差无偏估计原理

前面章节论述的多项式和径向基函数近似建模的基本原理是多元插值或回归，与上述两者不同，Kriging 近似模型从随机变量的最优线性无偏估计出发建立的关于预测值及其方差的估计。为此 Kriging 近似模型首先假设原始模型 $y(\boldsymbol{x})$ 在任意点 $\boldsymbol{x}$ 处的输出为一个全局低阶回归项与一个零均值随机过程的叠加，即

$$y(\boldsymbol{x})=\beta_0+z(\boldsymbol{x}) \tag{7.1}$$

式中：β_0 为未知常数，表征原始模型在变量域内的整体变化趋势；$z(\boldsymbol{x})$ 为局部随机偏差项，服从均值为 0、方差为 σ^2 的标准正态分布。

在设计空间中的不同位置 $\boldsymbol{x}$，$\boldsymbol{x}'$处满足关系式：

$$\mathrm{Cov}(z(\boldsymbol{x}),z(\boldsymbol{x}'))=\sigma^2 R(\boldsymbol{x},\boldsymbol{x}') \tag{7.2}$$

式中：R 为与空间距离相关的函数，表达了两点之间输出的相关性，当 $\|\boldsymbol{x}-\boldsymbol{x}'\|=0$ 时，$R(\boldsymbol{x},\boldsymbol{x}')=1$，即输出点的响应自己和自己完全一致；当 $\|\boldsymbol{x}-\boldsymbol{x}'\|$ 趋于无穷大时，$R(\boldsymbol{x},\boldsymbol{x}')=0$；$R$ 随着 $\|\boldsymbol{x}-\boldsymbol{x}'\|$ 的增大而减小，表明两点之间距离越远其相关性越小。

对于 d 维未知模型 $y(\boldsymbol{x})$，在获得实验设计训练数据$[\boldsymbol{X},\boldsymbol{y}]$时，根据上述假设，Kriging 模型即可借助某一点周围的已知信息，通过对该点周围一定范围内信息加权线性组合，从而实现未知点处函数值的预测，即

$$\hat{y}=\sum_{i=1}^{n}\lambda_i y_i=\boldsymbol{\lambda}^{\mathrm{T}}\boldsymbol{y} \tag{7.3}$$

根据 Kriging 近似模型的基本原理，采用最小方差无偏估计方法对上述最优加权系数进行求解，根据原始模型 $y(\boldsymbol{x})$ 均值和方差的假设，可以建立用于求解加权系数的问题为

$$\begin{aligned}\min:&s^2(\boldsymbol{x})=E[(\hat{y}(\boldsymbol{x})-y(\boldsymbol{x}))^2]\\ \text{s.t.}:&E[\hat{y}(\boldsymbol{x})-y(\boldsymbol{x})]=0\end{aligned} \tag{7.4}$$

将式（7.4）展开可得

$$\begin{aligned}s^2(\boldsymbol{x})&=E[(\hat{y}(\boldsymbol{x})-y(\boldsymbol{x}))^2]\\&=\mathrm{var}[\hat{y}(\boldsymbol{x})-y(\boldsymbol{x})]\\&=\mathrm{var}\left[\sum_{i=1}^{n}\lambda_i y_i-y(\boldsymbol{x})\right]\end{aligned}$$

$$= \mathrm{var}\left(\sum_{i=1}^{n} \lambda_i y_i\right) - 2\mathrm{Cov}\left(\sum_{i=1}^{n} \lambda_i y_i, y(\boldsymbol{x})\right) + \mathrm{Cov}(y(\boldsymbol{x}), y(\boldsymbol{x}))$$

$$= \sum_{i=1}^{n}\sum_{j=1}^{n} \lambda_i \lambda_j \mathrm{Cov}(y_i, y_j) - 2\sum_{i=1}^{n} \lambda_i \mathrm{Cov}[y_i, y(\boldsymbol{x})] + \mathrm{Cov}(y(\boldsymbol{x}), y(\boldsymbol{x})) \tag{7.5}$$

$$E[\hat{y}(\boldsymbol{x}) - y(\boldsymbol{x})] = E\left[\sum_{i=1}^{n} \lambda_i y_i - y(\boldsymbol{x})\right] = \beta_0 \sum_{i=1}^{n} \lambda_i - \beta_0 \tag{7.6}$$

将式（7.5）、式（7.6）写成矩阵的形式，式（7.4）变换为

$$\begin{aligned} &\min: \boldsymbol{\lambda}^{\mathrm{T}} \boldsymbol{C} \boldsymbol{\lambda} + \sigma^2 - 2\boldsymbol{\lambda}^{\mathrm{T}} \boldsymbol{c} \\ &\mathrm{s.t.} \quad : \boldsymbol{\lambda}^{\mathrm{T}} \mathbf{1} = 1 \end{aligned} \tag{7.7}$$

其中

$$\boldsymbol{C} = \begin{bmatrix} \mathrm{Cov}(z(\boldsymbol{x}_1), z(\boldsymbol{x}_1)) & \mathrm{Cov}(z(\boldsymbol{x}_1), z(\boldsymbol{x}_2)) & \cdots & \mathrm{Cov}(z(\boldsymbol{x}_1), z(\boldsymbol{x}_n)) \\ \mathrm{Cov}(z(\boldsymbol{x}_2), z(\boldsymbol{x}_1)) & \mathrm{Cov}(z(\boldsymbol{x}_2), z(\boldsymbol{x}_2)) & \cdots & \mathrm{Cov}(z(\boldsymbol{x}_2), z(\boldsymbol{x}_n)) \\ \vdots & \vdots & \ddots & \vdots \\ \mathrm{Cov}(z(\boldsymbol{x}_n), z(\boldsymbol{x}_1)) & \mathrm{Cov}(z(\boldsymbol{x}_n), z(\boldsymbol{x}_2)) & \cdots & \mathrm{Cov}(z(\boldsymbol{x}_n), z(\boldsymbol{x}_n)) \end{bmatrix}$$

$$\mathbf{1} = [1 \quad 1 \quad \cdots \quad 1]^{\mathrm{T}},$$

$$\boldsymbol{c}^{\mathrm{T}} = [\mathrm{Cov}(z(\boldsymbol{x}_1), z(\boldsymbol{x})) \quad \mathrm{Cov}(z(\boldsymbol{x}_2), z(\boldsymbol{x})) \quad \cdots \quad \mathrm{Cov}(z(\boldsymbol{x}_n), z(\boldsymbol{x}))] \tag{7.8}$$

注意到式（7.7）中的约束优化问题中仅包含 Kriging 近似模型基本假设中的随机偏差项的方差 σ^2，并不包含全局低阶回归项 β_0，因此上述问题的解也和 β_0 无关。为求解约束优化问题式（7.7），引入拉格朗日乘子，令

$$L(\boldsymbol{\lambda}) = \boldsymbol{\lambda}^{\mathrm{T}} \boldsymbol{C} \boldsymbol{\lambda} + \sigma^2 - 2\boldsymbol{\lambda}^{\mathrm{T}} \boldsymbol{c} + \mu(\boldsymbol{\lambda}^{\mathrm{T}} \boldsymbol{I} - 1) \tag{7.9}$$

令

$$\begin{cases} \dfrac{\partial L}{\partial \boldsymbol{\lambda}} = 0 \\ \dfrac{\partial L}{\partial \mu} = 0 \end{cases} \tag{7.10}$$

可得

$$\begin{cases} 2\boldsymbol{C}\boldsymbol{\lambda}^{\mathrm{T}} - 2\boldsymbol{c} + \mu \boldsymbol{I} = 0 \\ \boldsymbol{\lambda}^{\mathrm{T}} \boldsymbol{I} - 1 = 0 \end{cases} \tag{7.11}$$

令$\tilde{\mu} = \dfrac{\mu}{2\sigma^2}$，由式（7.11）可写为

$$\begin{bmatrix} R(\boldsymbol{x}_1,\boldsymbol{x}_1) & R(\boldsymbol{x}_1,\boldsymbol{x}_2) & \cdots & R(\boldsymbol{x}_1,\boldsymbol{x}_n) & 1 \\ R(\boldsymbol{x}_2,\boldsymbol{x}_1) & R(\boldsymbol{x}_2,\boldsymbol{x}_2) & \cdots & R(\boldsymbol{x}_2,\boldsymbol{x}_n) & 1 \\ \vdots & \vdots & \ddots & \vdots & \vdots \\ R(\boldsymbol{x}_n,\boldsymbol{x}_1) & R(\boldsymbol{x}_n,\boldsymbol{x}_2) & \cdots & R(\boldsymbol{x}_n,\boldsymbol{x}_n) & 1 \\ 1 & 1 & \cdots & 1 & 0 \end{bmatrix} \begin{bmatrix} \lambda_1 \\ \lambda_2 \\ \vdots \\ \lambda_n \\ \tilde{\mu} \end{bmatrix} = \begin{bmatrix} R(\boldsymbol{x}_1,\boldsymbol{x}) \\ R(\boldsymbol{x}_2,\boldsymbol{x}) \\ \vdots \\ R(\boldsymbol{x}_n,\boldsymbol{x}) \\ 1 \end{bmatrix} \tag{7.12}$$

即

$$\begin{bmatrix} \boldsymbol{R} & \boldsymbol{1} \\ \boldsymbol{1}^{\mathrm{T}} & 0 \end{bmatrix} \begin{bmatrix} \boldsymbol{\lambda} \\ \tilde{\mu} \end{bmatrix} = \begin{bmatrix} \boldsymbol{r}(\boldsymbol{x}) \\ 1 \end{bmatrix} \tag{7.13}$$

式中

$$\boldsymbol{R} = \begin{bmatrix} R(\boldsymbol{x}_1,\boldsymbol{x}_1) & R(\boldsymbol{x}_1,\boldsymbol{x}_2) & \cdots & R(\boldsymbol{x}_1,\boldsymbol{x}_n) \\ R(\boldsymbol{x}_2,\boldsymbol{x}_1) & R(\boldsymbol{x}_2,\boldsymbol{x}_2) & \cdots & R(\boldsymbol{x}_2,\boldsymbol{x}_1) \\ \vdots & \vdots & \ddots & \vdots \\ R(\boldsymbol{x}_n,\boldsymbol{x}_1) & R(\boldsymbol{x}_n,\boldsymbol{x}_2) & \cdots & R(\boldsymbol{x}_n,\boldsymbol{x}_n) \end{bmatrix} \tag{7.14}$$

$$\boldsymbol{r}(\boldsymbol{x}) = [R(\boldsymbol{x}_1,\boldsymbol{x}) \quad R(\boldsymbol{x}_2,\boldsymbol{x}) \quad \cdots \quad R(\boldsymbol{x}_n,\boldsymbol{x})]^{\mathrm{T}}$$

求解式（7.13）可得

$$\begin{bmatrix} \boldsymbol{\lambda} \\ \tilde{\mu} \end{bmatrix} = \begin{bmatrix} \boldsymbol{R} & \boldsymbol{1} \\ \boldsymbol{1}^{\mathrm{T}} & 0 \end{bmatrix}^{-1} \cdot \begin{bmatrix} \boldsymbol{r}(\boldsymbol{x}) \\ 1 \end{bmatrix} \tag{7.15}$$

根据分块矩阵求逆方法，可以将加权系数 $\boldsymbol{\lambda}$ 进行独立计算，结果为

$$\begin{aligned} \boldsymbol{\lambda} &= [\boldsymbol{1}^{\mathrm{T}} \quad 0] \cdot \begin{bmatrix} \boldsymbol{R} & \boldsymbol{1} \\ \boldsymbol{1}^{\mathrm{T}} & 0 \end{bmatrix}^{-1} \begin{bmatrix} \boldsymbol{r}(\boldsymbol{x}) \\ 1 \end{bmatrix} \\ &= [\boldsymbol{R}^{-1} - \boldsymbol{R}^{-1}\boldsymbol{1}(\boldsymbol{1}^{\mathrm{T}}\boldsymbol{R}^{-1}\boldsymbol{1})^{-1}\boldsymbol{1}^{\mathrm{T}}\boldsymbol{R}^{-1} \quad \boldsymbol{R}^{-1}\boldsymbol{1}(\boldsymbol{1}^{\mathrm{T}}\boldsymbol{R}^{-1}\boldsymbol{1})^{-1}] \begin{bmatrix} \boldsymbol{r}(\boldsymbol{x}) \\ 1 \end{bmatrix} \end{aligned} \tag{7.16}$$

由于相关函数具有对称性，即 $R(\boldsymbol{x}_i,\boldsymbol{x}_j) = R(\boldsymbol{x}_j,\boldsymbol{x}_i)(i,j=1,2,\cdots,n)$，故 $\boldsymbol{R}$ 为对称矩阵，即 $\boldsymbol{R}=\boldsymbol{R}^{\mathrm{T}}$。则加权系数的转置为

$$\boldsymbol{\lambda}^{\mathrm{T}} = [\boldsymbol{r}(\boldsymbol{x})^{\mathrm{T}} \quad 1] \begin{bmatrix} \boldsymbol{R}^{-1} - \boldsymbol{R}^{-1}\boldsymbol{1}(\boldsymbol{1}^{\mathrm{T}}\boldsymbol{R}^{-1}\boldsymbol{1})^{-1}\boldsymbol{1}^{\mathrm{T}}\boldsymbol{R}^{-1} \\ (\boldsymbol{1}^{\mathrm{T}}\boldsymbol{R}^{-1}\boldsymbol{1})^{-1}\boldsymbol{1}^{\mathrm{T}}\boldsymbol{R}^{-1} \end{bmatrix} \tag{7.17}$$

将式（7.17）代入式（7.3）可得任意点 $\boldsymbol{x}$ 处的输出预测值为

$$\begin{aligned} \hat{y}(\boldsymbol{x}) &= \boldsymbol{\lambda}^{\mathrm{T}}\boldsymbol{y} = [\boldsymbol{r}(\boldsymbol{x})^{\mathrm{T}} \quad 1] \cdot \begin{bmatrix} \boldsymbol{R}^{-1} - \boldsymbol{R}^{-1}\boldsymbol{1}(\boldsymbol{1}^{\mathrm{T}}\boldsymbol{R}^{-1}\boldsymbol{1})^{-1}\boldsymbol{1}^{\mathrm{T}}\boldsymbol{R}^{-1} \\ (\boldsymbol{1}^{\mathrm{T}}\boldsymbol{R}^{-1}\boldsymbol{1})^{-1}\boldsymbol{1}^{\mathrm{T}}\boldsymbol{R}^{-1} \end{bmatrix}\boldsymbol{y} \\ &= [\boldsymbol{r}(\boldsymbol{x})^{\mathrm{T}}\boldsymbol{R}^{-1} + (1-\boldsymbol{r}(\boldsymbol{x})^{\mathrm{T}}\boldsymbol{R}^{-1}\boldsymbol{1})(\boldsymbol{1}^{\mathrm{T}}\boldsymbol{R}^{-1}\boldsymbol{1})^{-1}\boldsymbol{1}^{\mathrm{T}}\boldsymbol{R}^{-1}]\boldsymbol{y} \\ &= \boldsymbol{r}(\boldsymbol{x})^{\mathrm{T}}\boldsymbol{R}^{-1}\boldsymbol{y} + \frac{\boldsymbol{1}^{\mathrm{T}}\boldsymbol{R}^{-1}\boldsymbol{y} - \boldsymbol{r}(\boldsymbol{x})^{\mathrm{T}}\boldsymbol{R}^{-1}\boldsymbol{1}\boldsymbol{1}^{\mathrm{T}}\boldsymbol{R}^{-1}\boldsymbol{y}}{\boldsymbol{1}^{\mathrm{T}}\boldsymbol{R}^{-1}\boldsymbol{1}} \end{aligned}$$

$$=\frac{\mathbf{1}^{\mathrm{T}}\boldsymbol{R}^{-1}\boldsymbol{y}}{\mathbf{1}^{\mathrm{T}}\boldsymbol{R}^{-1}\mathbf{1}}+\boldsymbol{r}(\boldsymbol{x})^{\mathrm{T}}\boldsymbol{R}^{-1}\left(\boldsymbol{y}-\mathbf{1}\frac{\mathbf{1}^{\mathrm{T}}\boldsymbol{R}^{-1}\boldsymbol{y}}{\mathbf{1}^{\mathrm{T}}\boldsymbol{R}^{-1}\mathbf{1}}\right) \tag{7.18}$$

式中：$\frac{\mathbf{1}^{\mathrm{T}}\boldsymbol{R}^{-1}\boldsymbol{y}}{\mathbf{1}^{\mathrm{T}}\boldsymbol{R}^{-1}\mathbf{1}}$为仅与训练样本的响应数据和相关函数矩阵有关，而与输入变量 $\boldsymbol{x}$ 无关的常数项，为方便书写，将该常数也记为 β_0，则式（7.18）可化简为

$$\hat{y}(\boldsymbol{x})=\beta_0+\boldsymbol{r}(\boldsymbol{x})^{\mathrm{T}}\boldsymbol{R}^{-1}(\boldsymbol{y}-\beta_0\mathbf{1}) \tag{7.19}$$

此处需要注意的是，尽管为了书写方便和形式统一，式（7.19）中的常数项和式（7.1）中的常数项均采 β_0 表示，但其有着不同的物理意义。式（7.1）中的 β_0 是估计之前对全局特性的表示，是一个假设的常数，在 Kriging 近似模型最小方差无偏估计的求解过程中，会将该常数消去，也就是说最终的预测值不依赖该常数的具体数值。而式（7.19）中的这个常数在求解过程经过最小方差无偏估计计算得到的结果，是一个与训练样本和相关函数计算得到的具体的数值结果。根据上述任意输出参数处加权系数的求解结果式（7.16）及式（7.17），将其代入式（7.4）可得 Kriging 近似模型在任意输入 $\boldsymbol{x}$ 处的预测方差，如式（7.20）所示。

$$s^2(\boldsymbol{x})=\boldsymbol{\lambda}^{\mathrm{T}}\boldsymbol{C}\boldsymbol{\lambda}+\sigma^2-2\boldsymbol{\lambda}^{\mathrm{T}}\boldsymbol{c}=\sigma^2+\sigma^2\boldsymbol{\lambda}^{\mathrm{T}}(\boldsymbol{R}\boldsymbol{\lambda}-2\boldsymbol{r}(\boldsymbol{x})) \tag{7.20}$$

其中

$$\boldsymbol{R}\boldsymbol{\lambda}-2\boldsymbol{r}(\boldsymbol{x})=\mathbf{1}(\mathbf{1}^{\mathrm{T}}\boldsymbol{R}^{-1}\mathbf{1})^{-1}-\mathbf{1}(\mathbf{1}^{\mathrm{T}}\boldsymbol{R}^{-1}\mathbf{1})^{-1}\mathbf{1}^{\mathrm{T}}\boldsymbol{R}^{-1}\boldsymbol{r}(\boldsymbol{x})-\boldsymbol{r}(\boldsymbol{x}) \tag{7.21}$$

可继续推导

$$\begin{aligned}
&\boldsymbol{\lambda}^{\mathrm{T}}[\boldsymbol{R}\boldsymbol{\lambda}-2\boldsymbol{r}(\boldsymbol{x})]\\
&=[\boldsymbol{\psi}^{\mathrm{T}}\boldsymbol{R}^{-1}-\boldsymbol{\psi}^{\mathrm{T}}\boldsymbol{R}^{-1}\mathbf{1}(\mathbf{1}^{\mathrm{T}}\boldsymbol{R}^{-1}\mathbf{1})^{-1}\mathbf{1}^{\mathrm{T}}\boldsymbol{R}^{-1}+(\mathbf{1}^{\mathrm{T}}\boldsymbol{R}^{-1}\mathbf{1})^{-1}\mathbf{1}^{\mathrm{T}}\boldsymbol{R}^{-1}]\cdot\\
&\quad[\mathbf{1}(\mathbf{1}^{\mathrm{T}}\boldsymbol{R}^{-1}\mathbf{1})^{-1}-\mathbf{1}(\mathbf{1}^{\mathrm{T}}\boldsymbol{R}^{-1}\mathbf{1})^{-1}\mathbf{1}^{\mathrm{T}}\boldsymbol{R}^{-1}\boldsymbol{r}(\boldsymbol{x})-\boldsymbol{r}(\boldsymbol{x})]\\
&=\begin{bmatrix}(\mathbf{1}^{\mathrm{T}}\boldsymbol{R}^{-1}\mathbf{1})^{-1}-(\mathbf{1}^{\mathrm{T}}\boldsymbol{R}^{-1}\mathbf{1})^{-1}\mathbf{1}^{\mathrm{T}}\boldsymbol{R}^{-1}\boldsymbol{r}(\boldsymbol{x})-\boldsymbol{r}(\boldsymbol{x})^{\mathrm{T}}\boldsymbol{R}^{-1}\boldsymbol{r}(\boldsymbol{x})\\+\boldsymbol{r}(\boldsymbol{x})^{\mathrm{T}}\boldsymbol{R}^{-1}\mathbf{1}(\mathbf{1}^{\mathrm{T}}\boldsymbol{R}^{-1}\mathbf{1})^{-1}\mathbf{1}^{\mathrm{T}}\boldsymbol{R}^{-1}\boldsymbol{r}(\boldsymbol{x})-(\mathbf{1}^{\mathrm{T}}\boldsymbol{R}^{-1}\mathbf{1})^{-1}\mathbf{1}^{\mathrm{T}}\boldsymbol{R}^{-1}\boldsymbol{r}(\boldsymbol{x})\end{bmatrix}\\
&=\frac{[\boldsymbol{r}(\boldsymbol{x})^{\mathrm{T}}\boldsymbol{R}^{-1}\mathbf{1}]^2-2[\boldsymbol{r}(\boldsymbol{x})^{\mathrm{T}}\boldsymbol{R}^{-1}\mathbf{1}]+1}{\mathbf{1}^{\mathrm{T}}\boldsymbol{R}^{-1}\mathbf{1}}-\boldsymbol{r}(\boldsymbol{x})^{\mathrm{T}}\boldsymbol{R}^{-1}\boldsymbol{r}(\boldsymbol{x})\\
&=\frac{[\boldsymbol{r}(\boldsymbol{x})^{\mathrm{T}}\boldsymbol{R}^{-1}\mathbf{1}-1]^2}{\mathbf{1}^{\mathrm{T}}\boldsymbol{R}^{-1}\mathbf{1}}-\boldsymbol{r}(\boldsymbol{x})^{\mathrm{T}}\boldsymbol{R}^{-1}\boldsymbol{r}(\boldsymbol{x})
\end{aligned} \tag{7.22}$$

因此 Kriging 近似模型的预测方差可写成

$$s^2(\boldsymbol{x})=\sigma^2\left[1-\boldsymbol{r}(\boldsymbol{x})^{\mathrm{T}}\boldsymbol{R}^{-1}\boldsymbol{r}(\boldsymbol{x})+\frac{(1-\boldsymbol{r}(\boldsymbol{x})^{\mathrm{T}}\boldsymbol{R}^{-1}\mathbf{1})^2}{\mathbf{1}^{\mathrm{T}}\boldsymbol{R}^{-1}\mathbf{1}}\right] \tag{7.23}$$

式（7.23）和式（7.19）构成了 Kriging 近似模型关于预测值和预测方差的

基本方程，重新整理如下

$$
\begin{aligned}
&\hat{y}(\boldsymbol{x})=\beta_0+\boldsymbol{r}(\boldsymbol{x})^{\mathrm{T}}\boldsymbol{R}^{-1}(\boldsymbol{y}-\beta_0\mathbf{1})\\
&s^2(\boldsymbol{x})=\sigma^2\left[1-\boldsymbol{r}(\boldsymbol{x})^{\mathrm{T}}\boldsymbol{R}^{-1}\boldsymbol{r}(\boldsymbol{x})+\frac{(1-\boldsymbol{r}(\boldsymbol{x})^{\mathrm{T}}\boldsymbol{R}^{-1}\mathbf{1})^2}{\mathbf{1}^{\mathrm{T}}\boldsymbol{R}^{-1}\mathbf{1}}\right]
\end{aligned}
\tag{7.24}
$$

通过观察上式可知，Kriging 近似模型的预测值仅与相关函数以及训练样本有关，与假设的模型均值和方差无关，而某点的预测方差不仅与上述参数有关，还与提前假设的随机偏差项的方差 σ^2 有关。因此为了实现对任意点预测方差的准确计算，首先需要对 σ^2 进行估计。

根据 Kriging 近似模型对任意点处的模型响应均值和方差的基本假设可得，对于观测矢量 $\boldsymbol{y}$，Kriging 近似模型假设其服从均值为 $\beta_0\mathbf{1}$、协方差矩阵为 $\sigma^2\boldsymbol{R}$ 的 N 维正态分布，因此其概率密度函数可表达为

$$
L(\mu,\sigma^2,\boldsymbol{\theta},\boldsymbol{p})=\frac{1}{\sqrt{(2\pi\sigma^2)^n\,|\boldsymbol{R}|}}\cdot\exp\left(-\frac{1}{2}\,\frac{(\boldsymbol{y}-\beta_0\mathbf{1})^{\mathrm{T}}\boldsymbol{R}^{-1}(\boldsymbol{y}-\beta_0\mathbf{1})}{\sigma^2}\right)\tag{7.25}
$$

式中：$|\boldsymbol{R}|$为相关矩阵的行列式。对式（7.25）取对数，可得

$$
\ln(L)=-\frac{1}{2}\left[\ln(2\pi)+n\ln(\sigma^2)+\ln(|\boldsymbol{R}|)+\frac{1}{\sigma^2}(\boldsymbol{y}-\beta_0\mathbf{1})^{\mathrm{T}}\boldsymbol{R}^{-1}(\boldsymbol{y}-\beta_0\mathbf{1})\right]\tag{7.26}
$$

对式（7.26）求导并令其为 0，可得 β_0 和 σ^2 的最大似然估计如式（7.27）所示。

$$
\begin{cases}
\hat{\beta}_0=\dfrac{\mathbf{1}^{\mathrm{T}}\boldsymbol{R}^{-1}\boldsymbol{y}}{\mathbf{1}^{\mathrm{T}}\boldsymbol{R}^{-1}\mathbf{1}}\\[2ex]
\hat{\sigma}^2=\dfrac{(\boldsymbol{y}-\hat{\beta}_0\mathbf{1})^{\mathrm{T}}\boldsymbol{R}^{-1}(\boldsymbol{y}-\hat{\beta}_0\mathbf{1})}{N}
\end{cases}
\tag{7.27}
$$

此时得到的$\hat{\beta}_0$ 在物理意义上就是式（7.1）中假设的全局均值β_0 的估计，通过式（7.27）与式（7.19）对比可得，尽管物理意义不同，但两式中 β_0 具有相同的计算结果。这也是在最终的预测结果表达式（7.19）中仍然采用 β_0 表示 Kriging 近似模型中与设计变量无关的常数的原因。将上述估计值带入 Kriging 近似模型的预测式（7.24）中，在相关函数已知的条件下，即可得到任意点处的预测值和预测方差，如图 7.1 所示，其中灰色阴影区域为预测值±标准差的区间所构成的区域，根据不同的相关函数及其参数的选择，该区域的范围也不一致，那么必然存在一组相关函数及其参数使其预测效果最佳。7.3 节将详细讨论相关函数及其参数的影响以及合理确定方法。

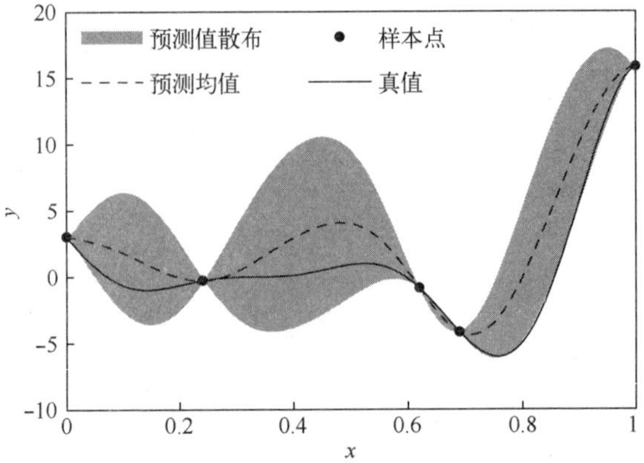

图 7.1 Kriging 近似模型预测值及预测方差

7.2.2 相关函数及超参数训练模型

在 Kriging 近似模型中，设计空间内两点 $\boldsymbol{x}$，$\boldsymbol{x}'$的常用相关函数表示为

$$R(\boldsymbol{x},\boldsymbol{x}') = \prod_{k=1}^{m} R_k(\theta_k, x_k - x_k') \tag{7.28}$$

式中：$\theta_k \in [0,+\infty]$为设计变量第 i 维对函数 $y(\boldsymbol{x})$影响大小的超参数。相关函数必须满足高斯假设及相关矩阵正定要求，常用的相关函数模型包括线性相关函数模型、高斯相关函数模型、三次样条相关函数模型、球模型、立方模型等。

高斯相关函数是使用最为广泛的相关函数，其表达式与高斯径向基函数类似，为：

$$R_k(\theta_k, x_k - x_k') = \exp(-\theta_k |x_k - x_k'|^{p_k}) \tag{7.29}$$

式中：p_i 为正实数，是决定相关函数以及最终的预测模型光滑程度的超参数，当 $\boldsymbol{p}$ 固定 $p_{1,2,\cdots,d}=2$ 时，Kriging 近似模型的相关函数就是前文介绍的各向异性高斯径向基函数，超参数 θ_i 矢量取代了高斯径向基函数中的形状参数 $1/c_i^2$，使基函数的带宽得以根据设计变量不同维度调整。

在此基础上，由于高斯径向基函数固定指数值为 2，从而给出一个通过训练样本点的光滑逼近函数，而 Kriging 近似模型允许该指数 $\boldsymbol{p}=(p_1,p_2,\cdots,p_d)$取值随 $\boldsymbol{x}$ 的每一维而变化，且可以取到任意正数（通常 $p_i \in [1,2]$），来控制某一点与其他点在不同维度上的相关性。超参数 θ_i 对高斯相关函数的影响与径向基函数形状参数的影响类似，可以参见径向基函数近似建模章节，在此不再赘述，指数对高斯相关函数形状的影响可以参考图 7.2。

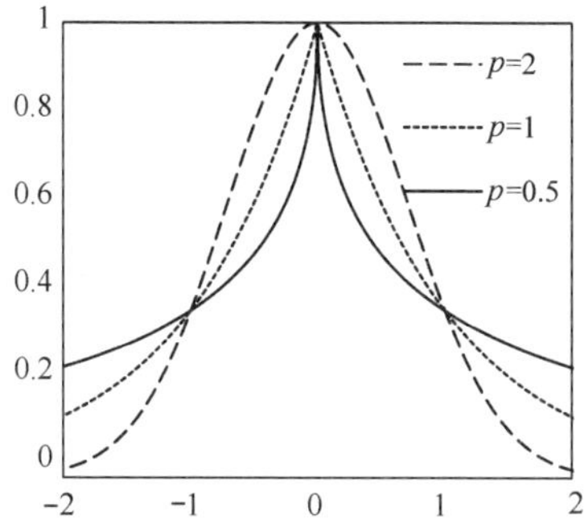

(a) 一维相关函数

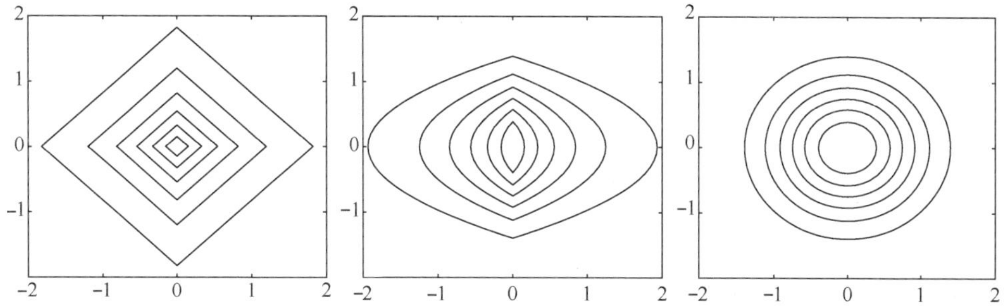

i) $p_1=p_2=1$　　ii) $p_1=2, p_2=1$　　iii) $p_1=p_2=2$

(b) 二维相关函数

图 7.2　指数 $\boldsymbol{p}$ 对高斯相关函数的影响

根据高斯函数的特性可知，高斯函数是定义在实数域上的函数，因此任意输入均不为零，意味着不论两个点距离有多远，它们都是有相关性的，虽然距离足够远时这种相关性可以忽略不计，但是每点的输出必须由所有训练样本共同加权得到。而事实上当两点间距离过大时，二者的相关性可以完全忽略。为了考虑两点间仅在距离小于某一阈值时具有相关性，引入有界区间上定义的相关函数，使 Kriging 近似模型对任意设计变量 $\boldsymbol{x}$ 进行预测时，仅需要对某一邻域内的训练样本进行加权求和计算即可。定义在有界区间上的相关函数主要包括如下几类。

（1）三次样条相关函数

$$R_k(\theta_k, x_k-x'_k)=\begin{cases}1-15\xi_k^2+30\xi_k^3 & (0\leqslant\xi_k\leqslant0.2)\\ 1.25(1-\xi_k)^3 & (0.2<\xi_k<1)\\ 0 & (\xi_k\geqslant1)\end{cases} \tag{7.30}$$

（2）立方相关函数

$$R_k(\theta_k, x_k-x'_k)=1-3\xi_k^2+2\xi_k^3, \xi_k=\min(0, \theta_k|x_k-x'|) \tag{7.31}$$

（3）线性相关函数

$$R_k(\theta_k, x_k - x'_k) = \max(0, 1 - \theta_k |x_k - x'|) \tag{7.32}$$

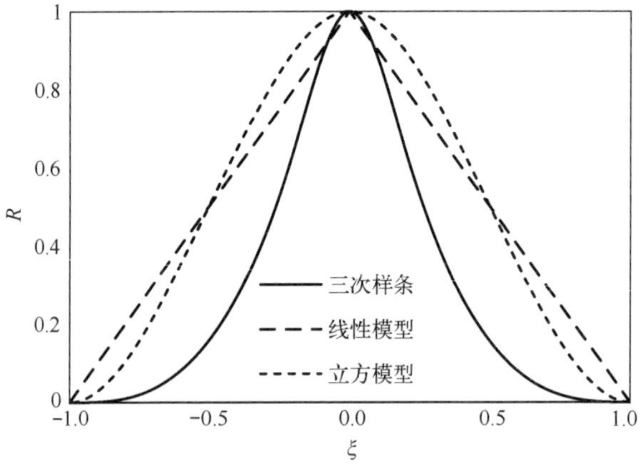

图 7.3　常用定义在有界区间上的相关函数

上述相关函数中，不同的超参数决定了样本点影响范围的大小，也决定了最终模型的预测精度，这一点也是 Kriging 和 RBF 类似之处。因此，确定恰当的模型超参数取值也是 Kriging 近似模型构建过程中的核心问题之一。

Kriging 近似模型与 RBF 在参数训练方面有所不同，除了可以沿用 RBF 的交叉验证方法，由于在建立随机偏差项方差 $\boldsymbol{\sigma}^2$ 估计值的过程中，已经建立关于训练样本的似然函数，因此 Kriging 近似模型也可以基于极大似然估计选择适当的 $\boldsymbol{\theta}$ 和 $\boldsymbol{p}$，以实现降低泛化误差，提升模型预测精度，增强近似模型鲁棒性的目标。为此，将式（7.27）建立的模型方差的估计值代入对数似然函数式（7.26）并忽略常数项，可得到关于参数训练的对数似然函数：

$$\ln(\widetilde{L}) \approx -\frac{n}{2}\ln(\hat{\sigma}^2) - \frac{1}{2}\ln(|\boldsymbol{R}|) \tag{7.33}$$

式（7.33）中，通过将 $\boldsymbol{\sigma}^2$ 的估计值回代，转化成了仅与训练样本和相关矩阵有关的函数，即未知参数仅包含相关函数超参数，对式（7.33）最大化，等价于求解式（7.34）所示的优化问题。

$$\min: n\ln(\hat{\sigma}^2) + \ln(|\boldsymbol{R}|) \tag{7.34}$$

求解上述可实现 Kriging 超参数的训练，增强模型对不同问题的适用性，但由于上述问题的最优解不存在解析解，而且是一个多峰非线性问题，直接求解较为困难，因此需通过数值优化算法对 $\boldsymbol{\theta}$、$\boldsymbol{p}$ 等参数进行优化训练。

因为上述模型是关于超参数的非线性函数，对最优解的求解通常要求具有全局寻优能力，遗传算法、粒子群算法等进化算法在非线性函数全局优化方面具有优良性能，所以采用进化算法对似然函数进行全局优化求解对寻找最优超参数具有良好效果。但随着样本数和设计变量维度的增加，需要优化的设计变量急剧增加，同时每次似然函数求逆和计算行列式的矩阵也在不断扩大，进一步增加了超参数训练的难度和耗时，为了解决该问题，可以沿用径向基函数部分建立的形状参数低维表征方法，采用常值超参数、分区常值、局部密度等方法减少超参数训练复杂度，本章不再详细讨论。

除上述低维表征方法外，由于 Kriging 近似模型其底层原理的特殊性，如似然函数的梯度可近似解析求解、超参数更新可建立统计判据等，根据上述两条重要性质，7.3 节将建立超参数的快速训练方法。

7.3 Kriging 近似模型超参数快速训练方法

7.3.1 基于似然函数梯度的快速训练方法

对似然函数的全局寻优需对式（7.33）进行大量计算，每次计算的主要计算量是矩阵求逆和行列式计算，且其计算复杂度为 $O(N^3)$（N 为建立 Kriging 近似模型时的样本点数目），随着样本点增加，超参数训练计算成本急剧增加，接近甚至超过原始仿真模型的计算成本，严重制约着 Kriging 近似建模效率。为提升模型训练效率，在超参数训练过程中引入梯度信息，利用梯度下降方法降低模型训练成本。

考虑式（7.33）对超参数 θ_j 或 p_j 进行求偏导可得

$$\frac{\partial \ln(\widetilde{L})}{\partial \varphi}=-\frac{n}{2\hat{\sigma}^2}\frac{\partial \hat{\sigma}^2}{\partial \varphi}-\frac{1}{2|\boldsymbol{R}|}\frac{\partial |\boldsymbol{R}|}{\partial \varphi} \tag{7.35}$$

式中：φ 为 Kriging 近似模型超参数 θ_k 或 p_k。

矩阵行列式的导数可以表示矩阵的导数，即

$$\frac{\partial |\boldsymbol{R}|}{\partial \varphi}=|\boldsymbol{R}|\operatorname{tr}\left[\boldsymbol{R}^{-1}\frac{\partial \boldsymbol{R}}{\partial \varphi}\right] \tag{7.36}$$

方差的导数对任意超参数均可表示为

$$\frac{\partial \hat{\sigma}^2}{\partial \varphi}=\frac{1}{n}\left[\begin{array}{l}(\boldsymbol{y}-\hat{\beta}_0\boldsymbol{1})^{\mathrm{T}}\dfrac{\partial \boldsymbol{R}^{-1}}{\partial \varphi}(\boldsymbol{y}-\hat{\beta}_0\boldsymbol{1})-\left(\boldsymbol{1}\dfrac{\partial \hat{\beta}_0}{\partial \varphi}\right)^{\mathrm{T}}\boldsymbol{R}^{-1}(\boldsymbol{y}-\hat{\beta}_0\boldsymbol{1})\\ -(\boldsymbol{y}-\hat{\beta}_0\boldsymbol{1})^{\mathrm{T}}\boldsymbol{R}^{-1}\left(\boldsymbol{1}\dfrac{\partial \hat{\beta}_0}{\partial \varphi}\right)\end{array}\right] \tag{7.37}$$

通常情况下$\hat{\beta}_0$为样本数处的加权求和，也就是根据样本得到的均值的估计，变化范围较小，在径向基函数形状参数矩估计时利用了该假设，因此$\frac{\partial\hat{\beta}_0}{\partial\varphi}$相较于$\frac{\partial \boldsymbol{R}^{-1}}{\partial\varphi}$为小量，则式（7.37）可化简为

$$\frac{\partial\hat{\sigma}^2}{\partial\varphi}=\frac{1}{n}(\boldsymbol{y}-\hat{\beta}_0\mathbf{1})^{\mathrm{T}}\frac{\partial\boldsymbol{R}^{-1}}{\partial\varphi}(\boldsymbol{y}-\hat{\beta}_0\mathbf{1}) \tag{7.38}$$

相关矩阵逆矩阵的导数可以表示相关矩阵的导数，即

$$\frac{\partial\boldsymbol{R}^{-1}}{\partial\varphi}=-\boldsymbol{R}^{-1}\frac{\partial\boldsymbol{R}}{\partial\varphi}\boldsymbol{R}^{-1} \tag{7.39}$$

将式（7.39）代入式（7.38）可得

$$\frac{\partial\hat{\sigma}^2}{\partial\varphi}=-\frac{1}{n}(\boldsymbol{y}-\hat{\beta}_0\mathbf{1})^{\mathrm{T}}\boldsymbol{R}^{-1}\frac{\partial\boldsymbol{R}^{-1}}{\partial\varphi}\boldsymbol{R}^{-1}(\boldsymbol{y}-\hat{\beta}_0\mathbf{1}) \tag{7.40}$$

将式（7.36）及式（7.40）代入式（7.35）可得

$$\frac{\partial\ln(\widetilde{L})}{\partial\varphi}=\frac{1}{2\hat{\sigma}^2}\left[(\boldsymbol{y}-\hat{\beta}_0\mathbf{1})^{\mathrm{T}}\boldsymbol{R}^{-1}\frac{\partial\boldsymbol{R}}{\partial\varphi}\boldsymbol{R}^{-1}(\boldsymbol{y}-\hat{\beta}_0\mathbf{1})\right]-\frac{1}{2}\mathrm{tr}\left[\boldsymbol{R}^{-1}\frac{\partial\boldsymbol{R}}{\partial\varphi}\right] \tag{7.41}$$

经过上述推导，将似然函数对未知参数的导数转化为相关矩阵$\boldsymbol{R}$对模型超参数的导数以及相关矩阵的逆函数，而相关矩阵中各元素均为不同样本点之间的相关函数，具有解析表达式，可以直接根据相关函数形式解析计算得到。以高斯相关函数为例，相关矩阵各元素对超参数$\boldsymbol{\theta}$和$\boldsymbol{p}$的导入可以解析计算为

$$\begin{cases}\dfrac{\partial\boldsymbol{R}_{i,j}}{\partial\theta_k}=-\theta_k\ |x_k-x_k'|^{p_k}\boldsymbol{R}_{i,j}\\[2ex]\dfrac{\partial\boldsymbol{R}_{i,j}}{\partial p_k}=-\theta_k\ln(|x_k-x_k'|)\cdot|x_k-x_k'|^{p_k}\boldsymbol{R}_{i,j}\end{cases} \tag{7.42}$$

基于式（7.41）及式（7.42）可获得似然函数对任意超参数的偏导，但是需要相关矩阵的每个元素对每个超参数进行求导，计算量随着样本点和变量维度的增加而逐渐增加。为降低超参数训练过程对变量维度和样本点数量的敏感性，可采用伴随方法对上述梯度进行快速求解，也称反向传播法。

利用 Griewank 的表示方法，给定$\ln(\widetilde{L})=1$的似然伴随初始种子，并利用反向微分算法，由式（7.33）可得相关矩阵的方差与行列式的伴随分别为

$$\overline{\sigma}^2=-\frac{n}{2\hat{\sigma}^2}$$
$$\overline{|\boldsymbol{R}|}=-\frac{1}{2|\boldsymbol{R}|} \tag{7.43}$$

由 Giles 等推导结果可知，二次矩阵乘积 $\boldsymbol{C}=\boldsymbol{B}^{\mathrm{T}}\boldsymbol{A}^{-1}\boldsymbol{B}$ 的伴随为

$$\overline{\boldsymbol{A}}=-(\boldsymbol{A}^{-1})^{\mathrm{T}}\boldsymbol{B}\overline{\boldsymbol{C}}\boldsymbol{B}^{\mathrm{T}}(\boldsymbol{A}^{-1})^{\mathrm{T}} \tag{7.44}$$

基于上述结果，由方差引起的相关矩阵伴随可计算为

$$\frac{1}{2\hat{\sigma}^2}(\boldsymbol{R}^{-1})^{\mathrm{T}}(\boldsymbol{y}-\boldsymbol{1}\mu)^{\mathrm{T}}(\boldsymbol{y}-\boldsymbol{1}\mu)^{\mathrm{T}}(\boldsymbol{R}^{-1})^{\mathrm{T}} \tag{7.45}$$

Giles 等同时指出，$\boldsymbol{C}=|\boldsymbol{A}|$的伴随为

$$\overline{\boldsymbol{A}}=\overline{\boldsymbol{C}}\boldsymbol{C}(\boldsymbol{A}^{-1})^{\mathrm{T}} \tag{7.46}$$

基于上述结果，由相关矩阵行列式的对数引起的相关矩阵的伴随分量为

$$-\frac{1}{2}(\boldsymbol{R}^{-1})^{\mathrm{T}} \tag{7.47}$$

综合式（7.45）和式（7.47），可得到相关矩阵的伴随解析表达式为

$$\overline{\boldsymbol{R}}=\frac{1}{2\,\hat{\sigma}^2}(\boldsymbol{R}^{-1})^{\mathrm{T}}(\boldsymbol{y}-\hat{\beta}_0\boldsymbol{1})^{\mathrm{T}}(\boldsymbol{y}-\hat{\beta}_0\boldsymbol{1})^{\mathrm{T}}(\boldsymbol{R}^{-1})^{\mathrm{T}}-\frac{1}{2}(\boldsymbol{R}^{-1})^{\mathrm{T}} \tag{7.48}$$

因此，似然函数关于超参数的导数分别为

$$\frac{\partial\ln(\widetilde{L})}{\partial\theta_k}=-\theta_k\ |x_k-x_k'|^{p_k}\boldsymbol{R}_{i,j}\overline{\boldsymbol{R}}_{i,j}$$
$$\frac{\partial\ln(\widetilde{L})}{\partial p_k}=-\theta_k\,|x_k-x_k'|\,|x_k-x_k'|^{p_k}\boldsymbol{R}_{i,j}\overline{\boldsymbol{R}}_{i,j} \tag{7.49}$$

综上所述，解析法需通过式（7.41）计算似然函数对每个超参数的偏导数；而反向传播法在单次伴随方程的求解过程可获得似然函数对所有超参数的梯度信息，极大地提高了偏导数计算效率。

在得到对数似然函数对超参数的偏导数后，Kriging 近似模型训练过程可引入梯度下降法、拟牛顿法等众多梯度寻优算法实现[2]，大幅提升超参数训练效率。但是由于梯度优化具有依赖初值、难以跳出局极值的缺点，也会导致最终搜索到的参数并不是 Kriging 近似模型最优参数，从而降低模型预测精度。

因此，可结合使用遗传算法、粒子群算法等进化算法[3]较强的全局寻优能力和梯度优化方法计算速度快的优势。使用遗传算法、粒子群算法等对似然函数进行适当寻优后，将当前最优解作为梯度优化算法初始解继续迭代求解，以综合两种方法的优势，提升模型训练效率的同时有效避免训练进程陷入局部最优。

以如下所示的四个测试函数为例，采用遗传算法（GA）、梯度算法（Adam）[4]和混合算法（GA-Adam）对 Kriging 近似模型超参数进行 30 次独立训练，每次采用随机拉丁超立方实验设计在设计空间内选择 50 个点作为训练样本，并将 400 个样本作为测试集对预测精度进行测试，得到不同方法的预测相对均方根误差和模型训练耗时如图 7.4 所示。

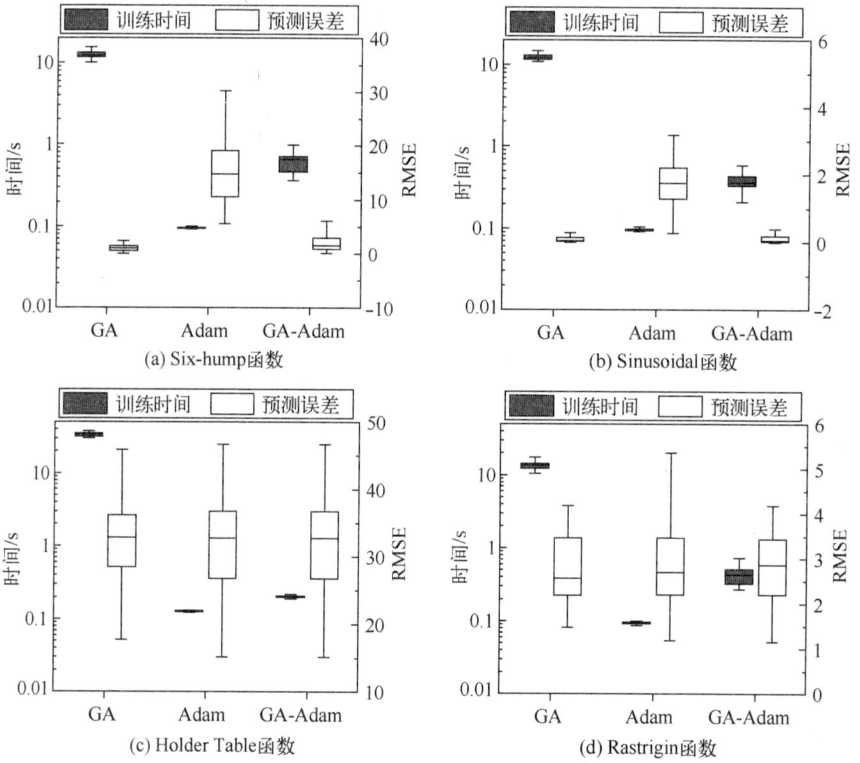

(a) Six-hump函数
(b) Sinusoidal函数
(c) Holder Table函数
(d) Rastrigin函数

图 7.4　Kriging 近似模型超参数训练方法效果对比

Six-hump 函数：

$$f(\boldsymbol{x})=\left(4-2.1x_1^2+\frac{x_1^4}{3}\right)x_1^2+x_1x_2+(4x_2^2-4)x_2^2 \tag{7.50}$$

Sinusoidal 函数：

$$f(\boldsymbol{x})=\sin(x_1-x_2)+x_2\cos(x_1)+\sin(x_1)+\sin(x_2) \tag{7.51}$$

Holder Table 函数：

$$f(\boldsymbol{x})=-\left|\sin(x_1)\cos(x_2)\exp\left(\left|1-\frac{\sqrt{x_1^2+x_2^2}}{\pi}\right|\right)\right| \tag{7.52}$$

Rastrigin 函数：

$$f(\boldsymbol{x}) = 100 + \sum_{i=1}^{10} [x_i^2 - 10\cos(2\pi x_i)] \tag{7.53}$$

由图 7.4 可以看出，梯度算法在模型训练时间方面均表现出色，但预测误差不稳定，和具体问题特性相关，对于 Six-hump、Sinusoidal 等函数模型预测误差相对其他方法较低，对于 Holder Table、Rastrigin 等函数模型来说和其他训练方法一致；遗传算法训练超参数后，Kriging 近似模型得到了更小且波动较小的预测误差，但参数训练时间较长，难以发挥近似模型快速预测的优势；遗传算法+梯度优化的混合训练方法在得到与遗传算法得到的精度相当的同时，对于遗传算法来说也可以大幅减少超参数训练时间，对高耗时复杂模型输出快速预测具有显著效果，对实际工程设计中数据驱动模型构建能够发挥积极作用。

7.3.2 基于 Fisher 信息量的超参数更新判据

在基于近似模型的设计和分析过程中，由于模型响应特性未知，因此构建满足预设精度的近似模型所需的样本点个数难以提前预估，需要在近似建模过程中根据当期模型特征动态添加样本、校准近似模型，导致每次有新样本加入时，需要重新训练超参数以提高模型预测精度。但事实上每次样本数据更新带来的近似模型更新量不一致，若每次更新样本均使用超参数优化进行模型训练，会导致耗时长，建模效率较低，而且若新样本的加入对近似建模的贡献度不大，则没必要进行参数训练。因此合理判断是否需要进行参数训练对提升近似建模效率具有重要意义。针对该问题，本节建立基于 Fisher 信息量的超参数更新准则。

根据 7.2 节的讨论，假设似然函数可微，那么在最优超参数处有

$$\left.\frac{\partial \ln L(\boldsymbol{\theta})}{\partial \boldsymbol{\theta}}\right|_{\boldsymbol{\theta}=\hat{\boldsymbol{\theta}}_{\mathrm{MLE}}} = 0 \tag{7.54}$$

式中：$\hat{\boldsymbol{\theta}}_{\mathrm{MLE}}$为通过极大似然法优化所得超参数，则样本数据、似然函数、超参数的一一对应关系为

$$(S, \boldsymbol{y}_{\mathrm{s}}) \sim \frac{\partial \ln L(\boldsymbol{\theta})}{\partial \boldsymbol{\theta}} = 0 \rightarrow \boldsymbol{\theta}_{\mathrm{MLE}} \tag{7.55}$$

根据上面一一对应关系，可以认为超参数本质上是对样本数据$(S, \boldsymbol{y}_{\mathrm{s}})$特征的度量，而样本数据所包含的模型整体特征在统计学上通常采用得到 Fisher 信息量来描述，即对数似然函数在参数真值处二阶导数的负期望。对于高维变量的情况，通常采用 Fisher 信息矩阵表征样本数据中所包含的不同未知参数的特征，如式（7.56）所示。

$$I(\boldsymbol{\theta})=-E[S'(y_i,\boldsymbol{\theta})]=-E\left[\frac{\partial^2}{\partial\boldsymbol{\theta}^2}\ln f(y_i,\boldsymbol{\theta})\right] \tag{7.56}$$

直接利用上式计算超参数 $\boldsymbol{\theta}$ 的 Fisher 信息量 $I(\boldsymbol{\theta})$，难以获得解析结果，但从几何上理解，则可根据 Fisher 信息量的定义，量化计算超参数 $\boldsymbol{\theta}$ 的信息量。

根据正态分布的概率密度函数可知方差越大，密度函数平而宽，数据分布范围越大，信息量越小，此时对数似然函数在参数估计值 $\boldsymbol{\theta}_{\mathrm{MLE}}$ 处的负二阶导数较小；方差越小，密度函数高而窄，数据分布范围越小，信息量越大，此时对数似然函数在参数估计值 $\boldsymbol{\theta}_{\mathrm{MLE}}$ 处的负二阶导数较大。因此，方差与 Fisher 信息量呈反向变化，可以利用样本数据方差度量 Fisher 信息量，进而用方差变化判断样本数据 $(S,\boldsymbol{y}_s)$ 蕴含的未知参数 $\boldsymbol{\theta}$ 信息量的变化。

动态近似建模过程中每次新加入样本点，样本数据的方差一般不同于加点前，但每次加点是否需要重新训练超参数，目前并无有效可行的判据。在统计意义上，该判据的建立需度量样本方差变化的显著性，加点后方差变化显著时，有必要重新训练超参数，否则可以沿用上一步的超参数，而不会对近似模型预测精度带来明显影响。基于此，提出利用样本数据方差度量样本数据特征，根据方差变化的显著性，判断更新后的样本数据特征是否发生显著变化。

根据卡方分布定理和 Kriging 近似模型假设条件，令 S_1^2,S_2^2 分别为某次样本点更新前后的样本方差，σ_1^2,σ_2^2 为真实方差，n_1，n_2 为样本容量，则有

$$\frac{(n_1-1)S_1^2}{\sigma_1^2}\sim\chi^2(n_1-1),\quad \frac{(n_2-1)S_2^2}{\sigma_2^2}\sim\chi^2(n_2-1) \tag{7.57}$$

根据 F 分布定义得到

$$\frac{S_1^2/\sigma_1^2}{S_2^2/\sigma_2^2}=\frac{S_1^2}{S_2^2}\frac{\sigma_2^2}{\sigma_1^2}\sim F(n_1-1,n_2-1) \tag{7.58}$$

提出如下假设：

$$H_0:\sigma_1^2=\sigma_2^2,\quad H_1:\sigma_1^2\neq\sigma_2^2 \tag{7.59}$$

当原假设 H_0 成立时

$$\frac{S_1^2}{S_2^2}\sim F(n_1-1,n_2-1) \tag{7.60}$$

在 α 显著性水平上，H_0 的拒绝域为

$$F\leqslant F_{\frac{\alpha}{2}(n_1-1,n_2-1)}\cup F\geqslant F_{1-\frac{\alpha}{2}(n_1-1,n_2-1)} \tag{7.61}$$

当统计量 F 落在拒绝域时，表明样本方差发生显著变化，原来的超参数不能反映新数据的特征，$\boldsymbol{\theta}$ 需要重新训练更新，反之则无须更新超参数。因此显著性水平 α 取值越大，F 落到拒绝域的可能性就越大，也意味着需要超参数训练的次

数就越多，特别地，当显著性水平等于 1 时，每次都需要更新超参数，当显著性水平等于 0 时，超参数一经确定就不再动态更新。

以式（7.50）所示的二维 Six Hump 函数的动态近似建模为例，在设计空间内采用拉丁超立方实验设计方法生成 50 个样本点，初始样本选择为 20，之后进行动态近似建模，每次增加一个样本点，并在不同显著性水平下（0.001，0.05，0.1，0.2，0.5，0.9，0.999）评估预测模型的精度以及总的模型超参数训练次数。其中，测试样本选取设计空间内 21 水平全因子实验设计样本点，模型精度评估采用均方根误差。

采用基于 Fisher 信息量的超参数更新准则，在不同显著性水平下的预测精度随样本点的变化曲线如图 7.5 所示，对应的模型超参数训练次数如图 7.6 所示。从图中的结果可以看出显著性水平为 0.001 时，意味着超参数只在初始样本处训练，相应的预测精度也最差，随着显著性水平的增加，训练次数逐步增加到和加点次数一样，即每次加入样本点均训练超参数。但是当显著性水平增加到一定值时（如 $\alpha=0.2$），整体预测精度不再随着超参数训练的介入而提升，表明在样本数据包含的信息没有显著变化时，超参数可以沿用已有训练结果。

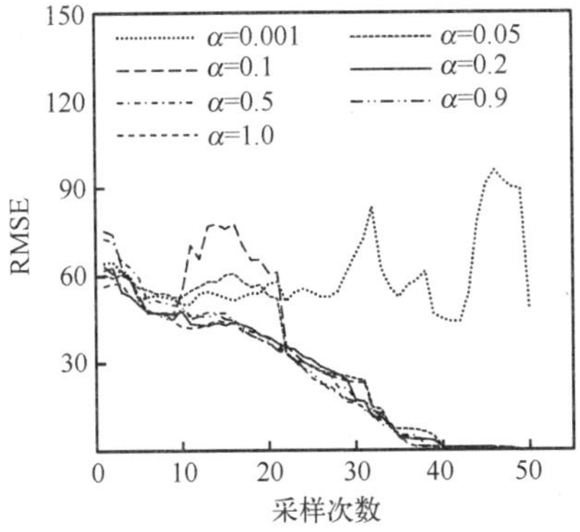

图 7.5 预测精度迭代曲线

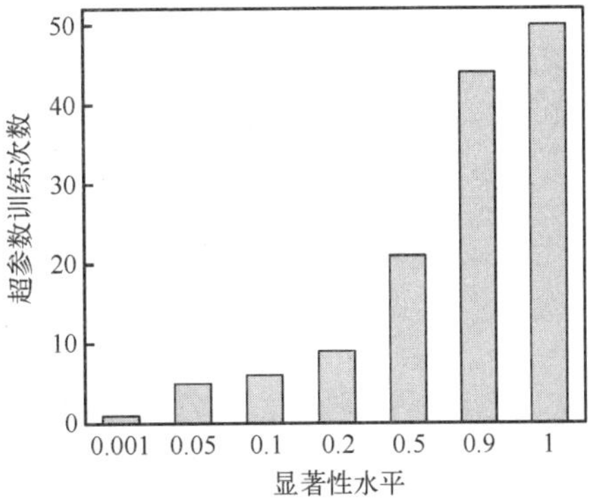

图 7.6 模型超参数训练次数对比

7.4 Kriging 近似模型梯度信息利用和噪声过滤

7.4.1 梯度增强 Kriging 近似模型

在很多工程设计问题中，仿真模型在计算模型输出的同时可采用伴随方法得到模型输出关于设计参数的梯度信息，如 CFD 优化中的伴随方法等。梯度向量中包含着模型输出沿不同参数的变化趋势，对模型输出的变化趋势预测有重要指导作用，为有效利用梯度信息，在标准 Kriging 近似模型基础上，融合梯度信息形成梯度增强 Kriging（gradient-enhanced kriging，GEK）近似模型，进一步提升 Kriging 近似模型的预测精度[5]。

给定包含 N 个采样点的训练集 $\mathbf{S}:[\boldsymbol{x}_i, y_i](i=1,2,\cdots,N)$，其中 $\boldsymbol{x}_i$ 为 d 维设计变量，y_i 为其对应的真实响应，以及同时可获得 $N\cdot d$ 个偏导数值，则可以将训练数据集扩充为

$$\boldsymbol{X}=[\boldsymbol{x}_i,\cdots,\boldsymbol{x}_N,\boldsymbol{x}_i,\cdots,\boldsymbol{x}_N,\cdots,\boldsymbol{x}_i,\cdots,\boldsymbol{x}_N]^{\mathrm{T}}\in\boldsymbol{R}^{(N+Nd)\times d} \tag{7.62}$$

$$\boldsymbol{y}=\left[y^{(1)},\cdots,y^{(N)},\frac{\partial y^{(1)}}{\partial \boldsymbol{x}_1},\cdots,\frac{\partial y^{(1)}}{\partial \boldsymbol{x}_d},\cdots,\frac{\partial y^{(N)}}{\partial \boldsymbol{x}_1},\cdots,\frac{\partial y^{(N)}}{\partial \boldsymbol{x}_d}\right]^{\mathrm{T}}\in\boldsymbol{R}^{N+Nd} \tag{7.63}$$

式（7.63）中，每个偏导数信息都被看作关于模型输出的独立的样本信息，如果在某个样本处的梯度信息不可用，即可从上述训练样本集的相应位置上去除对应数据；如果没有任何梯度信息，梯度增强 Kriging 近似模型将退化为标准 Kriging 模型。因此，梯度增强 Kriging 近似模型是一种可考虑梯度信息的更一般化的 Kriging 近似模型。

与标准 Kriging 近似模型的基本假设和预测思想一致，梯度增强 Kriging 近似模型也是基于样本输出数据的线性加权实现对未知函数值的预测，但此时的样本输出数据不仅包含输出本身，还包含输出对不同设计变量的梯度，即梯度增强 Kriging 近似模型在未知点 $\boldsymbol{x}$ 的预测值为所有抽样函数值和偏导数值的线性加权：

$$\hat{y}(\boldsymbol{x})=\sum_{i=1}^{N}\omega_i y_i+\sum_{j=1}^{d}\sum_{i=1}^{N}\lambda_i^{(j)}\frac{\partial y_i}{\partial x_j} \tag{7.64}$$

式中：ω_i 为第 i 个样本点处函数值的加权系数；$\lambda_i^{(j)}$ 为第 i 个样本点处原始模型对第 j 维设计变量的偏导数 $\partial y_i/\partial x_j$ 的加权系数。

与标准 Kriging 近似模型类似，梯度增强 Kriging 近似模型同样引入静态随机过程假设，在设计空间不同位置处，对应的随机变量之间的协方差满足

$$\begin{aligned}
&\operatorname{cov}(z(\boldsymbol{x}),z(\boldsymbol{x}'))=\sigma^2R(\boldsymbol{x},\boldsymbol{x}')\\
&\operatorname{cov}\left(z(\boldsymbol{x}),z\frac{\partial(\boldsymbol{x}')}{\partial\boldsymbol{x}_k}\right)=\sigma^2\frac{\partial R(\boldsymbol{x},\boldsymbol{x}')}{\partial\boldsymbol{x}_k}=\operatorname{cov}\left(z(\boldsymbol{x}),\frac{\partial z(\boldsymbol{x}')}{\partial\boldsymbol{x}_k}\right)\\
&\operatorname{cov}\left(\frac{\partial z(\boldsymbol{x})}{\partial\boldsymbol{x}_l},\frac{\partial z(\boldsymbol{x}')}{\partial\boldsymbol{x}_k}\right)=\sigma^2\frac{\partial^2R(\boldsymbol{x},\boldsymbol{x}')}{\partial\boldsymbol{x}_l\,\partial\boldsymbol{x}_k}
\end{aligned} \tag{7.65}$$

参考 Kriging 近似模型的推导过程可得，梯度增强 Kriging 近似模型在未知点 $\boldsymbol{x}$ 的预测值为

$$\hat{y}(\boldsymbol{x})=\beta_0+\bar{\boldsymbol{r}}^{\mathrm{T}}(\boldsymbol{x})\overline{\boldsymbol{R}}^{\mathrm{T}}(\boldsymbol{y}-\beta_0\overline{\boldsymbol{F}}) \tag{7.66}$$

式中

$$\bar{\boldsymbol{F}}=[\underbrace{1,1,\cdots,1}_{N},\underbrace{0,0,\cdots,0}_{Nd}]^{\mathrm{T}}\in\boldsymbol{R}^{Nd} \tag{7.67}$$

且$\bar{\boldsymbol{R}}$、$\bar{\boldsymbol{r}}$分别为相关矩阵和相关矢量。

$$\bar{\boldsymbol{R}}=\begin{bmatrix}\boldsymbol{R} & \partial\boldsymbol{R}\\ \partial\boldsymbol{R}^{\mathrm{T}} & \partial^2\boldsymbol{R}\end{bmatrix}$$

$$\bar{\boldsymbol{r}}=\begin{bmatrix}\boldsymbol{r}\\ \partial\boldsymbol{r}\end{bmatrix} \tag{7.68}$$

式中：相关矩阵$\bar{\boldsymbol{R}}$、一阶导数矩阵$\partial\boldsymbol{R}$、二阶导数矩阵$\partial^2\boldsymbol{R}$ 分别由式（7.69）给出。

$$\bar{\boldsymbol{R}}=\begin{bmatrix}R(\boldsymbol{x}_1,\boldsymbol{x}_1) & \cdots & R(\boldsymbol{x}_1,\boldsymbol{x}_N)\\ \vdots & & \vdots\\ R(\boldsymbol{x}_N,\boldsymbol{x}_1) & \cdots & R(\boldsymbol{x}_N,\boldsymbol{x}_N)\end{bmatrix}$$

$$\partial\boldsymbol{R}=\begin{bmatrix}\dfrac{\partial R(\boldsymbol{x}_1,\boldsymbol{x}_1)}{\partial\boldsymbol{x}_1^{(1)}} & \cdots & \dfrac{\partial R(\boldsymbol{x}_1,\boldsymbol{x}_1)}{\partial\boldsymbol{x}_1^{(d)}} & \cdots & \dfrac{\partial R(\boldsymbol{x}_1,\boldsymbol{x}_N)}{\partial\boldsymbol{x}_1^{(1)}} & \cdots & \dfrac{\partial R(\boldsymbol{x}_1,\boldsymbol{x}_N)}{\partial\boldsymbol{x}_1^{(d)}}\\ \vdots & & \vdots & & \vdots & & \vdots\\ \dfrac{\partial R(\boldsymbol{x}_N,\boldsymbol{x}_1)}{\partial\boldsymbol{x}_1^{(1)}} & \cdots & \dfrac{\partial R(\boldsymbol{x}_N,\boldsymbol{x}_1)}{\partial\boldsymbol{x}_m^{(1)}} & \cdots & \dfrac{\partial R(\boldsymbol{x}_N,\boldsymbol{x}_N)}{\partial\boldsymbol{x}_1^{(1)}} & \cdots & \dfrac{\partial R(\boldsymbol{x}_N,\boldsymbol{x}_N)}{\partial\boldsymbol{x}_m^{(1)}}\end{bmatrix}$$

$$\partial^2\boldsymbol{R}=\begin{bmatrix}\dfrac{\partial^2 R(\boldsymbol{x}_1,\boldsymbol{x}_1)}{\partial^2\boldsymbol{x}_1^{(1)}} & \cdots & \dfrac{\partial^2 R(\boldsymbol{x}_1,\boldsymbol{x}_1)}{\partial\boldsymbol{x}_1^{(1)}\ \partial\boldsymbol{x}_1^{(d)}} & \cdots & \dfrac{\partial^2 R(\boldsymbol{x}_1,\boldsymbol{x}_N)}{\partial\boldsymbol{x}_1^{(1)}\ \partial\boldsymbol{x}_N^{(1)}} & \cdots & \dfrac{\partial^2 R(\boldsymbol{x}_1,\boldsymbol{x}_N)}{\partial\boldsymbol{x}_1^{(1)}\ \partial\boldsymbol{x}_N^{(d)}}\\ \vdots & & \vdots & & \vdots & & \vdots\\ \dfrac{\partial^2 R(\boldsymbol{x}_1,\boldsymbol{x}_1)}{\partial\boldsymbol{x}_1^{(d)}\ \partial\boldsymbol{x}_1^{(1)}} & \cdots & \dfrac{\partial^2 R(\boldsymbol{x}_1,\boldsymbol{x}_1)}{\partial^2\boldsymbol{x}_1^{(d)}} & \cdots & \dfrac{\partial^2 R(\boldsymbol{x}_1,\boldsymbol{x}_N)}{\partial\boldsymbol{x}_1^{(d)}\ \partial\boldsymbol{x}_N^{(1)}} & \cdots & \dfrac{\partial^2 R(\boldsymbol{x}_1,\boldsymbol{x}_N)}{\partial\boldsymbol{x}_1^{(d)}\ \partial\boldsymbol{x}_N^{(d)}}\\ \vdots & & \vdots & & \vdots & & \vdots\\ \dfrac{\partial^2 R(\boldsymbol{x}_N,\boldsymbol{x}_1)}{\partial\boldsymbol{x}_N^{(1)}\ \partial\boldsymbol{x}_1^{(1)}} & \cdots & \dfrac{\partial^2 R(\boldsymbol{x}_N,\boldsymbol{x}_1)}{\partial\boldsymbol{x}_N^{(1)}\ \partial\boldsymbol{x}_1^{(d)}} & \cdots & \dfrac{\partial^2 R(\boldsymbol{x}_N,\boldsymbol{x}_N)}{\partial^2\boldsymbol{x}_N^{(1)}} & \cdots & \dfrac{\partial^2 R(\boldsymbol{x}_N,\boldsymbol{x}_N)}{\partial\boldsymbol{x}_N^{(1)}\ \partial\boldsymbol{x}_N^{(d)}}\\ \vdots & & \vdots & & \vdots & & \vdots\\ \dfrac{\partial^2 R(\boldsymbol{x}_N,\boldsymbol{x}_1)}{\partial\boldsymbol{x}_N^{(d)}\ \partial\boldsymbol{x}_1^{(1)}} & \cdots & \dfrac{\partial^2 R(\boldsymbol{x}_N,\boldsymbol{x}_1)}{\partial\boldsymbol{x}_N^{(d)}\ \partial\boldsymbol{x}_1^{(d)}} & \cdots & \dfrac{\partial^2 R(\boldsymbol{x}_N,\boldsymbol{x}_N)}{\partial\boldsymbol{x}_N^{(d)}\ \partial\boldsymbol{x}_N^{(1)}} & \cdots & \dfrac{\partial^2 R(\boldsymbol{x}_N,\boldsymbol{x}_N)}{\partial\boldsymbol{x}_N^{(d)}}\end{bmatrix} \tag{7.69}$$

相关矢量 $\boldsymbol{r}$ 及其一阶导数$\partial\boldsymbol{r}$ 由式（7.71）给出。

$$\boldsymbol{r}=[R(\boldsymbol{x}_1,\boldsymbol{x}),R(\boldsymbol{x}_2,\boldsymbol{x}),\cdots,R(\boldsymbol{x}_N,\boldsymbol{x})]$$

$$\partial\boldsymbol{r}=\left[\frac{\partial R(\boldsymbol{x}_1,\boldsymbol{x})}{\partial \boldsymbol{x}_1^{(1)}},\cdots,\frac{\partial R(\boldsymbol{x}_1,\boldsymbol{x})}{\partial \boldsymbol{x}_1^{(d)}},\cdots,\frac{\partial R(\boldsymbol{x}_N,\boldsymbol{x})}{\partial \boldsymbol{x}_N^{(1)}},\cdots,\frac{\partial R(\boldsymbol{x}_N,\boldsymbol{x})}{\partial \boldsymbol{x}_N^{(d)}}\right] \tag{7.70}$$

同理，将上述估计值带入预测方差计算公式可得，梯度增强 Kriging 近似模型对预估值的均方差估计为

$$\text{MSE}\{\hat{y}(\boldsymbol{x}_{\text{new}})\}=\sigma^2\{1.0-\bar{\boldsymbol{r}}^{\text{T}}\bar{\boldsymbol{R}}^{-1}\bar{\boldsymbol{r}}+(1-\bar{\boldsymbol{F}}^{\text{T}}\bar{\boldsymbol{R}}^{-1}\bar{\boldsymbol{r}})^2/(\bar{\boldsymbol{F}}^{\text{T}}\bar{\boldsymbol{R}}^{-1}\bar{\boldsymbol{F}})\} \tag{7.71}$$

由于引入了样本点处梯度信息，从理论上来说，近似模型对原始高耗时模型样本点处的变化趋势的预测更加准确。因此，梯度增强 Kriging 近似模型相对于常规的 Kriging 近似模型在大多数场景下具有更高预测精度，在相同的预测精度下所需的样本量和迭代次数更少，且在应用于设计分析过程时所需的迭代次数更少。但实际问题中梯度信息的计算往往需要花费更多计算代价，也需要大量的原始仿真模型计算，如采用一阶差分计算梯度的公式为

$$y_k'^{(i)}=y^{(i)}+\Delta x_k\cdot\frac{\partial y^{(i)}}{x_k} \tag{7.72}$$

式中：$i=1,2,\cdots,N$；$j=1,2,\cdots,d$。上述差分方式计算梯度过程将某样本点处的 d 个偏导数值转化为 d 个附加样本点的函数值，然后再基于这 $N+N\cdot d$ 个样本点建立 Kriging 近似模型。其梯度计算精度与步长 Δx_k 密切相关：步长太大，会造成梯度数值计算误差较大；步长太小，容易出现相关矩阵的奇异性，因此合适的步长选择需要和具体仿真模型的误差计算相匹配，在保证精度的前提下尽量避免相关矩阵的奇异。所以利用差分计算得到的梯度对 Kriging 近似模型进行增强时，需要考虑原始模型计算次数的合理分配，也即计算资源的合理配置，否则会导致计算梯度的资源利用率小于相同规模均匀采用的数据利用率。针对部分特定应用场景，在进行仿真模型求解的过程中，仅需要少量计算量的增加即可实现模型梯度的求解，这类问题近似建模过程中引入梯度信息会带来计算效率的极大提升。

除此之外，上述方法讨论了直接引入梯度信息的方法，而事实上除一阶导数信息外，二阶导数信息（Hessian）也可用于提高代理模型的精度。但由于获得二阶导数的计算代价较大，且对于提高代理模型精度的作用有限，在相同计算量下（将梯度计算的计算量分配给采样点），计算复杂度增加带来的近似能力提升有限，因此大量工程问题中，仅采用一阶梯度信息进行模型精度校准。同时大量实践也表明，应用于复杂度和维度较低的模型时，梯度增强 Kriging 近似模型在预测精度和计算效率上略有优势但并不明显，并不建议使用；但是对于大型复杂工程算例，尤其是梯度信息可以采用伴随方法求解的模型，梯度增强近似建模带来迭代次数的减少，可以大大减小优化总耗时，效率优势明显。

7.4.2 噪声数据 Kriging 近似模型

在 Kriging 近似建模过程中，同样存在由于原始高耗时模型的数值误差或者计算精度不够所导致的样本数据带有随机噪声的现象，针对此类问题，可参考 RBF 近似建模过程中正则化参数的引入，在相关矩阵中引入构建参数转化为

$$\boldsymbol{R}=\boldsymbol{R}+\lambda\boldsymbol{I} \tag{7.73}$$

式中：λ 为正则化参数；$\boldsymbol{I}$ 为单位阵。引入正则化参数后，Kriging 近似模型的预测值和预测方差分别为

$$\begin{aligned}&\hat{y}(\boldsymbol{x})=\beta_0+\boldsymbol{r}(\boldsymbol{x})^{\mathrm{T}}(\boldsymbol{R}+\lambda\boldsymbol{I})^{-1}(\boldsymbol{y}-\beta_0\mathbf{1})\\&s^2(\boldsymbol{x})=\sigma^2\left[1-\boldsymbol{r}(\boldsymbol{x})^{\mathrm{T}}(\boldsymbol{R}+\lambda\boldsymbol{I})^{-1}\boldsymbol{r}(\boldsymbol{x})+\frac{(1-\boldsymbol{r}(\boldsymbol{x})^{\mathrm{T}}(\boldsymbol{R}+\lambda\boldsymbol{I})^{-1}\mathbf{1})^2}{\mathbf{1}^{\mathrm{T}}(\boldsymbol{R}+\lambda\boldsymbol{I})^{-1}\mathbf{1}}\right]\end{aligned} \tag{7.74}$$

同时，由于正则化项通常为较小的正实数，对相关矩阵 $\boldsymbol{R}$ 的影响不大，因此对噪声数据的 Kriging 近似建模超参数训练可仍沿用式（7.34）所示的模型以及 7.3 节建立的快速训练方法。

7.5 小　结

本章在插值或拟合型近似建模方法的基础上，介绍了基于最小方差无偏估计的近似建模方法——Kriging 近似模型，该方法不仅能够建立原始模型的预测值，还可对预测方差进行估计，对模型的预测精度能够产生概率意义上的评估，对后续仿真中改进近似模型精度可提供有益指导，主要内容如下。

介绍了 Kriging 近似模型的基本假设，并详细推导了 Kriging 近似模型基于最小方差无偏估计思想获得模型预测均值和方差的基本原理及其预测公式，根据模型预测需求，建立了全局方差和模型超参数的极大似然估计方法和计算模型。

针对 Kriging 超参数训练模型非线性、求解计算量大的问题，发展了基于进化算法+梯度下降的混合训练方法，在精度相当的同时，显著降低了模型超参数训练计算耗时；针对 Kriging 动态近似建模需求，建立了基于样本方差 Fisher 信息量的超参数更新判据，为样本数据动态更新过程中的模型超参数训练需求给出判据，能够显著降低模型训练次数，提升预测效率。

分析了模型梯度和噪声对近似建模的影响，建立了梯度增强的 Kriging 近似模型，对近似建模中梯度信息的利用提供了参考，建立了噪声数据近似建模的 Kriging 近似模型，对带噪声模型的输出预测提供了可行的解决思路和借鉴。

参考文献

[1] Krige D G. A statistical approach to some basic mine valuation problems on the Witwatersrand [J]. Journal of Southern African Institute of Mining and Metallurgy, 1951, 52 (6): 119-139.

[2] Ruder S. An overview of gradient descent optimization algorithms [DB/OL]. ArXiv, 2016.

[3] Sarker R, Mohammadian M, Yao X. Evolutionary Optimization [M]. Boston, MA: Springer US, 2002, 48 (December).

[4] Kingma D P, Ba J L. Adam: A method for stochastic optimization [C]. 3rd International Conference on Learning Representations, ICLR 2015-Conference Track Proceedings, 2015: 1-15.

[5] Han Z-H, Görtz S, Zimmermann R. Improving variable-fidelity surrogate modeling via gradient-enhanced kriging and a generalized hybrid bridge function [J]. Aerospace Science and Technology, Elsevier Masson SAS, 2013, 25 (1): 177-189.

第8章 混合近似建模方法

8.1 引　　言

近似建模的本质是根据已有训练数据，利用插值或拟合的方法寻找与训练数据最符合的简单数学函数，作为原始高耗时仿真分析模型的替代。根据前述章节的讨论可知，一般情况下，近似模型通常可通过不同基函数的线性叠加来表达。因此，样本数据和基函数形式成为影响近似模型精度的决定因素。根据前面几章的讨论，对于一组确定的训练样本，采用多种不同的近似建模方法均可对模型响应进行预测，但由于不同近似建模方法的基本原理、基函数选择及其参数训练方法不同，最终建立的近似模型精度也会有所差异，并且这种差异难以仅依靠训练样本进行优劣判断。因此，充分利用不同近似模型的特点提升实际工程问题中高耗时黑箱仿真模型预测精度的混合近似建模方法应运而生。

此外，近似模型的精度与训练样本数据规模也息息相关，随着问题维度和模型非线性程度的增加，建立近似模型需要的样本规模也急剧增加，若这些样本全部采用高精度仿真模型，通常会因其计算代价过高而难以满足实际需求。工程实际问题中，除高精度模型外，还可以基于合理假设来简化复杂模型，从而对变化趋势进行粗略估计。因此，如何高效利用上述两个方面信息成为进一步提高近似建模效率和泛化精度的关键。

针对上述问题，本章对多元模型和多精度数据混合近似建模方法进行讨论，详细阐述如何在相同样本数据下利用不同基函数的特性提升近似建模精度，以及如何利用低精度模型仿真速度快和高精度模型计算精度高的特点提升近似模型预测精度，即多元模型混合近似建模方法和多精度数据混合近似建模方法。

8.2 多元模型混合近似建模方法

8.2.1 多元基函数混合近似建模

8.2.1.1 增广径向基函数近似建模方法

径向基函数近似模型的本质是非线性基函数的叠加，因此在近似非线性模型方面具有优越的性能，但由于其基函数中不包含线性项、常数项等低阶项，导致其在模型非线性程度较低时泛化能力不足，而多项式模型通过调整基函数阶数可以更好适配低阶项的近似。因此，为进一步增强 RBF 近似模型对线性模型的泛化能力，可在 RBF 近似建模中引入线性项建立增广径向基函数近似模型[1]。

给定包含 n 个采样点的训练集 $\boldsymbol{S}:[\boldsymbol{x}_i,y_i](i=1,2,\cdots,n)$，其中设计变量 $\boldsymbol{x}_i$ 是 m 的维矢量，y_i 是其对应的真实响应，增广 RBF 近似模型表示为普通 RBF 和多项式的叠加形式，如式（8.1）所示。

$$\hat{y}(\boldsymbol{x})=\sum_{i=1}^{N}\omega_i\phi_i(\|\boldsymbol{x}-\boldsymbol{x}_i\|)+\sum_{j=1}^{m+1}\lambda_j g_j(\boldsymbol{x}) \tag{8.1}$$

式中：$\boldsymbol{x}$ 为输入值；ϕ_i 为对应第 i 个样本点的基函数；ω_i 为第 i 个基函数的权值；λ_j 为多项式系数；g_j 为高维多项式 g 的第 j 项。

将训练样本点$[\boldsymbol{x}_i|y_i]$代入式（8.1）中，并将其写为矩阵的形式，得到如式（8.2）所示的线性方程组。

$$[\boldsymbol{\Phi}\quad \boldsymbol{G}]\begin{bmatrix}\boldsymbol{\omega}\\ \boldsymbol{\lambda}\end{bmatrix}=\boldsymbol{Y} \tag{8.2}$$

式中：$\boldsymbol{\Phi}_{ik}=\phi_i(\|\boldsymbol{x}_k-\boldsymbol{x}_i\|)(i,k=1,2,\cdots,N)$。

$$\boldsymbol{G}=\begin{bmatrix}1 & x_1^{(1)} & \cdots & x_1^{(m)}\\ 1 & x_2^{(1)} & \cdots & x_2^{(m)}\\ 1 & \vdots & \ddots & \vdots\\ 1 & x_N^{(1)} & \vdots & x_N^{(m)}\end{bmatrix};\quad \boldsymbol{Y}=\{y_i\}\quad (i=1,2,\cdots,N)$$

由于训练样本集 $\boldsymbol{S}$ 中的样本点互不相同，因此 $\boldsymbol{G}$ 为列满秩矩阵，且当训练样本点数量 $N>m+1$ 时，必存在非零矢量 $\boldsymbol{\omega}$ 使 $\boldsymbol{G}^{\mathrm{T}}\cdot\boldsymbol{\omega}=0$ 成立[1]，即

$$\sum_{i=1}^{N}\omega_i g_j(\boldsymbol{x}_i)=0\quad (j=1,2,\cdots,m+1) \tag{8.3}$$

联立式（8.2）和式（8.3），进而得到如式（8.4）所示的关于基函数权重

系数 $\boldsymbol{\omega}$ 和线性回归系数 $\boldsymbol{\lambda}$ 的线性方程组。

$$\begin{bmatrix} \boldsymbol{\Phi} & \boldsymbol{G} \\ \boldsymbol{G}^{\mathrm{T}} & 0 \end{bmatrix} \begin{bmatrix} \boldsymbol{\omega} \\ \boldsymbol{\lambda} \end{bmatrix} = \begin{bmatrix} \boldsymbol{Y} \\ 0 \end{bmatrix} \tag{8.4}$$

$$\widetilde{\boldsymbol{\Phi}} = \begin{bmatrix} \boldsymbol{\Phi} & \boldsymbol{G} \\ \boldsymbol{G}^{\mathrm{T}} & 0 \end{bmatrix} \tag{8.5}$$

由于 $\boldsymbol{\Phi}$ 为满秩矩阵，$\boldsymbol{G}^{\mathrm{T}}$ 为行满秩矩阵，因此系数矩阵 $\widetilde{\boldsymbol{\Phi}}$ 为非奇异矩阵，式（8.4）具有唯一非零解。因此，根据训练样本集 $\boldsymbol{S}$ 构造的增广径向基函数近似模型被唯一确定。引入多项式增广项后，仍然需要对径向基函数的形状参数进行训练以提升模型泛化能力，参考第 6 章对径向基函数形状参数的表征以及优化方法，可建立增广径向基函数近似模型的交叉验证训练方法[2]，解决近似模型的“过拟合”问题。

根据第 6 章的讨论，交叉验证首先将已观测的训练样本点集 $\boldsymbol{D}$ 随机划分为 K 个大小近似相同的互斥子集 $\{\boldsymbol{D}_i\}_{i=1}^{K}$，任意选取其中 $(K-1)$ 个子集 $\{\boldsymbol{D}_i\}_{i=1,i\neq k}^{K}$ 作为训练样本集构建近似模型 $\hat{y}_k(\boldsymbol{x}\,|\,\boldsymbol{D}\backslash\boldsymbol{D}_k)$，其余第 k 个子集 D_k 作为评估模型预测精度的验证集，该过程重复 K 次，通过最小化 K 次预测均方差（mean-squared Prediction error，MSPE）获得最终近似模型。

参考径向基函数近似建模方法中的形状参数表征和交叉验证误差快速求解方法，对于任意给定的缩放系数 $\boldsymbol{\varepsilon}$ 或形状参数 $\boldsymbol{c}$，近似模型 $\hat{y}(\boldsymbol{x}\,|\,\boldsymbol{D})$ 中的待定系数 $\{\omega_i\}_{i=1}^{N}$ 及 $\{\lambda_j\}_{j=1}^{m+1}$ 可通过求解线性方程式（8.6）确定。

$$\begin{bmatrix} \boldsymbol{\omega} \\ \boldsymbol{\lambda} \end{bmatrix} = \widetilde{\boldsymbol{\Phi}}^{-1} \begin{bmatrix} \boldsymbol{Y} \\ \boldsymbol{0} \end{bmatrix} \tag{8.6}$$

根据分块矩阵求逆规则，有

$$\widetilde{\boldsymbol{\Phi}}^{-1} = \begin{bmatrix} \boldsymbol{\Phi}^{-1} - \boldsymbol{\Phi}^{-1}\boldsymbol{G}(\boldsymbol{G}^{\mathrm{T}}\boldsymbol{\Phi}^{-1}\boldsymbol{G})^{-1}\boldsymbol{G}^{\mathrm{T}}\boldsymbol{\Phi}^{-1} & \boldsymbol{\Phi}^{-1}\boldsymbol{G}(\boldsymbol{G}^{\mathrm{T}}\boldsymbol{\Phi}^{-1}\boldsymbol{G})^{-1} \\ (\boldsymbol{G}^{\mathrm{T}}\boldsymbol{\Phi}^{-1}\boldsymbol{G})^{-1}\boldsymbol{G}^{\mathrm{T}}\boldsymbol{\Phi}^{-1} & -(\boldsymbol{G}^{\mathrm{T}}\boldsymbol{\Phi}^{-1}\boldsymbol{G})^{-1} \end{bmatrix} \tag{8.7}$$

不失一般性，记子集 $\boldsymbol{D}_k$ 中 n_k 个训练样本点在训练样本集 $\boldsymbol{D}$ 中的序号为 $\{L_i^k\}_{i=1}^{n_k}$，同时，子集 $\boldsymbol{D}_k$ 中的 n_k 个训练样本点总能移至训练样本集 $\boldsymbol{D}$ 的最后 n_k 行（列），进而，如式（8.4）所述的关于基函数权重系数 $\boldsymbol{\omega}$ 和线性回归系数 $\boldsymbol{\lambda}$ 的线性方程组改写为

$$\prod_{i=1}^{n_k} \boldsymbol{I}_{L_i^k(N-i+1)}\, \widetilde{\boldsymbol{\Phi}} \prod_{i=1}^{n_k} \boldsymbol{I}_{L_i^k(N-i+1)} \prod_{i=1}^{n_k} \boldsymbol{I}_{L_i^k(N-i+1)} \begin{bmatrix} \boldsymbol{\omega} \\ \boldsymbol{\lambda} \end{bmatrix} = \prod_{i=1}^{n_k} \boldsymbol{I}_{L_i^k(N-i+1)} \begin{bmatrix} \boldsymbol{Y} \\ \boldsymbol{0} \end{bmatrix} \tag{8.8}$$

式中：$\boldsymbol{I}_{L_i^k(N-i+1)}$ 为将第 L_i^k 行（列）与第 $(N-i+1)$ 行（列）互换的单位转换矩阵，即 $\boldsymbol{I}_{L_i^k(N-i+1)}(L_i^k,:) = \boldsymbol{I}(N-i+1,:)$。为叙述方便，记 $\widetilde{\boldsymbol{\Phi}}_{\mathrm{new}} = \prod_{i=1}^{n_k} \boldsymbol{I}_{L_i^k(N-i+1)}$

$\widetilde{\boldsymbol{\Phi}}\prod_{i=1}^{n_k}\boldsymbol{I}_{L_i^k(N-i+1)}$，并代入式（8.4），得

$$\widetilde{\boldsymbol{\Phi}}_{\text{new}}=\begin{bmatrix}\prod_{l=1}^{n_i}\boldsymbol{I}_{L_i^k(N-i+1)}\boldsymbol{\Phi}\prod_{l=1}^{n_i}\boldsymbol{I}_{L_i^k(N-i+1)} & \prod_{l=1}^{n_i}\boldsymbol{I}_{L_i^k(N-i+1)}\boldsymbol{G}\\ \boldsymbol{G}^{\mathrm{T}}\prod_{l=1}^{n_i}\boldsymbol{I}_{L_i^k(N-i+1)} & \boldsymbol{0}\end{bmatrix}=\begin{bmatrix}\boldsymbol{\Phi}_{\text{new}} & \boldsymbol{G}_{\text{new}}\\ \boldsymbol{G}_{\text{new}}^{\mathrm{T}} & \boldsymbol{0}\end{bmatrix}\tag{8.9}$$

进一步地，可将$\widetilde{\boldsymbol{\Phi}}_{\text{new}}$和$\widetilde{\boldsymbol{\Phi}}_{\text{new}}^{-1}$表述为如下分块矩阵形式：

$$\widetilde{\boldsymbol{\Phi}}_{\text{new}}=\left[\begin{array}{cc:c}\boldsymbol{\Phi}_{\text{new,A}} & \boldsymbol{\Phi}_{\text{new,B}} & \boldsymbol{G}_{\text{new,E}}\\ \boldsymbol{\Phi}_{\text{new,C}} & \boldsymbol{\Phi}_{\text{new,D}} & \boldsymbol{G}_{\text{new,F}}\\ \hdashline \boldsymbol{G}_{\text{new,E}}^{\mathrm{T}} & \boldsymbol{G}_{\text{new,F}}^{\mathrm{T}} & \boldsymbol{0}\end{array}\right]=$$

$$\left[\begin{array}{cc:c}\boldsymbol{\Phi}_{\text{new}(1:N-n_k,1:N-n_k)} & \boldsymbol{\Phi}_{\text{new}(1:N-n_k,N-n_k+1:N)} & \boldsymbol{G}_{\text{new}(1:N-n_k,\cdot)}\\ \boldsymbol{\Phi}_{\text{new}(N-n_k+1:N,1:N-n_k)} & \boldsymbol{\Phi}_{\text{new}(N-n_k+1:N,N-n_k+1:N)} & \boldsymbol{G}_{\text{new}(N-n_k+1:N,\cdot)}\\ \hdashline \boldsymbol{G}_{\text{new}(1:N-n_k,\cdot)}^{\mathrm{T}} & \boldsymbol{G}_{\text{new}(N-n_k+1:N,\cdot)}^{\mathrm{T}} & \boldsymbol{0}\end{array}\right]\tag{8.10}$$

$$\boldsymbol{\Phi}_{\text{new}}^{-1}=\prod_{l=1}^{n_i}\boldsymbol{I}_{L_i^k(N-i+1)}\boldsymbol{\Phi}^{-1}\prod_{l=1}^{n_i}\boldsymbol{I}_{L_i^k(N-i+1)}=$$

$$\begin{bmatrix}\widetilde{\boldsymbol{\Psi}}_{\text{A}} & \widetilde{\boldsymbol{\Psi}}_{\text{B}}\\ \widetilde{\boldsymbol{\Psi}}_{\text{C}} & \boldsymbol{\Psi}_{\text{D}}\end{bmatrix}=\begin{bmatrix}\widetilde{\boldsymbol{\Psi}}_{(1:N-n_k,1:N-n_k)} & \widetilde{\boldsymbol{\Psi}}_{(1:N-n_k,N-n_k+1:N)}\\ \widetilde{\boldsymbol{\Psi}}_{(N-n_k+1:N,1:N-n_k)} & \widetilde{\boldsymbol{\Psi}}_{(N-n_k+1:N,N-n_k+1:N)}\end{bmatrix}\tag{8.11}$$

式中：$(i:j,l:q)$表示矩阵中第 i 行至第 j 行、第 l 列至第 q 列的子矩阵；$(i:j,\cdot)$表示矩阵中第 i 行至第 j 行的子矩阵；$(\cdot,l:q)$表示矩阵中第 l 列至第 q 列的子矩阵。观察可知，$\boldsymbol{\Phi}_{\text{new}(1:N-n_k,1:N-n_k)}$、$\boldsymbol{G}_{\text{new}(1:N-n_k,\cdot)}$以及$\boldsymbol{G}_{\text{new}(\cdot,1:N-n_k)}^{\mathrm{T}}$仅与子集$\{\boldsymbol{D}\backslash\boldsymbol{D}_k\}$中的训练样本点有关；$\boldsymbol{\Phi}_{\text{new}(1:N-n_k,N-n_k+1:N)}$和$\boldsymbol{\Phi}_{\text{new}(N-n_k+1:N,1:N-n_k)}$仅与子集$\boldsymbol{D}_k$中的训练样本点有关；而$\boldsymbol{\Phi}_{\text{new}(1:N-n_k,N-n_k+1:N)}$与$\boldsymbol{\Phi}_{\text{new}(N-n_k+1:N,1:N-n_k)}$为子集$\{\boldsymbol{D}\backslash\boldsymbol{D}_k\}$与$\boldsymbol{D}_k$间训练样本点的关联矩阵。为方便后文描述，分别记矩阵下标$(1:N-n_k,1:N-n_k)$、$(1:N-n_k,N-n_k+1:N)$、$(N-n_k+1:N,1:N-n_k)$和$(N-n_k+1:N,N-n_k+1:N)$为 A、B、C 和 D，同时，分别记$(1:N-n_k,\cdot)$和$(N-n_k+1:N,\cdot)$为 E 和 F，分别记$(\cdot,1:N-n_k)$和$(\cdot,N-n_k+1:N)$为 E′和 F′。

从而，将式（8.10）代入式（8.8），整理可得

$$\left[\begin{array}{cc:c}\boldsymbol{\Phi}_{\text{new,A}} & \boldsymbol{\Phi}_{\text{new,B}} & \boldsymbol{G}_{\text{new,E}}\\ \boldsymbol{\Phi}_{\text{new,C}} & \boldsymbol{\Phi}_{\text{new,D}} & \boldsymbol{G}_{\text{new,F}}\\ \hdashline \boldsymbol{G}_{\text{new,E}}^{\mathrm{T}} & \boldsymbol{G}_{\text{new,F}}^{\mathrm{T}} & \boldsymbol{0}\end{array}\right]\begin{bmatrix}\boldsymbol{\omega}_{(1:N-n_k)}\\ \boldsymbol{\omega}_{(N-n_k+1:N)}\\ \boldsymbol{\lambda}\end{bmatrix}=\begin{bmatrix}\boldsymbol{Y}_{(\boldsymbol{D}\backslash\boldsymbol{D}_k)}\\ \boldsymbol{Y}_{(\boldsymbol{D}_k)}\\ \boldsymbol{0}\end{bmatrix}\tag{8.12}$$

式中：$\prod_{i=1}^{n_k} \boldsymbol{I}_{L_i^k(N-i+1)} \boldsymbol{Y} = [\boldsymbol{Y}_{(\boldsymbol{D}\backslash\boldsymbol{D}_k)}^{\mathrm{T}} \quad \boldsymbol{Y}_{(\boldsymbol{D}_k)}^{\mathrm{T}}]^{\mathrm{T}}$。

由于辅助模型$\hat{y}_k(\boldsymbol{x}|\boldsymbol{D}\backslash\boldsymbol{D}_k)$不包含子集 $\boldsymbol{D}_k$ 中的样本点信息，因此，舍去式（8.12）中与子集 $\boldsymbol{D}_k$ 中样本点相关的子矩阵，$\hat{y}_k(\boldsymbol{x}|\boldsymbol{D}\backslash\boldsymbol{D}_k)$的线性方程组可表述为

$$\begin{bmatrix} \boldsymbol{\Phi}_{\text{new,A}} & \boldsymbol{G}_{\text{new,E}} \\ \boldsymbol{G}_{\text{new,E}}^{\mathrm{T}} & \boldsymbol{0} \end{bmatrix} \begin{bmatrix} \hat{\boldsymbol{\omega}}_k \\ \hat{\boldsymbol{\lambda}}_k \end{bmatrix} = \begin{bmatrix} \boldsymbol{Y}_{(\boldsymbol{D}\backslash\boldsymbol{D}_k)} \\ \boldsymbol{0} \end{bmatrix} \tag{8.13}$$

记

$$\widetilde{\boldsymbol{\Phi}}_{\text{new}\{\boldsymbol{D}\backslash\boldsymbol{D}_k\}} = \begin{bmatrix} \boldsymbol{\Phi}_{\text{new,A}} & \boldsymbol{G}_{\text{new,E}} \\ \boldsymbol{G}_{\text{new,E}}^{\mathrm{T}} & \boldsymbol{0} \end{bmatrix} \tag{8.14}$$

则

$$\widetilde{\boldsymbol{\Phi}}_{\text{new}\{\boldsymbol{D}\backslash\boldsymbol{D}_k\}}^{-1} = \begin{bmatrix} \boldsymbol{\Phi}_{\text{new,A}}^{-1} - \boldsymbol{\Phi}_{\text{new,A}}^{-1}\boldsymbol{G}_{\text{new,E}}(\boldsymbol{G}_{\text{new,E}}^{\mathrm{T}}\boldsymbol{\Phi}_{\text{new,A}}^{-1}\boldsymbol{G}_{\text{new,E}})^{-1}\boldsymbol{G}_{\text{new,E}}^{\mathrm{T}}\boldsymbol{\Phi}_{\text{new,A}}^{-1} & \boldsymbol{\Phi}_{\text{new,A}}^{-1}\boldsymbol{G}_{\text{new,E}}(\boldsymbol{G}_{\text{new,E}}^{\mathrm{T}}\boldsymbol{\Phi}_{\text{new,A}}^{-1}\boldsymbol{G}_{\text{new,E}})^{-1} \\ (\boldsymbol{G}_{\text{new,E}}^{\mathrm{T}}\boldsymbol{\Phi}_{\text{new,A}}^{-1}\boldsymbol{G}_{\text{new,E}})^{-1}\boldsymbol{G}_{\text{new,E}}^{\mathrm{T}}\boldsymbol{\Phi}_{\text{new,A}}^{-1} & -(\boldsymbol{G}_{\text{new,E}}^{\mathrm{T}}\boldsymbol{\Phi}_{\text{new,A}}^{-1}\boldsymbol{G}_{\text{new,E}})^{-1} \end{bmatrix} \tag{8.15}$$

至此，通过求解$\widetilde{\boldsymbol{\Phi}}_{\text{new}\{\boldsymbol{D}\backslash\boldsymbol{D}_k\}}$的逆，并结合式（8.13），即可确定近似模型$\hat{y}_k(\boldsymbol{x}|\boldsymbol{D}\backslash\boldsymbol{D}_k)$的相关待定系数$\{\hat{\omega}_{k,i}\}_{i=1}^{N-n_k}$及$\{\hat{\lambda}_{k,j}\}_{j=1}^{m+1}$。然而，采用 K 折交叉验证方法的近似建模过程涉及计算 K 个辅助模型$\{\hat{y}_k(\boldsymbol{x}|\boldsymbol{D}\backslash\boldsymbol{D}_k)\}_{k=1}^{K}$，这将涉及 K 次系数矩阵$\widetilde{\boldsymbol{\Phi}}_{\text{new}\{\boldsymbol{D}\backslash\boldsymbol{D}_k\}}$求逆计算。由式（8.15）可知，计算$\widetilde{\boldsymbol{\Phi}}_{\text{new}\{\boldsymbol{D}\backslash\boldsymbol{D}_k\}}^{-1}$涉及求解 $\boldsymbol{\Phi}_{\text{new,A}}^{-1}$，其计算复杂度为 $O((N-n_k)^3)$，且随着样本点数量的增加，计算耗时将以 3 次方的速度急剧上升，极大制约了$\hat{y}_k(\boldsymbol{x}|\boldsymbol{D}\backslash\boldsymbol{D}_k)$的近似建模效率。因此，实现 $\boldsymbol{\Phi}_{\text{new,A}}^{-1}$的高效计算是建立近似模型$\hat{y}_k(\boldsymbol{x}|\boldsymbol{D}\backslash\boldsymbol{D}_k)$的关键。

注意到，对于

$$\boldsymbol{\Phi}_{\text{new}}^{-1} = \begin{bmatrix} \boldsymbol{\Phi}_{\text{new,A}} & \boldsymbol{\Phi}_{\text{new,B}} \\ \boldsymbol{\Phi}_{\text{new,C}} & \boldsymbol{\Phi}_{\text{new,D}} \end{bmatrix}^{-1} = \begin{bmatrix} \widetilde{\boldsymbol{\Psi}}_{\text{A}} & \widetilde{\boldsymbol{\Psi}}_{\text{B}} \\ \widetilde{\boldsymbol{\Psi}}_{\text{C}} & \widetilde{\boldsymbol{\Psi}}_{\text{D}} \end{bmatrix} \tag{8.16}$$

利用分块矩阵求逆方法，有下式成立：

$$\begin{cases} \widetilde{\boldsymbol{\Psi}}_{\text{A}} = \boldsymbol{\Phi}_{\text{new,A}}^{-1} + \boldsymbol{\Phi}_{\text{new,A}}^{-1}\boldsymbol{\Phi}_{\text{new,B}}\widetilde{\boldsymbol{\Psi}}_{\text{D}}\boldsymbol{\Phi}_{\text{new,C}}\boldsymbol{\Phi}_{\text{new,A}}^{-1} \\ \widetilde{\boldsymbol{\Psi}}_{\text{B}} = -\boldsymbol{\Phi}_{\text{new,A}}^{-1}\boldsymbol{\Phi}_{\text{new,B}}\widetilde{\boldsymbol{\Psi}}_{\text{D}} \\ \widetilde{\boldsymbol{\Psi}}_{\text{C}} = -\widetilde{\boldsymbol{\Psi}}_{\text{D}}\boldsymbol{\Phi}_{\text{new,C}}\boldsymbol{\Phi}_{\text{new,A}}^{-1} \\ \widetilde{\boldsymbol{\Psi}}_{\text{D}} = (\boldsymbol{\Phi}_{\text{new,D}} - \boldsymbol{\Phi}_{\text{new,C}}\boldsymbol{\Phi}_{\text{new,A}}^{-1}\boldsymbol{\Phi}_{\text{new,B}})^{-1} \end{cases} \tag{8.17}$$

进一步观察式（8.17），易得

$$\widetilde{\boldsymbol{\Psi}}_{\mathrm{A}}=\boldsymbol{\Phi}_{\mathrm{new,A}}^{-1}+(\boldsymbol{\Phi}_{\mathrm{new,A}}^{-1}\boldsymbol{\Phi}_{\mathrm{new,B}}\widetilde{\boldsymbol{\Psi}}_{\mathrm{D}})(\widetilde{\boldsymbol{\Psi}}_{\mathrm{D}})^{-1}\cdot (\widetilde{\boldsymbol{\Psi}}_{\mathrm{D}}\boldsymbol{\Phi}_{\mathrm{new,C}}\boldsymbol{\Phi}_{\mathrm{new,A}}^{-1})=\boldsymbol{\Phi}_{\mathrm{new,A}}^{-1}+\widetilde{\boldsymbol{\Psi}}_{\mathrm{B}}(\widetilde{\boldsymbol{\Psi}}_{\mathrm{D}})^{-1}\widetilde{\boldsymbol{\Psi}}_{\mathrm{C}} \tag{8.18}$$

经化简，可得

$$\boldsymbol{\Phi}_{\mathrm{new,A}}^{-1}=\widetilde{\boldsymbol{\Psi}}_{\mathrm{A}}-\widetilde{\boldsymbol{\Psi}}_{\mathrm{B}}\widetilde{\boldsymbol{\Psi}}_{\mathrm{D}}^{-1}\widetilde{\boldsymbol{\Psi}}_{\mathrm{C}} \tag{8.19}$$

其中，当通过式（8.7）求得$\widetilde{\boldsymbol{\Phi}}^{-1}$后，$\widetilde{\boldsymbol{\Psi}}_{\mathrm{A}}$、$\widetilde{\boldsymbol{\Psi}}_{\mathrm{B}}$、$\widetilde{\boldsymbol{\Psi}}_{\mathrm{C}}$及$\widetilde{\boldsymbol{\Psi}}_{\mathrm{D}}$即可通过式（8.11）具体求得。进而，式（8.19）成功将$(N-n_k)\times(N-n_k)$维矩阵$\boldsymbol{\Phi}_{\mathrm{new,A}}$的求逆计算转化为$n_k\times n_k$维矩阵$\widetilde{\boldsymbol{\Psi}}_{\mathrm{D}}$的求逆计算，这使求解$\boldsymbol{\Phi}_{\mathrm{new,A}}^{-1}$的计算复杂度由$O((N-n_k)^3)$降低至$O(n_k^3)$，极大地提高了计算效率。结合前述的训练样本点“分层切割”、动态采样等样本点划分的高效建立方法，可实现增广径向基函数的快速训练。

注意到上述交叉验证误差求解方法与多项式函数$g_j(\boldsymbol{x})$的具体形式和阶数无关，因此上述方法可推广至任意阶多项式增广径向基函数中。进一步参考第6章对RBF交叉验证误差的程序实现过程可知，上述交叉验证误差在计算过程中也仅需在初始矩阵$\widetilde{\boldsymbol{\Phi}}^{-1}$中选择对应行列的子阵即可。对于第$k$折样本和样本的编号$P_k$，根据各组样本点的编号，可获得其在近似建模过程的系数矩阵中对应的位置，因此只需将求解交叉验证的$\widetilde{\boldsymbol{\Psi}}_{\mathrm{D}}$变为$\widetilde{\boldsymbol{\Phi}}^{-1}$中编号$P_k$对应的行和列的子集$\widetilde{\boldsymbol{\Phi}}_{P_k}^{-1}$即可，无须进行多次的行列交换，如式（8.20）所示：

$$\widetilde{\boldsymbol{\Psi}}_{\mathrm{D}}=[\widetilde{\boldsymbol{\Phi}}_{P_k}^{-1}]_{ij}=[\widetilde{\boldsymbol{\Phi}}^{-1}]_{P_k^iP_k^j} \tag{8.20}$$

式中：P_k^i和P_k^j分别为第k组样本编号P_k中第i和第j个点的编号。例如，对一个4个样本的2折交叉验证问题，假设其样本划分为$P_1=\{1,3\}$，$P_2=\{2,4\}$，则2折样本对应的矩阵分别为

$$\begin{cases}\widetilde{\boldsymbol{\Psi}}_{\mathrm{D},1}=\begin{bmatrix}\widetilde{\boldsymbol{\Phi}}_{11}^{-1} & \widetilde{\boldsymbol{\Phi}}_{13}^{-1}\\ \widetilde{\boldsymbol{\Phi}}_{31}^{-1} & \widetilde{\boldsymbol{\Phi}}_{33}^{-1}\end{bmatrix}\\ \widetilde{\boldsymbol{\Psi}}_{\mathrm{D},2}=\begin{bmatrix}\widetilde{\boldsymbol{\Phi}}_{22}^{-1} & \widetilde{\boldsymbol{\Phi}}_{24}^{-1}\\ \widetilde{\boldsymbol{\Phi}}_{42}^{-1} & \widetilde{\boldsymbol{\Phi}}_{44}^{-1}\end{bmatrix}\end{cases} \tag{8.21}$$

8.2.1.2 泛Kriging近似建模方法

标准Kriging算法通过超参数的极大似然估计进行训练，在小样本条件下存在欠拟合现象，为缓解这种现象，参考增广径向基函数近似建模方法，在Kriging近似建模中引入更为通用的低阶项，即将标准Kriging方法中表示全局响应的常数项采用多项式代替，以表示模型的全局变化趋势，即泛Kriging方法（UniverseKriging）。与标准Kriging方法类似，泛Kriging也假设模型输出由全局回归项和随机偏差组成，即

$$f(\boldsymbol{x})=Y_0(\boldsymbol{x})+z(\boldsymbol{x}) \tag{8.22}$$

式中：$Y_0(\boldsymbol{x})$ 为全局回归项，主要用来反映原始模型全局变化趋势，与标准 Kriging 方法不同的是，此处泛 Kriging 方法的全局回归项一般为多项式或正交多项式的形式，即

$$Y_0(\boldsymbol{x})=\sum_{j=1}^{m}\beta_j\boldsymbol{p}(\boldsymbol{x})=\boldsymbol{\beta}^{\mathrm{T}}\boldsymbol{p}(\boldsymbol{x}) \tag{8.23}$$

式（8.22）中的 $z(\boldsymbol{x})$ 为随机偏差项，服从均值为 0、方差为 σ^2 的正态分布，其不同样本点之间的相关性仍采用相关函数 R 表示。

$$\mathrm{Cov}(z(\boldsymbol{x}),z(\boldsymbol{x}'))=\sigma^2R(\boldsymbol{x},\boldsymbol{x}') \tag{8.24}$$

根据上述假设，在给定 N 个训练数据 $\boldsymbol{S}=[\boldsymbol{X},\boldsymbol{y}]$ 后，其中 $\boldsymbol{X}$ 为样本点输入矩阵，$\boldsymbol{y}$ 为输出矢量，泛 Kriging 近似模型仍采用已知样本数据加权预测未知点处的响应值，即

$$\hat{y}=\sum_{i=1}^{n}\lambda_i y_i=\boldsymbol{\lambda}^{\mathrm{T}}\boldsymbol{y} \tag{8.25}$$

进一步建立如下最优线性无偏估计的问题：

$$\begin{aligned}&\min:s^2=E[(\hat{y}(\boldsymbol{x})-y(\boldsymbol{x}))^2]\\&\mathrm{s.t.}:E[\hat{y}(\boldsymbol{x})-y(\boldsymbol{x})]=0\end{aligned} \tag{8.26}$$

由于引入了全局回归项，因此上述无偏性约束的各项均值可进一步展开为

$$\begin{cases}E[y(\boldsymbol{x})]=E[Y_0(\boldsymbol{x})+z(\boldsymbol{x})]=Y_0(\boldsymbol{x})=\boldsymbol{\beta}^{\mathrm{T}}\boldsymbol{p}(\boldsymbol{x})\\E[\hat{y}(\boldsymbol{x})]=E[\boldsymbol{\lambda}^{\mathrm{T}}\boldsymbol{y}]=\boldsymbol{\lambda}^{\mathrm{T}}E[\boldsymbol{y}]=\boldsymbol{\lambda}^{\mathrm{T}}\boldsymbol{P}\boldsymbol{\beta}\end{cases} \tag{8.27}$$

式中：$\boldsymbol{P}$ 为 $N\times m$ 矩阵；$\boldsymbol{P}_{ij}=p_j(\boldsymbol{x}_i)$，则无偏性约束可表示为

$$\boldsymbol{p}^{\mathrm{T}}(\boldsymbol{x})\boldsymbol{\beta}=\boldsymbol{\lambda}^{\mathrm{T}}\boldsymbol{P}\boldsymbol{\beta} \tag{8.28}$$

根据 Kriging 近似模型的推导过程可知，式（8.26）的方差项可展开为

$$s^2=\boldsymbol{\lambda}^{\mathrm{T}}\boldsymbol{C}\boldsymbol{\lambda}+\sigma^2-2\boldsymbol{\lambda}^{\mathrm{T}}\boldsymbol{c} \tag{8.29}$$

将式（8.28）、式（8.29）代入式（8.26）并引入拉格朗日乘子 μ 将其转化为无约束问题，可得如下最优化问题：

$$\min:L(\boldsymbol{\lambda})=\boldsymbol{\lambda}^{\mathrm{T}}\boldsymbol{C}\boldsymbol{\lambda}+\sigma^2-2\boldsymbol{\lambda}^{\mathrm{T}}\boldsymbol{c}+\mu(\boldsymbol{p}^{\mathrm{T}}(\boldsymbol{x})\boldsymbol{\beta}-\boldsymbol{\lambda}^{\mathrm{T}}\boldsymbol{P}\boldsymbol{\beta}) \tag{8.30}$$

将式（8.30）分别对 $\boldsymbol{\lambda}$、μ 和 $\boldsymbol{\beta}$ 求偏导，可得

$$\begin{cases}\dfrac{\partial L}{\partial\boldsymbol{\lambda}}=\boldsymbol{C}\boldsymbol{\lambda}-2\boldsymbol{c}-\mu\boldsymbol{P}\boldsymbol{\beta}\\[2ex]\dfrac{\partial L}{\partial\mu}=\boldsymbol{\lambda}^{\mathrm{T}}\boldsymbol{P}\boldsymbol{\beta}-\boldsymbol{p}^{\mathrm{T}}(\boldsymbol{x})\boldsymbol{\beta}\\[2ex]\dfrac{\partial L}{\partial\boldsymbol{\beta}}=\mu(\boldsymbol{P}^{\mathrm{T}}\boldsymbol{\lambda}-\boldsymbol{p}(\boldsymbol{x}))\end{cases} \tag{8.31}$$

式中：$\mu(\boldsymbol{P}^{\mathrm{T}}\boldsymbol{\lambda}-\boldsymbol{p}(\boldsymbol{x}))=0$ 在 $\mu\neq0$ 的条件下是 $\boldsymbol{\lambda}^{\mathrm{T}}\boldsymbol{P\beta}-\boldsymbol{p}^{\mathrm{T}}(\boldsymbol{x})\boldsymbol{\beta}=0$ 的充分条件，因此当拉格朗日乘子 $\mu\neq0$ 时，式（8.30）取最小值等价于

$$\begin{cases}\boldsymbol{R\lambda}-\boldsymbol{r}-\dfrac{\mu}{2\sigma^2}\boldsymbol{P\beta}=\boldsymbol{0}\\ \boldsymbol{p}(\boldsymbol{x})-\boldsymbol{P}^{\mathrm{T}}\boldsymbol{\lambda}=0\end{cases} \tag{8.32}$$

令 $\widetilde{\boldsymbol{\beta}}=\dfrac{\mu}{2\sigma^2}\boldsymbol{\beta}$，将式（8.32）写成矩阵的形式有

$$\begin{bmatrix}\boldsymbol{R} & \boldsymbol{P}\\ \boldsymbol{P}^{\mathrm{T}} & \boldsymbol{0}\end{bmatrix}\begin{bmatrix}\boldsymbol{\lambda}\\ \widetilde{\boldsymbol{\beta}}\end{bmatrix}=\begin{bmatrix}\boldsymbol{r}\\ \boldsymbol{p}(\boldsymbol{x})\end{bmatrix} \tag{8.33}$$

采用分块矩阵求逆的方法求解上式可得

$$\boldsymbol{\lambda}=[\boldsymbol{R}^{-1}-\boldsymbol{R}^{-1}\boldsymbol{P}(\boldsymbol{P}^{\mathrm{T}}\boldsymbol{R}^{-1}\boldsymbol{P})^{-1}\boldsymbol{P}^{\mathrm{T}}\boldsymbol{R}^{-1}]\boldsymbol{r}(\boldsymbol{x})+\boldsymbol{R}^{-1}\boldsymbol{P}(\boldsymbol{P}^{\mathrm{T}}\boldsymbol{R}^{-1}\boldsymbol{P})^{-1}\boldsymbol{p}(\boldsymbol{x}) \tag{8.34}$$

将式（8.34）代入式（8.25）和式（8.29）可得在任意输入 $\boldsymbol{x}$ 处的预测值及其方差分别为

$$\begin{aligned}\hat{y}(\boldsymbol{x})&=\boldsymbol{\lambda}^{\mathrm{T}}\boldsymbol{y}\\ &=\boldsymbol{r}^{\mathrm{T}}(\boldsymbol{x})[\boldsymbol{R}^{-1}-\boldsymbol{R}^{-1}\boldsymbol{P}(\boldsymbol{P}^{\mathrm{T}}\boldsymbol{R}^{-1}\boldsymbol{P})^{-1}\boldsymbol{P}^{\mathrm{T}}\boldsymbol{R}^{-1}]\boldsymbol{y}+\\ &\quad\ \boldsymbol{p}^{\mathrm{T}}(\boldsymbol{x})(\boldsymbol{P}^{\mathrm{T}}\boldsymbol{R}^{-1}\boldsymbol{P})^{-1}\boldsymbol{P}^{\mathrm{T}}\boldsymbol{R}^{-1}\boldsymbol{y}\\ &=\boldsymbol{r}^{\mathrm{T}}(\boldsymbol{x})\boldsymbol{R}^{-1}[\boldsymbol{y}-\boldsymbol{P\beta}]+\boldsymbol{p}^{\mathrm{T}}(\boldsymbol{x})\boldsymbol{\beta}\end{aligned} \tag{8.35}$$

$$\hat{s}^2(\boldsymbol{x})=\sigma^2\begin{bmatrix}1-\boldsymbol{r}^{\mathrm{T}}(\boldsymbol{x})\boldsymbol{R}^{-1}\boldsymbol{r}(\boldsymbol{x})+\\ (\boldsymbol{P}^{\mathrm{T}}\boldsymbol{R}^{-1}\boldsymbol{r}(\boldsymbol{x})-\boldsymbol{p}(\boldsymbol{x}))^{\mathrm{T}}(\boldsymbol{P}^{\mathrm{T}}\boldsymbol{R}^{-1}\boldsymbol{P})^{-1}(\boldsymbol{P}^{\mathrm{T}}\boldsymbol{R}^{-1}\boldsymbol{r}(\boldsymbol{x})-\boldsymbol{p}(\boldsymbol{x}))\end{bmatrix} \tag{8.36}$$

式中：$\boldsymbol{\beta}=(\boldsymbol{P}^{\mathrm{T}}\boldsymbol{R}^{-1}\boldsymbol{P})^{-1}\boldsymbol{P}^{\mathrm{T}}\boldsymbol{R}^{-1}\boldsymbol{y}$，参考标准 Kriging 近似模型中观测样本下的似然函数可求得 σ^2 的极大似然估计为

$$\hat{\sigma}^2=\frac{(\boldsymbol{y}-\boldsymbol{P\beta})^{\mathrm{T}}\boldsymbol{R}^{-1}(\boldsymbol{y}-\boldsymbol{P\beta})}{N} \tag{8.37}$$

并进一步建立用于参数训练的对数似然函数：

$$\ln(\widetilde{L})\approx-\frac{n}{2}\ln(\hat{\sigma}^2)-\frac{1}{2}\ln(|\boldsymbol{R}|) \tag{8.38}$$

增广径向基函数和泛 Kriging 近似模型通过引入低阶多项式项，弥补了标准 RBF 和 Kriging 在低阶模型近似能力的不足，且上述过程没有引入关于低阶模型项具体形式的假设，因此可进一步结合正交多项式的稀疏化方法，选择影响重要的低阶项，从而进一步提升近似建模精度，如图 8.1 和图 8.2 所示。

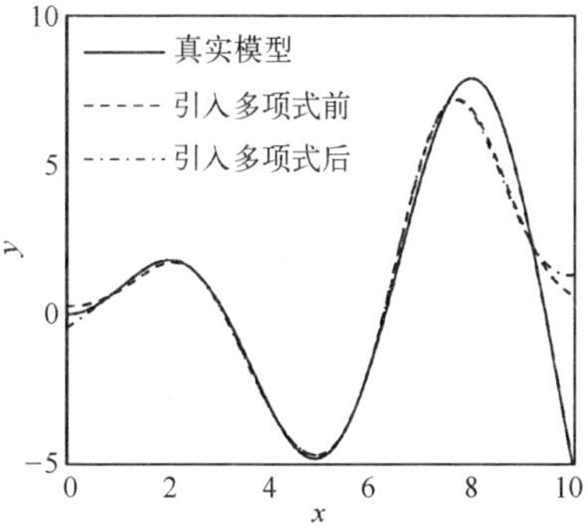

图 8.1 低阶特征不明显的预测效果

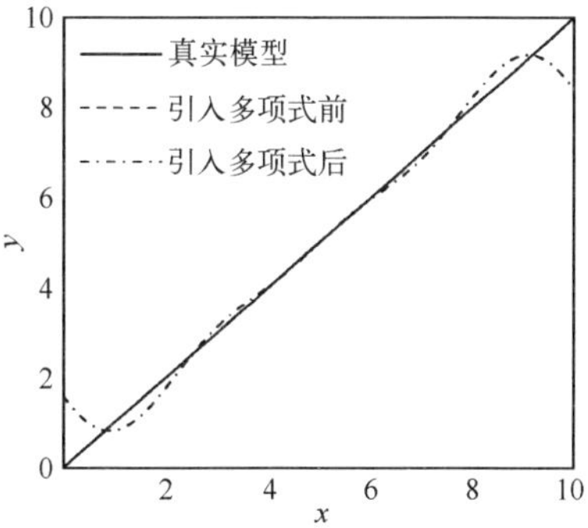

图 8.2 低阶特征明显的近似效果

8.2.2 多近似模型加权混合方法

多近似模型加权混合是考虑到不同近似模型构造方法和对不同原始模型的适用性不同，将多个近似模型按某种加权方法进行组合，以期综合各子模型的优势，使混合近似模型在一定条件下优于所有子近似模型的预测精度。

8.2.2.1 多近似模型加权混合基本原理

在给定的训练数据下，多近似模型加权混合基本原理是将利用训练样本生成的多个近似模型进行加权叠加，对原始模型的输出进行预测，如式（8.39）所示：

$$\hat{y}(\boldsymbol{x}) = \sum_{k=1}^{M} w_k \hat{y}_k(\boldsymbol{x}) \tag{8.39}$$

式中：$\hat{y}(\boldsymbol{x})$为混合近似模型预测响应；M 为所用到的单一近似模型的个数，每个单一近似模型对原始模型输出预测为$\hat{y}_i(\boldsymbol{x})$，也称组分近似模型或子近似模型；$w_k$ 为每个组分近似模型对应的权重。不同的权重分配代表着对应的组分近似模型对最终输出的贡献大小，也决定了最终近似模型的预测精度。因此，多近似模型加权混合的主要任务是合理确定权重以提升整体的预测精度。

权重系数 w_k 的选取需满足以下条件：权重系数 w_k 的和为 1，如式（8.40）所示。

$$\sum_{k=1}^{M} w_k = 1 \tag{8.40}$$

该约束的引入保证了各组分近似模型在样本处的插值条件在最终构建的近似模型中也满足，这也是插值型近似模型的应有之义。同时，权重的选取应遵循精度较高的组分近似模型对应较大权重，而精度较差的分配权重较小，这样可以充分利用混合近似模型中精度较高的单一近似模型拟合优势提高整体预测模型精度。

在上述思想下，最直接的权重选取方式是通过各组分近似模型的预测精度评估，将其中预测误差最小的近似模型权重系数设置为 1，其余权重系数均设置为 0。这种方法满足了上述权重系数计算的两个基本条件，但其本质上就相当于做了一次模型筛选，并不能体现多模型混合的优势。另一种比较简单的混合近似模型权重系数计算方法为 $w_k=1/M$，即将任意位置各组分近似模型预测响应值进行平均计算，该方法也称简单平均混合加权方法，但个别精度较差的近似模型的权重过大，会降低最终构建的混和近似模型精度。因此，为了充分发挥各组分近似模型的优势，需要根据各自特点对权重系数进行合理分配。

8.2.2.2 权重系数确定方法

1）常值权系数确定方法

根据权重的选取应遵循精度较高的组分近似模型对应较大权重，而精度较差的分配权重较小的原则，一般采用各近似模型的预测误差作为权重系数分配的依据[3]，即权重系数与预测误差成反比，因此权函数可按式（8.41）进行分配：

$$w_k = \frac{\dfrac{1}{E_k}}{\sum\limits_{k=1}^{M} \dfrac{1}{E_k}} \tag{8.41}$$

式中：E_k 为表征第 k 个子模型的预测精度的指标。在不同的近似模型和不同的精度评价中有具体的计算形式，根据前面章节对近似模型精度的讨论，可采用的子近似模型的精度评价指标主要包括以下几条。

（1）预测误差指标：对于回归型近似模型或者存在验证样本的近似模型来说，可根据模型在验证样本处的预测误差来评估近似模型精度，如式（8.42）所示。

$$E_k = \sum_{\boldsymbol{x}_j \in \boldsymbol{S}_t} [y_j - \hat{y}_k(\boldsymbol{x}_j)]^2 \tag{8.42}$$

式中：$\boldsymbol{S}_t$ 为测试样本集；$[\boldsymbol{x}_j, \boldsymbol{y}_j]$ 为测试样本集的第 j 个样本的输入和输出。

（2）预测方差指标：对于 Kriging 近似模型等基于最小方差估计得到的近似模型来说，除得到模型预测值外，还可得到模型的预测方差，因此在某一点处，可以用该方差来评估近似模型的精度，将其扩展到整个空间的精度就可用方差在设计空间上的积分进行表征，即

$$E_k = \int s^2(\boldsymbol{x})\,\mathrm{d}\boldsymbol{x} \tag{8.43}$$

式中：$s_k^2(\boldsymbol{x})$为第 k 个组分近似模型的预测方差。上式积分可以采用蒙特卡罗方法进行求解。

（3）交叉验证误差指标：在很多插值型近似模型且没有预测方差和额外验证样本的条件下，难以通过预测误差或方差进行近似模型精度评估，因此只可以利用交叉验证误差来评估各组分近似模型的精度，根据前面节对交叉验证误差的描述，采用留一交叉验证误差或者 K 折交叉验证误差建立子模型$\hat{y}_k(\boldsymbol{x})$的误差评价指标，留一交叉验证误差如式（8.44）所示，同时也可将分批划分的 K 折交叉验证误差作为评价指标。

$$E_k = \sum_{i=1}^{N} (y_i - \hat{y}_k(\boldsymbol{x}_i | D\backslash \boldsymbol{x}_i))^2 \tag{8.44}$$

（4）辅助近似模型偏差指标：相比于交叉验证误差仅能描述样本点处的预测误差，通过评估去除验证样本后的辅助近似模型和未去除之前的近似模型全局差异进行近似模型精度评估，更能反映样本点去除后对近似模型的全局影响，因此也可作为评估子模型精度的指标，留一交叉验证方差的计算如式（8.45）所示，同理也可利用 K 折交叉验证计算近似模型整体偏差。

$$E_k = \sum_{i=1}^{N} \int [y_k(\boldsymbol{x}) - \hat{y}_k(\boldsymbol{x} | \boldsymbol{D}\backslash \boldsymbol{x}_i)]^2 \tag{8.45}$$

2）权系数优化方法

权系数优化方法针对常值权系数确定子模型权重系数后对混合近似模型精度缺乏验证的缺点，通过建立混合近似模型精度评估的指标，对各子模型的权重系数进行优化，进而得到更合理的子模型加权系数[4]，为此构建如式（8.46）所示的约束优化问题。

$$\begin{aligned} &\min : E_{\text{hyb}}(w_k) \\ &\text{s.t.} : \sum w_k = 1 \end{aligned} \tag{8.46}$$

式中：E_{hyb}为最终混合近似模型的预测精度，可以采用预测误差、交叉验证误差和交叉验证偏差等任意精度评估方法进行度量，通过利用进化算法对上述模型进行优化，即可得到对应的最优加权系数。

3）自适应权函数确定方法

权系数直接确定和优化方法均将各子模型的权系数视为常数，但实际工程问题的设计空间内，不同区域模型特点也不一致，根据该特点，自适应权系数方将设计空间进行合理分区，通过局部精度验证确定与设计变量相关的权函数[5]，即

$$\hat{y}(\boldsymbol{x}) = \sum_{k=1}^{M} w_k(\boldsymbol{x}) \hat{y}_k(\boldsymbol{x}) \tag{8.47}$$

考虑到对于任意输入 $\boldsymbol{x}$ 对应的真实输出应与距离该点 $\boldsymbol{x}$ 较近的样本关系更为密

切，而与远离该点的样本相关性不大，因此，在确定该点的权重系数 w_k 时，可以仅在 $\boldsymbol{x}$ 某一邻域内进行近似模型精度评估，并根据对应的精度进行权重系数计算。

在上述操作后，权重系数自适应方法得到的混合近似模型预测精度要优于固定权重，需要对每个点重新计算该点的邻域，并在邻域内进行精度评估，计算量会高于固定权重。

8.3 多精度数据融合近似建模方法

面对工程实际问题时，除高精度模型外，还可以基于合理假设将复杂模型进行简化，例如以往设计中积累的经验公式、划分更少数量的计算网格、忽略分析中非线性因素等，简化后的模型虽难以精确反映实际模型的真实响应，但计算效率高且在一定误差范围内，能基本反映实际模型的变化趋势。因此，如何高效利用上述两个方面信息成为进一步提高近似建模效率和泛化精度的关键。

多精度近似模型，又称多保真度近似模型、变精度近似模型、变复杂度近似模型、变可信度模型等，其核心思想是综合利用高/低精度样本点的各自优势。首先，通过大量低精度样本点建立近似模型，充分挖掘原始模型总体趋势；其次，通过少量高精度样本点信息对其进行修正，进而建立具有较高预测精度的近似模型，实现近似模型预测精度和建模效率的有效平衡。

当前，多精度数据融合的近似建模方法主要包括标度融合方法、贝叶斯融合方法以及空间映射融合方法[6]。其中，空间映射方法将高/低精度模型的设计变量通过变量转换进行空间映射，从而建立多精度近似模型。由于其需要根据具体设计问题的物理模型寻找合适的转换函数，难以构建统一的转换函数，因此本书不予讨论，仅讨论标度融合法和贝叶斯融合法两种通用的多精度数据融合近似建模方法。

多精度数据融合近似建模方法在理论上可以对任意精度水平的数据进行融合，但其理论基础为两种精度数据的融合近似建模，为方便后续讨论，首先约定如下表述：高、低精度样本点分别为

$$\begin{cases} \boldsymbol{X}^l = \{\boldsymbol{x}_1^l, \boldsymbol{x}_2^l, \cdots, \boldsymbol{x}_{N_l}^l\} \\ \boldsymbol{X}^h = \{\boldsymbol{x}_1^h, \boldsymbol{x}_2^h, \cdots, \boldsymbol{x}_{N_h}^h\} \end{cases} \tag{8.48}$$

对应的响应数据分别为

$$\begin{cases} \boldsymbol{y}^l = \{y_1^l, y_2^l, \cdots, y_{N_l}^l\} \\ \boldsymbol{y}^h = \{y_1^h, y_2^h, \cdots, y_{N_h}^h\} \end{cases} \tag{8.49}$$

式中：$\boldsymbol{X}^l$ 为低精度样本点集合；$\boldsymbol{X}^h$ 为高精度样本点集合；y^l 为低精度样本点处的输出响应集合；$\boldsymbol{y}^h$ 为高精度样本点处的输出响应集合；N_l, N_h 分别为低精度样本点数量和高精度样本点数量。

8.3.1 基于标度函数的多精度数据融合近似建模方法

基于标度函数的多精度数据融合近似建模方法，以低精度样本点建立的近似模型为基础，结合相关标度函数（加法函数、乘法函数等），引入高精度样本点信息，从而建立相应的多精度近似模型。

8.3.1.1 标度融合近似建模基本原理

1）基于乘法标度的多精度数据融合近似建模方法

乘法标度方法（multiplicative scaling function based multi-fidelity surrogate modelin, MS-MFS）通过在高精度样本点处计算高精度响应值与低精度近似模型预测值之比，获得该处的标度因子

$$l_i = \frac{y_i^h}{\tilde{f}_{\mathrm{L}}(\boldsymbol{x}_i^h)} \tag{8.50}$$

式中：l_i 为第 i 个高精度样本点在 $\boldsymbol{x}_i^h$ 处的标度因子；y_i^h 为 $\boldsymbol{x}_i^h$ 处的高精度响应值；$\tilde{f}_{\mathrm{L}}(\boldsymbol{x}_i^h)$ 为 $\boldsymbol{x}_i^h$ 处低精度近似模型的预测值。

在每个高精度样本点位置计算标度因子，得到标度因子集合 $\boldsymbol{l} = \{l_1, l_2, \cdots, l_{N_h}\}$，利用近似模型方法将 $\boldsymbol{X}^h$ 和 $\boldsymbol{l}$ 分别作为输入和输出构造乘法标度函数 $\tilde{l}(\boldsymbol{x})$。基于乘法标度函数的多精度数据融合近似模型可表示为

$$\tilde{f}_{\mathrm{M}}(\boldsymbol{x}) = \tilde{f}_{\mathrm{L}}(\boldsymbol{x}) \cdot \tilde{l}(\boldsymbol{x}) \tag{8.51}$$

式中：$\tilde{f}_{\mathrm{M}}(\boldsymbol{x})$ 为多精度数据融合近似模型。

2）基于加法标度的多精度数据融合近似建模方法

与乘法标度方法类似，加法标度方法（additive scaling function based multi-fidelity surrogate modeling, AS-MFS）将高精度样本点处的标度因子定义为高精度响应值与低精度近似模型预测值之间的差值，即

$$\delta_i = y_i^h - \tilde{f}_{\mathrm{L}}(\boldsymbol{x}_i^h) \tag{8.52}$$

式中：δ_i 为第 i 个高精度样本点 $\boldsymbol{x}_i^h$ 处的标度因子。

相应的标度因子集合为 $\boldsymbol{\delta} = \{\delta_1, \delta_2, \cdots, \delta_{N_h}\}$，于是有加法标度函数 $\tilde{\delta}(\boldsymbol{x})$。AS-MFS 的数学表述形式为

$$\tilde{f}_{\mathrm{M}}(\boldsymbol{x})=\tilde{f}_{\mathrm{L}}(\boldsymbol{x})+\tilde{\delta}(\boldsymbol{x}) \tag{8.53}$$

为了充分发挥低精度数据所蕴含的趋势信息，在式（8.53）的基础上，通过添加线性系数 ρ_0，ρ_1 减小标度因子的波动，于是有

$$\tilde{f}_{\mathrm{M}}(\boldsymbol{x})=(\boldsymbol{\rho}_0+\boldsymbol{\rho}_1\tilde{f}_{\mathrm{L}}(\boldsymbol{x}))+\tilde{\delta}(\boldsymbol{x}) \tag{8.54}$$

式中：ρ_0 和 ρ_1 为常系数。

3）基于混合标度的多精度数据融合近似建模方法

为充分利用乘法标度函数与加法标度函数的优点，增强多精度数据融合近似模型适应性，有学者提出应用加权方法[7]，基于乘法标度与加法标度建立混合标度多精度数据融合近似模型（hybrid scaling function based multi-fidelity surrogate modeling，HS-MFS），即

$$\tilde{f}_{\mathrm{M}}(\boldsymbol{x})=\boldsymbol{\omega}(\tilde{f}_{\mathrm{L}}(\boldsymbol{x})\cdot\tilde{l}(\boldsymbol{x}))+(1-\boldsymbol{\omega})[(\rho_0+\rho_1\tilde{f}_{\mathrm{L}}(\boldsymbol{x}))+\tilde{\delta}(\boldsymbol{x})] \tag{8.55}$$

式中：$\boldsymbol{\omega}$ 为权重系数，通常由先验知识确定。

在基于标度函数的多精度数据融合近似建模方法中，由乘法标度因子的计算形式，若存在某一高精度样本点处低精度数据融合近似模型预测值趋近 0，会导致标度函数无法建立，此特点使乘法标度在工程问题中的应用受到限制。混合标度由于同样使用了乘法标度方法，该问题同样无法避免。加法标度相比其他二者适用性更强，同时其能够使低精度数据融合近似模型更好地全局逼近高精度仿真函数响应，其精度和鲁棒性更好，因而逐渐获得应用。

8.3.1.2 标度函数平滑性训练方法

基于加法标度函数的多精度数据融合近似建模方法通过将高、低精度数据解耦为二者差异数据与低精度数据两部分，并分别建立标度函数与低精度数据融合近似模型，最终将二者重新组合得到多精度数据融合近似模型。根据高、低精度数据的差异可得，在高精度样本处标度函数的取值应为

$$\delta(\boldsymbol{x}_i^h)=y_i^h-(\rho_0+\rho_1\tilde{f}_l(\boldsymbol{x}_i^h)) \tag{8.56}$$

于是利用 $\boldsymbol{X}^h$ 与 $\boldsymbol{\delta}$ 可以建立标度函数的预测模型，以径向基函数标度为例，其标度模型可表示为

$$\tilde{\delta}(\boldsymbol{x})=\sum_{i=1}^{N_h}\boldsymbol{w}_{\mathrm{D}i}\boldsymbol{\varphi}_{\mathrm{D}}(r_{\mathrm{D}i}(\boldsymbol{x}))=\boldsymbol{w}_{\mathrm{D}}^{\mathrm{T}}\boldsymbol{\varphi}_{\mathrm{D}} \tag{8.57}$$

式中：$\boldsymbol{w}_{\mathrm{D}}$ 为标度函数中基函数的权系数；$\boldsymbol{\varphi}_{\mathrm{D}}$ 为标度函数的基函数；$r_{\mathrm{D}i}$ 为预测点 $\boldsymbol{x}$ 与第 i 个标度样本点 $\boldsymbol{X}_i^h$ 之间的欧氏距离。根据前面章节对近似模型的讨论可知，对于任意基函数形式和形状参数，均可构建满足插值条件的标度函数模型，因此，标度函数和低精度数据融合近似模型可分别作为两个独立问题进行近似模

型构造。

在标度函数构建过程中，由于可用高精度样本数较少，因此单纯利用插值条件来构造标度函数会存在欠拟合或过拟合的现象，使标度函数与真实函数差异偏差较大，造成混合近似模型精度降低的情况。如图 8.3 所示，不同标度函数参数得到的混合模型具有较大差异，因此标度函数的建立过程仍然需要合理确定基函数的形状参数或者选择合理的基函数形式。为了解决该问题，可以在对低精度数据融合近似模型构建和标度函数构建中，采用交叉验证、极大似然估计、矩估计等对二者单独构造，以提升其精度。

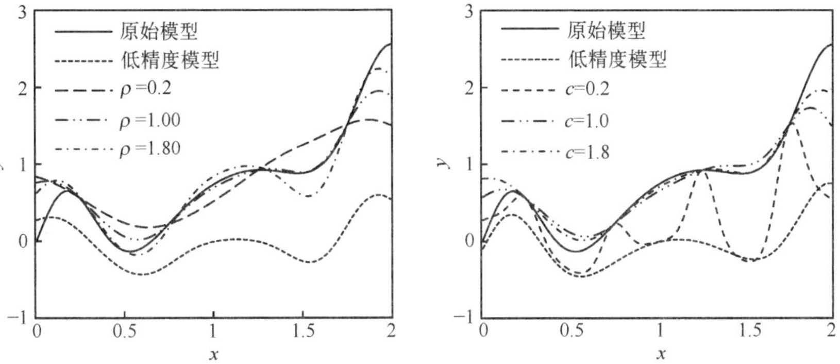

(a) 不同修正系数的影响　(b) 不同标度函数形状参数的影响

图 8.3　基于加法标度的多精度数据融合近似模型构造

考虑到在实际工程设计问题中，高/低精度数据和模型通常是对统一物理模型和现象进行不同简化而得到的，二者有着相似的响应特征，因此真实差异应为较平滑的误差曲线。反之，如果高、低精度模型之间的差异为强非线性，即高、低精度数据间相关性较弱，则表明高、低精度对模型规律的反映不一致，也就没有使用多精度数据提高预测效率的必要了。为此可根据标度函数的平滑性，建立多精度数据标度函数训练方法，选择合适的形状参数减小标度函数在设计域内的平均曲率，增强标度函数光滑度，避免标度函数产生明显波动，以实现多精度近似模型的准确预示。

根据径向基函数近似模型部分的讨论可知，近似模型的平滑性主要由基函数形状参数和正则化参数决定，同时正则化参数也能够有效过滤训练数据中包含的噪声，这一特点对于利用低精度数据构建低精度数据融合近似模型的过程具有重要作用。因此，在求解低精度数据融合近似模型时首先引入正则化参数 λ，并在标度函数训练过程中，同时对该正则化参数进行训练，从而实现低精度数据融合近似模型的光滑性调整。另外，为了防止混合近似模型单纯追求平滑性造成的低精度数据难以反映数据变化趋势的问题，引入低精度经验风险约束，即低精度数据融合近似模型在低精度数据上的预测误差。

根据上述讨论可知，在建立标度函数式（8.57）时存在 3 个标量待定参数——ρ_0,ρ_1,λ 和 1 个矢量待定参数——形状参数 $\boldsymbol{c}$。因此，多精度 RBF 训练的数学模型可描述为

$$\min:L(\rho_0,\rho_1,\boldsymbol{c},\lambda)=\overline{K}_{\mathrm{D}}=\frac{\sum_{i=1}^{N_h}K_{\mathrm{D}}(\boldsymbol{x}_i^h)}{N_h} \tag{8.58}$$

$$\text{s.t.}:e_l\leqslant e_0$$

式中：e_l 为引入正则化后带来的低精度数据融合近似模型预测误差；e_0 为低精度模型的容许误差，主要取决于当前低精度数据的精度；$\boldsymbol{c}$ 为不同基函数形状参数组成的矢量，在实际使用过程中为了降低模型训练的计算复杂度，可采用第 6 章的形状参数低维表征方法减少需要训练的参数个数，例如局部密度法、聚类法、归一法等；$\overline{\boldsymbol{K}}_{\mathrm{D}}$ 为标度函数的平均曲率；$K_{\mathrm{D}}(\boldsymbol{x})$ 为标度函数在 $\boldsymbol{x}$ 处的曲率，由式（8.59）进行计算。

$$K_{\mathrm{D}}(\boldsymbol{x})=\sqrt{\sum_{j=1}^{d}k_i(\boldsymbol{x})^2} \tag{8.59}$$

式中：$\boldsymbol{k}_i(\boldsymbol{x})$ 为标度函数在 x 处的二阶导数矩阵 $\boldsymbol{H}_{\mathrm{D}}(\boldsymbol{x})$ 的第 j 个特征值。

$$\boldsymbol{H}(\boldsymbol{x})=\begin{bmatrix}\dfrac{\partial^2 f(\boldsymbol{x})}{\partial x_{(1)}^2} & \dfrac{\partial^2 f(\boldsymbol{x})}{\partial x_{(1)}\partial x_{(2)}} & \cdots & \dfrac{\partial^2 f(\boldsymbol{x})}{\partial x_{(1)}\partial x_{(d)}}\\ \dfrac{\partial^2 f(\boldsymbol{x})}{\partial x_{(2)}\partial x_{(1)}} & \dfrac{\partial^2 f(\boldsymbol{x})}{\partial x_{(2)}^2} & \cdots & \dfrac{\partial^2 f(\boldsymbol{x})}{\partial x_{(2)}\partial x_{(d)}}\\ \vdots & \vdots & \ddots & \vdots\\ \dfrac{\partial^2 f(\boldsymbol{x})}{\partial x_{(d)}\partial x_{(1)}} & \dfrac{\partial^2 f(\boldsymbol{x})}{\partial x_{(d)}\partial x_{(2)}} & \cdots & \dfrac{\partial^2 f(\boldsymbol{x})}{\partial x_{(d)}^2}\end{bmatrix} \tag{8.60}$$

式（8.60）中近似模型的各项二阶导数通常采用数值微分方法进行计算，对于如高斯基函数、多项式基函数来说，可以采用分离变量法进行微分的解析求解。

建立上述模型后，采用全局优化性能较强的进化算法对式（8.58）进行优化，得到最优的训练参数，即可建立多精度数据融合的近似模型。

$$\tilde{f}_{\mathrm{M}}(\boldsymbol{x})=(\rho_0+\rho_1\tilde{f}_{\mathrm{L}}(\boldsymbol{x}))+\tilde{\delta}(\boldsymbol{x}) \tag{8.61}$$

以如式（8.62）所示的函数为例

$$\begin{cases} f_{\mathrm{H}}(x)=(6x-2)^2 \cdot \sin(12x-4) \\ f_{\mathrm{L}}(x)=(1-A^2-2A) \cdot f_{\mathrm{H}}(x)+10(x-0.5)-5 \end{cases} \tag{8.62}$$

式中：设计变量 $x \in [0,1]$；参数 $A \in [0,1]$ 用来调整高、低精度函数之间相关性，A 不同取值下的高、低精度函数图像如图 8.4 所示，采用光滑标度后的多精度数据融合近似建模效果如图 8.5 所示。

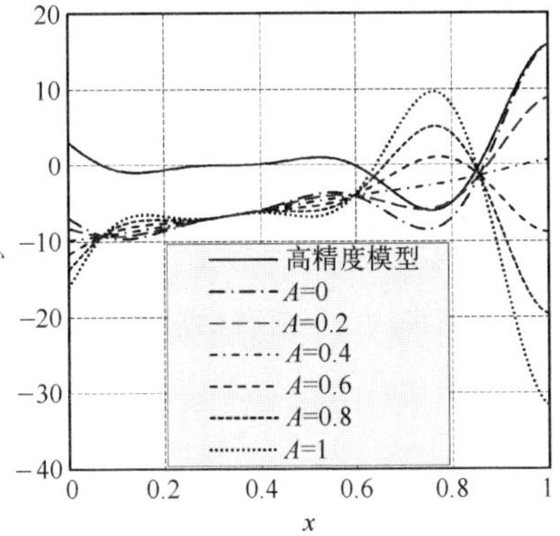

图 8.4 Forretal 函数曲线图

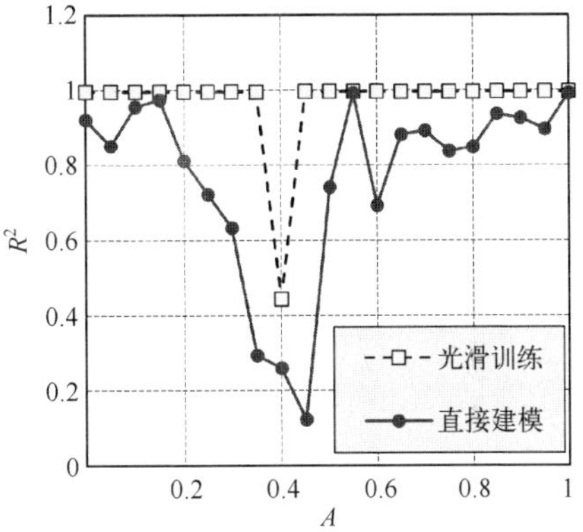

图 8.5 多精度数据光滑标度训练效果

8.3.2 基于 Kriging 思想的多精度数据融合近似建模方法

基于 Kriging 思想的多精度数据融合近似模型是多精度近似模型中的一类，作为 Kriging 近似模型的拓展，通过建立自回归模型将不同精度的数据进行融合，继承了 Kriging 近似模型特有的优点。较为常用的 Kriging 思想的多精度数据融合近似模型包括分层 Kriging 近似模型[8]、KOH 近似模型[9]以及 Co-Kriging 近似模型[10]等。

8.3.2.1 分层 Kriging 近似模型

分层 Kriging 近似模型在 Kriging 方法最小方差无偏估计原理的基础上，引入了多精度数据标度函数思想。分层 Kriging 近似模型首先利用低精度数据获取成本较低的特点，通过大量低精度样本数据构建低精度 Kriging 近似模型以反映全局变化趋势，在此基础上用少量高精度样本对低精度 Kriging 近似模型进行修正(标度)，以期在全空间的输出预测达到与高精度模型一致的效果。

因此，为构建分层 Kriging 近似模型需利用低精度样本构建低精度 Kriging 近似模型，根据低精度数据集($\boldsymbol{X}^l, \boldsymbol{Y}^l$)可以得到

$$\tilde{f}_{\mathrm{L}}(\boldsymbol{x})=\beta_l+\boldsymbol{r}_l^{\mathrm{T}}(\boldsymbol{x})\boldsymbol{R}_l^{-1}(\boldsymbol{Y}^l-\beta_l\boldsymbol{1}) \tag{8.63}$$

式中：$\beta_l=(\mathbf{1}^{\mathrm{T}}\boldsymbol{R}_l^{-1}\mathbf{1})^{-1}\mathbf{1}^{\mathrm{T}}\boldsymbol{R}_l^{-1}\boldsymbol{Y}^l$；$\boldsymbol{R}_l\in\mathbb{R}^{N_l\times N_l}$；$\mathbf{1}\in\mathbb{R}^{N_l}$，进一步可以采用极大似然估计得到低精度近似模型对应的超参数 $\boldsymbol{\theta}^l$ 和方差 σ_l^2。

利用低精度数据得到$\tilde{f}_{\mathrm{L}}(\boldsymbol{x})$后，可参考多元基函数泛 Kriging 近似建模的思想，将$\tilde{f}_{\mathrm{L}}(\boldsymbol{x})$作为反映全局变化趋势的基函数，进一步基于泛 Kriging 思想，假设多精度数据融合近似模型的全局低阶响应为已经建立的低精度模型，因此高精度样本响应值满足式（8.64）所示静态随机过程

$$y(\boldsymbol{x})=\beta_0\tilde{f}_{\mathrm{L}}(\boldsymbol{x})+Z(\boldsymbol{x}) \tag{8.64}$$

式中：β_0 为反映全局趋势项的缩放系数，也可看成泛 Kriging 中的基函数$\tilde{f}_{\mathrm{L}}(\boldsymbol{x})$对应的系数；进一步根据 Kriging 近似模型的基本假设有 $Z(\boldsymbol{x})$在不同样本点处满足关系

$$\mathrm{Cov}[Z(\boldsymbol{x}),Z(\boldsymbol{x}')]=\sigma^2R(\boldsymbol{x},\boldsymbol{x}') \tag{8.65}$$

根据上述假设以及多元基函数泛 Kriging 近似建模方法可得，分层 Kriging 近似模型在未知点处的预测值定义为

$$\tilde{f}(\boldsymbol{x})=\boldsymbol{\lambda}_n^{\mathrm{T}}\boldsymbol{Y}^h \tag{8.66}$$

式中：$\boldsymbol{\lambda}=[\lambda^{(1)},\lambda^{(2)},\cdots,\lambda^{(N_h)}]^{\mathrm{T}}$ 为权重系数，参考泛 Kriging 近似建模方法，通过均方根误差最小化得到最优加权系数，并进一步得到最终多精度数据融合近似模型的预测值及其方差分别为

$$\tilde{f}(\boldsymbol{x})=\beta_0\tilde{f}_{\mathrm{L}}(\boldsymbol{x})+\boldsymbol{r}^{\mathrm{T}}(\boldsymbol{x})\boldsymbol{R}^{-1}(\boldsymbol{Y}^h-\beta_0\boldsymbol{F}) \tag{8.67}$$

$$s^2(\boldsymbol{x})=\sigma^2\{1-\boldsymbol{r}^{\mathrm{T}}\boldsymbol{R}^{-1}\boldsymbol{r}+[\boldsymbol{r}^{\mathrm{T}}\boldsymbol{R}^{-1}\boldsymbol{F}-\tilde{f}_{\mathrm{L}}(\boldsymbol{x})](\boldsymbol{F}^{\mathrm{T}}\boldsymbol{R}^{-1}\boldsymbol{F})^{-1}[\boldsymbol{r}^{\mathrm{T}}\boldsymbol{R}^{-1}\boldsymbol{F}-\tilde{f}_{\mathrm{L}}(\boldsymbol{x})]^{\mathrm{T}}\} \tag{8.68}$$

其中

$$\begin{cases}\boldsymbol{R}:=(R(\boldsymbol{x}_i^h,\boldsymbol{x}_j^h))_{i,j}\in\mathbb{R}^{N_h\times N_h}\\ \boldsymbol{F}=[\tilde{f}_{\mathrm{L}}(\boldsymbol{x}_1^h),\tilde{f}_{\mathrm{L}}(\boldsymbol{x}_2^h),\cdots,\tilde{f}_{\mathrm{L}}(\boldsymbol{x}_{N_h}^h)]^{\mathrm{T}}\\ \boldsymbol{r}:=(R(\boldsymbol{x}_i^h,\boldsymbol{x}))_i\in\mathbb{R}^{N_h}\\ \beta_0=(\boldsymbol{F}^{\mathrm{T}}\boldsymbol{R}^{-1}\boldsymbol{F})^{-1}\boldsymbol{F}^{\mathrm{T}}\boldsymbol{R}^{-1}\boldsymbol{Y}^h\end{cases} \tag{8.69}$$

得到最终多精度数据融合近似模型及其预测方差后，可进一步参考通用多元基函数混合近似建模的泛 Kriging 方法，对高精度模型的方差以及超参数进行训练，其中

$$\hat{\sigma}^2=\frac{(\boldsymbol{Y}^h-\boldsymbol{F}\boldsymbol{\beta}_0)^{\mathrm{T}}\boldsymbol{R}^{-1}(\boldsymbol{Y}^h-\boldsymbol{F}\boldsymbol{\beta}_0)}{N_h} \tag{8.70}$$

用于参数训练的对数似然函数：

$$\ln(\tilde{L})\approx-\frac{n}{2}\ln(\hat{\sigma}^2)-\frac{1}{2}\ln(|\mathbf{R}|) \tag{8.71}$$

分层 Kriging 近似模型的将混合近似模型分解为低精度数据构建 Kriging 近似模型预测值和修正函数的叠加，其构建过程相当于独立构建了两个 Kriging 近似模型，因此相对于单一精度的数据来说，具有更小的预测误差。但是其构建过程中没有考虑高低样本的相关性，更接近基于贝叶斯思想的标度函数混合过程。

8.3.2.2 KOH 近似模型

KOH 近似模型是 Kennedy 在 2000 年提出的多精度数据融合和近似建模方法，该方法对未知点处预测值的处理与分层 Kriging 近似模型类似，但其输出预测过程是从贝叶斯统计学角度，在假设未知点处模型预测值的先验分布的基础上，结合观测值（训练样本）的后验分布，将后验分布均值作为预测值而得到的。因此，根据 Kriging 近似模型以及分层 Kriging 近似模型的基本假设有

$$\begin{cases}\tilde{f}_{\mathrm{L}}(\boldsymbol{x})=h(\boldsymbol{x})+Z_l(\boldsymbol{x})\\ y(\boldsymbol{x})=\rho\tilde{f}_{\mathrm{L}}(\boldsymbol{x})+Z_\delta(\boldsymbol{x})\end{cases}\tag{8.72}$$

式中：$h(\boldsymbol{x})$为低精度模型的全局回归项；$Z_l(\boldsymbol{x})$为低精度模型的随机偏差项，方差为 σ_l^2；$\tilde{f}_{\mathrm{L}}(\boldsymbol{x})$为低精度样本构建的 Kriging 近似模型，同时也可看作多精度融合近似模型的全局回归项的基函数；$Z_\delta(\boldsymbol{x})$为表征高、低精度模型差异的随机偏差，服从均值为 0、方差为 σ_δ^2 的正态分布，且和低精度的随机偏差项相互独立。

根据上述假设可以对低精度样本 $\boldsymbol{X}^l$ 和高精度样本 $\boldsymbol{X}^h$ 混合建模，可以得到其输出矢量服从联合高斯分布：

$$\begin{bmatrix}f_{\mathrm{L}}(\boldsymbol{x}^l)\\ f_{\mathrm{H}}(\boldsymbol{x}^h)\end{bmatrix}\sim N(\boldsymbol{H}^{\mathrm{T}}\boldsymbol{\beta},\boldsymbol{C})\tag{8.73}$$

式中：

$$\boldsymbol{H}^{\mathrm{T}}=\begin{pmatrix}h^{\mathrm{T}}(\boldsymbol{x}^l) & 0\\ \rho h^{\mathrm{T}}(\boldsymbol{x}^h) & h^{\mathrm{T}}(\boldsymbol{x}^h)\end{pmatrix},\quad \boldsymbol{\beta}=(\boldsymbol{\beta}_L\quad \boldsymbol{\beta}_\delta)$$

$$\boldsymbol{C}=\begin{pmatrix}\sigma_L^2R_L(\boldsymbol{x}^l,\boldsymbol{x}^l) & \rho\sigma_{\mathrm{L}}^2R_L(\boldsymbol{x}^l,\boldsymbol{x}^h)\\ \rho\sigma_L^2R_L(\boldsymbol{x}^h,\boldsymbol{x}^l) & \rho^2\sigma_L^2R_L(\boldsymbol{x}^h,\boldsymbol{x}^h)+\sigma_\delta^2R_\delta(\boldsymbol{x}^h,\boldsymbol{x}^h)\end{pmatrix}$$

根据联合高斯分布下的贝叶斯估计基本原理可知，KOH 近似模型得到的最小方差估计为[11]

$$\tilde{f}_{\mathrm{M}}(\boldsymbol{x})=\boldsymbol{H}^{\mathrm{T}}(\boldsymbol{x})\boldsymbol{\beta}+\boldsymbol{c}(\boldsymbol{x})^{\mathrm{T}}\boldsymbol{C}^{-1}(\boldsymbol{y}-\boldsymbol{H}^{\mathrm{T}}\boldsymbol{\beta})\tag{8.74}$$

式中：

$$\boldsymbol{c}(\boldsymbol{x})=\begin{bmatrix}\rho\sigma_L^2\boldsymbol{r}_L(\boldsymbol{x},\boldsymbol{x}^l)\\ \rho^2\sigma_L^2\boldsymbol{r}_L(\boldsymbol{x},\boldsymbol{x}^h)+\sigma_\delta^2\boldsymbol{r}_\delta(\boldsymbol{x},\boldsymbol{x}^h)\end{bmatrix},\quad \boldsymbol{y}=\begin{bmatrix}\boldsymbol{y}_l\\ \boldsymbol{y}_h\end{bmatrix}$$

预测方差为

$$s(\boldsymbol{x})^2=(\rho^2\sigma_L^2+\sigma_\delta^2)-\boldsymbol{c}^{\mathrm{T}}\boldsymbol{C}^{-1}\boldsymbol{c}+\\(\boldsymbol{c}-\boldsymbol{H}^{\mathrm{T}}\boldsymbol{C}^{-1}\boldsymbol{y})^{\mathrm{T}}(\boldsymbol{H}^{\mathrm{T}}\boldsymbol{C}^{-1}\boldsymbol{H})^{-1}(\boldsymbol{c}-\boldsymbol{H}^{\mathrm{T}}\boldsymbol{C}^{-1}\boldsymbol{y}) \tag{8.75}$$

参考 Kriging 近似模型的推导过程，可得系数 $\boldsymbol{\beta}$ 的极大似然估计值为

$$\boldsymbol{\beta}=\begin{bmatrix}\boldsymbol{\beta}_l\\\boldsymbol{\beta}_h\end{bmatrix}==(\boldsymbol{H}^{\mathrm{T}}\boldsymbol{C}^{-1}\boldsymbol{H})^{-1}\boldsymbol{H}^{\mathrm{T}}\boldsymbol{C}^{-1}\boldsymbol{y} \tag{8.76}$$

值得指出的是 KOH 近似模型的高、低精度样本点需要满足马尔科夫性质，即高精度样本点与低精度样本点满足嵌套关系，$\boldsymbol{X}^h\subseteq\boldsymbol{X}^l$；当数据不满足嵌套关系时，可以在高精度样本点处利用低精度近似建模补齐对应位置的低精度样本，实现样本嵌套。

上述问题 $\boldsymbol{\rho}$、σ_L^2、σ_δ^2、$\boldsymbol{\theta}_h$ 和 $\boldsymbol{\theta}_l$ 分别采用极大似然估计得到。比较式（8.75）与式（8.87），可以发现 KOH 近似模型得到的预测函数与常规 Co-Kriging 近似模型的预测函数形式极为相似。但是从建模思想上分析，两者有截然不同的分析思路。KOH 近似模型从贝叶斯统计学角度分析，通过似然函数与先验分布假设，得到预测函数的后验分布，以后验分布均值为模型预测函数；而 Co-Kriging 近似模型则是通过对已知样本点的响应值线性加权，在线性无偏假设下，求解预测误差最小化的加权系数，进而得到预测函数。

8.3.2.3　Co-Kriging 近似模型

上述 Kriging 思想的多精度数据融合近似建模在本质上是一种标度方法，主要是将低精度数据建模后，利用低精度模型和高精度数据之间的差异对低精度数据融合近似模型进行修正，未考虑高、低精度数据或模型之间的相关性基础。韩忠华教授基于上述方法，直接在构建原理上综合考虑高、低精度样本集和高、低精度原始模型的方差及其相关性，通过最小方差无偏估计直接推导得到 Co-Kriging 近似模型[10]。与 Kriging 近似建模方法类似，Co-Kriging 首先假设任意点处的模型输出可直接表示为对已知高、低精度样本响应值线性加权，那么在任意设计变量 $\boldsymbol{x}$ 处的模型预测值可表述为

$$\tilde{f}_{\mathrm{M}}(\boldsymbol{x})=\boldsymbol{\lambda}^{\mathrm{T}}\boldsymbol{Y}=\boldsymbol{\lambda}_h^{\mathrm{T}}\boldsymbol{y}_h+\boldsymbol{\lambda}_l^{\mathrm{T}}\boldsymbol{y}_l \tag{8.77}$$

式中：$\boldsymbol{\lambda}^{\mathrm{T}}=(\boldsymbol{\lambda}_h^{\mathrm{T}},\boldsymbol{\lambda}_l^{\mathrm{T}})$ 为高精度样本、低精度样本相应的权重系数。与此同时，采取与 Kriging 近似模型类似的思想，将高、低精度模型分别视为随机过程的实现，分别由各自的均值和随机偏差组成，即高、低精度模型 y^h、y^l 服从如下随机过程：

$$\begin{cases} y^h(\boldsymbol{x}) = \beta_h + Z_h(\boldsymbol{x}) \\ y^l(\boldsymbol{x}) = \beta_l + Z_l(\boldsymbol{x}) \end{cases} \tag{8.78}$$

式中：$Z_h(\boldsymbol{x})$、$Z_l(\boldsymbol{x})$分别为高、低精度的随机偏差，服从均值为0，方差为σ_h^2、σ_l^2的随机分布，并在Kriging近似模型基本假设的基础上，引入高、低精度模型的相关函数表征其相关性，这也是Co-Kriging和分层Kriging近似模型的最大不同。

因此，在不同设计点处$Z_h(\boldsymbol{x})$，$Z_l(\boldsymbol{x})$满足如下关系：

$$\begin{cases} \mathrm{Cov}[Z_h(\boldsymbol{x}_1), Z_h(\boldsymbol{x}_2)] = \sigma_h^2 R^{hh}(\boldsymbol{x}_1, \boldsymbol{x}_2) \\ \mathrm{Cov}[Z_h(\boldsymbol{x}_1), Z_l(\boldsymbol{x}_2)] = \sigma_h \sigma_l R^{hl}(\boldsymbol{x}_1, \boldsymbol{x}_2) \\ \mathrm{Cov}[Z_l(\boldsymbol{x}_1), Z_l(\boldsymbol{x}_2)] = \sigma_l^2 R^{ll}(\boldsymbol{x}_1, \boldsymbol{x}_2) \end{cases} \tag{8.79}$$

式中：R^{hh}，R^{ll}分别为高、低精度模型的相关函数；R^{hl}为交互项相关函数。

根据多精度数据混合近似建模的基本思想，即综合利用高、低精度样本数据构建近似模型，以期达到模型输出与高精度输出一致的效果。因此，最终多精度数据融合近似模型的预测均值为原始高精度模型的无偏估计。进一步结合Kriging近似模型最小方差无偏估计的基本原理，可以建立用于多精度Kriging近似模型的样本权重系数$\boldsymbol{\lambda}$估计的约束最小化问题，如下式所示：

$$\begin{aligned} &\min: s^2[\tilde{f}_{\mathrm{M}}(\boldsymbol{x})] = E[(\boldsymbol{\lambda}_h^{\mathrm{T}}\boldsymbol{y}^h + \boldsymbol{\lambda}_l^{\mathrm{T}}\boldsymbol{y}^l - y^h(\boldsymbol{x}))^2] \\ &\text{s. t.}: E[\boldsymbol{\lambda}_h^{\mathrm{T}}\boldsymbol{y}^h + \boldsymbol{\lambda}_l^{\mathrm{T}}\boldsymbol{y}^l] = E[y^h(\boldsymbol{x})] \end{aligned} \tag{8.80}$$

在式（8.80）中引入拉格朗日乘子μ可得如下无约束优化问题：

$$\begin{aligned} \min: & L(\boldsymbol{\lambda}, \beta_h, \beta_l, \mu) \\ &= \mathrm{var}[\boldsymbol{\lambda}_h^{\mathrm{T}}\boldsymbol{y}^h + \boldsymbol{\lambda}_l^{\mathrm{T}}\boldsymbol{y}^l - y^h(\boldsymbol{x})] - \mu(\beta_h \boldsymbol{\lambda}_h^{\mathrm{T}}\boldsymbol{1} + \beta_l \boldsymbol{\lambda}_l^{\mathrm{T}}\boldsymbol{1} - \beta_h) \end{aligned} \tag{8.81}$$

式中：$\boldsymbol{1}$为所有分量全部为1的列矢量。将式（8.81）对未知参数求导可得

$$\begin{cases} \boldsymbol{C}_h\boldsymbol{\lambda}_h + \boldsymbol{C}_{hl}\boldsymbol{\lambda}_l - \boldsymbol{c}_h - \dfrac{\mu\beta_h}{2}\boldsymbol{1} = 0 \\ \boldsymbol{C}_l\boldsymbol{\lambda}_l + \boldsymbol{C}_{lh}\boldsymbol{\lambda}_h - \boldsymbol{c}_l - \dfrac{\mu\beta_l}{2}\boldsymbol{1} = 0 \\ \boldsymbol{\lambda}_h^{\mathrm{T}}\boldsymbol{1} = 1 \\ \boldsymbol{\lambda}_l^{\mathrm{T}}\boldsymbol{1} = 0 \end{cases} \tag{8.82}$$

并为简化表示，进行如式（8.83）所示的变换：

$$\begin{cases}\widetilde{\boldsymbol{\lambda}}_h=\boldsymbol{\lambda}_h\\ \widetilde{\boldsymbol{\lambda}}_l=\dfrac{\sigma_l}{\sigma_h\boldsymbol{\lambda}_l}\\ \widetilde{\mu}_h=\dfrac{\mu_h\beta_h}{(2\sigma_h^2)}\\ \widetilde{\mu}_l=\dfrac{\mu_l\beta_l}{(2\sigma_h\sigma_l)}\end{cases} \tag{8.83}$$

将式（8.83）代入式（8.81），并写成矩阵的形式可得

$$\begin{bmatrix}\boldsymbol{R}^{hh} & \boldsymbol{R}^{hl} & \boldsymbol{1} & \boldsymbol{0}\\ \boldsymbol{R}^{lh} & \boldsymbol{R}^{ll} & \boldsymbol{0} & \boldsymbol{1}\\ \boldsymbol{1}^{\mathrm{T}} & \boldsymbol{0}^{\mathrm{T}} & 0 & 0\\ \boldsymbol{0}^{\mathrm{T}} & \boldsymbol{1}^{\mathrm{T}} & 0 & 0\end{bmatrix}\begin{bmatrix}\widetilde{\boldsymbol{\lambda}}_h\\ \widetilde{\boldsymbol{\lambda}}_l\\ \widetilde{\mu}_h\\ \widetilde{\mu}_l\end{bmatrix}=\begin{bmatrix}\boldsymbol{r}_h(\boldsymbol{x})\\ \boldsymbol{r}_l(\boldsymbol{x})\\ 1\\ 0\end{bmatrix} \tag{8.84}$$

相关矩阵和相关函数的具体形式为

$$\begin{cases}\boldsymbol{R}^{hh}:=(R^{hh}(\boldsymbol{x}_i^h,\boldsymbol{x}_j^h))_{i,j}\in\mathbb{R}^{N_h\times N_h}\\ \boldsymbol{R}^{hl}:=(R^{hl}(\boldsymbol{x}_i^h,\boldsymbol{x}_j^l))_{i,j}=(\boldsymbol{R}^{lh})^{\mathrm{T}}\in\mathbb{R}^{N_h\times N_l}\\ \boldsymbol{R}^{ll}:=(R^{ll}(\boldsymbol{x}_i^l,\boldsymbol{x}_j^l))_{i,j}\in\mathbb{R}^{N_l\times N_l}\\ \boldsymbol{r}_h:=(R^{hh}(\boldsymbol{x}_i^h,\boldsymbol{x}))_i\in\mathbb{R}^{N_h}\\ \boldsymbol{r}_l:=(R^{hl}(\boldsymbol{x}_i^l,\boldsymbol{x}))_i\in\mathbb{R}^{N_l}\end{cases} \tag{8.85}$$

求解式（8.84）得到权重系数$\widetilde{\boldsymbol{\lambda}}_h$，$\widetilde{\boldsymbol{\lambda}}_l$，则 Co-Kriging 近似模型的预测值可表述为

$$\widetilde{f}_{\mathrm{M}}(\boldsymbol{x})=(\widetilde{\boldsymbol{\lambda}}_h)^{\mathrm{T}}\boldsymbol{y}^h+\frac{\sigma_h}{\sigma_l}(\widetilde{\boldsymbol{\lambda}}_l)^{\mathrm{T}}\boldsymbol{y}^l \tag{8.86}$$

利用分块矩阵求逆算法对式（8.84）中的 $\boldsymbol{\lambda}$ 进行求解后，代入式（8.86）可得多精度数据融合的 Co-Kriging 近似模型，其表达式与常规 Kriging 近似模型类似，如式（8.87）所示：

$$\widetilde{f}_{\mathrm{M}}(\boldsymbol{x})=\boldsymbol{\varphi}^{\mathrm{T}}\widetilde{\boldsymbol{\beta}}+\boldsymbol{r}^{\mathrm{T}}(\boldsymbol{x})\boldsymbol{R}^{-1}(\widetilde{\boldsymbol{y}}_{\mathrm{S}}-\boldsymbol{F}\widetilde{\boldsymbol{\beta}}) \tag{8.87}$$

其中：

$$\boldsymbol{\varphi}=\begin{bmatrix}1\\0\end{bmatrix},\ \widetilde{\boldsymbol{\beta}}=\begin{bmatrix}\widetilde{\beta}_h\\ \widetilde{\beta}_l\end{bmatrix}=(\boldsymbol{F}^{\mathrm{T}}\boldsymbol{R}^{-1}\boldsymbol{F})^{-1}\boldsymbol{F}^{\mathrm{T}}\boldsymbol{R}^{-1}\widetilde{\boldsymbol{y}}_{\mathrm{S}},\ \boldsymbol{r}=\begin{bmatrix}\boldsymbol{r}_h(\boldsymbol{x})\\ \boldsymbol{r}_l(\boldsymbol{x})\end{bmatrix},$$

$$\boldsymbol{R}=\begin{bmatrix}\boldsymbol{R}^{hh} & \boldsymbol{R}^{hl}\\ \boldsymbol{R}^{lh} & \boldsymbol{R}^{ll}\end{bmatrix},\ \widetilde{\boldsymbol{y}}_{\mathrm{S}}=\begin{bmatrix}\boldsymbol{y}_h\\ \dfrac{\sigma_h}{\sigma_l}\boldsymbol{y}_l\end{bmatrix},\ \boldsymbol{F}=\begin{bmatrix}\boldsymbol{1} & \boldsymbol{0}\\ \boldsymbol{0} & \boldsymbol{1}\end{bmatrix}\in\mathbb{R}^{2(N_h+N_l)}$$

进一步可以得到预测方差的表达式为

$$s_{\mathrm{M}}^2(\boldsymbol{x})=\sigma_h^2[1-\boldsymbol{r}^{\mathrm{T}}\boldsymbol{R}^{-1}\boldsymbol{r}+(\boldsymbol{r}^{\mathrm{T}}\boldsymbol{R}^{-1}\boldsymbol{F}-\boldsymbol{\varphi})(\boldsymbol{F}^{\mathrm{T}}\boldsymbol{R}^{-1}\boldsymbol{F})^{-1}(\boldsymbol{r}^{\mathrm{T}}\boldsymbol{R}^{-1}\boldsymbol{F}-\boldsymbol{\varphi})^{\mathrm{T}}] \tag{8.88}$$

根据式（8.87）及式（8.88），在已知超参数和高、低精度模型方差的条件下，可以计算得到任意输入点的预测值及其方差，因此与 Kriging 近似模型类似，此处同样采用极大似然函数方法对 $\boldsymbol{\theta}^{hh}$，$\boldsymbol{\theta}^{hl}$，$\boldsymbol{\theta}^{ll}$ 以及 σ_h/σ_l，σ_h^2 等训练模型超参数进行训练。假设样本数据均服从高斯分布，极大似然函数可写为

$$\begin{aligned}&L(\widetilde{\boldsymbol{\beta}},\sigma_h/\sigma_l,\sigma_h^2,\boldsymbol{\theta}^{hh},\boldsymbol{\theta}^{hl},\boldsymbol{\theta}^{ll})\\ &=\frac{1}{\sqrt{(2\pi\sigma_h^2)^{(N_h+N_l)}\,|\boldsymbol{R}|}}\exp\left[-\frac{1}{2}\frac{(\widetilde{\boldsymbol{y}}_{\mathrm{S}}-\boldsymbol{F}\widetilde{\boldsymbol{\beta}})^{\mathrm{T}}\boldsymbol{R}^{-1}(\widetilde{\boldsymbol{y}}_{\mathrm{S}}-\boldsymbol{F}\widetilde{\boldsymbol{\beta}})^{\mathrm{T}}}{\sigma_h^2}\right]\end{aligned} \tag{8.89}$$

将上述似然函数取对数，并对待估计参数求导，可导出$\widetilde{\boldsymbol{\beta}}$，$\sigma_h/\sigma_l$，$\sigma_h^2$ 的极大似然估计值分别为

$$\widetilde{\boldsymbol{\beta}}=(\boldsymbol{F}^{\mathrm{T}}\boldsymbol{R}^{-1}\boldsymbol{F})^{-1}\boldsymbol{F}^{\mathrm{T}}\boldsymbol{R}^{-1}\widetilde{\boldsymbol{y}}_{\mathrm{S}} \tag{8.90}$$

$$\frac{\sigma_h}{\sigma_l}=\left(\begin{bmatrix}\boldsymbol{0}\\ \boldsymbol{y}^l\end{bmatrix}^{\mathrm{T}}\boldsymbol{R}^{-1}\begin{bmatrix}\boldsymbol{0}\\ \boldsymbol{y}^l\end{bmatrix}\right)^{-1}\begin{bmatrix}\boldsymbol{0}\\ \boldsymbol{y}^l\end{bmatrix}^{\mathrm{T}}\boldsymbol{R}^{-1}\begin{bmatrix}-(\boldsymbol{y}^h-\boldsymbol{1}\widetilde{\beta}_h)\\ -\boldsymbol{1}\widetilde{\beta}_l\end{bmatrix} \tag{8.91}$$

$$\sigma_h^2=\frac{(\widetilde{\boldsymbol{y}}_{\mathrm{S}}-\boldsymbol{F}\widetilde{\boldsymbol{\beta}})^{\mathrm{T}}\boldsymbol{R}^{-1}(\widetilde{\boldsymbol{y}}_{\mathrm{S}}-\boldsymbol{F}\widetilde{\boldsymbol{\beta}})^{\mathrm{T}}}{N_h+N_l} \tag{8.92}$$

将其代入式（8.89）并取对数，忽略常数项后得到对数似然函数为

$$\ln[L(\boldsymbol{\theta}^{hh},\boldsymbol{\theta}^{hl},\boldsymbol{\theta}^{ll})]=-\frac{1}{2}[(N_h+N_l)\cdot\ln(\sigma_h^2)+\ln(|\boldsymbol{R}|)] \tag{8.93}$$

由于上述关于 $\boldsymbol{\theta}^{hh}$，$\boldsymbol{\theta}^{hl}$，$\boldsymbol{\theta}^{ll}$ 以及 σ_h^2 的训练函数没有解析解，一般采用进化算法求解式（8.94）得到数值解

$$\widetilde{\boldsymbol{\theta}}^{hh},\widetilde{\boldsymbol{\theta}}^{hl},\widetilde{\boldsymbol{\theta}}^{ll}=\underset{\boldsymbol{\theta}^{hh},\boldsymbol{\theta}^{hl},\boldsymbol{\theta}^{ll}}{\arg\max}[\ln(L)] \tag{8.94}$$

为了在求解过程中降低计算复杂度，可采用形状参数低维表征的方法，或进一步采用 Fisher 信息量检验是否需要进行参数训练来降低参数求解次数。

以上讨论了对于高、低精度的数据共存时，如何进行融合近似建模，已达到近似模型预测精度高于利用任意一种单一精度数据的结果。在实际工程设计过程中，通常会存在高于两种精度的数据，例如在结构设计中存在经验公式、不同网格规模下的静力学分析，以及不同网格规模下的动力学分析模型；在气动优化中存在不同网格规模和湍流模型的流场分析方法等。在实际遇到更多精度水平的问

题中，上述方法在进行逐级修正后也可适用，也就是从精度最低、获取成本也最低的模型开始，首先利用精度最低的两组数据进行融合近似建模，其次将该融合近似模型最新的低精度近似模型再和更高一级的数据进行融合，直至所有精度等级的数据都用完为止，此时也得到了最终的近似模型。

8.4 小　　结

本章针对实际工程问题中基函数形式和训练数据的规模、精度对最终近似模型的影响，阐述了多元模型混合近似建模和多元数据融合近似建模方法，为不同基函数以及不同精度的仿真模型的应用提供了有效的近似建模方法。

（1）阐述了多元基函数混合近似建模方法，针对多项式基函数的全局回归能力和高斯函数的局部逼近能力，介绍常用的多元基函数融合方法：增广径向基函数方法和泛 Kriging 方法，通过在 RBF 和 Kriging 近似建模的基础上引入低阶多项式项，显著提升了低阶模型的逼近精度，进一步根据上述模型构建过程与多项式具体形式无关的特点，为正交多项式的引入提供了基础。

（2）介绍了多元近似模型混合技术，利用不同问题对近似模型的需求不同，将多种近似模型通过加权方式进行融合，降低了近似模型选择的盲目性带来的预测误差。讨论了常用的权系数确定方法，为实际使用中合理确定各子模型的权系数提供了有效方法。

（3）针对多精度数据和仿真模型同时存在的客观条件，讨论了多精度数据融合近似建模的常用方法。研究发展了多精度数据光滑标度的标度函数和低精度模型同步训练方法，将正则化参数、权重系数和标度函数形状参数同时优化，提高了多精度数据融合近似建模精度。在此基础上，结合 Kriging 近似模型的最小方差无偏估计的思想，介绍了常用的基于 Kriging 思想的多精度数据融合方法，为工程设计实践中多精度数据融合提供了可行的方法和建模思想。

参考文献

［1］ Gutmann H M. A Radial Basis Function Method for Global Optimization［J］. Journal of Global Optimization, 2001, 19 (3): 201-227.

［2］ Hastie T, Tibshirani R, Friedman J. The Elements of Statistical Learning［M］. New York: Springer, 2001: 191-257.

［3］ Viana F A C, Haftka R T, Jr V S. multiple surrogates: how cross-validation errors can help us to obtain the best predictor [J]. Structural & Multidisciplinary Optimization, 2009, 39 (4): 439-457.

[4] Acar E, Rais-Rohani M. Ensemble of metamodels with optimized weight factors [J]. Structural and Multidisciplinary Optimization, 2009, 37 (3): 279-294.

[5] GU J, LI G Y, DONG Z. Hybrid and Adaptive Metamodel Based Global Optimization [C]. Volume 5: 35th Design Automation Conference, Parts A and B. San Diego, California, USA: ASMEDC, 2009: 751-765.

[6] 韩忠华, 许晨舟, 乔建领, 等. 基于近似模型的高效全局气动优化设计方法研究进展 [J]. 航空学报, 2020, 41 (5): 41.

[7] Gano S E, Renaud J E, Sanders B. Hybrid Variable Fidelity Optimization by Using a Kriging-Based Scaling Function [J]. AIAA Journal, 2005, 43 (11): 2422-2433.

[8] Han Z H, Goertz S. Hierarchical Kriging Model for Variable-Fidelity Surrogate Modeling [J]. AIAA Journal, 2012, 50 (9): 1885-1896.

[9] Kennedy M C, O'Hagan A. Predicting the Output from a Complex Computer Code When Fast Approximations Are Available [J]. Biometrika, 2000, 87 (1): 1-13.

[10] Han Z, Zimmerman R, Görtz S. Alternative Cokriging Method for Variable-Fidelity Surrogate Modeling [J]. Aiaa Journal, 2012, 50 (5): 1205-1210.

[11] 周奇, 杨扬, 宋学官, 等. 变可信度近似模型及其在复杂装备优化设计中的应用研究进展 [J]. 机械工程学报, 2020.

第三部分

基于近似模型的设计分析方法

第9章

基于近似模型的自适应优化方法

优化设计是在以飞行器为代表的复杂产品设计中提升产品性能、降低研制成本的核心技术之一，在现代工业设计体系中具有重要作用。为实现精细化优化设计，提升设计结果可信度，采用高精度仿真模型开展优化设计的需求日趋迫切，但其计算时间的大幅增加也对优化算法的效率提出了新的挑战。为了降低优化耗时，基于近似模型的优化设计方法成为提升基于高耗时优化设计效率的重要途径。

本章针对复杂工程优化设计需求，综合利用实验设计和近似建模技术，建立基于近似模型的优化设计方法。首先，介绍优化设计的基本原理和基于近似模型的优化方法基本框架。其次，针对近似模型预测精度动态提升和全局最优解快速预测问题，详细阐述面向优化设计的动态近似建模技术。再次，通过分析近似精度随优化过程的变化趋势，建立基于非精确搜索的自适应采样方法，在节省计算量的同时，可有效避免优化前期近似模型精度不够产生的对搜索过程的误导，从而提升全局寻优能力。最后针对多目标和离散混合优化需求，建立专门针对上述特殊需求的自适应采样方法，可为复杂问题优化设计提供一定的技术基础和思路借鉴。

9.1 基于近似模型的优化方法基本原理

9.1.1 优化设计问题基本模型

优化问题的基本形式可描述为

$$
\begin{aligned}
&\text{Find}: \boldsymbol{x} \\
&\min: f(\boldsymbol{x}) \\
&\qquad \boldsymbol{x}^L \leqslant \boldsymbol{x} \leqslant \boldsymbol{x}^U \\
&\text{s.t.}: h_j(\boldsymbol{x}) = 0 \quad (j=0,1,\cdots,m) \\
&\qquad g_k(\boldsymbol{x}) \leqslant 0 \quad (k=0,1,\cdots,l)
\end{aligned}
\tag{9.1}
$$

式中：$\boldsymbol{x}$ 为设计变量，通常为 d 维矢量；$f(\boldsymbol{x})$ 为目标函数，在具体优化设计问题中，目标函数既可以是标量函数，也可以是矢量函数，当 $f(\boldsymbol{x})$ 为标量函数时，优化问题式（9.1）为单目标优化，当 $f(\boldsymbol{x})$ 为矢量函数时，式（9.1）称为多目标优化；$\boldsymbol{x}^L$ 和 $\boldsymbol{x}^U$ 分别为设计变量的上、下限；$h_j(\boldsymbol{x})(j=0,1,\cdots,m)$ 为等式约束；$g_k(\boldsymbol{x})(k=0,1,\cdots,l)$ 为非设计变量上、下限的不等式约束，由上、下限以及等式、不等式约束所限定的区域为该优化问题的可行域。

对优化问题式（9.1），若存在 $\boldsymbol{x}^*$ 使对任意 $\boldsymbol{x}$ 都有

$$
f_i(\boldsymbol{x}^*) \leqslant f_i(\boldsymbol{x}) \quad (1 \leqslant i \leqslant n) \tag{9.2}
$$

成立，且 $\boldsymbol{x}^*$ 满足所有约束，则优化问题式（9.1）存在最优解。显然对于单目标问题，存在满足式（9.2）的最优解，也称单目标优化的全局最优解。但是对于多目标优化问题，多个目标通常是相互矛盾的，某方面性能提升往往会使其他方面性能下降，所以一般的多目标优化问题不存在绝对最优解。由于多目标优化问题的求解过程中各个目标是相互冲突、相互矛盾的，因此多目标优化需要对各目标进行综合评价，多目标优化的解不可能是单一的解，而是一个解集，称为 Pareto 解集（非劣解集），定义如下：

若 $\boldsymbol{x}^* \in X$（X 为多目标优化的可行域），不存在另一个可行解 $\boldsymbol{x} \in X$，使 $f_i(\boldsymbol{x}) \leqslant f_i(\boldsymbol{x}^*)(i=1,2,\cdots,d)$ 成立（n 为目标数），且其中至少有一个严格不等式成立，则称 $\boldsymbol{x}^*$ 是多目标优化的一个非劣解（pareto solution 或 noninferior solution）。所有非劣解构成的集合称为非劣解集（pareto set 或 noninferior set）。

9.1.2 优化问题求解基本方法

9.1.2.1 基于梯度的优化算法

基于梯度的优化算法以微积分理论为基础，是发展最早、理论最完善的一类优化方法，其基本思想是，从任意初始出发，根据当前梯度和历史搜索过程，构造搜索方向并在该方向上进行一维搜索，到达下一个点，重复上述过程直至满足最优条件。

针对无约束问题，基于梯度的优化方法主要包括最速下降法、共轭梯度法、牛顿法和拟牛顿法等，其中牛顿法对于二次正定函数可以一步搜索到最优解，收

敛速度最快，但每次迭代均需计算并存储函数的二阶导数矩阵，计算量和存储空间消耗较大。拟牛顿法在牛顿法基础上，人为构造一个正定矩阵，可使其具有牛顿迭代法快速收敛的特点，同时避免对函数进行二阶导数计算，是综合考虑计算量和收敛速度且性能最好的无约束优化算法之一。进一步通过引入广义拉格朗日乘子，将约束优化问题转化为无约束优化问题，将原始问题划分为一系列二次规划的子问题进行求解，形成的约束非线性优化的通用方法，即序列二次规划法（sequential quadratic programming，SQP），成为应用最为广泛的梯度优化算法之一。

基于梯度的优化方法理论完备，收敛速度快，在工程实践中应用最为广泛。但由于以微积分理论为基础，对函数连续性有一定要求，同时由于对初值过度依赖，提高了使用门槛，因此使用者必须依据经验设置较好的初值，才可能获得满意的优化结果。

9.1.2.2 基于群进化的优化算法

基于群进化的优化算法是人类受自然界启发对其进行抽象而形成的，也称智能优化算法或进化算法[1]。比如：遗传算法源于对生物界优胜劣汰适者生存现象的抽象；粒子群算法源于对鸟群觅食现象的抽象；蚁群算法源于对蚂蚁觅食过程的抽象；和声搜索算法源于对乐师调音过程的抽象等。这些行为的共同特征是：①个体操作简单；②通过群体协作完成复杂任务。在进化算法中，个体代表问题的一个解，即由设计变量 $\boldsymbol{x}$ 和适应度函数 $y=f(\boldsymbol{x})$ 的组成的矢量$[\boldsymbol{x},\boldsymbol{y}]$，其中适应度函数为目标函数和约束条件满足情况综合评估得出来的一个与原始问题等价的无约束标量函数，种群是由 n 个个体组成的矢量$[\boldsymbol{x}_i,\boldsymbol{y}_i]$$(i=1,2,\cdots,n)$集合，$n$ 为种群大小，进化算法通过个体的简单操作和种群的进化实现全局寻优。

典型的进化算法有遗传算法、粒子群算法、差分进化算法等，其基本操作均由种群初始化、适应度评估、种群重组和种群进化等基本算子组成。

种群初始化：在设计空间内生成随机分布的初始种群，并根据目标函数和约束条件对种群中每个个体的适应度进行评价。

种群重组：根据当前个体的设计变量和适应度函数，利用一定的重组算子生成设计空间内的新个体，并计算其适应度。

种群进化：根据新个体和原始种群中的个体，选择更优的个体作为新的种群，从而使种群中的整体适应度得到提升，完成进化，通过上述操作的重复迭代计算，驱动种群不断进化，进而收敛到全局最优解。

以差分进化算法为例，其主要步骤和具体的种群重组和进化过程如下[2]。

（1）给定设计变量范围$[\boldsymbol{x}_l,\boldsymbol{x}_u]$、种群大小 n 以及最大进化代数 $G_{\max}$，在设计变量范围内随机设置初始种群 $\boldsymbol{x}_i(i=1,2,\cdots,n)$，并计算得到每个个体的适应度函数 $y_i(i=1,2,\cdots,n)$，设置进化代数 $t=0$，开始迭代。

（2）根据当前种群进行差分变异，生成变异个体：

$$\begin{gathered}\boldsymbol{v}_i=\boldsymbol{x}_{r_1}+F(\boldsymbol{x}_{r_2}-\boldsymbol{x}_{r_3})\\1\leqslant r_1\neq r_2\neq r_3\leqslant n\end{gathered}\tag{9.3}$$

式中：F 为变异步长，是差分进化算法的重要控制参数；r_1,r_2,r_3 为 $1\sim n$ 的三个互不相同的随机整数。

（3）将变异个体与原始种群进行交叉，生成测试种群 $\boldsymbol{u}_i(i=1,2,\cdots,n)$，其中 $\boldsymbol{u}_i$ 的第 j 维通过随机选择变异个体和原始个体产生，如式（9.4）所示：

$$u_i^{(j)}=\begin{cases}v_i^{(j)} & \text{rand}(\,)\leqslant P_{\text{CR}}\text{或}j=\text{rand}(d)\\x_i^{(j)} & (\text{其他})\end{cases}\tag{9.4}$$

式中：P_{CR}为变异概率，也是查分进化算法的重要控制参数。

（4）计算测试种群的适应度函数，并采用贪婪方式对种群进行进化，若第 i 个测试个体优于原始种群中的第 i 个个体，则利用测试个体 $\boldsymbol{u}_i$ 替换原始个体 $\boldsymbol{x}_i$：

$$\boldsymbol{x}_i=\begin{cases}\boldsymbol{x}_i & (y(\boldsymbol{u}_i)\text{劣于}\ y(\boldsymbol{x}_i))\\\boldsymbol{u}_i & (y(\boldsymbol{u}_i)\text{优于}\ y(\boldsymbol{x}_i))\end{cases}\tag{9.5}$$

（5）终止条件判定，若满足终止条件，输出 $\boldsymbol{x}_{\text{best}}$作为最优解，否则进化代数 $t=t+1$，转步骤（2）进行下一次迭代。

上述过程中，步骤（2）和步骤（3）通过变异和重组，生成了新的个体，进一步通过步骤（5）的优胜劣汰选择方法选择测试个体和原始个体中的最优解保留，实现种群进化，从而能够使种群性能逐步提升，最终收敛于全局最优解。针对二维问题的差分进化算法的种群进化过程如图 9.1 所示，图中•为真实最优点，＊为种群中的个体，随着种群的进化，所有个体逐渐向最优点移动，直至收敛到全局最优点。

进化算法由于其具有全局搜索，不依赖梯度，隐含并行性以及个体操作简单等特点，在多峰函数优化中受到越来越多的应用。但由于一次成功优化需要进行大量仿真计算的迭代（通常的模型调用次数为种群大小乘进化代数），在基于高耗时黑箱仿真模型的优化设计中难以直接应用进化算法进行求解。例如，利用计算流体力学（computational fluids dynamics，CFD）对飞行器气动特性进行仿真，或利用有限元（finite element，FE）进行结构分析时，单次分析的计算时间均在小时量级，利用单节点进行 50 个个体组成的种群进化 100 代需要的计算量大约为 200 天，在大多工程设计中难以承受。

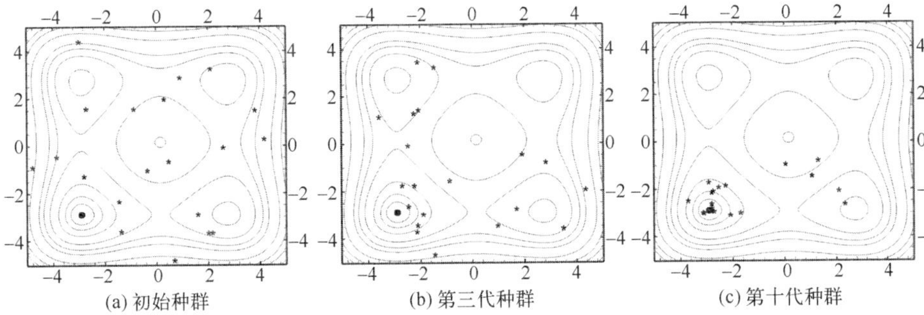

图 9.1　进化算法设计优化过程

9.1.3　基于近似模型的优化方法

为提高基于高耗时黑箱仿真模型的优化设计效率，采用近似模型代替原始高耗时仿真模型的优化设计方法被广泛应用于工程设计中，如结构减重优化、热管理优化、减阻优化等。

基于近似模型的优化设计方法，首先利用实验设计方法生成少量的样本数据，并利用该样本数据集建立精度相对较低的初始近似模型，在后续分析和设计过程中，采用新增仿真样本对训练集进行逐步扩充，并动态更新近似模型，使新增样本点在对已有近似模型进行精度校验的同时，还可逐步提高近似模型预测精度，从而实现对全局最优解的高效预测[3]。其计算流程如图 9.2 所示，主要包括实验设计、近似建模和序列采样三部分。

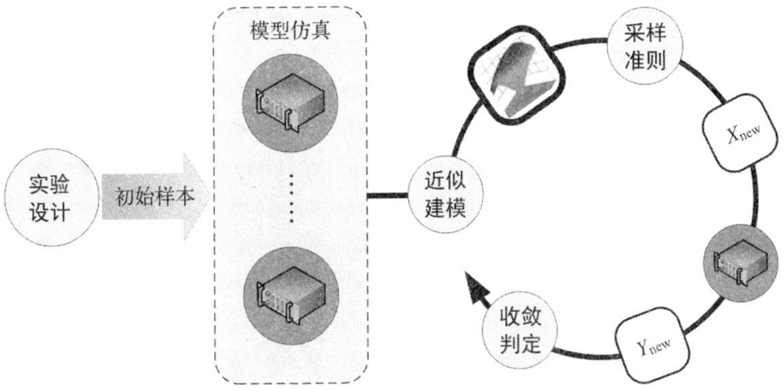

图 9.2　基于近似模型的优化方法流程

首先，对设计空间不同维度的变量进行归一化，采用实验设计方法在归一化的设计空间内生成一定数量的初始样本点，实现样本点对设计空间的均匀覆盖，并调用高精度仿真模型对初始样本点进行计算，为近似模型提供训练样本集；其次，根据训练样本集的输入输出，利用插值或拟合技术，建立输入和输出间非线性映射关系，实现高精度仿真模型响应的高效预测；最后，基于当前近似模型和样本点空间分布，构造加点准则（infill criterion），并基于该准则确定新增采样点，调用高精度仿真模型，计算该新增样本点输出，实现训练样本集序列扩充，重复上述三个步骤，直至获得最优解。

前面章节已对实验设计方法和近似建模技术做了较为系统的阐述，本章着重对序列采样方法进行讨论。

9.1.4 序列采样过程的局部开发和全局探索

由于初始样本点构建的近似模型难以保证对最优解的高精度预测，因此在优化过程中需要通过不断加入新的采样点对近似模型进行修正，以期不断提高其预测精度，该过程通常称为序列采样。其间，新增样本点的选择，不仅要对上一步近似模型进行验证，而且要能有效指导下一步优化。该过程的核心是构造确定新增样本点采样准则，在设计空间选取满足该准则的点作为新样本点，并进行原始高耗时模型仿真，形成新的样本数据对近似模型进行修正和更新。

一般来说，采样准则就是根据当前近似模型和已有样本点，确定下一个进行高精度仿真的输入，该过程通常采用满足某些指标最大或最小的点作为选择依据。假设第 k 次迭代后，得到的近似模型和样本点集分别为$\hat{y}_k(\boldsymbol{x})$和 $\boldsymbol{S}_k$，可采用一个优化问题来描述：

$$\begin{cases}\text{Find}:\boldsymbol{x}\\ \min:F(\hat{y}_k(\boldsymbol{x}),\boldsymbol{S}_k)\end{cases} \tag{9.6}$$

式中：优化指标 $F(\cdot)$为构造的采样准则，上述优化问题称为采样辅助优化或子优化问题。针对不同的设计需求，上述优化问题具有不同的构造准则，在多年的研究中逐步发展形成了局部开发准则（exploitation）、全局探索准则（exploration）两大思想，详细阐述如下。

9.1.4.1 局部开发准则

在基于近似模型的优化方法中，近似模型建立后，开发准则认为近似模型对原始模型的预测是准确的。因此为了尽快得到原始模型的最优解，直接用近似模型代替原始模型进行优化设计，得到近似模型的最优解$\hat{y}_k(\boldsymbol{x}^*)$，并将该解作为原始高耗时仿真模型的最优解。为了进一步验证近似模型对该解预测的正确性，调用原始仿真模型对该点的响应值进行计算。若预测值准确，则说明近似模型已能够对原始模型作精确预测，优化过程收敛；若该预测值和仿真结果不一致，则说明近似模型不够精确，需要进一步校准。此时，由于已采用高精度仿真得到了一组模型响应数据，因此，自然而然地将该数据加入训练样本，并进一步更新近似模型，即完成了一次采样过程。通过重复上述过程直至算法收敛，即可完成一次优化设计。该方法每次采样，均采用近似模型的预测最优值作为新样本点，因此称为最优预测准则或潜在最优准则[4]。

不失一般性，以无约束最小化问题为例，潜在最优准则数学模型可表述为

$$\begin{cases}\min\ \hat{y}(\boldsymbol{x})\\ \text{s.t.}\ \boldsymbol{x}^L\leqslant\boldsymbol{x}\leqslant\boldsymbol{x}^U\end{cases}\tag{9.7}$$

式中：$\hat{y}(\boldsymbol{x})$为目标函数的近似模型。采用进化算法求解上述子优化问题，即可获得近似模型预测的最优解$\hat{\boldsymbol{x}}^*$。对$\hat{\boldsymbol{x}}^*$再调用原始高耗时仿真模型进行分析，即可得到该输入$\hat{\boldsymbol{x}}^*$对应的真实输出。将$\hat{\boldsymbol{x}}^*$及其对应的真实输出作为新的训练样本点加入训练样本集，即可对近似模型进行更新。重复上述过程直至整个优化过程收敛，即完成了一次基于近似模型的优化设计，其动态采样过程如图9.3所示。

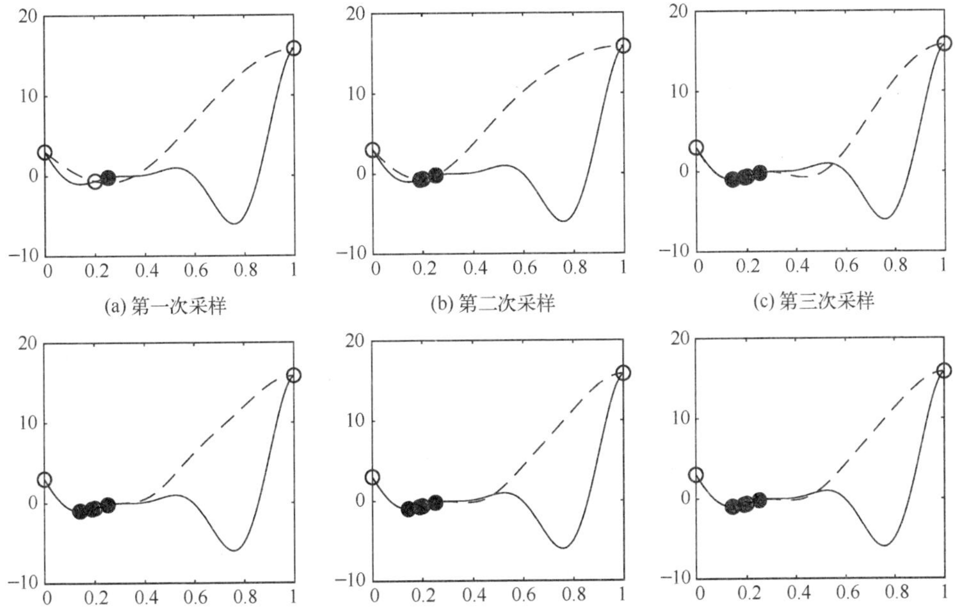

(a) 第一次采样　(b) 第二次采样　(c) 第三次采样

(d) 第四次采样　(e) 第五次采样　(f) 第六次采样

图9.3　基于预测最优化的近似模型局部开发

对于简单的单峰问题来说，采用预测最优准则后，算法可以很快收敛到全局最优值，但是根据近似模型部分的讨论，小样本下近似模型预测精度是难以保证的，且呈现出以下特点：离样本点越近，近似模型的预测精度越高；离样本点越远，近似模型的预测精度越低。为了解决该问题，防止将预测精度不高但预测值较优的解选择为样本点，可在预测最优准则进行采样时，限制采样点与已有样本点的距离，仅考虑采样点附近预测精度较高的区域，即在近似模型可信的区域进行采样，具体采样准则构造如式（9.8）所示。

$$\begin{cases}\min\ \hat{y}(\boldsymbol{x}) \\ \text{s. t.}\ \|\boldsymbol{x}-\boldsymbol{x}_{\text{opt}}\| \leqslant \delta \\ \boldsymbol{x}^{L} \leqslant \boldsymbol{x} \leqslant \boldsymbol{x}^{U}\end{cases} \tag{9.8}$$

式中：$\boldsymbol{x}_{\text{opt}}$为训练样本集中的最优解；$\|\boldsymbol{x}-\boldsymbol{x}_{\text{opt}}\| \leqslant \delta$ 的区域为信赖域，δ 为信赖域大小，根据优化采样结果，对信赖域进行缩放和移动，使算法逐步靠近最优解，直至收敛。信赖域方法的基本思路与梯度优化中的信赖域方法类似，因此也具有从任意初始点出发均能收敛至局部极值的特性。

9.1.4.2　全局探索准则

开发准则能使算法快速收敛至局部极值，对弱非线性或者凸问题，具有良好的求解效果。然而，由于开发采样准则在采样初期就过度依赖近似模型的预测结果，且搜索采样过程中始终把近似模型预测值作为采样的唯一依据，忽略了近似模型全局近似精度，因此难以跳出局部极值进行全局搜索。为了解决上述问题，探索准则应运而生。

与开发准则相反，探索准则在近似模型建立后，认为近似模型对原始模型的预测是不准确的，采样过程应着重考虑提升近似模型预测精度，因此新的样本点应该落在近似模型最不可信的区域，以提升近似模型的全局近似能力。通过在该区域引入新的样本，可以有效提升该点预测值的可信度，从而不断提升近似模型的全局精度。

由前面章节讨论可知，基于高斯过程建立的近似模型（如 Kriging 近似模型）除在预测模型输出外，还可以提供对预测值的方差估计，从而实现对近似模型预测值随机分布特性的量化评价。对于这类近似模型，在近似模型预测方差最大的位置增加新的训练样本，可有效提高近似模型在点附近区域的预测精度。

根据 Kriging 近似模型的基本理论可知其预测值的方差为

$$s=\sigma\left[1-\boldsymbol{r}^{\mathrm{T}}\boldsymbol{R}^{-1}\boldsymbol{r}+(1-\boldsymbol{F}^{\mathrm{T}}\boldsymbol{R}^{-1}\boldsymbol{r})^{2}/\boldsymbol{F}^{\mathrm{T}}\boldsymbol{R}^{-1}\boldsymbol{F}\right] \tag{9.9}$$

因此，基于预测方差的全局探索准则数学模型可表示为

$$\begin{cases}\max: s(\boldsymbol{x}) \\ \text{s. t. }: \boldsymbol{x}^L \leqslant \boldsymbol{x} \leqslant \boldsymbol{x}^U\end{cases} \tag{9.10}$$

对于式（9.10）所示的问题，采用方差最大化的探索准则进行采样时，其近似模型和样本点的迭代过程如图 9.4 所示。由图中结果可以看出，随着样本点的扩充，近似模型逐步收敛于原始模型，优化后期具有较高全局预测精度。

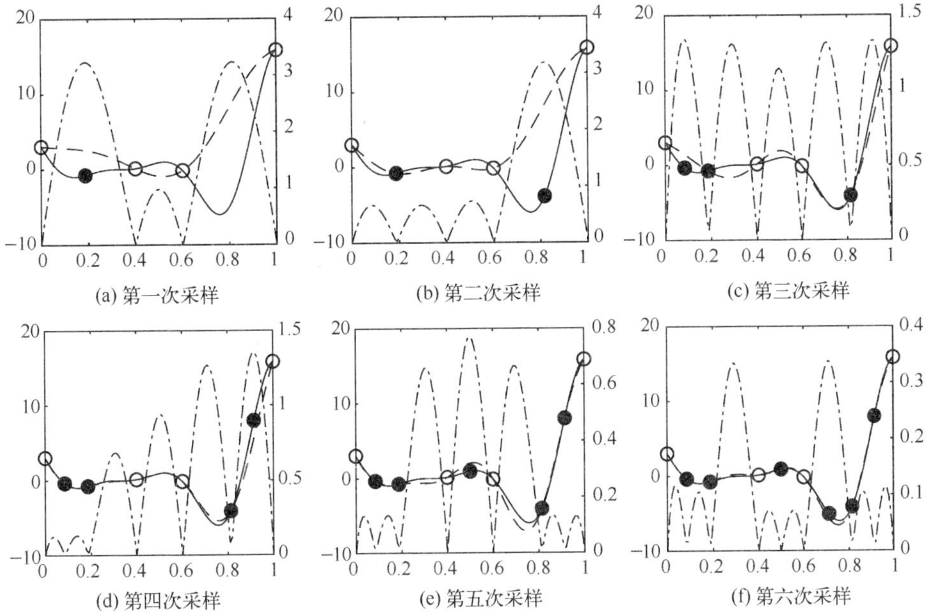

(a) 第一次采样　(b) 第二次采样　(c) 第三次采样

(d) 第四次采样　(e) 第五次采样　(f) 第六次采样

图 9.4　基于最大方差采样的近似模型全局探索过程

Kriging 近似模型可以得到预测方差对任意响应预测的不确定性进行量化，从而通过最大化预测方差采样提升近似模型全局精度。但是很多近似模型无法对模型预测值的方差进行评估并通过降低预测方差，实现全局精度提升，此时需要依赖额外信息进行采样。根据近似建模的基本原理可知，近似模型预测的可信度随着预测点与样本点之间的距离逐渐降低，在远离样本点的区域，近似模型预测值的可信度会下降，因此在无方差信息时，可采用距离信息进行全局探索，构造如式（9.11）所示的采样准则。

$$\begin{cases}\max: \min\limits_{1 \leqslant i \leqslant N} \|\boldsymbol{x} \leqslant \boldsymbol{x}_i\| \\ \text{s. t. }: \boldsymbol{x}^L \leqslant \boldsymbol{x} \leqslant \boldsymbol{x}^U\end{cases} \tag{9.11}$$

开发准则旨在对样本稀疏区域进行填充采样，提高模型全局预测精度，以期获得更优解，能够有效避免陷入局部极值，提高算法的全局搜索性能。采用式

(9.10) 或式 (9.11) 所示的探索准则进行采样时，理论上可以在全空间$[\boldsymbol{x}^L, \boldsymbol{x}^U]$上对任意一阶连续的原始模型进行任意精度的逼近，即对于任意实数 $\varepsilon>0$，必存在有限的整数 n，使得当采样点个数 $N>n$ 时有 $s(\boldsymbol{x})<\varepsilon$ 或$\|y-\hat{y}\|<\varepsilon$，但实际使用过程中，由于计算资源总是有限的，上述极限无法达到，而设计人员通常希望在有限的计算资源下得到更优的设计结果，因此对采样准则的构造提出了更高要求。

9.2 面向单目标实数优化的自适应采样方法

9.2.1 开发/探索平衡采样准则构造

开发准则侧重于局部寻优能力，探索准则侧重于跳出局部极值区域、改进近似模型的全局近似能力。分析各自的优缺点可知，性能优良的优化算法应同时具备上述两种能力（局部和全局寻优能力的权衡），既具有全局探索能力，避免陷入局部最优，又可适时进行局部寻优避免无效探索，从而达到全局探索与局部开发之间的平衡。依据上述思想形成的采样准则称为开发/探索平衡采样准则。与单纯探索或开发准则相比，开发/探索平衡采样准则通过对全局和局部进行自适应选择，能够更有利于算法快速收敛至全局最优解，为了实现该目标，可采用以下三种开发/探索平衡采样策略。

(1) 贝叶斯统计策略：根据预测值和预测方差，构造预测值在任意输入样本处的概率密度函数，并根据该分布特性，采用统计学原理选择合适的样本。

(2) 约束转化策略：据近似模型和已有采样点，将开发或探索准则中的某一准则转化为约束，另一准则为采样目标，实现开发和探索的平衡。

(3) 加权叠加策略：根据近似模型和已有采样点，将开发和探索准则进行加权，构建混合采样准则，从而实现开发和探索的平衡。

下面对不同采样准则分别讨论。

9.2.1.1 改善期望准则

为提高近似模型$\hat{y}(\boldsymbol{x})$的全局优化能力，Jones 等针对 Kriging 近似模型提出了经典的改善期望（expected improvement，EI）准则，又称高效全局优化方法（efficient global optimization method，EGO）[5]。EI 准则旨在提高 Kriging 近似模型在全局最优区域的预测精度，设当前最优目标函数值为 $y_{\min}$，且根据 Kriging 近似模型的基本假设，可得模型在未知点 $\boldsymbol{x}$ 预测值服从均值为$\hat{y}(\boldsymbol{x})$，标准差为 $s(\boldsymbol{x})$的正态分布，即$\hat{y}(\boldsymbol{x}) \sim N(\hat{y}(\boldsymbol{x}), s^2(\boldsymbol{x}))$，其概率密度为

$$p[\hat{y}(\boldsymbol{x})] = \frac{1}{\sqrt{2\pi}s(\boldsymbol{x})}\exp\left(-\frac{1}{2}\left(\frac{y(\boldsymbol{x})-\hat{y}(\boldsymbol{x})}{s(\boldsymbol{x})}\right)^2\right) \tag{9.12}$$

对于最小化问题，目标函数改善量$I(\boldsymbol{x})$定义为

$$I(\boldsymbol{x}) = \max(y_{\min}-\hat{y}(\boldsymbol{x}), 0) \tag{9.13}$$

式中：$y_{\min}$为现有样本中的最优值，因此改善量$I(\boldsymbol{x})$就是当前预测值$\hat{y}(\boldsymbol{x})$相对于现有最优值$y_{\min}$的提升幅度，由于$\boldsymbol{x}$处的输出为随机变量，因此改善量也是随机变量，根据采样点$\boldsymbol{x}$对应的预测值和预测方差可得$I(\boldsymbol{x})$的期望为

$$E(I(\boldsymbol{x})) = \begin{cases} (y_{\min}-\hat{y}(\boldsymbol{x}))\Phi\left(\dfrac{y_{\min}-\hat{y}(\boldsymbol{x})}{s(\boldsymbol{x})}\right)+s(\boldsymbol{x})\phi\left(\dfrac{y_{\min}-\hat{y}(\boldsymbol{x})}{s(\boldsymbol{x})}\right) & (s(\boldsymbol{x})>0) \\ 0 & (s(\boldsymbol{x})=0) \end{cases} \tag{9.14}$$

式中：Φ和ϕ分别为标准正态累积分布函数和标准正态分布概率密度函数。通过改善期望可以选择当新样本点为$\boldsymbol{x}$时真值相对于现有最优值能够改进的幅度，将该改善期望最大化也就是理论上付出一次仿真计算后可取得的最大优化收益，如图9.5所示，因此最大化改善期望即可获得新增样本点$\boldsymbol{x}$。EI采样过程如图9.6所示。

$$\boldsymbol{x} = \operatorname{argmax} E(I(\boldsymbol{x})) \tag{9.15}$$

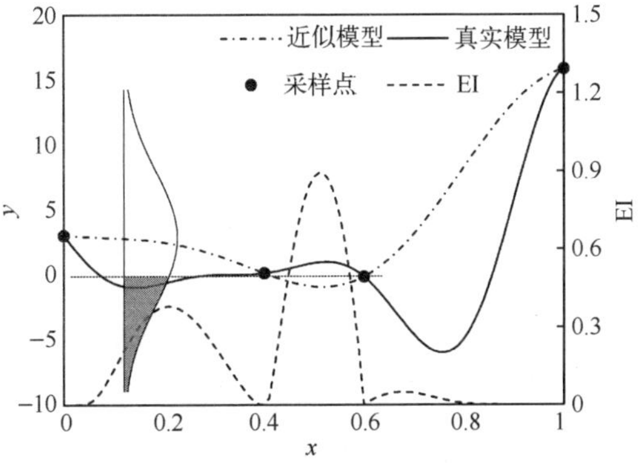

图9.5 EI采样准则

9.2.1.2 动态距离约束准则

基于近似模型的优化设计方法，其基本思想是前期侧重全局探索，后期侧重局部开发，根据实验设计章节的讨论可知，全局探索能力与样本间距离正相

关，因此可在前期加入距离约束，强迫采样点进行开发，而后期适当减小该约束，驱动算法收敛。根据上述思想，可建立基于动态距离约束的采样准则，如式（9.16）所示：

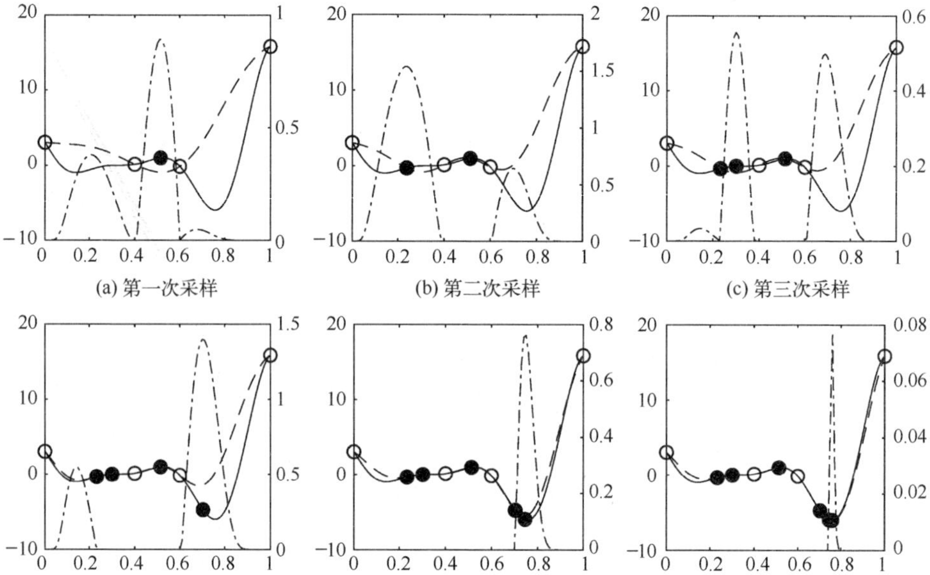

(a) 第一次采样　(b) 第二次采样　(c) 第三次采样

(d) 第四次采样　(e) 第五次采样　(f) 第六次采样

图 9.6　EI 采样过程

$$\begin{cases}\min:\hat{y}_k(\boldsymbol{x}) \quad \boldsymbol{x}_{\min}\leqslant\boldsymbol{x}\leqslant\boldsymbol{x}_{\max}\\ d_{\min}(\boldsymbol{x})\geqslant\delta\end{cases} \tag{9.16}$$

式中：δ 为最小距离约束阈值，合适地选择 δ 对采样结果有重要影响，进而影响整个序列优化的求解效率，因此需要在优化过程中合理设置。

在进行优化的初期，采样点较为稀疏，近似模型精度较低，不足以反映函数在整个设计空间的变化规律，此时需要新的采样点能够偏向于探索，在未采样的区域进行采样，提高近似模型的全局近似精度，因此最小距离约束 δ 应该适当取大。

在优化问题进行的后期，随着采样点的不断加入，近似模型不断得到更新，其全局近似精度以及对最优解的预测精度不断提高，此时若继续关注近似模型的全局精度提升，将使最优解被忽略，会降低模型的收敛性。因此，应该更关注近似模型对最优解的预测能力以及优化过程的收敛性，应适当减小距离约束 δ，使采样点在最优解附近集中，进一步增加函数在最优解附近的近似精度，而对于其他区域则可适当放宽其精度要求以实现快速收敛。

在优化过程中不断调整最小距离约束 δ 来实现自适应采样，δ_k 的调整方法如式（9.17）所示。

$$\delta_k=\xi\min\left(\sqrt{(\boldsymbol{x}_i-\boldsymbol{x}_j)^{\mathrm{T}}(\boldsymbol{x}_i-\boldsymbol{x}_j)}\right)\quad(i,j=1,2,\cdots,N;i\neq j)\tag{9.17}$$

式中：N 为采样点个数；$\boldsymbol{x}_i$，$\boldsymbol{x}_j$ 为采样点的坐标；ξ 为采样点距离约束阈值与当前最小距离的比例系数，一般取 0.95~1。采用上述约束调整策略后，开始优化时采样点较少，采样点之间的最小距离较大，使新的采样点可以向未知区域探索，采样点个数较多时，采样点之间的距离就会减小，可以实现向最优区域开发的目标。因此，采用式（9.17）所示的最小距离约束可以使根据问题式（9.16）所得到的新采样点具有自适应特性。

9.2.1.3 开发/探索加权准则

因此上述问题可转化为单目标优化问题式（9.16）进行求解。

$$\min:\alpha_1 f_1[\hat{y}_k(\boldsymbol{x}),\boldsymbol{X}_k]+\alpha_2 f_2[\hat{y}_k(\boldsymbol{x}),\boldsymbol{X}_k]\quad \boldsymbol{x}_{\min}\leqslant\boldsymbol{x}\leqslant\boldsymbol{x}_{\max}\tag{9.18}$$

式中：$f_1[\cdot]$ 和 $f_2[\cdot]$ 分别为 9.1.4 节建立的探索和开发指标；α_1 和 α_2 为对应的权重系数，通过该权重系数的调整，可以调整开发和探索的取值偏好，从而使算法在优化设计的各阶段侧重不同的采样需求，驱动算法快速收敛至全局最优值。

9.2.2 近似模型的非精确搜索

9.2.1 节建立的各种采样准则，将样本点的选择转化为设计空间上的对近似模型和样本点进行搜索的辅助优化问题。由于该问题的构造仅采用了近似模型对目标函数和约束条件进行计算，因此理论上可基于进化算法对上述问题进行搜索以获取最佳样本点，在实际工程设计中发挥了重要作用。但是应注意到由于初始样本的规模较小，根据初始样本构建的近似模型难以反映原始模型的准确响应特性，也就是近似模型的精度和可信度不够。此时，对于不可信的近似模型准确搜索其全局最优值意义不大，而且大量实践也表明最终优化的结果不依赖于优化前期采样点是否为采样准则的最优解。

同时，根据上述采样准则构建的辅助优化问题均为非线性问题，特别是涉及最小距离最大化、预测方差最大化等问题时，存在大量的局部极值点，进一步增加了优化搜索的复杂度。针对此类复杂非线性问题在采用进化算法进行搜索时，进化收敛后的解也难以保证是全局最优解。为此在梯度优化领域非精确搜索思想的启发下，建立了面向近似模型的非精确搜索采样方法。

基于梯度的经典优化算法中，在当前迭代点 $\boldsymbol{x}_k$ 处确定了搜索方向后，一般通过求解式（9.19）得到最佳步长。

$$\min : \phi(\lambda) = f(\boldsymbol{x}_k + \lambda \boldsymbol{d}_k) \tag{9.19}$$

在采用精确一维搜索方法对式（9.19）进行求解并得到满足收敛条件 $|\lambda - \lambda^*| < \varepsilon$ 的过程中，在 $\phi'(\lambda) = 0$ 附近会大量进行 $f(\boldsymbol{x}_k + \lambda \boldsymbol{d}_k)$ 的计算。此时如果搜索点距离真解 $\boldsymbol{x}^*$ 较远，那么在小范围内的大量重复计算是没有必要的，因为优化收敛并不依赖于精确的一维搜索，只要搜索步长 λ 在合理范围内即可将 $\boldsymbol{x}_k + \lambda \boldsymbol{d}_k$ 作为新的迭代点。基于该思想发展而来的非精确一维搜索方法成为提升梯度优化计算效率的重要途径，其基本思想是在一维搜索过程中，寻找一个合适的搜索步长，能在确保目标函数有一定下降量的同时使搜索点也有一定前进量[6]。

基于近似模型的优化设计中，采样点的选择同时起着提升近似模型全局精度和寻找全局最优解的作用。与梯度优化中一维搜索类似，优化前期对加点准则的搜索由于近似模型精度不高，精确地定位到近似模型最优解，对整个优化过程的意义并不大。如图 9.7 所示，此时下一个样本点的选择并不是唯一的，A、B、C 点的选择对整个搜索过程的影响不大，并不影响近似模型预测能力的提高。

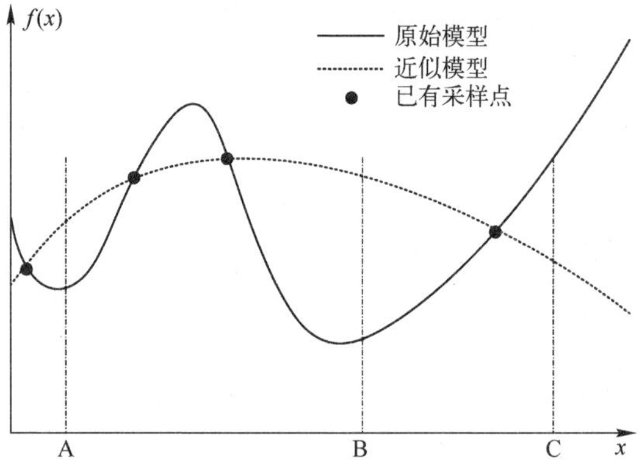

图 9.7　非精确搜索

根据梯度优化领域非精确一维搜索的启示，非精确采样准则基本思想为：针对一次采样过程，对所采用的采样准则的搜索不必让其充分寻优找到精确最优解，只要搜索过程能找到一个距离已有样本点适当远，并且比已有样本点的性能有适当提升的点即可。该思想中，有一定性能提升保证了适当的开发能力，而距离已有样本点适当远又使其具有全局探索功能，因此是一种探索/开发平衡的采样准则，其核心是对适当的探索能力和适当的性能提升的合理度量。

为构建上述度量方法，基于当前样本库计算结果，引入当前最优个体作为开发性能度量的参考值，从而使开发能力得到一定的提升。以最小化为例，假设第 k 次采样之前训练样本库为$[\boldsymbol{x}_i,\boldsymbol{y}_i]$$(i=1,2,\cdots,N)$，且 $y_{(1)}<y_{(2)}<\cdots<y_{(N)}$，参考值选择为 $y_{(1)}$。同时采样方差或距离的阈值 δ_2 为全局探索准则的参考值，因此引入非精确搜索后的采样准则可描述为

$$\begin{cases}\hat{f}_k(\boldsymbol{x})<y_1\\F_2[\hat{f}_k(\boldsymbol{x}),\boldsymbol{X}]>\delta_2\end{cases}\tag{9.20}$$

建立了非精确搜索的参考值后，满足上述准则的样本点不再是满足某个准则最优的唯一点，而是一个范围，因此在搜索过程中若搜索得到落到上述范围内的点，即可停止搜索，输出该点作为下一个采样点，如图 9.8 所示。

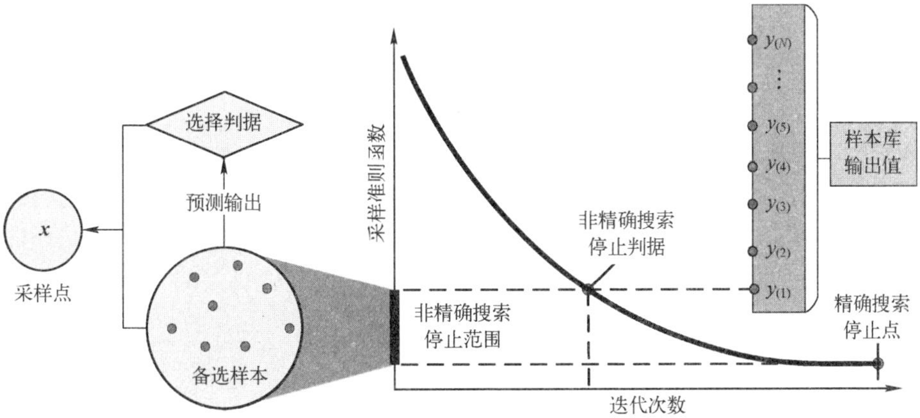

图 9.8 基于非精确搜索的采样过程

根据 9.2.1 节的讨论，对采样准则的选择通常采用进化算法进行搜索，由于在进化算法中采用的是非精确搜索，因此无须等到完全收敛，只要有满足需求的个体出现，输出该值就可作为下一个采样点。这种操作，一方面，可以引入进化算法的搜索机制，使采样点有一定随机性，增加其全局探索能力，同时对近似模型的贪婪搜索使采样点性能逐步提升；另一方面，由于无须搜索找到严格的满足采样准则的最优点，能在更少的进化代数满足停止准则。

以如下二维算例为例，对基于非精确搜索采样的近似优化方法进行直观展示。图 9.9 为目标函数迭代曲线对比。图 9.10 给出了每次采样过程总差分进化算法的进化代数，图中结果表明由于引入精英库和非精确搜索机制，差分进化从较好初值开始搜索，避免采样过程对近似模型过度搜索，因此所需进化代数远小

于精确搜索。这对于有大量约束，需要对大量近似模型进行搜索的问题，可以显著降低其采样过程的计算代价。

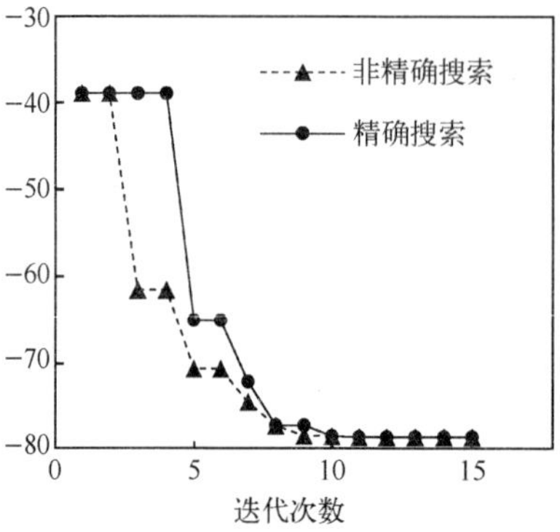

图 9.9　目标函数迭代曲线对比

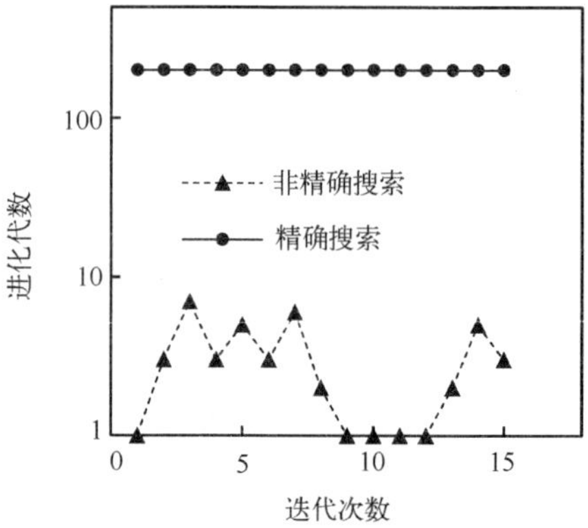

图 9.10　采样搜索进化代数对比

优化过程中采样点和近似模型的更新过程如图 9.11 所示，其中（a）、（b）、（c）分别为初始采样、5 次加点和收敛后的样本点分布，黑色点为精英库样本点。图 9.11（a）为采用 OLHD 生成的初始样本点。由图中近似模型可知，该近似模型最小值在［-5，-5］处，但由于引入非精确搜索机制，后续样本点并未搜索到该点，而是选择了近似模型适当小的区域，如图 9.11（b）所示。

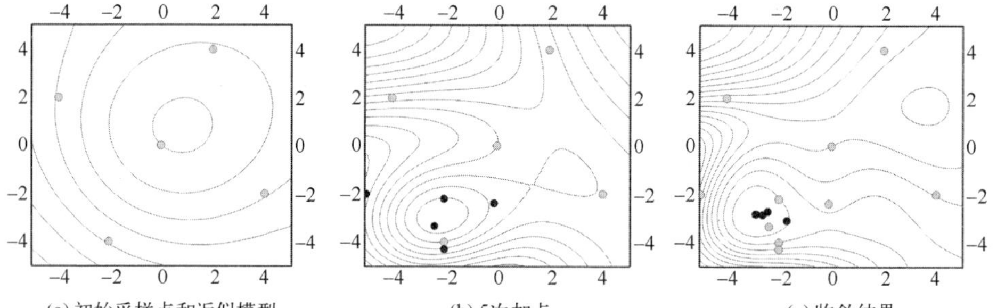

图 9.11　采样点和近似模型变化过程

受梯度优化算法的启发，韩忠华等提出了一种“局部 EI”方法[4]，其基本思想是：优化过程中，近似模型优化不必找到整个设计空间内 EI 函数的最大值，而只需在当前最优点附近找到一个较大的值即可，这不仅显著提高收敛效率，而且能够保持一定的全局优化特性，上述方法也体现了非精确搜索的思想。

9.2.3　多点并行采样方法

探索准则和开发准则是序列近似优化采样准则中的两大类，平衡准则实现了全局探索和局部开发的平衡，但单点加点准则仍存在容易陷入局部最优的问题。针对并行加点的需求，结合探索和开发两种加点准则的优势，自然地延伸至同时对开发和探索目标进行采样的多目标优化的采样准则，具体构造如下：

$$\min: F_1[\hat{f}_k(\boldsymbol{x}),\boldsymbol{X}],\quad F_2[\hat{f}_k(\boldsymbol{x}),\boldsymbol{X}] \tag{9.21}$$

式中：F_1 为开发准则；F_2 为探索准则，通过求解上述多目标优化问题，得到的 Pareto 前沿由同时满足探索和开发准则的多个采样点组成，如图 9.12 所示。基于该前沿，可进行任意数目的采样点选择，有效克服单点加点的局限，更加适应并行计算发展的需求。特别地，如果仅采用两个端点，则等效于利用开发准则和探索准则各自生成一个点作为新样本点，在该前沿上取一个点并过该点做开发探索前沿的切线，对应的点就是某加权系数下的采样准则。

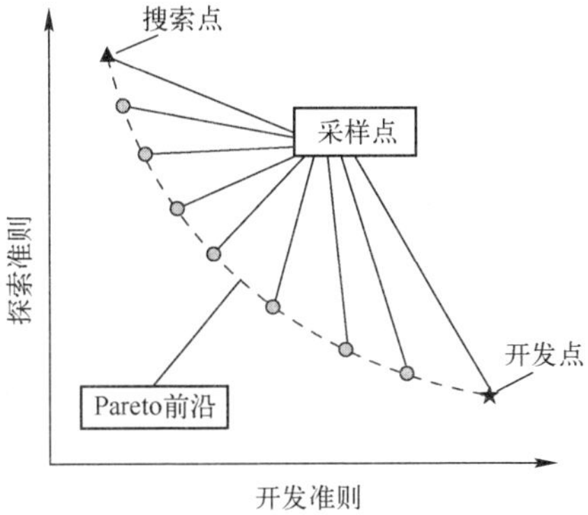

图 9.12　Pareto 前沿采样

采用多目标进化算法对式（9.21）求解，即可获得任意个数的并行采样点。但是根据 9.2.2 节对近似模型优化过程的特征分析，直接采用开发/探索平衡采样准则的 Pareto 前沿同样会造成过度开发或过度探索的问题，因此结合非精确搜索，建立基于非精确搜索的并行采样方法，详细叙述如下。

基于非精确搜索的并行采样采用序列非精确支配选择的方法生成。假设第 k 次采样迭代之前，所有样本点构成的集合为 $\boldsymbol{X}$，近似模型为 $\hat{f}_k(\boldsymbol{x})$，精英库为 $[\boldsymbol{x}_i,\boldsymbol{y}_i]$ $(i=1,2,\cdots,N)$，开发准则选择为最优化近似模型预测值：

$$\min: F_1[\hat{f}_k(\boldsymbol{x}),\boldsymbol{X}]=\hat{f}_k(\boldsymbol{x}) \tag{9.22}$$

探索准则选择为最大化最小距离：

$$\max:F_1[\hat{f}_k(\boldsymbol{x}),\boldsymbol{X}]=\begin{cases}\min\limits_{1\leqslant i\leqslant N} d(\boldsymbol{x},\boldsymbol{x}_i)\\ \hat{s}(\boldsymbol{x})\end{cases} \tag{9.23}$$

式中：$d(\boldsymbol{x},\boldsymbol{x}_i)$为$\boldsymbol{x}$与已有样本点$\boldsymbol{x}_i$之间的距离；$\hat{s}(\boldsymbol{x})$为近似模型在$\boldsymbol{x}$处的预测方差。

首先不考虑探索准则，采用非精确搜索策略进行一次采样，得到采样点X_k^0，作为开发点，并记录此时X_k^0的探索能力d_k^0。

$$d_k^0=\min d(X_k^0,X_i)\quad(i=1,2,\cdots,n) \tag{9.24}$$

将X_k^0的开发性能$\hat{f}_k(X_k^0)$与探索能力d_k^0储存，作为后续该次采样过程中非劣解排序的参考。

假设该次采样迭代中并行采样个数为m，探索点采用序列采样的方式产生。每次采样点生成过程如图9.13所示。

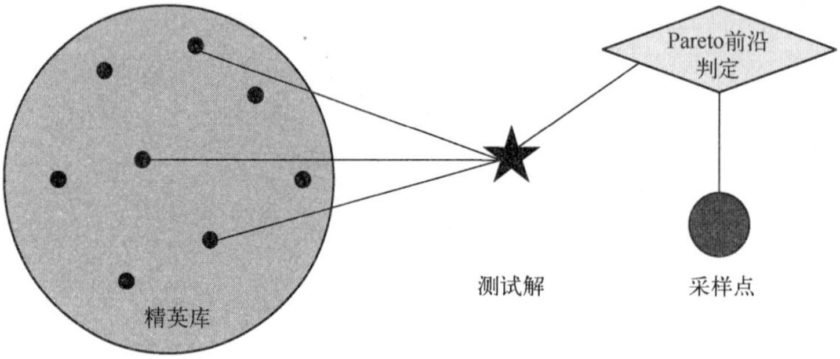

图9.13 非劣解采样过程

基于精英库差分进化算子生成备选解X_t，采用随机非劣解比较的方法来判定该点是否可以作为下一个样本点，即备选解不被精英库中随机选择的解支配时，将其作为样本点。在精英库中随机选择一个点$\boldsymbol{x}_l$，通过计算$\boldsymbol{x}_l$与其他样本点之间的最小距离，得到$\boldsymbol{x}_l$的探索能力d_k^l，$\boldsymbol{x}_l$的开发能力$\hat{f}(\boldsymbol{x}_l)$，将备选解$X_t$与$\boldsymbol{x}_l$进行非劣解比较：

$$\begin{cases}d_t<d_l\\ \hat{f}_k(X_t)>\hat{f}_k(\boldsymbol{x}_l)\end{cases} \tag{9.25}$$

若式（9.25）中两个不等式不能同时成立，则该点作为下一个采样点；否则继续基于精英库进化产生新的备选解，直至找到两个不等式不能同时成立的解。式（9.25）中，d_t为该备选解X_t与已有样本点之间的最小距离，表示在X_t周围d_t的范围内没有其他样本点。上述操作一方面可以有效利用进化算子增强其空间探索能力。另一方面禁止与已有样本点过近的点，可以防止过度开发；禁止近似模型预测值过差的点，可以合理避免无效探索，从而减少搜索近似模型过程的计算量。重复上述过程，产生 m 个随机非精确 Pareto 前沿样本点。

在基于近似模型的优化设计中，前期主要集中于全局探索，后期集中于局部开发，而并行采样的主要目的是增加其对未知区域的探索能力，使算法可以跳出局部极值区域进行全局搜索。因此在优化过程中，若每次采样均采用相同的并行采样策略，会在优化后期造成不必要的探索，增加无效的高精度模型调用。为有效避免无效探索，需要自适应地从全局探索回到局部开发，实现对有限计算资源更合理的利用。因此从开发点、探索点和精英库的性能比较出发，提出自适应并行采样点个数确定方法。

将每个采样点基于高精度模型得到响应和精英库进行比较，比较结果分为劣于最劣解、优于最优解或介于最劣解和最优解之间三种情况，如图 9.14 所示。针对采样点的上述三种情况，采用贪心算法决定并行采样个数的变化。当某采样点性能优于最优解时，认为这种算子操作有利于搜索到更优的解，应该继续用这种算子进行采样；当性能劣于最劣解时，认为这种算子不利于找到更优的解。

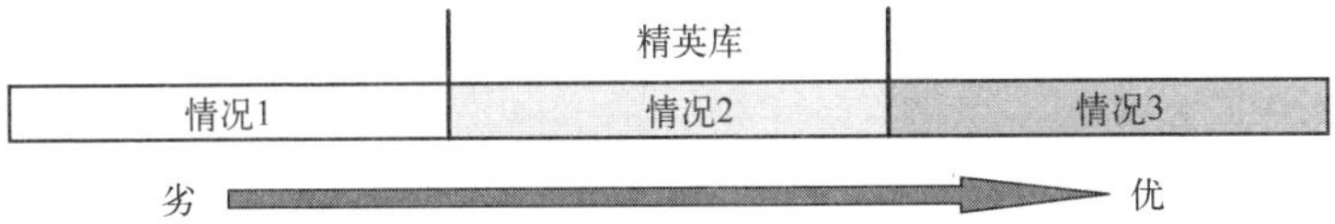

图 9.14　采样点和精英库性能对比

针对开发点性能，与精英库性能进行比较，对应图 9.14 中三种情况，当开发点性能劣于精英库最劣解（情况 1）时，意味着近似模型不够准确，需要加大空间探索力度来增强近似模型的预测能力，因此应当增加探索点个数。当开发点性能优于精英库最优解（情况 3）时，意味着开发可以找到更优的解，应该加大开发力度，减小探索力度，此时应当减少探索点个数，避免不必要的计算。当开发点性能位于精英库范围内时，保持探索点个数不变。

探索点性能对探索点个数的影响采用自学习方法进行分析。在若干个探索点经过高精度耗时仿真模型得到对应性能后，取其最优解和最劣解作为探索点性能的代表，通过该点性能与精英库最优和最劣性能对比，决定下一次采样过程中探索点个数的变化。该性能比较方法如图 9.15 所示，当探索点最劣解劣于精英库的最劣解，且探索点最优解劣于精英库最优解时，探索点相对于精英库整体偏差，如图 9.15 中第一种情况所示，属于情况 1，因此判定探索无效，不宜继续探索，应减少探索点个数。当探索点最劣解劣于精英库最劣解，且探索点最优解优于精英库的最优解时，探索点与精英库整体性能相当，如图 9.15 中第二种情况所示，属于情况 2。同理，当探索点最劣解优于精英库最劣解，且探索点最优解劣于精英库的最优解时，也可判定探索点与精英库整体性能相当，如图 9.15 中第三种情况所示，也应保持探索点个数不变。当探索点最劣解优于精英库最劣解，且探索点最优解优于精英库的最优解时，探索点整体优于精英库，如图 9.15 中第四种情况所示，探索点优于精英库，表明探索操作有利于提升采样点性能，因此应加大探索力度，增加探索点个数。

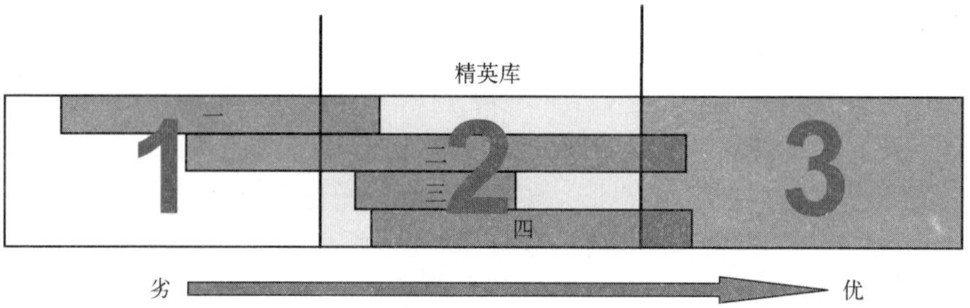

图 9.15　探索点和精英库性能对比

根据上述并行采样个数自学习方法的讨论，并行采样个数由开发点性能和探索点性能与精英库的相对优劣共同决定，确定过程如图 9.16 所示。

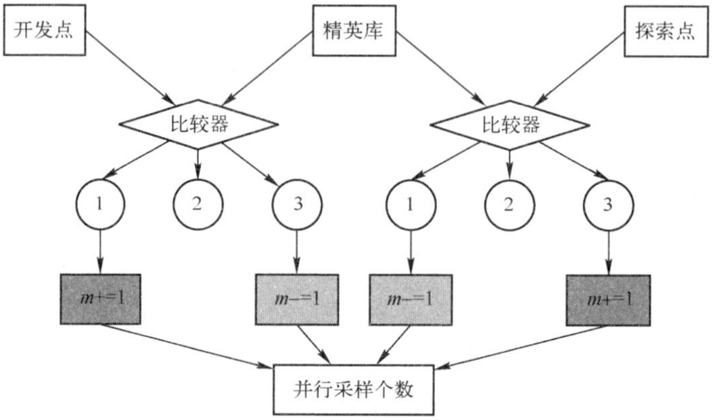

图 9.16　并行采样个数自学习算法

9.2.4　约束处理方法

对于大多数工程设计问题来说，除了目标函数需要调用计算复杂的数字分析模型，大部分约束的计算也具有高耗时黑箱仿真模型的特征，因此在求解具体工程设计问题时必须将所有高耗时约束和目标函数同时进行近似建模，才能真正提升设计分析效率。当引入约束后，其困难不仅在于寻找最优解，还受约束类型、不同约束个数、可行域大小、有效约束个数等多方面复杂因素影响。进化算法和基于近似模型的优化算法通过巧妙的参数设置，能够有效解决无约束设计问题，但应对约束优化仍然具有效率低、无法定位全局最优等问题。

为处理约束优化问题，近似模型优化算法需要与相应的约束处理方法结合，在设计空间寻找满足所有约束设计结果的同时，完成目标函数寻优。近年来提出的各种约束处理方法，虽然具体操作各不相同，但其共同目标都是通过对可行解的偏向性，促使算法探索空间可行域。常用约束处理方法有随机排序法、惩罚函数法、可行性规则法、保持可行解法、混合方法[7-8]。通过大量研究，前三者在约束问题中的应用更为有效。随机排序法通过概率因子控制种群是按照目标函数还是按照约束冲突函数排名，但如何设置概率因子是一个无法回避的问题。

惩罚函数法对约束冲突进行惩罚，并叠加到目标函数上来实现原问题的无约束转变[9]。适应度函数构造如式（9.26）所示：

$$\text{fitness}(X) = f(X) + \sum_{l=1}^{m} r_l G_l(X) \tag{9.26}$$

式中：r_l 为第 l 个约束的惩罚因子；$G_l(X)$ 为采样点 X 对第 l 个约束的约束违反程度，即约束冲突函数；$f(X)$ 为目标函数值。

不同惩罚机制的惩罚函数法主要分为三种：静态惩罚函数法、动态惩罚函数法和自适应惩罚函数法。静态惩罚函数法对粒子偏离可行域的部分，无论偏离距离远近，都采用相同惩罚因子进行统一处理。惩罚因子与迭代次数没有相关性，实现简单方便，但惩罚函数系数值难以确定，极端的惩罚一般会损害算法的寻优能力。此外，最终解的可行性要求必须满足，而优化过程中对不可行域的探索不是没有价值的，特别是针对存在约束边界最优解的情况。此种情况适当探索可行域附近的不可行域，反而可以帮助算法定位真正的全局最优点。为了克服上述缺点，动态惩罚函数法被提出，惩罚因子随迭代增长，初期采用较小的惩罚因子可以允许算法适当探索附近的不可行域，后期较大的惩罚因子可驱使种群进入可行域，保证最终设计结果的可行性。因此，合理选取动态惩罚变化范围，对算法性能具有重大影响。自适应惩罚函数法在确定惩罚因子的同时，综合考虑解的质量（解可行与否及其目标函数性能如何），对约束处理更加灵活。惩罚函数法原理和实现较简单，但由于涉及复杂的调参过程，影响惩罚函数法的性能及应用。

可行性规则法易于实现并且无须烦琐的参数调整，成为使用广泛的约束处理方法之一，在进化算法中广泛应用。可行性规则法对不同样本性能的比较判定如下：

（1）可行解优于不可行解；

（2）同为不可行解，约束冲突小的解更优；

（3）同为可行解，目标函数值更理想的解更优。

除原始算法的参数外，可行性规则法不需要添加其他任何参数，保留了搜索算法的原始特征，显示出相对于其他约束处理算法的优势和潜力。应用三条简单的可行性规则，搜索算法的种群不断向可行域收敛，同时开发可行域内的更优解，免去了烦琐的调参过程。但此种方法对约束处理过于严格，对一些约束边界上的高质量不可行解同样舍弃，使算法探索约束边界的能力受到损害。针对这一点，同样有学者进行了改进。比如，以一定概率保留种群中性能优异的不可行解，或者通过保留一定比例的不可行解来增加种群多样性，促使算法探索可行域边界。

基于多目标思想同样可处理约束优化问题，即同时考虑目标性能的提升与约束冲突的减小，优化目标定义为

$$\min:(f(X),G(X)) \tag{9.27}$$

式中：$f(X)$ 为目标函数值；$G(X)$ 为约束冲突值。可采用支配的思想进行式（9.28）的处理。多目标问题中支配按如下定义：对两个解 X_i 和 X_j，若满足

$$\begin{cases} \forall k \in \{1,2,\cdots,n\}, f_k(X_i) \leqslant f_k(X_j) \\ \exists l \in \{1,2,\cdots,n\}, f_l(X_i) < f_l(X_j) \end{cases} \tag{9.28}$$

则称 X_i 支配 X_j。针对当前种群，不断寻找每个个体的支配解，直至找到多目标的 Pareto 前沿，完成求解。目前，已有学者成功将多目标优化算法成功应用到约束处理中，且根据种群中的可行解比例，实现算法进行设计域探索或开发的控制。多目标优化方法还可以与惩罚函数法相结合，应用 Pareto 支配来比较不同个体。

除上述典型方法外，还有一些约束处理方法在多年研究中证实有效。可行解保持法在优化全程仅生成可行解，搜索过程局限于可行域内，但对于强约束情况初始化时间较长，忽略了高质量不可行解，同时需要针对不同问题，修改算法种群变异算子以满足约束要求，算法通用性较差。ε-约束保持法[10]通过一定松弛参数 ε 放松约束要求以接受不可行解，从而探索可行域边界，但在约束的后期松弛参数 ε 需要逐步下降为0，从而保证最终结果的可行性。

多种约束处理方法各有其优缺点，并没有适用于所有问题的约束处理方法，

也没有完全匹配的约束处理方法和优化算法。在此情况下，混合约束处理方法通过常用约束处理方法中的两种或多种组合，能够发挥不同方法的各自优点，逐渐引起学者关注[11-14]。

9.3 面向多目标和连续离散混合优化的自适应采样方法

单目标实数优化是工程设计优化的基础，但是工程设计中通常存在多目标、连续离散混合变量以及多精度模型等特征，本节在单目标优化的基础上，详细讨论面向不同优化问题的自适应采样方法。

9.3.1 面向多目标优化的自适应采样方法

9.3.1.1 多目标优化基本采样思想

与单目标优化类似，多目标优化的采用准则也可分为开发、探索和平衡准则三类。开发准则仍然认为近似模型是精确的，因此直接将近似模型的 Pareto 前沿作为新的样本点，逐步去逼近真实 Pareto 前沿，并在其 Pareto 前沿上选择空间分布均匀的点作为新的采样点，保证解的多样性和分布性，即可实现多目标优化的采样。探索准则也与单目标优化类似，通过最大化模型预测方差或最小距离，实现近似模型全局精度的提升，注意到以最小距离最大化为目标时，优化指标与目标函数无关，因此不同目标具有相同的最大最小距离，退化为单目标优化的采样准则。平衡准则综合上述两种准则优点，兼顾局部开发和全局探索能力。因此直接参考单目标优化的开发、探索和平衡准则，可建立如下多目标采样准则，即通过多目标进化算法求解如下的辅助优化问题。

开发：

$$\begin{aligned}&\min:\hat{y}_1(\boldsymbol{x}),\hat{y}_2(\boldsymbol{x}),\cdots,\hat{y}_m(\boldsymbol{x})\\&\boldsymbol{x}_{\mathrm{L}}\leqslant\boldsymbol{x}\leqslant\boldsymbol{x}_U\end{aligned}\tag{9.29}$$

探索：

$$\begin{aligned}&\min:\hat{s}_1(\boldsymbol{x}),\hat{s}_2(\boldsymbol{x}),\cdots,\hat{s}_m(\boldsymbol{x})\\&\boldsymbol{x}_{\mathrm{L}}\leqslant\boldsymbol{x}\leqslant\boldsymbol{x}_U\end{aligned}\tag{9.30}$$

平衡：

$$\begin{aligned}&\min:\mathrm{EI}_1(\boldsymbol{x}),\mathrm{EI}_2(\boldsymbol{x}),\cdots,\mathrm{EI}_m(\boldsymbol{x})\\&\boldsymbol{x}_{\mathrm{L}}\leqslant\boldsymbol{x}\leqslant\boldsymbol{x}_U\end{aligned}\tag{9.31}$$

对多目标优化问题而言，由于其最优解采用 Pareto 支配关系定义，因此上述问题的解并不是一个点，而是一个集合，天然具有并行采样的优势。但基于进化算法搜索得到的 Pareto 前沿样本规模过大，因此为了在 Pareto 前沿上进行样本选择，保证目标空间的分布性，采用参考矢量的方式进行样本生成，如图 9.17 所示，其中参考矢量为目标空间中按角度均匀分布的矢量，采用参考矢量后，通过选择适当规模的参考矢量，即可实现任意样本规模的并行采样。

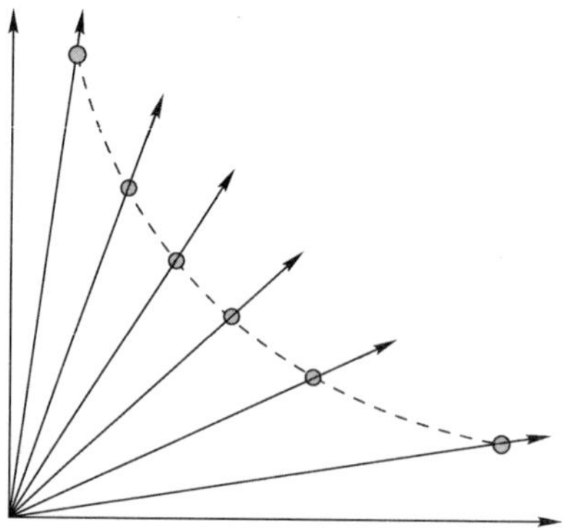

图 9.17　参考矢量采样

注意到上述采样过程中，参考矢量和 Pareto 前沿唯一确定了采样点，因此通过确定参考矢量的个数和方向，结合搜索得到的辅助优化 Pareto 前沿，可选择任意数目的新样本点对近似模型进行更新，从而实现并行采样。除此之外，也可首先确定参考矢量将多目标采样问题转化为单目标辅助优化，之后在该参考矢量上基于单目标优化算法得到新的采样点。

9.3.1.2　标量化性能指标采样准则

标量化性能指标准则将多目标优化采样转化为单目标的标量函数采样，进一步采用单目标进化算法对该指标进行搜索，获得新采样点用于近似模型更新。若在 Pareto 前沿搜索前，首先确定参考矢量，上述多目标优化问题即可退化为单目标优化问题，此时借鉴单目标优化的采样准则（以 EI 为例），可构建用于多目标优化的标量化采样准则式（9.33）。

$$\boldsymbol{x}=\arg\begin{cases}\max:\mathrm{EI}(\boldsymbol{x})\cdot\boldsymbol{V}\\ \text{s. t. }:\mathrm{EI}(\boldsymbol{x})\cdot\boldsymbol{V}=0\end{cases}\tag{9.32}$$

式中：$\mathrm{EI}(\boldsymbol{x})$为不同目标的 EI 组成的矢量；$\boldsymbol{V}$为预先设定的参考矢量。此外，为了综合多个目标函数的性能提升与模型方差，可将各目标的 EI 相乘得到标量化采样准则式（9.33）。

$$\boldsymbol{x} = \text{argmax}: \text{EI}_M = \prod_{k=1}^{m} \text{EI}_k(\boldsymbol{x}) \tag{9.33}$$

式中：$\text{EI}_k(\boldsymbol{x})$为第$k$个目标函数预测模型的期望改善，或者通过Pareto前沿的改进量，构建基于超体积改善期望的准则式（9.34）。

$$\boldsymbol{x} = \text{argmax}: \text{EHVI}(\boldsymbol{x}) \tag{9.34}$$

式中：超体积为当前Pareto前沿和一个充分劣的参考解围成的体积，在两个目标的情况下如图9.18所示，图中也展示了任意位置点$\boldsymbol{x}$位于当前样本前沿的下方时，该点带来的超体积提升量$\text{HVI}(\boldsymbol{x})$，将该提升量与Kriging近似模型的预测值的概率密度函数相结合，即可求得当前点$\boldsymbol{x}$的超体积期望改善量。

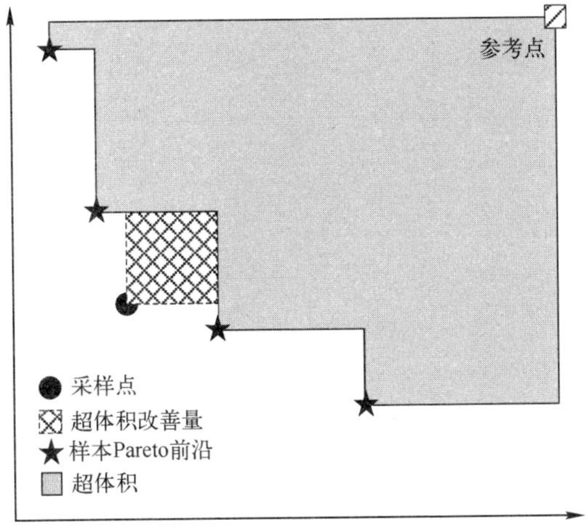

图9.18 超体积

9.3.1.3 多目标优化的非精确搜索和禁忌参考矢量

与单目标优化类似，面向多目标优化的采样准则也是以构造优化问题为基础的，因此单目标优化过程中存在的问题，也会存在于多目标优化中，即当样本较少时近似模型精度较低，基于低可信度的近似模型获得的严格最优解对提升优化性能意义不大。因此将非精确搜索从单目标拓展到多目标优化，可构建用于多目标优化的非精确搜索策略，以提升多目标优化性能。

用于多目标优化的采样准则包括聚合为单目标的性能指标法和Pareto前沿采样法，在聚合为单目标采样准则时，可直接采用单目标优化的非精确采样准则，获取样本点。当采用Pareto前沿时，由于多目标优化的Pareto前沿并非一个解，因此难以直接采用单目标的非精确搜索准则，为此在基于进化算法进行多目标采样准则搜索时，引入当前样本前沿与进化算法种群个体之间的支配关系进行性能度量，因此将单目标非精确搜索中的采样准则有适当提升，修改为有适当规模的个体能够支配现有样本的前沿从而体现其在性能上的提升，如图 9.19 所示。图中样本库非支配前沿记为 P_{obt}；近似模型预测的非精确 Pareto 前沿记为 P；阴影方框表示 P_{obt}中被 P 中某些点支配的点。被支配解与支配解数目的比值达到给定阈值，则作为非精确搜索的终止条件。采用上述非精确 Pareto 前沿搜索得到样本在预测性能提升的同时，通过及时停止利用进化算子生成解的随机性提升样本散布性。

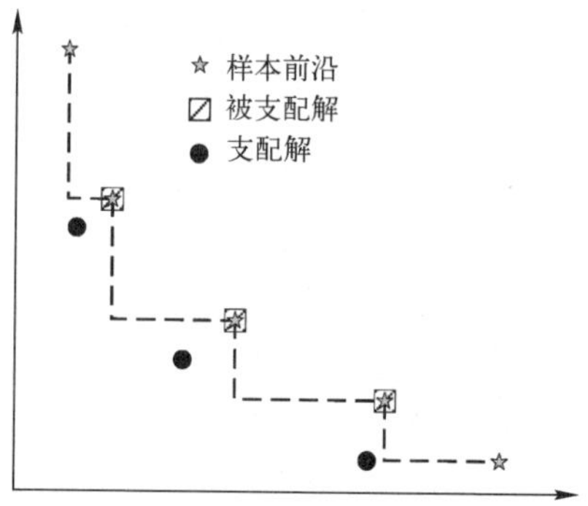

图 9.19　非精确搜索准则

随着优化的进行，当前样本中的前沿解 P_{obt} 会逐步收敛于真实 Pareto 前沿，导致存在某些点足够接近真实 Pareto 前沿的情况，这将使该类点在连续采样迭代过程中都不会被任何点支配。此种情况下，继续在这些点附近采样对结果改进效果不明显，甚至可能导致近似模型训练过程中出现病态现象。为此引入禁忌参考矢量策略以规避上述现象。

参考矢量是多目标进化算法中为了提升目标空间的分布性，基于目标空间均匀分布的参考矢量，可进行 Pareto 前沿上均匀分布的设计结果选择，从而保证获得的 Pareto 前沿能够沿着真实 Pareto 前沿均匀分布。因此也作为多目标采样的依据，为建立禁忌参考矢量列表，首先基于已有样本点和近似模型预测 Pareto 前沿的关系，构建已有样本中的禁忌样本点列表，之后再通过样本点和参考矢量的关系对关联矢量进行禁忌。

分别称为样本点禁忌列表（TLP）和参考矢量禁忌列表（TLR）。当辅助优化程序终止时，样本点禁忌列表将根据获得的非支配前沿 P_{obt} 与近似模型近似前沿 P 之间的支配关系进行更新：①如果获得的非支配前沿中某些点不被 Kriging 近似模型近似前沿中任何点支配，那么这些点将被添加到 TLP 中；②如果获得的非支配前沿中某些点被 Kriging 近似模型近似前沿中的点所支配，并且这些点已经在 TLP 中，那么这些点将从 TLP 中删除；③如果获得的非支配前沿中某些点被 Kriging 近似模型预测前沿中的点所支配，但这些点不在 TLP 中，则不对 TLP 进行更新。

根据更新后的 TLP 对 TLR 进行更新。如果任何点在 TLP 中出现的次数超过给定次数 N_{no}，则离它最近的参考向量被标记为禁忌向量并添加到 TLR，如图 9.20 所示，且 Kriging 近似模型近似前沿中距离禁忌向量最近的点，在后续搜索过程中不会被选择成为新的样本点，从而避免在某些区域的过度开发。该过程中 N_{no} 过大会导致无效的局部开发，N_{no} 过小会导致参考向量容易被禁忌，经过数值实验分析，可得 N_{no} 设置为 2 或 3 时，优化性能较好。

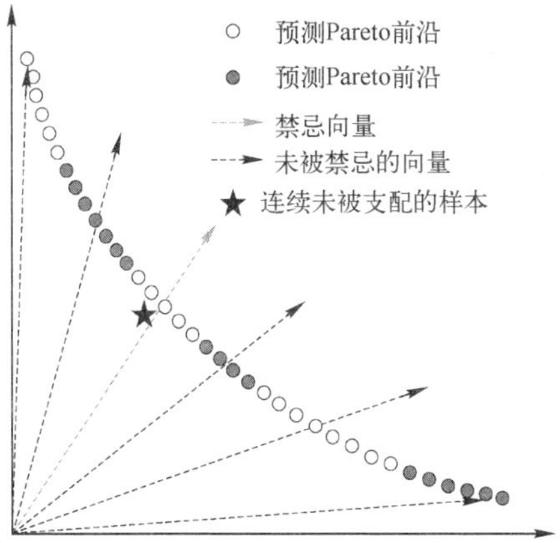

图 9.20　基于参考向量的样本选择方法

利用禁忌向量与标量化采样准则，可构建标量化采样准则和参考向量的协同采样策略，选择新的样本点用于更新近似模型。在求解辅助多目标优化问题得到预测的非精确 Pareto 前沿后，根据支配关系对辅助优化所获得的个体进行非支配等级排序，后将个体逐层存储到一个空集合 S_t 中，直至 S_t 中个体数目等于或超过每一代需选择的个体数量 N_q，N_q 一般设置为 3 或 4。S_t 中个体通过垂直距离关联至与其最近的参考向量，删除被禁忌的参考向量及其附属个体。对于保留的参考向量，可根据某一表量化的采样指标，如 EI_M、超体积等选择最大的关联个体作为新的样本点。

当某些参考向量被禁忌，或没有个体关联至某些参考向量时，基于参考向量新增的样本点数量将少于所需数量。为了增强算法的探索能力，提高近似模型的全局预测精度，采用最大化最小距离的纯探索准则对样本点进行补充，直至满足所需的样本点数量，如图 9.21 所示。

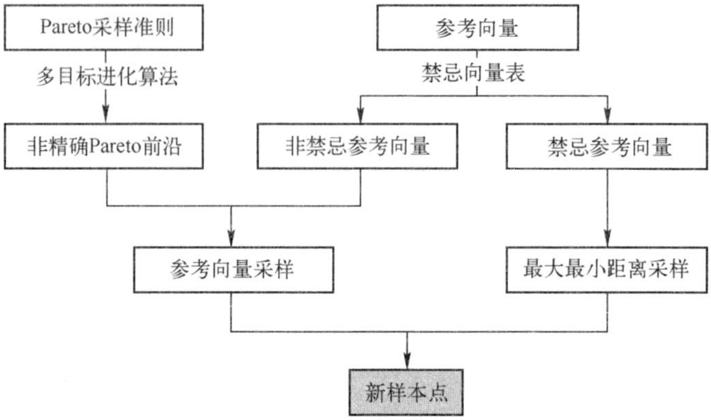

图 9.21 多目标优化非精确搜索采样方法基本框架

9.3.2 面向连续离散混合优化的自适应采样方法

在求解工程优化问题时，往往设计连续和整数变量，一般地，可将离散的整数变量当成连续变量处理，然后通过取整实现连续混合自适应采样[15-16]。为提高采样效率，可通过综合考虑连续变量和离散整数变量的平衡采样策略进行自适应采样。与前述章节的立方体域混合整数填充采样算法有所不同：首先，开发采样后训练样本点低维投影一般将不再满足低维投影均匀性要求，如前面章节所述的在两个已观测样本点间“插空”填充一个新增样本点的递归演化方式将不再适用；其次，与向 N 个已观测样本点中填充($N-1$)新增样本点不同，面向优化的混合整数序列填充策略每次生成的新增探索样本点数量将远小于已观测样本点数量 N。

如图 9.22 所示，对于低维投影均匀性较差的 N 个已观测样本点 $\boldsymbol{D}_{N\times m}$，$n$ 个新增探索样本点 $\boldsymbol{D}_{n\times m}$ 的加入应使整体样本点的低维投影均匀性得以改善，这要求在已观测样本点低维投影稀疏处均匀布置新增探索点，进而改善填充后的($N+n$)个样本点的低维投影均匀性。而对于整数因子，填充方式与前面章节所述方法相同。

图 9.22 面向优化的递归演化填充机制

然后，在确保已观测样本点位置不变情况下，需对新增样本点的空间布局进行优化，进而提高填充后的样本点 $\boldsymbol{D}_{(N+n)\times m}$ 的空间均布性。探索采样点的空间布局确定问题可描述为

$$\begin{cases}\text{given} & \boldsymbol{D}_{N\times m}\\ \text{find} & \{\boldsymbol{\kappa}_{\text{real},i}(\boldsymbol{D}_{n\times m})\}_{i=1}^{m_l},\ \{\boldsymbol{\kappa}_{\text{int},j}(\boldsymbol{D}_{n\times m})\}_{j=1}^{m_k}\\ \min & \phi_{\text{mMaxPro}}(\boldsymbol{D}_{(N+n)\times m})\end{cases} \tag{9.35}$$

式中：$\boldsymbol{\kappa}_{\text{real},i}(\boldsymbol{D}_{n\times m})$ 为新增探索采样点 $\boldsymbol{D}_{n\times m}$ 中第 i 个实数因子的排列；$\boldsymbol{\kappa}_{\text{int},j}(\boldsymbol{D}_{n\times m})$ 为新增探索采样点 $\boldsymbol{D}_{n\times m}$ 中第 j 个整数因子的排列。

至此，在已观测样本点 $\boldsymbol{D}_{N\times m}$ 基础上，填充 n 个样本点的探索采样算法可总结为如下4个步骤，算法流程如图9.23所示。

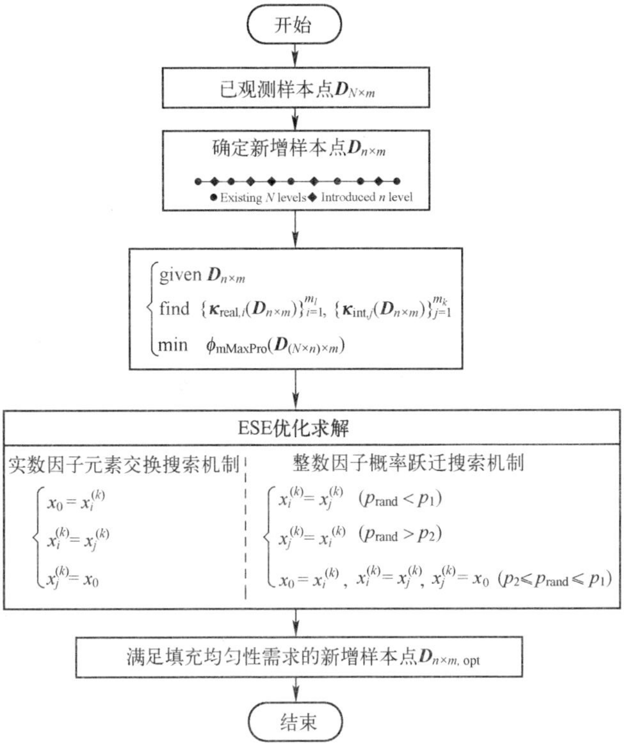

图9.23 基于混合整数序列填充的探索采样流程

步骤1：算法相关参数初始化，确定已观测样本点 $\boldsymbol{D}_{N\times m}$ 以及需填充的探索采样点个数 n_{explore}。

步骤2：确定新增样本点 $\boldsymbol{D}_{n\times m}$。采用图9.24所示的改进递归演化填充机制直接生成新增样本点 $\boldsymbol{D}_{n\times m}$。

步骤3：新增样本点 $\boldsymbol{D}_{n\times m}$ 均布性改善。采用第4章所述的方法求解式（9.35）。

步骤4：获得满足填充均匀性需求的新增样本点 $\boldsymbol{D}_{n\times m,\ \mathrm{opt}}$。

如图9.24所示为二维设计空间探索采样策略，图9.24（a）为已有的20个训练样本点，由图可知，该样本点在空间中的填充性和均布性均相对较差。每次向设计空间填充5个样本点，填充6次后样本点在设计空间中的分布如图9.24（b）所示。直观地，填充后样本点的空间填充性和均布性得以较大改善。如图9.24（c）和（d）所示分别为样本点向 x_1、x_2 轴的投影，可知，填充后的样本点具有较高的投影均匀性，表明该探索采样策略具有改善样本点空间填充性和均布性的能力。

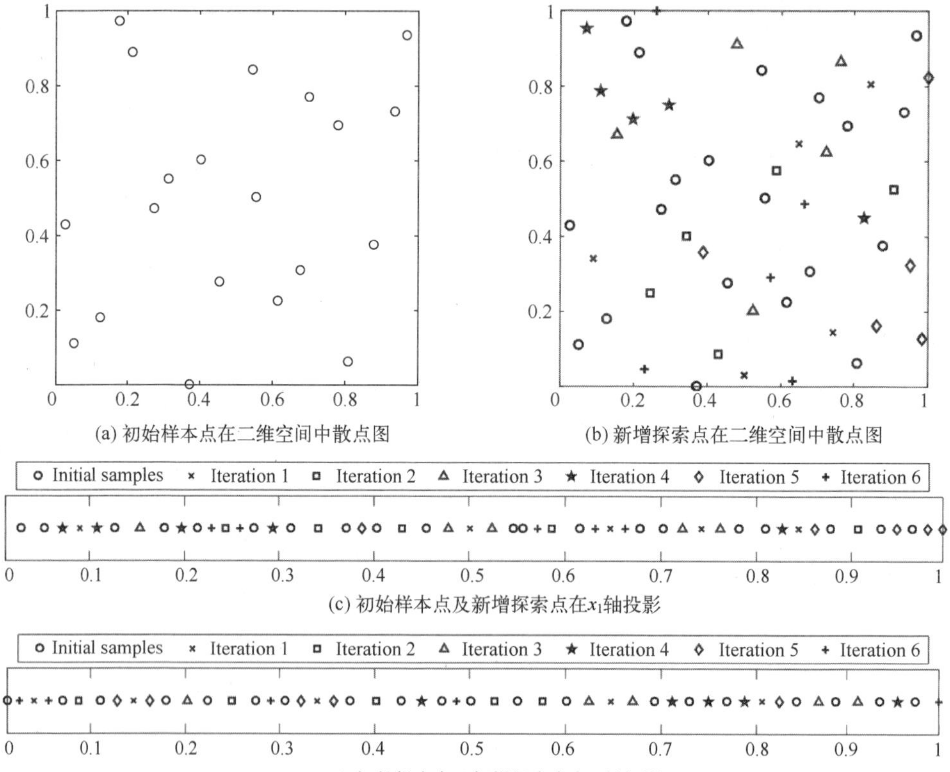

(a) 初始样本点在二维空间中散点图

(b) 新增探索点在二维空间中散点图

(c) 初始样本点及新增探索点在x_1轴投影

(d) 初始样本点及新增探索点在x_2轴投影

图9.24　二维设计空间探索采样策略

在近似优化过程中，开发策略不必精确搜索到当前近似模型的最优解，只需通过适当的进化迭代搜索到距离当前样本点足够远，并且性能有适当提升的非劣解即可。非精确搜索不仅保证了搜索解的多样性，而且适应了并行采样的需求，可实现对设计空间中的多个潜在最优区域并行开发[17]。

在应用差分进化算法进行非精确搜索时，初始种群的优劣影响算法获得最优解的效率。为加快算法收敛并获得较好的解，选取两类精英样本点作为差分进化算法的初始种群分别进行开发采样。

选取一定数量满足约束的精英样本点作为进化算法的初始种群，将有助于进化算法搜索至更优的可行解，记性能较优的前 $N_{\text{elite, I}}$ 个样本点组成第一类精英种群 $S_{\text{elite, I}}$，基于第一类精英种群 $S_{\text{elite, I}}$ 的开发采样准则可描述为

$$\boldsymbol{x}_{\text{exploit, I}} = \underset{\boldsymbol{x}\in X^m}{\operatorname{argmin}}\,\hat{y}(\boldsymbol{x}) \tag{9.36}$$

进一步，对于约束优化问题，驱动非可行解向可行域进化将有利于搜索到潜在最优区域[18]，将有利于提高近似模型对可行域的近似精度，进而加速优化过程的收敛。因此，根据对训练样本库 S 中非可行样本点按可行性由高至低进行排序，挑选出具有最优适应度函数的前 $N_{\text{elite, II}}$ 个样本点组成第二类精英种群 $S_{\text{elite, II}}$，基于第二类精英种群的开发采样准则可描述为

$$\boldsymbol{x}_{\text{exploit, II}} = \underset{\boldsymbol{x}\in X^m}{\operatorname{argmax}}\,\hat{L}_c(\boldsymbol{x}) \tag{9.37}$$

式中：$\boldsymbol{x}_{\text{exploit, II}}$ 为第二类开发采样点；$\hat{L}_c(\boldsymbol{x})$ 为近似模型预测的约束满足程度的指标，其越靠近可行域中心，值越大。

在应用非精确差分进化算法求解式（9.37）和式（9.39）时，与传统差分进化算法主要的区别在于初始化和算法终止判据方面。同时，考虑到传统差分进化算法的交叉策略仅生成一个子代，这将不可避免导致生成的子代个体丢失了父代中存在的优异遗传信息，既不利于扩大种群的搜索空间，也不利于加速算法收敛。针对该情况，进一步给出了基于双子代竞争的非精确差分进化算法，该算法的搜索过程可总结为如下 8 个步骤。

步骤 1：算法参数初始化。确定需要采样的开发点个数 n_{exploit}，初始精英种群中个体数量为 N_{elite}（$N_{\text{elite, I}}$或 $N_{\text{elite, II}}$），采样算法最大迭代次数为 $G_{\max}$。

步骤 2：种群初始化。以精英种群 $S_{\text{elite, I}}$和 $S_{\text{elite, II}}$ 作为初始种群，对初始种群进行优劣排序，确定种群中第 n_{exploit} 个最劣个体 $\boldsymbol{x}_{\text{worst},n_{\text{exploit}}}$。

步骤 3：差分变异。以式（9.38）进行差分变异，生成 N_{elite} 个变异个体 $\{\boldsymbol{v}_i\}_{i=1}^{N_{\text{elite}}}$。

$$\begin{cases}\boldsymbol{v}_i = \boldsymbol{x}_i + F(\boldsymbol{x}_{r_1} - \boldsymbol{x}_{r_2}), \quad 1 \leqslant i \neq r_1 \neq r_2 \leqslant N_{\text{elite}} \\ F = F_0 \cdot 2^{\exp(1-G_{\max}/(G_{\max}+1-G))}\end{cases} \tag{9.38}$$

式中：F_0 为初始变异算子。

步骤 4：交叉运算。如图 9.25 所示传统交叉策略一定程度上制约了差分进化算法的寻优能力，因此改用如图 9.26 所示的基于双子代竞争交叉策略，以期提高子代个体的多样性。进而，按式（9.42）~式（9.44）进行交叉，生成双子代竞争的 $2N_{\text{elite}}$ 个实验样本个体。

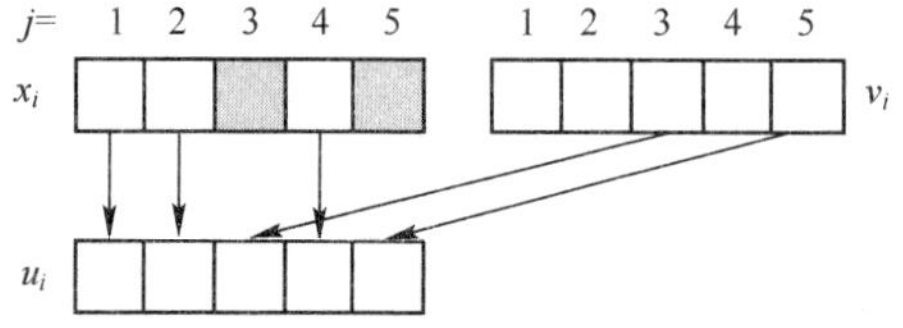

图 9.25 传统交叉策略

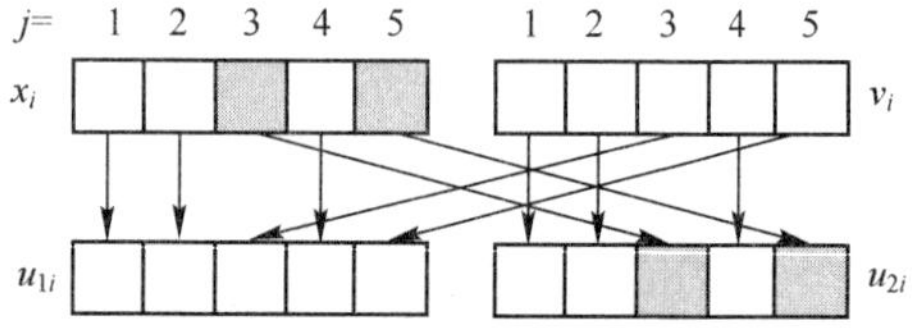

图 9.26 双子代竞争交叉策略

$$u_{i1}^{(j)}=\begin{cases}v_i^{(j)}, & \text{rand}[0,1]<C_{\mathrm{R}} \text{ 或 } j=\text{randi}[1,m]\\ x_i^{(j)}, & \text{其他}\end{cases} \tag{9.39}$$

$$u_{i2}^{(j)}=\begin{cases}x_i^{(j)}, & \text{rand}[0,1]<C_{\mathrm{R}} \text{ 或 } j=\text{randi}[1,m]\\ v_i^{(j)}, & \text{其他}\end{cases} \tag{9.40}$$

$$\boldsymbol{u}_i=[\boldsymbol{u}_{i1};\ \boldsymbol{u}_{i2}] \tag{9.41}$$

式中：rand[0,1]为在[0,1]内生成的随机实数；randi[1,m]为在[1,m]内生成的随机整数。

步骤 5：适应度计算。计算实验样本个体的近似模型预测值，并进行优劣排序。

步骤 6：非精确搜索终止判据。若实验样本个体 $\boldsymbol{u}$ 使式（9.42）成立，表明该实验样本个体距离已有样本点适当远、具有成为精英个体的潜力。从优至劣遍历所有实验样本个体，选取所有使式（9.42）成立的个体，并转至步骤 7；若不存在实验样本个体使式（9.42）成立，则转至步骤 8。

$$\boldsymbol{u}>\boldsymbol{x}_{\text{worst},n_{\text{exploit}}};\quad d_{\min}(\boldsymbol{u},\boldsymbol{D}_{\text{potential}})>d_{\min}(D) \tag{9.42}$$

式中：$D_{\text{potential}}=\{D,\{\boldsymbol{x}_{i,\text{ exploit}}\}_{i=1}^{n_{\text{sampled}}}\}$；$n_{\text{sampled}}$ 为当前已生成的开发样本点数量；$d_{\min}(D)$为设计域内已观测样本点间的最小距离；$d_{\min}(\boldsymbol{u},D_{\text{potential}})$为要求开发样本点之间的距离要适当远。

步骤 7：确定新增开发采样点$\{\boldsymbol{x}_{i,\text{ exploit}}\}_{i=1}^{n_{\text{exploit}}}$。以满足式（9.45）的实验样本个体作为新的开发采样点，若已生成 n_{exploit} 个开发样本点，算法终止；否则转步骤 8。

步骤 8：种群更新。基于如式（9.36）和式（9.38）所示的优劣排序方式更新当前种群，并转步骤 3。

9.4 小　结

优化设计是复杂产品设计的重要技术，也是近似模型的重要应用场景之一。本章针对基于近似模型的优化设计方法进行了系统详细的阐述。在实验设计和近似建模的基础上，基于近似模型的优化设计核心是采样准则的构造，本章在介绍优化设计基本原理和基于近似模型的优化设计方法基本框架的基础上，深入系统地讨论了面向优化设计的自适应采样方法。

讨论了基于近似模型优化设计中的局部开发，全局探索，开发/探索平衡采样准则的基本原理、概念和适用范围，以及常用的准则构造方法。在此基础上，针对不同的近似模型，详细研究了平衡准则的构造及其在不同设计阶段对开发和探索力度的需求。

借鉴经典梯度优化领域的非精确搜索思想，提出基于近似模型非精确搜索的采样准则。在近似模型搜索过程中，在适当性能提升和探索能力提升的条件下，及时终止对近似模型的搜索，一方面减少搜索过程计算量，另一方面利用进化算法生成样本点的随机性，避免前期近似模型对搜索过程的误导，增加算法全局探索能力，并针对并行采样需求，提出随机非劣解比较的并行采样策略。

在上述研究的基础上，建立了面向多目标优化和连续离散混合优化的自适应采样方法。针对目标优化需求，建立了关于非精确 Pareto 前沿和参考矢量动态禁忌的采样方法，针对连续离散优化需求，提出了开发/探索竞争采样极值，并分别对开发和探索策略建立针对连续/离散混合变量的采样准则。

参考文献

[1] Dokeroglu T, Sevinc E, Kucukyilmaz T, et al. A Survey on New Generation Metaheuristic Algorithms [J]. Computers & Industrial Engineering, 2019, 137: 106040.

[2] Parouha R P, Verma P. State-of-the-Art Reviews of Meta-Heuristic Algorithms with Their Novel Proposal for Unconstrained Optimization and Applications [J]. Archives of Computational Methods in Engineering, 2021, 28: 4049-4115.

[3] 龙腾，刘建，Wang G G，等．基于计算实验设计与代理模型的飞行器近似优化策略探讨 [J]．机械工程学报，2016，52（14）：79-105.

[4] 韩忠华．Kriging 模型及代理优化算法研究进展 [J]．航空学报，2016，37（11）：3197-3225.

[5] Jones D R, Schonlau M, Welch W J. Efficient Global Optimization of Expensive Black-Box

Functions [J]. Journal of Global Optimization, 1998, 13 (4): 455-492.
[6] 谢政, 李建平, 陈挚. 非线性最优化理论与方法 [M]. 北京: 高等教育出版社, 2010.
[7] Wang J, Liang G, Zhang J. Cooperative Differential Evolution Framework for Constrained Multiobjective Optimization [J]. IEEE Transactions on Cybernetics, 2019, 49 (6): 2060-2072.
[8] Aziz N A A, Alias M Y, Mohemmed A W, et al (2011). Particle swarm optimization for constrained and multiobjective problems: a brief review [C]. International Conference on Management and Artificial Intelligence, IPEDR, 2011, 6, 146-150.
[9] Kramer O. A Review of Constraint-Handling Techniques for Evolution Strategies [J]. Applied Computational Intelligence & Soft Computing, 2010, 2010: 1-11.
[10] Takahama T, Sakai S. Constrained Optimization by the ε Constrained Differential Evolution with an Archive and Gradient-Based Mutation [C]. IEEE Congress on Evolutionary Computation, Barcelona, Spain, 2010, 1-9.
[11] Wang Y, Cai Z. A Dynamic Hybrid Framework for Constrained Evolutionary Optimization [J]. IEEE transactions on systems, man, and cybernetics. Part B, Cybernetics : a publication of the IEEE Systems, Man, and Cybernetics Society, 2011, 42: 203-217.
[12] Mezura-Montes E, Monterrosa-López C A. Global and Local Selection in Differential Evolution for Constrained Numerical Optimization [J]. Journal of Computer Science & Technology (JCS&T), 2009, 9 (2): 43-52.
[13] Su Z, Zhang G, Yue F, et al. Enhanced Constraint Handling for Reliability-Constrained Multiobjective Testing Resource Allocation [J]. IEEE Transactions on Evolutionary Computation, 2021, 25 (3): 537-551.
[14] Xu B, Zhang H, Zhang M, et al. Differential Evolution Using Cooperative Ranking-Based Mutation Operators for Constrained Optimization [J]. Swarm and Evolutionary Computation, 2019, 49: 206-219.
[15] Piepel G F, Stanfill B A, Cooley S K, et al. Developing a Space-Filling Mixture Experiment Design When the Components Are Subject to Linear and Nonlinear Constraints [J]. Quality Engineering, 2019, 31 (3): 463-472.
[16] Chen R B, Li C H, Hung Y, et al. Optimal Noncollapsing Space-Filling Designs for Irregular Experimental Regions [J]. Journal of Computational and Graphical Statistics, 2019, 28 (1): 74-91.
[17] Long T, Wei Z, Shi R, et al. Parallel Adaptive Kriging Method with Constraint Aggregation for Expensive Black-Box Optimization Problems [J]. AIAA Journal, 2021: 1-15.
[18] Bartoli N, Lefebvre T, Dubreuil S, et al. Adaptive Modeling Strategy for Constrained Global Optimization with Application to Aerodynamic Wing Design [J]. Aerospace Science and Technology, 2019, 90: 85-102.

第10章

基于近似模型的灵敏度分析方法

现代复杂装备设计过程通常是多因素、多学科耦合作用下寻求合理设计结果的过程，灵敏度分析是在设计空间内多因素的影响分解到不同的变量上，对设计变量及其组合对模型整体输出的影响进行量化，从而识别主要影响变量和次要影响变量，独立变量和耦合变量，更加合理认识高维问题中不同因素的影响规律。

10.1 灵敏度分析基本原理

10.1.1 Sobol' 正交分解

Sobol' 分解是将一个高维函数通过正交分解的方法，分解为不同变量及其组合的函数叠加形式。进一步将该分解形式在设计域上积分，即可实现不同变量对输出影响的定量描述。不失一般性，考虑定义在 d 维单位超立方体 $[0,1]^d$ 上的平方可积高维标量函数 $y=f(\boldsymbol{x})$，$f(\boldsymbol{x})$ 的 Sobol' 分解定义如式（10.1）所示[1]：

$$\begin{cases} f_0 = \int f(x) \\ f_i(x_i) = \int f(x) \prod_{k\neq i} \mathrm{d}x_k - f_0 \\ f_{ij}(x_i,x_j) = \int f(x) \prod_{k\neq i,j} \mathrm{d}x_k - f_i(x_i) - f_j(x_j) - f_0 \\ \cdots\cdots \end{cases} \tag{10.1}$$

采用 Sobol’分解得到的各项分解函数满足两两正交的条件式（10.2）：

$$\begin{cases}\int_{I^m} f_{i_1\cdots i_s}(x_{i_1},x_{i_2},\cdots,x_{i_s})\mathrm{d}\boldsymbol{x} = 0 \\ \int_{I^m} f_{i_1\cdots i_s}(x_{i_1},x_{i_2},\cdots,x_{i_s}) f_{j_1\cdots j_t}(x_{j_1},x_{j_2},\cdots,x_{j_t})\mathrm{d}\boldsymbol{x} = 0 \quad (\{i_1,i_2,\cdots,i_s\} \neq \{j_1,j_2,\cdots,j_t\})\end{cases} \tag{10.2}$$

因此式（10.1）所示的分解形式也称正交分解，经过上述分解后，$f(\boldsymbol{x})$可表示为系列分解项之和，如式（10.3）所示：

$$f(\boldsymbol{x}) = f_0 + \sum_{s=1}^{d} \sum_{i_1<i_2<\cdots<i_s}^{d} f_{i_1\cdots i_s}(x_{i_1},x_{i_2},\cdots,x_{i_s}) \tag{10.3}$$

式中：等式右边共有 $\mathrm{C}_d^0+\mathrm{C}_d^1+\cdots+\mathrm{C}_d^d=2^d$ 项，每项代表当前设计变量组合$\{x_{i_1}, x_{i_2},\cdots,x_{i_s}\}$的耦合作用在当前定义域上对函数$f(\boldsymbol{x})$的影响规律；$f_0$ 为$f(\boldsymbol{x})$在当前定义域上的均值，即$f(\boldsymbol{x})$的整体平移效应；$f_i(x_i)$为第 i 个变量对$f(\boldsymbol{x})$的影响规律，当 x_i 固定时，式（10.1）中的分解方式意味着将设计变量 $\boldsymbol{x}$ 中其他变量都通过积分的方式进行求均值，再去掉常数项的影响，得到了分解出的$f_i(x_i)$，即$f(\boldsymbol{x})$中仅由 x_i 变量本身带来的影响。图 10.1 中展示了一个二维函数在第一变量上的分解过程，先对高维函数取均值，得到了图中虚线，即常数项f_0；之后对第二个变量进行积分，得到了图中点划线，这条函数曲线此时不仅包含了 x_1 变量的影响，还包含了常数项的影响，因此将该曲线去中心化，进行平移后得到了图中黑色实线，此时即可得到分解项f_0 和$f(x_1)$，以此类推可以求得其他分解项。

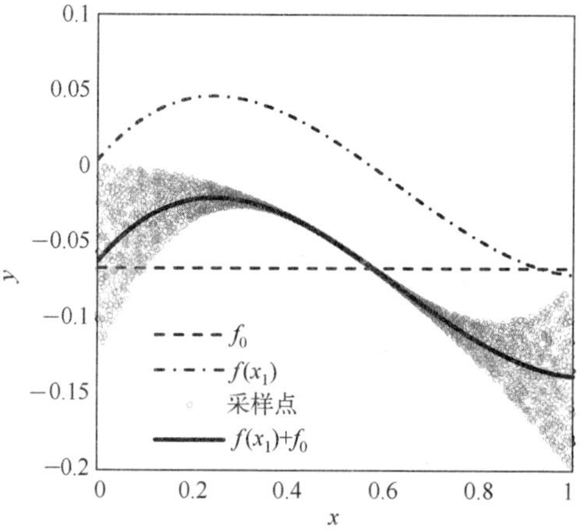

图 10.1　灵敏度分析分解函数示意

将式（10.3）等式两边平方后，在$[0,1]^d$上积分，由于分解函数两两正交，因此交叉项相乘的积分均为0，进一步整理可得

$$\begin{aligned}\int f^2(\boldsymbol{x})-f_0^2 &= \sum_{s=1}^{n}\sum_{i_1<i_2<\cdots<i_s}^{n}\int f_{x_{i_1}\cdots x_{i_s}}^2(x_{i_1},x_{i_2},\cdots,x_{i_s}) \\ &= \sum_{s=1}^{n}\sum_{i_1<i_2<\cdots<i_s}^{n} D_{x_{i_1}\cdots x_{i_s}}\end{aligned} \tag{10.4}$$

注意到式（10.4）左边项就是函数$f(\boldsymbol{x})$的方差，记为D，右边的各项由于其均为正交函数，因此也为该函数的方差，式（10.4）的平方积分将函数整体的方差分解为各分解项的方差之和，这种灵敏度分析方法又称基于方差分解的灵敏度分析。通过函数总方差D对右边各项进行归一化可得

$$\sum_{s=1}^{n}\sum_{i_1<i_2<\cdots<i_s}^{n} S_{x_{i_1}\cdots x_{i_s}}=1$$

$$S_{x_{i_1}\cdots x_{i_s}}=\frac{D_{x_{i_1}\cdots x_{i_s}}}{D} \tag{10.5}$$

式中：$S_{x_{i_1}\cdots x_{i_s}}$即为$x_{i_1},x_{i_2},\cdots,x_{i_s}$交互作用对函数$f(\boldsymbol{x})$影响大小，称为灵敏度指标。

考虑有$\boldsymbol{m}$个元素的变量集合z对$f(\boldsymbol{x})$的影响时，定义变量集的灵敏度指标为

$$\begin{cases}D_z=\displaystyle\sum_{s=1}^{m}\sum_{(i_1<i_2<\cdots<i_s)\in z} D_{i_1,i_2,\cdots,i_s} \\ S_z=\dfrac{D_z}{D}\end{cases} \tag{10.6}$$

式中：D_z共有2^m项，即z所有子集的灵敏度指标之和。记设计变量$\boldsymbol{x}$中变量集合z的补集为$\tilde{z}$，则z的总灵敏度定义如式（10.7）所示，其意义为所有包含z中元素的变量组合对$f(\boldsymbol{x})$的影响。

$$\begin{cases}D_z^{\text{tot}}=1-D_{\tilde{z}} \\ S_z^{\text{tot}}=\dfrac{D_z^{\text{tot}}}{D}\end{cases} \tag{10.7}$$

例：包含三个设计变量的函数$f(\boldsymbol{x})=f(x_1,x_2,x_3)$，写成正交分解形式为

$$\begin{aligned}f(\boldsymbol{x})=&f_0+f_1(x_1)+f_2(x_2)+f_3(x_3)+f_{12}(x_1,x_2)+ \\ &f_{13}(x_1,x_3)+f_{23}(x_2,x_3)+f_{123}(x_1,x_2,x_3)\end{aligned} \tag{10.8}$$

对应的各阶灵敏度指标为

$$S_1+S_2+S_3+S_{12}+S_{13}+S_{23}+S_{123}=1 \tag{10.9}$$

当变量集 $z=\{x_1,x_2\}$ 时，$\tilde{z}=\{x_3\}$，此时变量集的灵敏度指标和各变量灵敏度指标的关系为

$$\begin{cases}S_z=S_1+S_2+S_{12}\\S_z^{\mathrm{tot}}=S_1+S_2+S_{12}+S_{13}+S_{23}+S_{123}=1-S_3\end{cases}\tag{10.10}$$

特别地，当 $S_z^{\mathrm{tot}}=0$ 时，说明 $f(\boldsymbol{x})$ 与变量 z 无关，可写为

$$f(\boldsymbol{x})=f(\tilde{z})\tag{10.11}$$

通过上式可将不敏感变量 z 固定到任意值，均不影响函数整体输出响应特性。当 $S_z+S_{\tilde{z}}=1$ 时，表明 z 和 $\tilde{z}$ 无交叉影响，$f(\boldsymbol{x})$ 写为

$$f(\boldsymbol{x})=f(\tilde{z})+f(z)\tag{10.12}$$

通过式（10.12）可实现变量 z 与 $\tilde{z}$ 的解耦，$f(z)$ 和 $f(\tilde{z})$ 可分开讨论和分析，将高维问题转化为低维问题。

上述灵敏度分析理论均是建立在单位超立方体上的函数进行的推导，当待分析和求解的函数为定义在任意空间 $[\boldsymbol{x}_l,\boldsymbol{x}_u]$ 上的函数时，可对设计变量进行线性变换归一化到单位超立方体内进行分析，此时随着 $[\boldsymbol{x}_l,\boldsymbol{x}_u]$ 的不同，归一化后的函数形式也会有差异，因此会导致求得的灵敏度指标不同，表明全局灵敏度分析得到的指标是在给定的定义域内的指标，当定义域有变化时，需要重新求解该定义域下的各阶灵敏度指标，同样，前面求得的可固定变量和可解耦变量也不再成立。

10.1.2　方差分析的推广

10.1.1 节推导了定义在超矩形域上的灵敏度分析基本理论和灵敏度指标的求解方法，从函数正交分解的意义上得到了灵敏度分析的解释和计算公式。本节进一步从两次积分的物理意义和统计学意义出发，建立灵敏度指标的统计学描述，并将其拓展到定义在概率密度函数上的灵敏度指标[2]，从而可以量化分析输入变量随机偏差对输出的影响。

根据 10.1.1 节的讨论，式（10.1）和式（10.4）中的积分其本质是对函数 $f(\boldsymbol{x})$ 先在部分变量上求均值，之后在剩余变量求方差的过程。从上述角度出发，式（10.1）积分可写成条件均值的形式，如式（10.13）所示。

$$\begin{cases}f_0=E(y)\\f_i(x_i)=E(y\mid x_i)-f_0\\f_{ij}(x_i,x_j)=E(y\mid x_i,x_j)-f_i(x_i)-f_j(x_j)-f_0\\\cdots\cdots\end{cases}\tag{10.13}$$

进一步积分，可写为上述各式的方差形式，即

$$\begin{cases}V_i=D[f_i(x_i)]=D_{x_i}[E(y|x_i)]\\V_{ij}(x_i,x_j)=D[f_{ij}(x_i,x_j)]=D_{x_ix_j}[E(y|x_i,x_j)]-V_i-V_j\\\cdots\cdots\end{cases}\tag{10.14}$$

则有类似式（10.4）的表达式

$$V=\sum V_i+\sum V_{ij}+\cdots+V_{12\cdots d}\tag{10.15}$$

同理，采用总体方差进行归一化后可得如式（10.5）和式（10.6）的灵敏度指标。但需要注意的是，此时关于函数 $y=f(\boldsymbol{x})$ 不再有定义在单位超立方体上的限制，也允许 $\boldsymbol{x}$ 的不同分量有着不同的概率密度函数，不再有 $f(\boldsymbol{x})$ 在设计空间内无偏差取值的要求。因此可利用方差分析的特性，求解在输入变量服从不同分布特性下对输出偏差贡献的大小，从而把定义在单位超立方体上的函数分解结果，推广到定义在任意空间和任意概率的密度函数下，此时上节建立的在单位超立方体中推导出的灵敏度分析理论，便成了方差分析结果在均匀分布下的特例。

10.1.3 灵敏度指标求解的一般方法

10.1.2 节中推导了灵敏度分析的理论公式，分析了各阶主灵敏度、总灵敏度指标的物理意义。但在实际过程中每个灵敏度指标的求解需要做两次高维积分或者是求均值和方差的嵌套，分别是式（10.1）求解各项正交分解函数和式（10.4）的平方积分（方差求解）。对于复杂装备工程设计中用到的函数形式未知的模型，尚无有效的解析求解方法，通过在方差分解意义下的推广，我们成功把灵敏度指标和方差联系起来，从而可以采用统计学的方法对方差进行计算，获得灵敏度分析的近似结果。然而计算对应的灵敏度指标需要均值和方差的嵌套计算，计算量仍然较大，因此需要采用更加合理的计算方式进行计算。

对于式（10.14）的 V_i 求解，可采用如下方法计算：

$$\begin{cases}V_i=D_{x_i}[E(y|x_i)]=\dfrac{1}{N}\displaystyle\sum_{k=1}^{N}f(\boldsymbol{A}_k)f(\boldsymbol{B}_{\boldsymbol{A}k}^i)-f_0^2\\V_{\tilde{i}}=D_{\tilde{x}_i}[E(y|\tilde{x}_i)]=\dfrac{1}{N}\displaystyle\sum_{k=1}^{N}f(\boldsymbol{A}_k)f(\boldsymbol{A}_{\boldsymbol{B}k}^i)-f_0^2\end{cases}\tag{10.16}$$

式中：矩阵 $\boldsymbol{A}$ 和 $\boldsymbol{B}$ 为蒙特卡罗生成的相互独立的随机样本矩阵，每行代表一组变量组合，每列代表该变量的不同取值（和实验设计矩阵类似）；$\boldsymbol{A}_{\boldsymbol{B}}^i$ 为将矩阵 $\boldsymbol{A}$ 的第 i 列元素用矩阵 $\boldsymbol{B}$ 中的第 i 列元素替换得到的新的矩阵，同理可得 $\boldsymbol{B}_{\boldsymbol{A}}^i$ 的生成方式，如图 10.2 所示。

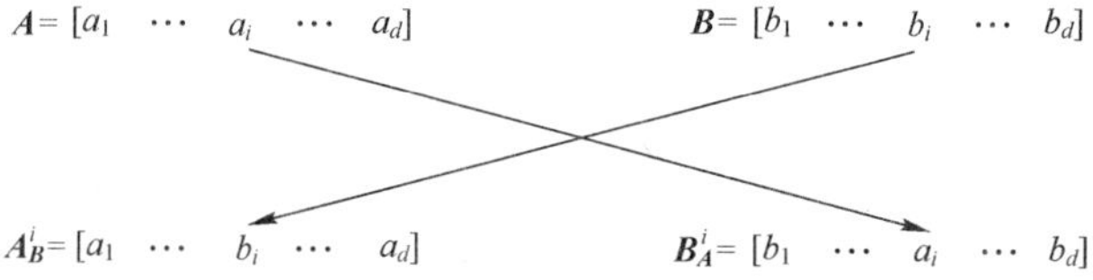

图 10.2　蒙特卡罗采样矩阵

为证明和进一步推广如式（10.16）所示的蒙特卡罗求解算法的结论，将设计变量 $\boldsymbol{x}$ 分为两个互不相交的变量集 z 和 $\tilde{z}$，此时利用变量集的灵敏度求解公式有

$$\begin{cases} f_z(z) = \int f(z,\tilde{z})\,\mathrm{d}\tilde{z} - f_0 \\ D_z = \int f_z^2(z)\,\mathrm{d}z = \int \left[\int f(z,\tilde{z})\,\mathrm{d}\tilde{z}\right]^2 \mathrm{d}z - f_0^2 \\ S_z = \dfrac{D_z}{D} \end{cases} \tag{10.17}$$

将式（10.17）中括号内积分的平方转换成二重积分的形式有

$$\left[\int f(z,\tilde{z})\,\mathrm{d}\tilde{z}\right]^2 = \iint f(z,\tilde{z}) f(z,\tilde{z}')\,\mathrm{d}\tilde{z}\mathrm{d}\tilde{z}' \tag{10.18}$$

因此有

$$D_z = \iiint f(z,\tilde{z}) f(z,\tilde{z}')\,\mathrm{d}\tilde{z}\mathrm{d}\tilde{z}'\mathrm{d}z - f_0^2 \tag{10.19}$$

其中，

$$\begin{aligned} f(x) &= f(z,\tilde{z}) \\ \mathrm{d}z\mathrm{d}\tilde{z} &= \mathrm{d}x \end{aligned} \tag{10.20}$$

将式（10.20）代入式（10.19）有

$$D_z = \iint f(x) f(z,\tilde{z}')\,\mathrm{d}x\mathrm{d}\tilde{z}' - f_0^2 \tag{10.21}$$

此时，若变量集 z 中包含的变量个数为 m，则式（10.21）便成为一个 $2d-m$ 维的积分，通过蒙特卡罗一次求解，即可得到对应的方差 D_z，进一步求得灵敏度指标。而式（10.16）恰好就是 z 中仅包含变量 x_i 时式（10.21）的数值求解公式，因此，可将一维变量的灵敏度求解式（10.16）推广到变量集的主灵敏度的求解式（10.22）中，其中 $\boldsymbol{A}_{\boldsymbol{B}}^{z}$ 为将矩阵 $\boldsymbol{A}$ 中变量集 z 中的元素用矩阵 $\boldsymbol{B}$ 中变量 z 中对应的元素替换得到的新的矩阵，同理可得 $\boldsymbol{B}_{\boldsymbol{A}}^{z}$ 的生成方式。

$$\begin{cases} V_z = D_z[E(y|x_z)] = \dfrac{1}{N}\sum\limits_{k=1}^{N} f(\boldsymbol{A}_k)f(\boldsymbol{B}^z_{\boldsymbol{A}_k}) - f_0^2 \\ V_{\tilde{z}} = D_{\tilde{z}}[E(y|\tilde{z})] = \dfrac{1}{N}\sum\limits_{k=1}^{N} f(\boldsymbol{A}_k)f(\boldsymbol{A}^z_{\boldsymbol{B}_k}) - f_0^2 \end{cases} \tag{10.22}$$

进一步可求得变量集 z 的主灵敏度和总灵敏度指标。

$$\begin{cases} S_z = \dfrac{V_z}{V_Y} \\ S_z^{\mathrm{T}} = 1 - \dfrac{V_{\tilde{z}}}{V_Y} \end{cases} \tag{10.23}$$

针对式（10.21）中积分的蒙特卡罗求解，除式（10.22）外，还有另外的等价形式，这里不加证明地给出其求解公式。

等价形式1：

$$\begin{cases} V_z = \dfrac{1}{N}\sum\limits_{k=1}^{N} f(\boldsymbol{B}_k)[f(\boldsymbol{B}^z_{\boldsymbol{A}_k}) - f(\boldsymbol{A}_k)] \\ V_{\tilde{z}} = \dfrac{1}{N}\sum\limits_{k=1}^{N} f(\boldsymbol{A}_k)[f(\boldsymbol{A}_k) - f(\boldsymbol{A}^z_{\boldsymbol{B}_k})] \end{cases} \tag{10.24}$$

等价形式2：

$$\begin{cases} V_z = V_Y - \dfrac{1}{2N}\sum\limits_{k=1}^{N} [f(\boldsymbol{B}_k) - f(\boldsymbol{A}^z_{\boldsymbol{B}_k})]^2 \\ V_{\tilde{z}} = \dfrac{1}{2N}\sum\limits_{k=1}^{N} [f(\boldsymbol{A}_k) - f(\boldsymbol{A}^z_{\boldsymbol{B}_k})]^2 \end{cases} \tag{10.25}$$

10.1.4 灵敏度指标蒙特卡罗求解流程及算例

基于蒙特卡罗将灵敏度求解积分嵌套的形式转化为直接一次积分的形式，并定义辅助采样矩阵 $\boldsymbol{B}$，使通过一次蒙特卡罗积分就可得到对应的灵敏度指标。通过观察式（10.22）、式（10.24）或式（10.25）可发现，对于求解任意变量集 z 的主灵敏度指标，需要计算 $E(Y)$、$D(Y)$ 和 V_z。如果每个指标都单独进行求解，需要 $4N$ 次函数调用；对上述函数调用的结果进行合理算法设计后，对一次求解一个灵敏度指标可通过 $2N$ 次函数调用实现；合理利用计算结果，对 m 个灵敏度指标进行计算，通过合理设置方差均值求解算法，可以进行 $(m+1)N$ 次函数调用，实现 m 个灵敏度指标的求解。主要计算步骤如下。

（1）根据采样点个数 N，生成随机矩阵 $\boldsymbol{A}$、$\boldsymbol{B}$。

（2）选择待求解灵敏度指标的变量集 $\boldsymbol{Z} = \{z_i \mid i = 1,2,\cdots,m\}$，并生成采样矩

阵 $\boldsymbol{B}_{\boldsymbol{A}}^{z_i}(i=1,2,\cdots,m)$。

（3）计算 $E(Y)$、$E(Y^2)$ 和 $D_z[E(y|x_z)]$：

① 计算 $f(\boldsymbol{A}_k)$，$f(\boldsymbol{B}_{\boldsymbol{A}_k}^{z_i})(i=1,2,\cdots,m)$。

② 用式（10.26）计算 $\sum Y$、$\sum Y$、$\sum YY'$。

$$\begin{cases} \sum Y = \sum f(\boldsymbol{A}_k) \\ \sum Y^2 = \sum f^2(\boldsymbol{A}_k) \\ \sum YY_i' = \sum f(\boldsymbol{A}_k) f(\boldsymbol{B}_{\boldsymbol{A}_k}^{z_i}) \quad (i=1,2,\cdots,m) \end{cases} \tag{10.26}$$

③ 用式（10.27）计算 $E(Y)$、$E(Y^2)$ 和 $D_{z_i}[E(y|x_{z_i})]$ 和 S_{z_i}。

$$\begin{cases} f_0 = E(Y) = \dfrac{1}{N}\sum Y \\ V_Y = D(Y) = \dfrac{1}{N}\sum Y^2 - [E(Y)]^2 \\ V_{z_i} = D_{z_i}[E(y|x_{z_i})] = \sum YY_i' - f_0^2 \quad (i=1,2,\cdots,m) \\ S_{z_i} = \dfrac{V_{z_i}}{V_Y} \end{cases} \tag{10.27}$$

（4）同理，通过上述步骤，可以求解各变量集的总灵敏度指标 $S_{z_i}^{\mathrm{T}}$。

上述步骤展示了各阶灵敏度指标的高效计算方法，但是仍需要存储矩阵 $\boldsymbol{A}$、$\boldsymbol{B}$，函数计算值 $f(\boldsymbol{A}_k)$，$f(\boldsymbol{B}_{\boldsymbol{A}_k}^{z_i})(i=1,2,\cdots,m)$，为了进一步降低存储量，可将式（10.27）写成递推的形式，规避大规模存储的问题，并且能够实时计算各阶灵敏度指标随模型计算次数变化的迭代收敛过程。

采用递推公式后，灵敏度指标的计算方法如下。

（1）令 $k=1$，算法开始。

（2）生成随机设计变量 $\boldsymbol{A}_k$、$\boldsymbol{B}_k$，并通过元素交换生成 $\boldsymbol{B}_{\boldsymbol{A}_k}^{z_i}(i=1,2,\cdots,m)$。

（3）利用式（10.28）计算当前的 $E(Y)$、$E(Y^2)$ 和 $D_{z_i}[E(y|x_{z_i})]$

$$\begin{cases} \sum Y = \sum Y + f(\boldsymbol{A}_k) \\ \sum Y^2 = \sum Y^2 + f^2(\boldsymbol{A}_k) \\ \sum YY_i' = \sum YY_i' + f(\boldsymbol{A}_k) f(\boldsymbol{B}_{\boldsymbol{A}_k}^{z_i}) (i=1,2,\cdots,m) \end{cases} \tag{10.28}$$

（4）利用式（10.27）计算当前灵敏度指标。

（5）终止判定，若满足终止条件（灵敏度指标收敛或达到最大仿真次数），停止计算，否则，$k=k+1$，返回步骤（2），重新生成随机变量 $\boldsymbol{A}_k$、$\boldsymbol{B}_k$，更新灵敏度指标。

采用这种递推方法后，仅需要存储当前计算的变量 $\boldsymbol{A}_k$、$\boldsymbol{B}_k$，计算过程变量 $\sum Y$、$\sum Y^2$、$\sum YY'_i$，以及最终的结果 $E(Y)$、$E(Y^2)$、V_{z_i} 和 S_{z_i}，而且可以在函数仿真过程中实时计算出对应的灵敏度指标。

以式（10.29）所示的 Sobol' 函数为例，对灵敏度分析的基本原理和蒙特卡罗求解方法进行分析。

$$Y = \prod_{i=1}^{m} \frac{|4x_i - 2| + a_i}{1 + a_i} \tag{10.29}$$

式中：$X_i \in [0,1](i=1,2,\cdots,8)$；$\boldsymbol{a}=[1,2,5,10,20,50,100,500]$。通过函数形式可得，该函数为可分离变量函数，各变量经过 Sobol' 正交分解后得到的分解后的单变量为

$$\begin{cases} f_0 = 1 \\ f_i(x_i) = \dfrac{|4x_i - 2| + a_i}{1 + a_i} - 1 \end{cases} \tag{10.30}$$

对应分解后的各一维函数方差及灵敏度指标为

$$\begin{cases} D = \prod_{i=1}^{m} (D_i + 1) - 1, D_i = \dfrac{1}{3(a_i + 1)^2} \\ S_i = \dfrac{D_i}{D} \end{cases} \tag{10.31}$$

将 Sobol' 函数正交分解后的一维函数图像如图 10.3 所示。函数图像显示，随着

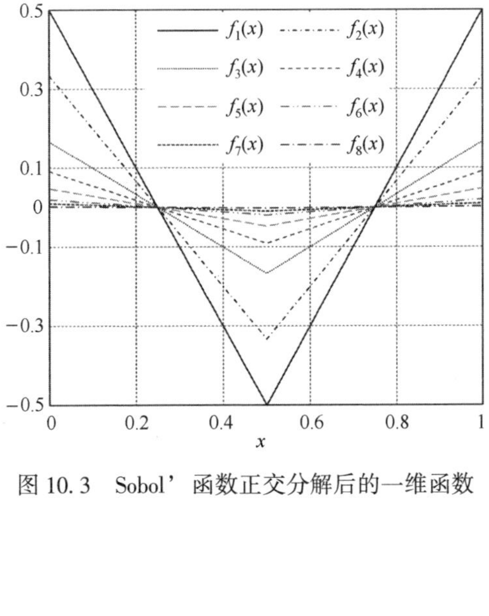

图 10.3　Sobol' 函数正交分解后的一维函数

各变量对应的参数 a_i 的增加，该变量分解函数的图像趋近于0，表明该变量对总体的影响逐渐变小。对应各变量的一阶灵敏度指标计算结果如图10.4所示，图中灵敏度指标显示，前四个变量灵敏度指标较为显著，后四个指标几乎均为0，且前四个变量的一阶灵敏度指标之和约为0.95，表明该函数可近似分解为四个一维函数之和进行分析。

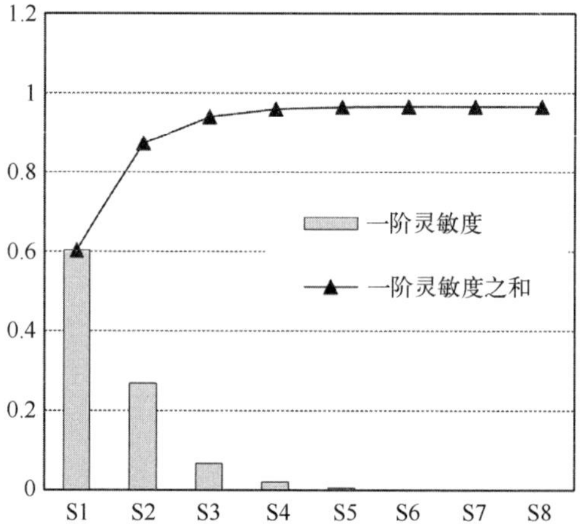

图10.4　Sobol’函数一阶灵敏度解析计算结果

采用蒙特卡罗方法对上述Sobol’函数的各一阶灵敏度指标进行求解，最小采样点个数设置为 2^4，最大设置为 2^{20}，各阶灵敏度指标随着样本点个数增加的收敛曲线如图10.5所示。

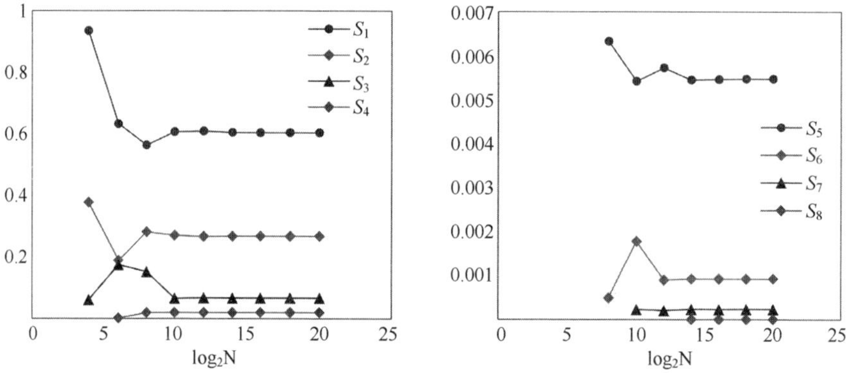

图10.5　Sobol’函数一阶主灵敏度蒙特卡罗计算方法收敛图

10.2 基于近似模型的灵敏度分析方法

10.1 节中详细推导了灵敏度分析的理论公式和数值求解方法，针对灵敏度分析需要两次积分嵌套的问题，介绍了采用了一次蒙特卡罗积分的灵敏度指标求解方法，有效避免了高维数值积分嵌套的问题，将积分嵌套转化为单次高维积分的形式进行求解，但对于每个灵敏度指标的计算，仍需采用蒙特卡罗方法实现分解后的方差计算，面向工程设计中常用的数值仿真模型，其计算代价仍然难以接受。因此需要将近似模型引入灵敏度分析过程，通过训练样本和近似模型的动态更新过程，实现近似模型的校准，从而使近似模型的灵敏度指标逐步逼近高耗时黑箱函数的各阶灵敏度指标，完成对复杂高耗时黑箱函数的灵敏度指标进行求解。

10.2.1 基于近似模型灵敏度分析方法框架

基于近似模型的灵敏度分析方法通过少量训练样本实现样本输出的快速预测，并基于蒙特卡罗方法对该预测模型进行各阶灵敏度指标计算，根据近似模型结果选择新的样本点对近似模型进行校准，驱动近似模型和灵敏度指标收敛。

不失一般性，假设所有的变量都可以归一化到[0,1]上，首先，采用实验设计方法在设计空间$[0,1]^d$上生成初始样本，并在训练样本处调用高耗时计算模型得到其响应值；其次，基于当前样本，构建该复杂高耗时黑箱仿真模型的近似模型，实现模型输出的快速预测，并基于蒙特卡罗方法计算近似模型的各阶灵敏度指标；最后，根据当前近似模型和灵敏度指标进行精度校验和终止判定，若满足终止条件，即停止计算，输出当前近似模型的各阶灵敏度指标，作为该复杂高耗时黑箱仿真模型的灵敏度指标的近似结果，否则，需添加新的样本点对近似模型进行更新，并重新计算其各阶灵敏度指标，直至该计算过程满足终止条件，计算流程如图 10.6 所示。

10.2.2 面向全局灵敏度分析的动态采样策略

基于近似模型的灵敏度分析方法，其基本思想是通过在全设计空间内用近似模型对高精度耗时模型进行逼近，从而用近似模型的灵敏度指标代替原始高耗时黑箱仿真模型的灵敏度指标。但是在实际使用过程中，对任意给定的模型近似精度，无法预先给出合适的样本点规模，因此需要通过在设计空间中不断填充新样本点，以实现近似模型对全局响应特性的准确捕捉，从而实现对各灵敏度指标的高精度逼近。为获取原始的全局响应特征，需在对近似模型进行采样和更新时以提升近似模型全局精度为目标，在全空间无差别采样，进而对其进行灵敏度分析。因此，其采样策略选择类似于优化过程中的探索策略，主要有最大预示方差准则、最大最小距离准则、最小局部密度准则和拉丁超立方序列准则。

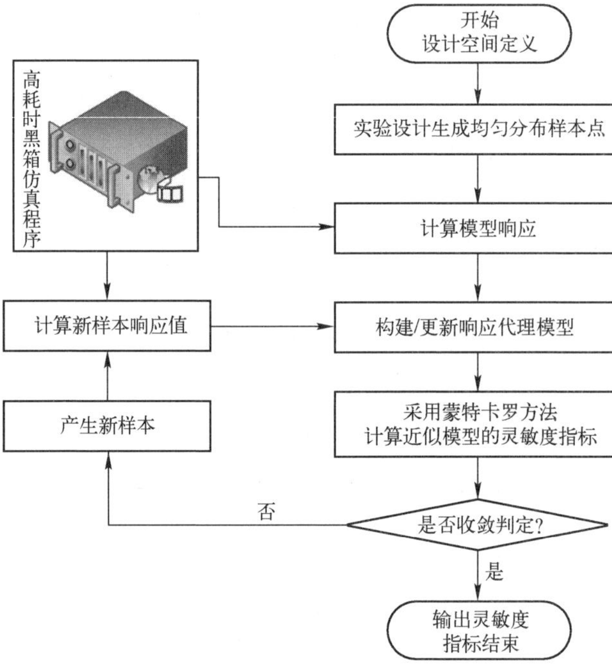

图 10.6　基于近似模型的灵敏度分析流程

1）最大预示方差准则

与其他近似模型相比，Kriging 近似模型在对模型输出进行预测的同时，对该点的输出的方差也能进行预测，而通过降低模型整体的方差，可有效提升近似模型的全局预示精度，从而实现全局灵敏度指标的准确预示。根据近似模型部分的讨论，Kriging 近似模型的最大预示方差准则可写为

$$\max: s^2(\boldsymbol{x})=\sigma^2\left\{1-\boldsymbol{r}^{\mathrm{T}}(\boldsymbol{x})\boldsymbol{R}^{-1}\boldsymbol{r}(\boldsymbol{x})+\frac{[\mathbf{1}-\mathbf{1}^{\mathrm{T}}\boldsymbol{R}^{-1}\boldsymbol{r}(\boldsymbol{x})]^2}{\mathbf{1}^{\mathrm{T}}\boldsymbol{R}^{-1}\mathbf{1}}\right\} \tag{10.32}$$

2）最大最小距离准则

当采用的近似模型预示方差无法获得时，在未采样区域（或采样点稀疏区域）对模型进行采样，能有效增加样本集对模型特征的表征能力，提高全局精度，因此，针对近似模型预示误差无法获得的其他代理模型可用采样点

与训练集的最小距离作为采样准则，即如式（10.33）所示的最大化最小距离准则：

$$\max:d_{\min}(\boldsymbol{x})=\min_{1\leq i\leq N}\|\boldsymbol{x}-\boldsymbol{x}_i\| \tag{10.33}$$

3）最小局部密度准则

除了最大最小距离，局部密度由于描述了样本点设计空间的分布疏密程度，因此将局部密度最小的位置，当作信息捕捉不充分的区域，通过新增样本点提升近似模型预测精度，从而实现对全局灵敏度特征的准确预示，该准则下建立如式（10.34）所示的采样准则：

$$\min:\rho(\boldsymbol{x})=\sum_{1\leq i\leq N}\rho_i(\boldsymbol{x}) \tag{10.34}$$

4）拉丁超立方序列扩充准则

上述方法通过构建采样准则，实现在稀疏区域的填充，但是每次采样仅可以生成一个样本点，对全局近似能力的提升有限，需要的迭代次数较多才能收敛。通过实验设计部分对拉丁超立方实验设计充满空间特性以及序列填充的拉丁超立方实验设计的特点进行分析；通过动态的拉丁超立方实验设计，实现在未采样区域的序列填充；通过并行计算降低迭代次数，提升计算效率，动态采样效果如图 10.7 和图 10.8 所示。

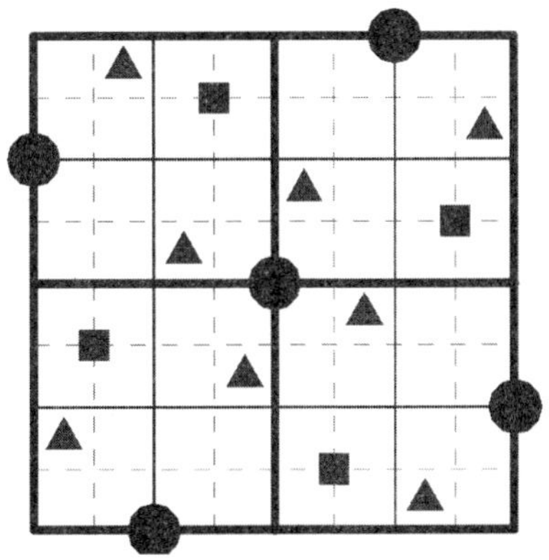

图 10.7　样本规模指数扩充

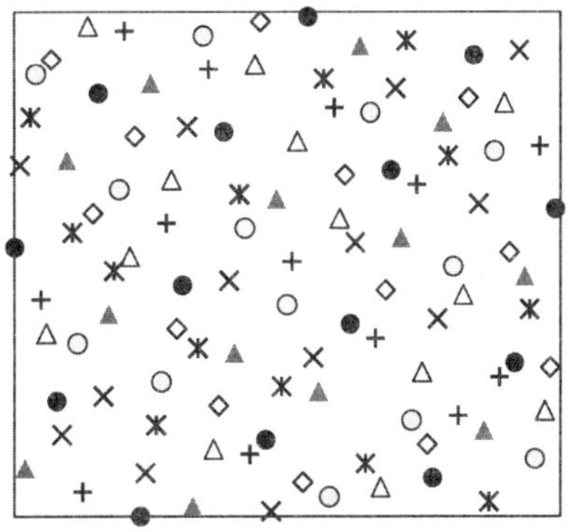

图 10.8　样本规模线性扩充

10.2.3　基于近似模型的灵敏度分析算法演示

以两个非线性函数为例，基于近似模型和样本点动态扩充方法进行参数灵敏度分析。

1）Ishigami 函数

$$f(\boldsymbol{x})=\sin x_1+a\sin^2 x_2+bx_3^4\sin x_1 \tag{10.35}$$

式中：$x_i \in [-\pi,\pi](i=1,2,3)$；$a=7$；$b=0.1$。由函数形式可知，该函数为非线性非单调函数，其各阶灵敏度指标可解析求解，通常作为灵敏度分析的测试算例。采用序列拉丁超立方实验设计方法对该算例进行分析，每次增加 20 个样本点，得到的灵敏度收敛结果如图 10.9 所示。

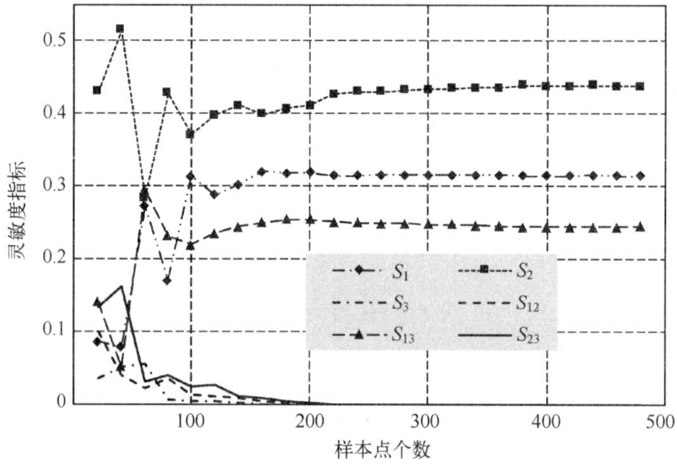

图 10.9　Ishigami 函数灵敏度指标收敛图

2）Morris 函数

Morris 函数定义如下：

$$Y=\beta_0+\sum_{i=1}^{20}\beta_i w_i+\sum_{i<j}^{20}\beta_{ij}w_iw_j+\sum_{i<j<k}^{20}\beta_{ijk}w_iw_jw_k+\sum_{i<j<k<l}^{20}\beta_{ijkl}w_iw_jw_kw_l \tag{10.36}$$

其中，w 的取值为

$$w_i=\begin{cases}2(1.1X_i/(X_i+0.1)-0.5) & (i=3,5,7)\\ 2(X_i-0.5) & (\text{其他})\end{cases} \tag{10.37}$$

$$X_i\in[0,1](i=1,2,\cdots,20)$$

β 的取值为

$$\begin{cases}\beta_i=20 & (i=1,2,\cdots,10)\\ \beta_{ij}=-15 & (i,j=1,2,\cdots,6)\\ \beta_{ijk}=-10 & (i,j,k=1,2,\cdots,5)\\ \beta_{ijkl}=5 & (i,j,k,l=1,2,3,4)\end{cases} \tag{10.38}$$

其他 β 的取值为

$$\begin{cases}\beta_0=0\\ \beta_i=(-1)^i\\ \beta_{i,j}=(-1)^{(i+j)}\end{cases} \tag{10.39}$$

在式（10.38）与式（10.39）中未给出的β均取0。

上述参数设置下，X_1、X_2和X_4对输出影响最大，$X_i(i=11,12,\cdots,20)$对函数输出的影响最小，其余变量对函数的影响位于中间。采用上述方法，对不同采样点个数计算得到的一阶总灵敏度指标如图10.10所示。蒙特卡罗方法在440000次仿真时得到的均值与95%置信区间，也显示在图10.10中作为参考。由于设计变量个数的增加，本算例初始样本点设置为257，之后对其进行扩充。图10.10中灵敏度指标表明，在257个样本点时，本文算法已经可以根据灵敏度指标值大小，将20个设计变量分为三组，由于样本点过少，导致X_3和X_5被错误划分到影响最小的一组，但是影响最大的变量已经可以较好区分。当样本点扩充到512时，即可正确地将20个变量分为三组，如图10.10中的三角形所示。当样本点扩充到2048时，所有灵敏度指标均落在95%置信区间的中部，表明已经得到与蒙特卡罗精度相当的结果，而模型计算次数远小于蒙特卡罗方法，表明本文提出的方法对高精度耗时模型的灵敏度分析，是一种更加实用、可行的方法。

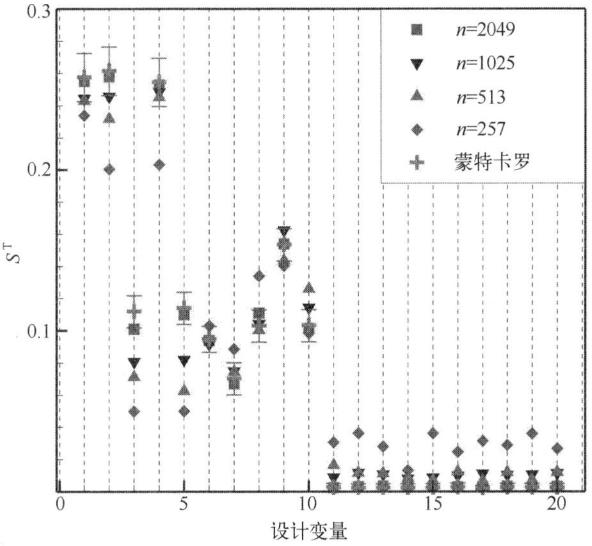

图10.10　Morris函数灵敏度分析结果

10.3 可分离变量近似模型灵敏度指标直接计算方法

前面两节中介绍了灵敏度分析的基本原理和算法，从前两节的介绍可以看出灵敏度分析需要进行高维积分求解，而工程设计中所需的积分函数往往是不存在显式表达式的高耗时黑箱仿真函数，因此只能通过蒙特卡罗方法或者近似模型和蒙特卡罗方法的结合来进行计算。在此过程中如果回顾近似模型部分的不同近似建模方法可以得到，在众多的近似模型中，有一类特殊的近似模型为可分离变量近似模型，即近似模型的每个基函数均可写成不同维度的变量乘积的形式，例如正交多项式基函数、高斯径向基函数等。此时结合微积分的基本原理，可将高维积分转化为一维积分进行，能大大简化灵敏度计算的过程，本节主要介绍几类可分离变量形式的近似模型（正交多项式基函数和高斯径向基函数）如何经过推导得到灵敏度的显式表达，避免蒙特卡罗求解带来的二次误差累积。

10.3.1 正交多项式基函数近似模型灵敏度分析方法

根据近似模型部分的讨论可知，正交多项式基函数近似模型的本质是在一组给定权函数下正交函数族作为基函数，构建高耗时黑箱仿真函数近似模型。在仅考虑一维变量 x 的情况下，多项式混沌的近似模型的基本形式为[4]

$$f(x)=\sum_{n=0}^{\infty}\lambda_n\phi_n(x) \tag{10.40}$$

式中：基函数 $\phi_n(x)$ 为 n 次多项式，在给定的概率密度函数 $\rho(x)$（权函数）下两两正交，即满足

$$E[\phi_i(x)\phi_j(x)]=\int\rho(x)\phi_i(x)\phi_j(x)\mathrm{d}x=\begin{cases}0 & (i\neq j)\\ d_i & (i=j)\end{cases} \tag{10.41}$$

式中：参考矢量模的定义，称平方积分项的结果 d 为基函数 $\phi_n(x)$ 的模的平方。针对权函数（输入变量的概率密度函数）$\rho(x)$ 的不同，PCE 的基函数 $\phi_n(x)$ 具有不同的形式，常用基函数类型如表 10.1 所示。

表 10.1 不同输入分布的条件下正交多项式的主要形式

随机变量分布	概率密度函数	PCE 基函数类型	权函数	变量范围
高斯分布	$1/\sqrt{2\pi}\exp(-x^2/2)$	Hermite：$H_n(x)$	$\exp(-x^2/2)$	$[-\infty,+\infty]$
均匀分布	$1/2$	Legendre：$P_n(x)$	1	$[-1,1]$

（续）

随机变量分布	概率密度函数	PCE 基函数类型	权函数	变量范围
β 分布	$\dfrac{(1-x)^{\alpha}(1+x)^{\beta}}{2^{\alpha+\beta+1}B(\alpha+1,\beta+1)}$	Jacobi：$J_n(x)$	$(1-x)^{\alpha}(1+x)^{\beta}$	$[-1,1]$
指数分布	e^{-x}	Laguerre：$L_n(x)$	e^{-x}	$[0,+\infty]$
Γ 分布	$x^{\alpha}e^{-x}/\Gamma(\alpha+1)$	Generalized Laguerre：$G_n(x)$	$x^{\alpha}e^{-x}$	$[0,+\infty]$

根据近似模型部分对高维函数正交多项式近似模型的讨论，对于 d 维输入变量 $\boldsymbol{x}$，若多项式次数取到 p 次，其近似模型可表示为

$$\hat{f}(\boldsymbol{x}) = \lambda_0 + \sum_{i=1}^{d}\lambda_i\phi_1(x_i) + \sum_{i=1}^{d}\sum_{j=1}^{i-1}\lambda_{ij}\phi_1(x_i)\phi_1(x_i) + \sum_{i=1}^{d}\lambda_i\phi_2(x_i) + \sum_{i=1}^{d}\lambda_i\phi_3(x_i) + \sum_{i=1}^{d}\sum_{j=1}^{i-1}\sum_{k=1}^{j-1}\lambda_{ijk}\phi_1(x_i)\phi_1(x_i)\phi_1(x_i) + \sum_{i=1}^{d}\sum_{j=1}^{i-1}\lambda_{ij}\phi_1(x_i)\phi_2(x_j) + \cdots + \sum_{i=1}^{d}\lambda_i\phi_p(x_i) \tag{10.42}$$

式中：$\boldsymbol{\lambda}$ 为正交多项式的系数；上述近似模型的项数为组合数 C_{d+p}^{p}。在实际使用过程中，通过稀疏化方法对式（10.42）中影响显著的项进行选择，稀疏化后的 d 维 p 次正交多项式模型可表示为

$$\hat{f}_p(\boldsymbol{x}) = \sum_{j=0}^{m}\lambda_j\mathcal{P}_j(\boldsymbol{x}) \tag{10.43}$$

式中：$\mathcal{P}_j(\boldsymbol{x})$ 为各一元正交多项式基函数的乘积，其总次数不超过 p，可表示为

$$\begin{aligned} &\mathcal{P}_j(\boldsymbol{x}) = \prod_{i=1}^{d}\phi_{p_i}(x_i)\ (0 \leqslant p_i \leqslant p) \\ &\sum_{i=1}^{d} p_i \leqslant p \end{aligned} \tag{10.44}$$

式中：p_i 为 $\mathcal{P}_j(\boldsymbol{x})$ 中第 i 个变量对应的正交多项式阶数。

由式（10.44）可知，正交多项式的各基函数 $\mathcal{P}_j(\boldsymbol{x})$ 均可写成单变量正交基函数的乘积，在做积分运算时可通过分离变量变换为单变量积分的乘积。基于此，近似模型式（10.43）的灵敏度指标求解过程如下，首先对近似模型式（10.43）进行方差分解。

函数均值：

$$\begin{aligned} f_0 &= E[\hat{f}(\boldsymbol{x})] = \int\rho(x)\hat{f}(\boldsymbol{x})\mathrm{d}\boldsymbol{x} \\ &= \sum_{j=0}^{m}\lambda_j\int\rho(\boldsymbol{x})\mathcal{P}_j(\boldsymbol{x})\mathrm{d}\boldsymbol{x} = \int\sum_{j=0}^{m}\lambda_j\prod_{i=1}^{d}\rho(x_i)\phi_{p_{ij}}(x_i)\mathrm{d}\boldsymbol{x} \end{aligned}$$

$$= \sum_{j=0}^{m} \lambda_j \prod_{i=1}^{d} \int \rho(x_i) \phi_{p_{ij}}(x_i) \mathrm{d}x_i \tag{10.45}$$

由于基函数 $\phi_{p_{ij}}(x_i)$ 两两正交，因此当且仅当第 j 项的所有变量的基函数次数均为 0（$p_{ij}=0$；$i=0,1,\cdots,d$）时，第 j 项的积分不为 0，因此式（10.45）的积分为式（10.43）中的常数项积分，通常各变量的常数项基函数的模长为 1，因此正交多项式近似模型的均值为近似模型常数项的系数，如式（10.46）所示。

$$f_0 = \lambda_0 \tag{10.46}$$

函数方差：

$$D = E[\hat{f}^2(\boldsymbol{x})] - E^2[\hat{f}(\boldsymbol{x})] \tag{10.47}$$

其中

$$\begin{aligned} E[\hat{f}^2(\boldsymbol{x})] &= \int \rho(x) \hat{f}^2(\boldsymbol{x}) \mathrm{d}\boldsymbol{x} \\ &= \lambda_j^2 \sum_{j=0}^{m} \int \rho(\boldsymbol{x}) \mathcal{P}_j^2(\boldsymbol{x}) \mathrm{d}\boldsymbol{x} = \lambda_j^2 \int \sum_{j=0}^{m} \prod_{i=1}^{d} \rho(x_i) \phi_{p_{ij}}^2(x_i) \mathrm{d}\boldsymbol{x} \\ &= \lambda_j^2 \sum_{j=0}^{m} \prod_{i=1}^{d} \int \rho(x_i) \phi_{p_{ij}}^2(x_i) \mathrm{d}x_i = \lambda_j^2 \sum_{j=0}^{m} \prod_{i=1}^{d} d_{p_{ij}} \end{aligned} \tag{10.48}$$

因此近似模型的方差如式（10.49）所示：

$$\begin{aligned} D &= E[\hat{f}^2(\boldsymbol{x})] - E^2[\hat{f}(\boldsymbol{x})] \\ &= \sum_{j=0}^{m} \lambda_j^2 \prod_{i=1}^{d} d_{p_{ij}} - \lambda_0^2 = \sum_{j=1}^{m} \lambda_j^2 \prod_{i=1}^{d} d_{p_{ij}} \end{aligned} \tag{10.49}$$

针对任意变量集 z，记 z 在 $\boldsymbol{x}$ 中的补集为 $\tilde{z}$，则 $\hat{f}(\boldsymbol{x})$ 的条件均值为

$$E(\tilde{z}|z) = \int \rho(\tilde{z}) \hat{f}(\boldsymbol{x}) \mathrm{d}\tilde{z} = \lambda_j \sum_{j=0}^{m} \int \rho(\tilde{z}) \mathcal{P}_j(\boldsymbol{x}) \mathrm{d}z \tag{10.50}$$

由于 $\mathcal{P}_j(\boldsymbol{x})$ 为各单变量正交基函数的乘积，将其分离变量后可写为

$$\int \rho(\tilde{z}) \mathcal{P}_j(\boldsymbol{x}) \mathrm{d}z = \prod_{i \in z} \phi_{p_{ij}}(x_i) \int \rho(\tilde{z}) \prod_{i \in \tilde{z}} \phi_{p_{ij}}(x_i) \mathrm{d}\tilde{z} \tag{10.51}$$

此时若各输入变量相互独立，式（10.51）可进一步写为

$$\int \rho(\tilde{z}) \mathcal{P}_j(\boldsymbol{x}) \mathrm{d}z = \prod_{i \in z} \phi_{p_{ij}}(x_i) \prod_{i \in \tilde{z}} \int \rho(x_i) \phi_{p_{ij}}(x_i) \mathrm{d}x_i \tag{10.52}$$

由于 $\phi_{p_{ij}}(x_i)$ 为变量 x_i 的正交基函数，满足正交性条件。因此当且仅当第 j 项的基函数 $\mathcal{P}_j(\boldsymbol{x})$ 的所有因子中不包含 $\tilde{z}$ 中的变量时，式（10.52）等号右边才不为 0；若当 j 项的基函数 $\mathcal{P}_j(\boldsymbol{x})$ 的所有因子中包含 $\tilde{z}$ 中的变量时，根据正交性条件，可知式（10.52）等号右边积分项为 0。记第 j 项基函数 $\mathcal{P}_j(\boldsymbol{x})$ 中包含的变量集合为 Ξ_j，有

$$\int \rho(\tilde{z})\mathcal{P}_j(\boldsymbol{x})\,\mathrm{d}z = \begin{cases} \mathcal{P}_j(\boldsymbol{x}) & (\Xi_j \subseteq z) \\ 0 & (\Xi_j \not\subset z) \end{cases} \tag{10.53}$$

此时，分解函数$f(z)$可写为

$$f(z) = E(\tilde{z}|z) - f_0 = \sum_{\Xi_j \subseteq z, \Xi_j \neq \varnothing} \lambda_j \mathcal{P}_j(\boldsymbol{x}) \tag{10.54}$$

该均值函数的求取相当于在 m 项基函数中进行筛选，选出变量集 z 的非空子集组成的基函数，即可得到变量集 z 的分解函数$f(z)$。

变量集 z 方差为

$$D_z = \int \rho(z) f^2(z)\,\mathrm{d}z \tag{10.55}$$

由于$f(z)$为式（10.43）中部分项之和，因此式（10.55）的求解可参考式（10.49），得到的结果如下：

$$D_z = \int \rho(z) f^2(z)\,\mathrm{d}z = \sum_{\Xi_j \subseteq z, \Xi_j \neq \varnothing} \lambda_j^2 \prod_{i \in \Xi_j} d_{p_{ij}} \tag{10.56}$$

对应的主灵敏度指标和总灵敏度指标为

$$\begin{gathered} S_z = \frac{D_z}{D} \\ S_z^{\mathrm{T}} = 1 - S_{\tilde{z}} \end{gathered} \tag{10.57}$$

根据式（10.57），可对任意变量集 z 的灵敏度指标进行求解。

考虑如下多项式模型：

$$f(x_1, x_2, \cdots, x_d) = \beta_0 + \sum \beta_i z_i + \sum \beta_{ij} z_i z_j + \cdots + \sum \beta_{12\cdots d} z_1 z_2 \cdots z_d \tag{10.58}$$

式中：$x_i \in [0,1]$；$z_i = x_i - 0.5$，设计变量个数 $d=4$。

参数设置1：变量耦合不显著，此时系数取值如式（10.59）所示：

$$\begin{aligned} &\beta_1 = 4, \quad \beta_2 = 0.3, \quad \beta_3 = -5, \quad \beta_4 = 2, \\ &\beta_{12} = 0.2, \quad \beta_{13} = 1.5, \quad \beta_{23} = 0.2, \quad \beta_{123} = 0.1, \\ &\beta_{\text{the others}} = 0 \end{aligned} \tag{10.59}$$

参数设置2：交叉影响显著，此时各项系数的取值如式（10.60）所示：

$$\begin{aligned} &\beta_1 = 1.8, \quad \beta_2 = 1.5, \quad \beta_3 = -2, \quad \beta_4 = 2.5, \\ &\beta_{12} = 7.5, \quad \beta_{13} = 8.5, \quad \beta_{23} = 7, \quad \beta_{123} = 1.5, \\ &\beta_{\text{the others}} = 0 \end{aligned} \tag{10.60}$$

在上述两种参数设置下，注意到其 $z_i = x_i - 0.5$ 的变换，等价于将$[-1,1]$上的勒让德正交多项式进行变换，构建的在$[0,1]$上的正交多项式，在 $x_i \in [0,1]$上满足正交条件，因此其各灵敏度指标可直接根据系数求得，此时基函数的模方如下：

$$d_1 = \int_0^1 (x - 0.5)^2 \mathrm{d}x = \frac{1}{12} \tag{10.61}$$

因此，通过上述多项式系数和正交基函数的模方，直接获得各函数方差、偏方差及其对应的各阶灵敏度指标。

参数设置 1 条件下对应的各阶偏方差和灵敏度指标如式（10.62）所示，该结果表明，在这种条件下，函数一阶灵敏度指标之和为 0.995，剩余各项高阶交叉灵敏度指标相对较小，表明参数高阶耦合影响较小，可分解为若干个低维问题进行分析。

$$\begin{cases} D_1 = \beta_1^2 d_1 = 4/3 \quad D_2 = \beta_2^2 d_1 = 3/400 \\ D_3 = \beta_3^2 d_1 = 25/12 \quad D_4 = \beta_4^2 d_1 = 1/3 \\ D_{12} = \beta_{12}^2 d_1^2 = 1/3600 \quad D_{13} = \beta_{13}^2 d_1^2 = 1/64 \\ D_{23} = \beta_{23}^2 d_1^2 = 1/3600 \quad D_{123} = \beta_{123}^2 d_1^3 = 5.787\mathrm{E}-6 \end{cases} \tag{10.62}$$

$$D = \sum D_i + \sum D_{ij} + \sum D_{ijk} = 3.773686$$

$$S_1 = 0.3533 \quad S_2 = 0.0020 \quad S_3 = 0.5521 \quad S_4 = 0.0883$$

$$S_{12} = 7\mathrm{E}-5 \quad S_{13} = 0.0041 \quad S_{23} = 7\mathrm{E}-5 \quad D_{123} = 1.5\mathrm{E}-6$$

同理，当各系数取值为第二种参数设置时，对应的各阶灵敏度指标如表 10.2 所示。表中结果显示，在该参数设置下，函数一阶灵敏度指标之和为 0.515，表明高阶灵敏度指标较大，变量耦合作用的影响较为显著，在分析过程中必须考虑参数耦合效应对输出的影响。

表 10.2　多项式算例灵敏度分析结果

变量组合	S_4	S_{13}	S_{12}	S_{23}	S_3	S_1	S_2
灵敏度指标真值	0.2046	0.1971	0.1535	0.1337	0.1309	0.1060	0.0736

10.3.2　高斯径向基函数近似模型灵敏度分析方法

正交多项式其本质是高维多项式的逼近，针对低阶模型，可以得到准确快速的预示结果，但是随着模型非线性程度的增加，多项式阶数的增加会导致项数的急剧增加，从而增加了多项式选择的难度和局部数值误差的影响，从而出现过拟合现象。

除正交多项式基函数外，Kriging、RBF 和 SVR 等非线性近似模型中也存在一种可分离变量基函数，即高斯径向基函数，其形式如（10.63）所示：

$$\varphi_i(\boldsymbol{x}) = \exp\left(-\frac{\|\boldsymbol{x} - \boldsymbol{x}_i\|^2}{c_i^2}\right) = \prod_{j=1}^{d} \exp\left[-\frac{(x^{(j)} - x_i^j)^2}{c_i^2}\right] \tag{10.63}$$

其对应的近似模型形式为

$$\hat{f}_p(\boldsymbol{x}) = \sum_{i=0}^{N} \omega_i \varphi_i(\boldsymbol{x}) + C \tag{10.64}$$

以下针对上述以高斯径向基函数为基函数的非线性近似模型，推导建立其灵敏度指标直接求解方法，由于常数 C 不影响各方差和条件方差的计算，因此对式（10.64）进行灵敏度分析等价于对式（10.65）的灵敏度分析。

$$\hat{f}_p(\boldsymbol{x}) = \sum_{i=0}^{N} \omega_i \varphi_i(\boldsymbol{x}) \tag{10.65}$$

针对近似模型式（10.64），首先进行方差分解，近似模型的方差为

$$D = \int \hat{f}^2(\boldsymbol{x}) - f_0^2 \tag{10.66}$$

根据近似模型部分对高斯径向基函数近似模型的方差计算结果可得

$$\begin{cases} f_0 = E(\hat{f}(\boldsymbol{x})) = \sum_{i=1}^{n} \left(\omega_i \prod_{j=1}^{d} \psi_i^j\right) \\ \int \hat{f}^2(\boldsymbol{x}) = E(\hat{f}^2(\boldsymbol{x})) = \sum_{k=1}^{n} \sum_{i=1}^{n} \left(\omega_i \omega_k \prod_{j=1}^{d} \psi_{ik}^j\right) \end{cases} \tag{10.67}$$

其中 ψ_i^j、ψ_{ik}^j的计算如式（10.68）所示：

$$\begin{cases} \psi_i^j = = c_i \sqrt{\pi} \left[\Phi\left(\sqrt{2}\frac{1-x_i^j}{c_i}\right) + \Phi\left(\sqrt{2}\frac{x_i^j}{c_i}\right) - 1\right] \\ \psi_{ki}^j = \mathrm{e}^{-\frac{(x_i^j - x_k^j)^2}{c_i^2 + c_k^2}} c_{ik} \sqrt{\pi} \left[\Phi\left(\sqrt{2}\frac{1-x_{ik}^j}{c_{ik}}\right) + \Phi\left(\sqrt{2}\frac{x_{ik}^j}{c_{ik}}\right) - 1\right] \end{cases} \tag{10.68}$$

式中：$\Phi(\tau)$为正态分布的累积分布函数；x_{ik}^j、c_{ik}的计算如式（10.69）所示。

$$c_{ik}^2 = \frac{c_k^2 c_i^2}{c_k^2 + c_i^2}, \quad x_{ik}^j = \frac{c_k^2 x_i^j + c_i^2 x_k^j}{c_k^2 + c_i^2} \tag{10.69}$$

得到 ψ_i^j、ψ_{ik}^j以及基函数系数后，针对任意变量集合 z，灵敏度指标可表达为

$$\begin{cases} D_z = \sum_{k=1}^{n} \sum_{i=1}^{n} \omega_k \omega_i \prod_{j \in \tilde{z}} (\psi_i^j \psi_k^j) \prod_{j \in z} \psi_{ik}^j - f_0^2 \\ S_z = \dfrac{D_z}{D} \end{cases} \tag{10.70}$$

式中：$\tilde{z}$ 为 z 的补集。

证明：

考虑任意变量组合 z 的灵敏度指标，根据式（10.6）可得

$$D_z = \sum_{s_i \in z} D_{s_i} = \sum_{s_i \in z} \int f_{s_i}^2(x_{s_i})\mathrm{d}x_{s_i} = \int f_z^2(x_z)\mathrm{d}x_z - f_0^2 \tag{10.71}$$

式中：s_i 为所有 z 的真子集。

$$\begin{aligned} f_z(x_z) &= \int_0^1 \cdots \int_0^1 f(\boldsymbol{x}) \prod_{j \in \tilde{z}} \mathrm{d}x_j = \sum_{i=1}^{n} \int_0^1 \cdots \int_0^1 \omega_i \varphi_i(\boldsymbol{x}) \prod_{j \neq l} \mathrm{d}x_j \\ &= \sum_{i=1}^{n} \left(\omega_i \prod_{j \in \tilde{z}} \psi_i^j \varphi_i^z(x_z) \right) \end{aligned} \tag{10.72}$$

将 $\omega_i \prod_{j \in \tilde{z}} \psi_i^j$ 记作 $\widetilde{\omega}_i$，f_z 的平方积分为

$$\begin{aligned} \int f_z^2(x_z)\mathrm{d}x_z &= \int \sum_{i=1}^{n} \sum_{k=1}^{n} \left(\widetilde{\omega}_i \widetilde{\omega}_k \varphi_i^z(x_z) \varphi_k^z(x_z) \right) \mathrm{d}x_z \\ &= \sum_{i=1}^{n} \sum_{k=1}^{n} \left(\widetilde{\omega}_i \widetilde{\omega}_k \int \varphi_i^z(x_z) \varphi_k^z(x_z) \mathrm{d}x_z \right) \end{aligned} \tag{10.73}$$

其中

$$\begin{aligned} \int \varphi_i^z(x_z) \varphi_k^z(x_z) \mathrm{d}x_z &= \prod_{j \in z} \int_{\mathbf{0}}^{\mathbf{1}} \mathrm{e}^{-\frac{(x^j - x_k^j)^2}{c_k^2} - \frac{(x^j - x_i^j)^2}{c_i^2}} \mathrm{d}x^j \\ &= \prod_{j \in z} \psi_{ik}^j \end{aligned} \tag{10.74}$$

将式（10.74）代入式（10.73）可得

$$\begin{aligned} \int f_z^2(x_z)\mathrm{d}x_z &= \sum_{i=1}^{n} \sum_{k=1}^{n} \left(\widetilde{\omega}_i \widetilde{\omega}_k \prod_{j \in z} \psi_{ik}^j \right) \\ &= \sum_{i=1}^{n} \sum_{k=1}^{n} \left(\omega_k \omega_i \prod_{j \in \tilde{z}} (\psi_i^j \psi_k^j) \prod_{j \in z} \psi_{ik}^j \right) \end{aligned} \tag{10.75}$$

将式（10.75）代入式（10.71），可得式（10.70），证毕。

10.3.3 RBF-PCE 混合近似模型灵敏度分析方法

式（10.64）表达的以高斯径向基函数为基函数的近似模型其基本形式为非线性基函数的加权，对于线性模型或低阶模型的近似能力相对较弱。而式（10.43）表示的正交多项式基函数近似模型是以多项式为基函数的近似模型，更适合于低阶模型的预测。为了整合上述模型的优点，得到更加精确的预测结果，通常将二者混合进行构建近似模型，混合近似模型的基本形式如下：

$$\hat{f}(\boldsymbol{x}) = \sum_{i=1}^{n} \omega_i r_i(\boldsymbol{x}) + \sum_{j=1}^{m} \lambda_j \mathcal{P}_j(\boldsymbol{x}) \tag{10.76}$$

式中：等号右边第一项为高斯径向基函数，用于近似仿真模型的非线性部分；第

二项为正交多项式基函数，提供低阶的全局回归。

根据在近似模型部分的内容，不失一般性，RBF、Kriging 和 SVR 近似模型通常将设计空间归一化到$[0,1]^d$上进行构建与使用，因此为使上述混合近似模型设计空间的描述一致，将这三种近似模型与正交多项式基函数进行统一。通过对$[-1,1]^d$上定义的 Legendre 多项式进行变换，构建$[0,1]^d$上的正交多项式基函数，并与高斯径向基函数进行混合，前几阶$[0,1]^d$上的变换 Legendre 多项式如表 10.3 所示。

表 10.3　区间［0，1］上的前 5 阶正交多项式 Legendre

次　数	基函数形式	基函数模方
0	1	1
1	$2(x-0.5)$	1/3
2	$6(x-0.5)^2-0.5$	1/5
3	$20(x-0.5)^3-3(x-0.5)$	1/7
4	$70(x-0.5)^4-15(x-0.5)^2+0.375$	1/9
5	$252(x-0.5)^3-70(x-0.5)^3+3.75(x-0.5)$	1/11

对上述混合近似模型式（10.76）开展灵敏度分析，需首先建立其方差的计算方法，这对于基于混合近似模型灵敏度指标求解至关重要。混合近似模型的均值和二阶矩计算如下。

由于正交多项式的正交特点，式（10.76）的均值计算如下：

$$\int_0^1 \hat{f}(\boldsymbol{x})\mathrm{d}\boldsymbol{x} = \sum_{i=1}^{n}\int_0^1 \omega_i\varphi_i(\boldsymbol{x})\mathrm{d}\boldsymbol{x} + \sum_{j=1}^{m}\lambda_j\int_0^1 \mathcal{P}_j(\boldsymbol{x})\mathrm{d}\boldsymbol{x} = \sum_{i=1}^{n}\omega_i\psi_i + \lambda_0 \tag{10.77}$$

二阶矩计算如下：

$$\begin{aligned}\int_0^1 \hat{f}^2(\boldsymbol{x})\mathrm{d}\boldsymbol{x} &= \sum_{i=1}^{n}\sum_{k=1}^{n}\int_0^1 \omega_k\omega_i\varphi_k(\boldsymbol{x})\varphi_i(\boldsymbol{x})\mathrm{d}\boldsymbol{x} + 2\sum_{j=1}^{m}\lambda_j\sum_{i=1}^{n}\int_0^1 \omega_i\varphi_i(\boldsymbol{x})\mathcal{P}_j(\boldsymbol{x})\mathrm{d}\boldsymbol{x} + \\ &\quad \sum_{k=1}^{m}\sum_{j=1}^{m}\int_0^1 \lambda_k\lambda_j\mathcal{P}_k(\boldsymbol{x})\mathcal{P}_j(\boldsymbol{x})\mathrm{d}\boldsymbol{x} \\ &= \sum_{k=1}^{n}\sum_{i=1}^{n}\omega_k\omega_i\int_0^1 \varphi_k(\boldsymbol{x})\varphi_i(\boldsymbol{x})\mathrm{d}\boldsymbol{x} + 2\sum_{j=1}^{m}\lambda_j\sum_{i=1}^{n}\omega_i\int_0^1 \varphi_i(\boldsymbol{x})\mathcal{P}_j(\boldsymbol{x})\mathrm{d}\boldsymbol{x} + \\ &\quad \sum_{j=1}^{m}\lambda_j^2\int_0^1 \mathcal{P}_j^2(\boldsymbol{x})\mathrm{d}\boldsymbol{x} \\ &= \sum_{k=1}^{n}\sum_{i=1}^{n}\omega_k\omega_i\psi_{ik} + 2\sum_{j=1}^{m}\lambda_j\sum_{i=1}^{n}\omega_i P_{ij} + \sum_{j=1}^{m}\lambda_j^2 P_j\end{aligned} \tag{10.78}$$

式中：等号右边第一项为 RBF 平方积分项；第二项为高斯径向基函数和勒让德正交基函数的交叉项；第三项为正交多项式的平方积分项。注意到二者的基函数 $\varphi_i(\boldsymbol{x})$ 和 $\mathcal{P}_j(\boldsymbol{x})$ 都是可分离变量的，式（7.78）中的积分可以通过转换为一维积分的乘积计算，如式（10.79）所示：

$$\begin{cases}\psi_{ik}=\prod\limits_{l=1}^{d}\psi_{ik}^{j}\\ P_{ij}=\int_{0}^{1}r_i(\boldsymbol{x})\mathcal{P}_j(\boldsymbol{x})\mathrm{d}\boldsymbol{x}=\prod\limits_{l\notin\Xi_j}\psi_i^l\prod\limits_{l\in\Xi_j}\int_{0}^{1}\phi_i^j\mathcal{P}_{p_j}(x_l)\mathrm{d}x_l\\ P_j=\int_{0}^{1}\mathcal{P}_j^2(\boldsymbol{x})\mathrm{d}\boldsymbol{x}=\prod\limits_{l\in\Xi_j}P_l^{p_j}\end{cases}\tag{10.79}$$

针对变量集 z 及其补集 $\tilde{z}$，则 z 的分解函数及其方差可表示为

$$D_z=\int\hat{f}_z^2(x_z)\mathrm{d}x_z-f_0^2\tag{10.80}$$

根据正交多项式基函数近似模型和高斯径向基函数近似模型的灵敏度分析的各自求解过程可知，对混合近似模型式（10.76）的正交多项式的部分变量积分其本质是做了一次变量筛选，因此

$$\begin{aligned}\hat{f}_z(x_z)&=\int_0^1\cdots\int_0^1\hat{f}(\boldsymbol{x})\prod_{l\in\tilde{z}}\mathrm{d}x^l\\&=\sum_{i=1}^{n}\int_0^1\cdots\int_0^1\omega_i\varphi_i(\boldsymbol{x})\prod_{l\in\tilde{z}}\mathrm{d}x^l+\sum_{\Xi_j\subseteq z}\mathcal{P}_j(x)\\&=\sum_{i=1}^{n}\Big(\omega_i\prod_{l\in\tilde{z}}\psi_i^l\prod_{l\in z}\phi_i^l\Big)+\sum_{\Xi_j\subseteq z}\mathcal{P}_j(x)\end{aligned}\tag{10.81}$$

对式（10.81）平方积分可得

$$\int\hat{f}_z^2(x_z)\mathrm{d}x_z=\sum_{k=1}^{n}\sum_{i=1}^{n}\omega_k\omega_i\prod_{l\in\tilde{z}}(\psi_i^j\psi_k^j)\prod_{l\in z}\psi_{ik}^j+2\sum_{\Xi_j\subseteq z}\lambda_j\sum_{i=1}^{n}\omega_iP_{ij}+\sum_{\Xi_j\subseteq z}\lambda_j^2\prod_{l\in\Xi_j}P_j^{P_l}\tag{10.82}$$

进一步可求得对应的条件方差 D_z 及其灵敏度指标 S_z。

注意到上述求解过程在条件方差和函数总方差的求解过程中，正交多项式基函数与高斯径向基函数的交叉项的存在，会导致结果不够简洁。因此，若在构造混合近似模型过程中，从近似模型方差正交分解的角度出发，对任意 $j(j=1,2,\cdots,m)$，构造附加条件式（10.83）引入近似建模过程，即可使近似模型二阶矩式（10.78）第二项为 0，将混合近似模型的二阶矩完全表达为高斯径向基函数的二阶矩和正交多项式基函数的二阶矩之和。

$$\sum_{i=1}^{n} \omega_i P_{ij} = 0 \tag{10.83}$$

针对 PCE 增广 RBF 近似模型来说，结合上述附加条件和样本点插值条件，可形成求解混合多项式系数 $\boldsymbol{\lambda}$ 和 $\boldsymbol{\omega}$ 的线性方程组：

$$\begin{bmatrix} \boldsymbol{\Phi} & \boldsymbol{\mathcal{P}} \\ \boldsymbol{P} & \boldsymbol{O} \end{bmatrix} \begin{bmatrix} \boldsymbol{\omega} \\ \boldsymbol{\lambda} \end{bmatrix} = \begin{bmatrix} \boldsymbol{y} \\ \boldsymbol{0} \end{bmatrix} \tag{10.84}$$

其中

$$\boldsymbol{\mathcal{P}} = \begin{bmatrix} \mathcal{P}_1(\boldsymbol{x}_1) & \mathcal{P}_2(\boldsymbol{x}_1) & \cdots & \mathcal{P}_m(\boldsymbol{x}_1) \\ \mathcal{P}_1(\boldsymbol{x}_2) & \mathcal{P}_2(\boldsymbol{x}_2) & \cdots & \mathcal{P}_m(\boldsymbol{x}_2) \\ \vdots & \vdots & \ddots & \vdots \\ \mathcal{P}_1(\boldsymbol{x}_n) & \mathcal{P}_2(\boldsymbol{x}_n) & \cdots & \mathcal{P}_m(\boldsymbol{x}_n) \end{bmatrix}_{n\times m}, \quad \boldsymbol{P} = \begin{bmatrix} P_{11} & P_{21} & \cdots & P_{n1} \\ P_{12} & P_{22} & \cdots & P_{n2} \\ \vdots & \vdots & \ddots & \vdots \\ P_{1m} & P_{2m} & \cdots & P_{nm} \end{bmatrix}_{m\times n} \tag{10.85}$$

针对 PCE-Kriging 混合近似模型，可在最小化均方差（the mean square error，MSE）求解 Kriging 近似模型样本点加权数的模型中，引入上述正交性约束，采用拉格朗日乘子法对式（10.86）所示的问题进行求解。

$$\begin{cases} \text{find}: \boldsymbol{\omega} \\ \min: \text{MSE}(\boldsymbol{x}) = \text{E}[(\hat{y}(\boldsymbol{x}) - y(\boldsymbol{x}))^2] \\ \qquad = \left(\sum_{i=1}^{N} \omega_i(\beta_0 + Z(\boldsymbol{x}_i)) - (\beta_0 + Z(\boldsymbol{x}))\right)^2 \\ \qquad = \sigma^2 \left[\sum_{i=1}^{N}\sum_{j=1}^{N} \omega_i\omega_j R(\boldsymbol{x}_i, \boldsymbol{x}_j) - 2\sum_{i=1}^{N} \omega_i R(\boldsymbol{x}_i, \boldsymbol{x}) + 1\right] \\ \text{s.t.}: \sum_{i=1}^{n} \omega_i P_{ij} = 0 \end{cases} \tag{10.86}$$

利用上述正交性条件后，混合近似模型的均值和方差求解如下：

$$\begin{cases} f_0 = \lambda_0 \\ D = \sum_{k=1}^{n}\sum_{i=1}^{n} \left(\omega_k\omega_i \prod_{l=1}^{m} \psi_{ki}^{l}\right) + \sum_{j=1}^{m} \lambda_j^2 \prod_{l\in\Xi_j} P_j^{p_j} \end{cases} \tag{10.87}$$

考虑变量集 z 及其补集 $\tilde{z}$，则 z 的灵敏度指标可表示为

$$\begin{cases} D_z = \sum_{k=1}^{n}\sum_{i=1}^{n} \omega_k\omega_i \prod_{l\in\tilde{z}} (\psi_i^j\psi_k^j) \prod_{l\in z} \psi_{ik}^{j} + \sum_{\Xi_j\subseteq z, \Xi_j\neq\varnothing} \lambda_j^2 \prod_{l\in\Xi_j} P_j^{P_l} \\ S_z = \dfrac{D_z}{D} \end{cases} \tag{10.88}$$

证明：

考虑变量集 z，则有

$$D_z = \int \hat{f}_z^2(x_z)\,\mathrm{d}x_z - \lambda_0^2 \tag{10.89}$$

其中

$$\begin{aligned}\hat{f}_z(x_z) &= \int_0^1 \cdots \int_0^1 \hat{f}(\boldsymbol{x}) \prod_{l \in \tilde{z}} \mathrm{d}x^l \\ &= \sum_{i=1}^{n} \int_0^1 \cdots \int_0^1 \omega_i \varphi_i(\boldsymbol{x}) \prod_{l \in \tilde{z}} \mathrm{d}x^l + \sum_{\Xi_j \subseteq z} \mathcal{P}_j(x) \\ &= \sum_{i=1}^{n} \left(\omega_i \prod_{l \in \tilde{z}} \psi_i^l \prod_{l \in z} \phi_i^l \right) + \sum_{\Xi_j \subseteq z} \mathcal{P}_j(x)\end{aligned} \tag{10.90}$$

将 $\omega_i \prod_{j \in \tilde{z}} \psi_i^j$ 记作 $\widetilde{\omega}_i$，f_z 平方积分可写为

$$\begin{aligned}\int f_z^2(x_z)\,\mathrm{d}x_z = &\int \sum_{i=1}^{n} \sum_{k=1}^{n} \left(\widetilde{\omega}_i \widetilde{\omega}_k \prod_{l \in z} \phi_i^l \phi_k^l \right) \mathrm{d}x_z + \sum_{\Xi_j \subseteq z} \lambda_j^2 P_j + \\ &2 \sum_{\Xi_j \subseteq z} \lambda_j \sum_{i=1}^{n} \left(\widetilde{\omega}_i \int_0^1 \mathcal{P}_j(\boldsymbol{x}) \varphi_i^z(x_z)\,\mathrm{d}\boldsymbol{x} \right)\end{aligned} \tag{10.91}$$

式中：$\sum_{i=1}^{n} \left(\widetilde{\omega}_i \int_0^1 \mathcal{P}_j(\boldsymbol{x}) \varphi_i^z(x_z)\,\mathrm{d}\boldsymbol{x} \right)$ 为式（10.82）中第 j 个正交条件，即为0。则有

$$\begin{cases} D_z = \int f_z^2(x_z)\,\mathrm{d}x_z - \lambda_0^2 \\ \quad = \sum_{k=1}^{n} \sum_{i=1}^{n} \omega_k \omega_i \prod_{j \in \tilde{z}} (\psi_i^j \psi_k^j) \prod_{j \in z} \psi_{ik}^j + \sum_{\Xi_j \subseteq z} \lambda_j^2 \prod_{l \in \Xi_j} P_j^{P_l} - \lambda_0^2 \\ \quad = \sum_{k=1}^{n} \sum_{i=1}^{n} \omega_k \omega_i \prod_{j \in \tilde{z}} (\psi_i^j \psi_k^j) \prod_{j \in z} \psi_{ik}^j + \sum_{\Xi_j \subseteq z, \Xi_j \neq \varnothing} \lambda_j^2 \prod_{l \in \Xi_j} P_j^{P_l} \\ S_z = \dfrac{D_z}{D} \end{cases} \tag{10.92}$$

10.4 小　　结

本章针对复杂工程设计问题中设计变量维度高、变量耦合效应强等带来的设计复杂度增加的问题，研究了复杂高耗时模型的全局灵敏度分析方法，为工程设计中合理剔除不敏感变量、识别变量讨论了基于近似模型的全局灵敏度分析方法。对高斯径向基函数近似模型进行改进研究，提出基于采样点局部密度的高斯

径向基函数形状参数确定方法，显著提高近似模型预测精度。在此基础上提出基于高斯径向基函数的灵敏度指标直接求解方法，避免了高维积分，提高了灵敏度分析效率。主要研究工作和结论如下。

（1）简要介绍了全局灵敏度分析的基本原理和求解方法。从 Sobol' 正交分解的角度出发，介绍了灵敏度分析的基本概念、原理和灵敏度指标的物理意义。介绍了灵敏度分析的统计学表述方法，将定义在设计区间上的灵敏度指标推广于定义在概率密度函数下的随机变量，给出了其蒙特卡罗求解方法和基本流程。

（2）针对蒙特卡罗求解计算复杂度高的问题，研究了将近似模型应用于灵敏度分析过程，代替原始高耗时黑箱仿真函数开展灵敏度分析的一般原理与步骤。为提高仿真数据利用率，介绍了常用面向全局近似的样本序列填充准则，实现了近似模型和灵敏度指标的动态校准。

（3）结合灵敏度分析的高维积分计算与可分离变量基函数的特点，推导了采用可分离变量基函数时，近似模型各变量灵敏度指标的解析求解方法。主要包括正交多项式基函数和高斯径向基函数及其混合形式，推导了基于可分离变量基函数时的各阶灵敏度指标显式计算方法，为工程设计中多变量影响规律的量化分析提供了可行高效的方法。

参考文献

[1] Homma T, Saltelli A. Importance measures in global sensitivity analysis of nonlinear models [J]. Reliability engineering & System safety, 1996, 52: 1-17.

[2] Chen W, Jin R, Sudjianto A. Analytical Variance-Based Global Sensitivity Analysis in Simulation-Based Design Under Uncertainty [J]. ASME. Journal of Mechanical Design. 2005, 127: 875.

[3] Sobol IM. Global sensitivity indices for nonlinear mathematical models and their Monte Carlo estimates [J]. Mathematics and Computers in Simulation 2001, 55: 271-80.

[4] Blatman G, Sudret B. Efficient computation of global sensitivity indices using sparse polynomial chaos expansions. Reliability engineering & System safety 2010, 95: 1216-29.

第11章

基于近似模型的概率可靠性分析方法

在航空航天设备、机械构件、土木结构等工程设计问题中，广泛存在着几何参数、材料特性和荷载条件等各类不确定因素，导致了产品实际性能与设计状态之间存在偏差，甚至不能完成既定任务导致产品失效。可靠性分析通过定量分析这些输入参数不确定性对实际性能的影响，合理评估失效概率，是保证系统安全的有效方法。

由于不确定性变量与系统实际性能之间的映射关系通常没有显式计算方法，需要通过高耗时黑箱仿真模型获得，存在计算成本较高、分析效率低的问题。为了降低可靠性分析的计算成本，利用近似模型代替原始高耗时黑箱仿真模型进行可靠性分析成为广泛采用的方法。基于近似模型的可靠性分析方法通过实验设计建立近似模型代替原有功能函数，并采用蒙特卡罗模拟方法进行失效概率求解，进一步通过样本点和近似模型的更新，使失效概率收敛于真值。

本章对基于近似模型的概率可靠性分析方法展开详细讨论，在介绍可靠性分析的基本原理和方法的基础上，针对工程设计需求研究建立基于近似模型的可靠性分析方法的基本流程，并针对可靠性分析效率和预测精度提升的具体需求，详细讨论面向极限状态快速预测和可靠性指标快速求解的方法，可为复杂高耗时黑箱仿真模型可靠性分析提供基础方法和设计参考。

11.1 可靠性分析的基本原理

11.1.1 可靠性分析的基本概念

在工程设计问题中，由于物理机理不明确、设计参数和工作条件不确定等随机因素的影响，导致设计状态下的系统响应或输出不再是一个常值，而是服从一定概率分布的随机变量。这种输入条件不确定性带来的输出响应波动，往往会导致模型实际输出不再满足设计指标或无法完成既定功能。在工程设计中，可靠性分析就是通过研究上述情况下输入参数不确定性对响应不确定性的影响，计算输入参数存在不确定时，系统响应能够满足产品设计指标或完成预定功能的概率，进一步给设计师改进设计或者决策提供指导和参考。下面针对可靠性分析中的重要概念进行简单介绍。

功能函数：在可靠性分析中，由输入参数计算输出响应的仿真模型称为功能函数，用 $g(\boldsymbol{X})$ 表示。

极限状态：功能函数 $g(\boldsymbol{X})=0$ 时称作极限状态，$g(\boldsymbol{X})=0$ 的超平面称为极限状态面，它将随机输入空间分为两部分：安全域和失效域。工程中一般假定 $g(\boldsymbol{X})>0$ 为可靠状态，$g(\boldsymbol{X})\leqslant 0$ 为失效状态，

失效概率：失效概率 P_f 是指系统不能满足产品设计指标或完成预定功能的概率，可由式（11.1）定义。

$$P_f=\Pr\{g(\boldsymbol{X})\leqslant 0\} \tag{11.1}$$

式中：$\Pr\{\cdot\}$ 为求 $\{\cdot\}$ 中事件发生的概率。

可靠度：可靠度 P_r 是指系统能够满足产品设计指标或完成预定功能的概率，与失效概率对应，系统可靠度由式（11.2）定义。

$$P_r=\Pr\{g(\boldsymbol{X})>0\}=1-P_f \tag{11.2}$$

在输入变量 $\boldsymbol{X}$ 的联合密度函数 $f_{\boldsymbol{X}}(x)$ 给定的情况下，失效概率理论上用式（11.3）计算。

$$P_f=\Pr\{g(\boldsymbol{X})\leqslant 0\}=\int_{g(\boldsymbol{X})\leqslant 0} f_{\boldsymbol{X}}(x)\,\mathrm{d}x \tag{11.3}$$

例如，对如图11.1所示的二维功能函数和极限状态，其失效概率可通过如式（11.4）所示的积分进行计算：

$$P_f=\Pr\{g(x_1,x_2)\leqslant 0\}=\iint_{g(x_1,x_2)\leqslant 0} f_{X_1X_2}(x_1,x_2)\,\mathrm{d}x_1\mathrm{d}x_2 \tag{11.4}$$

同理，对于 d 维随机输入变量对应的极限状态函数概率积分将变为 d 重积分，同时注意到式（11.3）中的积分区域不同于灵敏度计算的积分域，不是 d 维单位超立方体，而是系统的失效域 $g(\boldsymbol{X})<0$。对于大多数工程设计问题，上述积分边界 $g(\boldsymbol{X})=0$ 又是非线性、无解析表达式且计算耗时的仿真模型，因此难以获得解析解，只能利用近似方法来计算式（11.3），从而得到失效概率和可靠度。

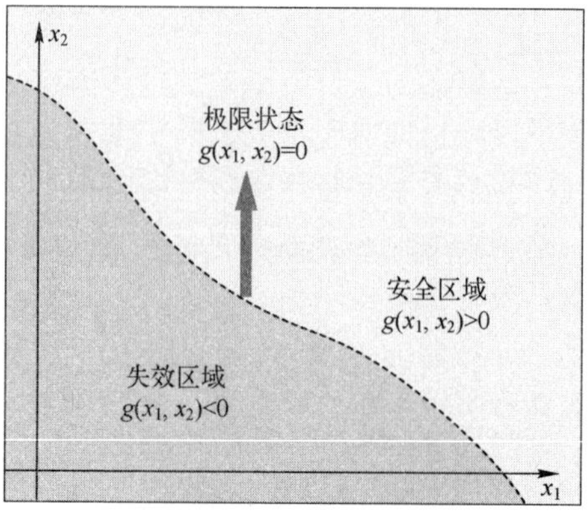

图 11.1 可靠性分析功能函数和极限状态

11.1.2 基于功能函数局部展开的可靠性分析方法

为简化可靠性分析过程，可先对功能函数做如下假设：①随机输入变量服从标准正态分布；②极限状态函数为输入变量的线性函数。此时，根据正态分布的性质可知，功能函数 $y=g(\boldsymbol{x})=\boldsymbol{b}^{\mathrm{T}}\boldsymbol{x}+b_0$ 也服从正态分布，其均值为 b_0，方差为 $|\boldsymbol{b}|^2$，失效概率，即 $g(\boldsymbol{x})<0$ 的概率可表示为

$$\begin{cases} P_f = \Phi(-\beta) \\ \beta = \dfrac{b_0}{\sqrt{\sum\limits_{i=1}^{d} b_i^2}} \end{cases} \tag{11.5}$$

式中：$\Phi(\cdot)$ 为标准正态分布的累积分布函数；β 具有特定的几何意义，为标准正态空间中原点到极限状态面的最短距离，该距离定义为可靠性指标，同时该距离对应的极限状态面的点也是该问题最可能失效的点（在失效域内概率密度函数最大的点），简称 MPP 点，如图 11.2 所示。

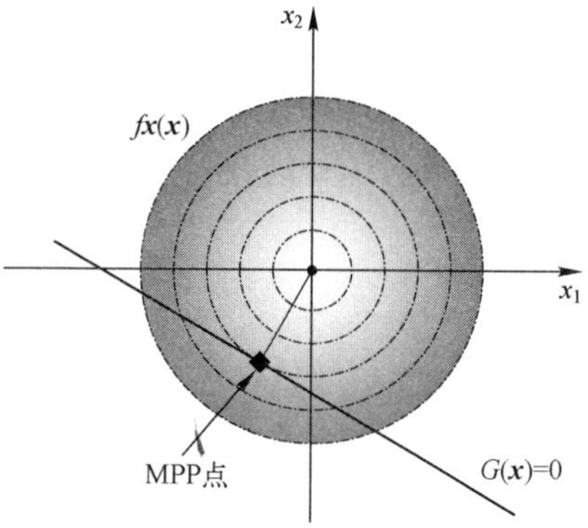

图 11.2 MPP 点和可靠度指标

从概率论的角度出发，可靠性指标 β 也可以理解为标准正态分布下可靠度 P_r 对应的分位数，引入可靠度指标后，失效概率式（11.5）可进一步表示为

$$P_f=\Phi(-\beta)=1-\Phi(\beta) \tag{11.6}$$

求出可靠性指标后，即可根据标准正态分布的逆累积分布函数，实现可靠度和失效概率的计算。

上述方法建立了在线性功能函数和输入变量服从标准正态分布的条件下可靠度分析方法，当极限状态函数为线性且输入变量都服从标准正态分布时，上述方法估算得到的失效概率是完全精确的。但一般的工程问题通常不满足上述两个假设，因此将上述方法用于复杂工程问题的可靠性分析时需要进行输入空间的变换和功能函数的近似，以实现失效概率求解。

1） 输入空间变换

根据累计分布函数的定义，假设随机输入变量是相互独立的，将随机输入变量 $X_i(i=1,2,\cdots,d)$ 变换为标准正态随机变量 U，也就是从原空间（X 空间）变换到标准正态空间（U 空间），最常用的是 Rackwitz-Fiessler[1-2]变换：

$$\begin{cases}F_{X_i}(X_i)=\Phi(U_i)\\ X_i=F_{X_i}^{-1}[\Phi(U_i)](i=1,2,\cdots,d)\end{cases} \tag{11.7}$$

式中：$F_{X_i}(X_i)$ 为概率累积分布函数；$F_{X_i}^{-1}[\cdot]$ 为 X_i 的概率累积分布函数的逆函数；ϕ 为标准正态分布的累积分布函数。通过保证变换前后随机变量在 X 空间到 U 空间对应的概率累积分布值相等来实现。

2） MPP 点求解

经过输入空间变化后，将任意分布的独立随机输入变量变换为标准正态随机变量，$\hat{g}(U)$ 成为标准正态随机变量的函数，由于经过一系列非线性变换，通常情况下 $\hat{g}(U)$ 为 U 空间的非线性函数，不存在类似于式（11.5）所示的可靠度指标直接求解方法，因此需要采用迭代法进行逐步逼近。假设 U 空间的 MPP 点为 $\boldsymbol{u}^*$，根据 MPP 点的定义：极限状态面 $\hat{g}(U)=0$ 上距离原点最近的点，可以通过求解以下约束优化问题得到 MPP 点：

$$\begin{cases}\min\beta=\min\|\boldsymbol{u}\|=\min\ (\boldsymbol{u}^{\mathrm{T}}\boldsymbol{u})^{1/2}\\ \text{s.t. }\ \hat{g}(\boldsymbol{u})=0\end{cases} \tag{11.8}$$

为了提高搜索效率，可采用 HL-RF 迭代算法对上述等式约束优化问题进行求解。得到 MPP 点后，可通过在 MPP 点处进行展开，将非线性函数 $\hat{g}(U)$ 通过线性化来求解可靠性指标和可靠度。

3） 功能函数变换

一次可靠度方法（first order reliability method，FORM）[3]：经过上述求解方法得到 MPP 点(u^*)后，采用 MPP 点 $\boldsymbol{u}^*$ 作为展开点，把 $\hat{g}(U)$ 在 $\boldsymbol{u}^*$ 附近进行一阶泰勒展开近似得到

$$\hat{g}(U) \approx \hat{g}(\boldsymbol{u}^*) + \sum_{i=1}^{d} \frac{\partial \hat{g}}{\partial U_i}\bigg|_{\boldsymbol{u}^*} (U_i - u_i^*) \tag{11.9}$$

式中：u_i^* 对应矢量 $\boldsymbol{u}^*$ 中第 i 个分量。

由于 $\boldsymbol{u}^*$ 位于极限状态面上，因此$\hat{g}(\boldsymbol{u}^*)=0$，则式（11.9）变为

$$\hat{g}(U) \approx -\sum_{i=1}^{d} \frac{\partial \hat{g}}{\partial U_i}\bigg|_{\boldsymbol{u}^*} u_i^* + \sum_{i=1}^{d} \frac{\partial \hat{g}}{\partial U_i}\bigg|_{\boldsymbol{u}^*} U_i = b_0 + \sum_{i=1}^{d} b_i U_i \tag{11.10}$$

式中：$b_0 = -\sum_{i=1}^{d} \frac{\partial \hat{g}}{\partial U_i}\Big|_{\boldsymbol{u}^*} u_i^*, b_i = \frac{\partial \hat{g}}{\partial U_i}\Big|_{\boldsymbol{u}^*}$。

通过以上过程对非线性极限状态函数实现了线性化，并具有了如式（11.10）所示的形式，因此可直接基于可靠性指标方法估算失效概率。

二次可靠度方法（second order reliability method，SORM）[4]：为了改善一阶近似方法在 MPP 点处对极限状态函数的近似精度，在最可能失效点处对极限状态函数进行二阶泰勒级数展开，之后根据展开形式，对可靠度进行计算。

将极限状态函数在 MPP 点 $\boldsymbol{u}^*$ 处进行二阶近似得到$\hat{g}(U)$：

$$\hat{g}(U) \approx \hat{g}(u^*) + \sum_{i=1}^{d} \frac{\partial \hat{g}}{\partial U_i}\bigg|_{u^*} (U_i - u_i^*) + \frac{1}{2} \sum_{i=1}^{d} \sum_{j=1}^{d} \frac{\partial^2 \hat{g}}{\partial U_i \partial U_j}\bigg|_{\boldsymbol{u}^*} (U_i - u_i^*)(U_j - u_j^*) \tag{11.11}$$

由于 MPP 点位于极限状态面上，因此$\hat{g}(\boldsymbol{u}^*)=0$ 同时将式（11.11）写为矢量形式：

$$\hat{g}(U) \approx \nabla \hat{g}(\boldsymbol{u}^*)(U-\boldsymbol{u}^*)^{\mathrm{T}} + \frac{1}{2}(U-\boldsymbol{u}^*)\nabla^2 \hat{g}(\boldsymbol{u}^*)(U-\boldsymbol{u}^*)^{\mathrm{T}} \tag{11.12}$$

式中：$\nabla^2 \hat{g}$为二阶导数矩阵，它是一个关于极限状态函数$\hat{g}(U)$的二阶偏导数的对称方阵。

由于二次项的存在，SORM 方法并不能像 FORM 那样直接从式（11.12）得到失效概率的解析解。需要利用线性及正交变换来简化式（11.11）或式（11.12），使$\hat{g}(U)$成为相互独立的标准正态分布变量的函数。一旦变换完成，失效概率可利用式（11.13）计算：

$$P_f \cong \phi(-\beta) \prod_{i=1}^{d-1} (1 + \beta k_i)^{-\frac{1}{2}} \tag{11.13}$$

式中：$k_i(i=1,2,\cdots,d-1)$为$\hat{g}(U)$在 MPP 点处的主曲率。

通常对于非线性极限状态函数$\hat{g}(U)$，FORM 进行线性近似，而 SORM 进行二次逼近。因此 SORM 对极限状态函数的近似更精确，一般情况下失效概率计算更精确，但由于 SORM 需要计算二阶导数，因此计算量也更大。

11.1.3　基于抽样的可靠性分析方法

随着功能函数非线性程度的增加，特别是对于非光滑、不连续功能函数的情况，二阶逼近也面临着近似精度不足的问题。基于抽样的可靠性分析方法不依赖功能函数的连续性，能够以任意精度对失效概率进行估计。

蒙特卡罗仿真是最简单、最直接的随机抽样法，广泛应用于计算数学领域，在知道输入变量分布信息的情况下，蒙特卡罗模拟用于估计事件的失效概率 P_f 如下：

$$P_f \approx \frac{1}{N}\sum_{j=1}^{N} I[G(\boldsymbol{x}_j) \leqslant 0] \tag{11.14}$$

式中：N 为样本数；I 为一个取值为 1 或者 0 的指示函数，如果中括号内 $G(\boldsymbol{x}_j) \leqslant 0$ 为真则取值为 1，否则取值为 0；G 为功能函数；$\boldsymbol{x}_j$ 为服从输入参数联合分布的随机样本点，其本质是对失效概率式（11.3）进行蒙特卡罗积分。

蒙特卡罗模拟适用范围广、计算操作简捷，且其计算结果依概率收敛于真值，因此常被用作检验其他方法有效性和精度的基准。但为了保证分析的精度，需要大量的样本作为支撑，而在大多数工程问题中，失效概率通常较小，导致需要的样本量进一步增加，极大限制了蒙特卡罗方法在复杂工程设计问题中的应用。

重要性抽样方法针对蒙特卡罗方法落在失效区域样本过少的问题，引入重要性权值引入偏置函数 $h_X(x)$，重新构造抽样函数（用于产生随机样本的联合概率密度函数），增加样本点落在重要区域的次数，避免了大量的无效计算，从而使计算效率和精度大幅度提高[5]，如图 11.3 所示。

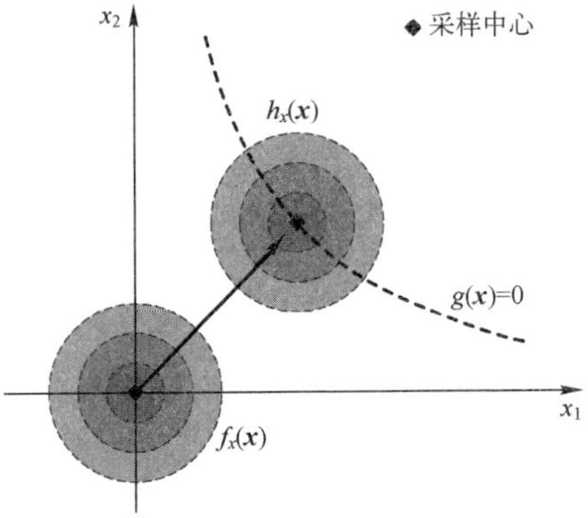

图 11.3　重要性抽样方法

引入偏置函数后，求失效概率的积分式（11.3）可变换成如式（11.15）所示的表达式：

$$\begin{cases} P_f = \int_{\boldsymbol{R}^d} I(x) f_X(x)\,\mathrm{d}x = \int_{\Omega^d} I(x)\,\dfrac{f_X(x)}{h_X(x)} h_X(x)\,\mathrm{d}x \\ \int_{\boldsymbol{R}^d} I(x)\,\omega(x)\,h_X(x)\,\mathrm{d}x = E_h[I(\boldsymbol{X})\,\omega(\boldsymbol{X})] \end{cases} \tag{11.15}$$

式中：Ω^d为 d 维变量空间；$f_X(x)$为原输入随机变量的联合概率密度函数；$h_X(x)$为偏置函数或重要性密度函数，要求满足 $I(x)f_X(x)\neq 0$ 时 $h_X(x)>0$；$\omega(x)=f_X(x)/h_X(x)$为权重函数，用来调整抽样点输出以确保对失效概率 P_f 的重要抽样估计是无偏估计；E_h 为对重要性密度函数 $h_X(x)$的期望算子。

例如，对图 11.4 所示的功能函数为 $g(x_1,x_2)=x_1+x_2-0.2$，当输入变量服从$[0,1]^2$上的均匀分布时，失效概率真值为 0.02。若采用蒙特卡罗法，采样点个数为 500 时，10 次采样得到的失效概率为 0.09±0.02，若将输入变量的范围偏置到$[0,0.2]^2$，可以得到的失效概率为 0.02±0.002，因为在极限状态附近得到了更多的采样点，更容易分辨出失效和可行域的边界，所以可获得更加准确的失效概率估计值。

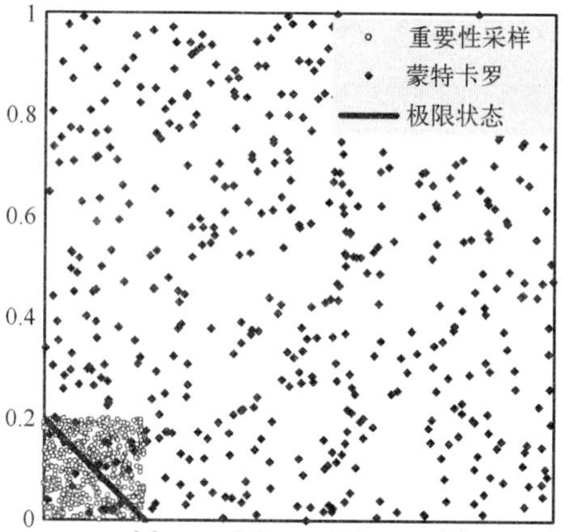

图 11.4　重要性抽样偏置采样函数效果

需要注意的是，在实际使用中我们无法提前判断极限状态所在的位置，因此，无法直接构造如上述实例中恰到好处的偏置函数，仅能通过前期的分析对偏置函数的形式和参数进行估计，逐步提升重要性采样的效用。

11.2 基于近似模型的可靠性分析方法

11.1节中建立了可靠性分析的基本原理和理论计算方法，由于工程设计问题模型无解析表达式，并且非线性特征显著，因此只能通过近似方法进行求解，根据两种近似计算方法的介绍可知，两种近似计算方法均需要多次调用仿真模型进行迭代求解。在局部展开的可靠度方法中涉及计算函数梯度或二阶导数矩阵，对于没有解析表达式的模型来说，随着问题维度的增加，计算复杂度也会急剧增加，而基于采样的方法，尽管能通过重要性采样降低模型调用次数，但重要性采样的偏置函数选择以及得到收敛的结果仍然是黑箱函数灵敏度分析中面临的重要问题。因此在实际工程设计问题中，需要将近似模型引入可靠性分析过程，利用近似模型计算速度快的特点实现可靠性指标的快速计算，并通过对近似模型的动态校准，实现极限状态平面的高效提取，进而完成可靠性指标的高效求解。

11.2.1 基于近似模型的可靠性分析通用流程框架

与基于近似模型的优化设计和灵敏度分析方法类似，基于近似模型的可靠性分析流程也可大致分为初始实验设计、近似模型构建和动态采样三部分，其主要流程也与优化设计和灵敏度分析类似，如图11.5所示。

与优化设计和灵敏度分析的不同之处在于，可靠性分析的输入样本是任意概率密度函数的分布，设计变量在输入空间取值的可能性不同，并且可能的取值范围不一定是有界的，对于大部分分布，其取值通常为$[-\infty,+\infty]$。而初始实验设计只能在有界空间内进行均匀采样，因此在初始实验设计阶段，需要对其进行逆累积分布函数变换，从区间$[0,1]$变换为区间$[-\infty,+\infty]$进行原始模型计算，正态分布的逆累积分布变换如图11.6所示。

在基于近似模型进行采样的环节，可靠性分析和前面章节关于优化和灵敏度分析的章节也有不同。对于优化来说，其主要目的是对最优解进行快速预测，因此可以放宽全局的近似精度，只要近似模型能够反映全局的变化趋势即可；对于灵敏度分析来说，必须对全局进行准确近似建模以实现各变量全局影响的快速计算；对于可靠性分析来说，采样的核心是对可靠域和失效域进行区分，进而利用蒙特卡罗或者局部展开方法对近似模型的灵敏度进行分析，从而得出原始高耗时黑箱仿真模型的灵敏度指标。

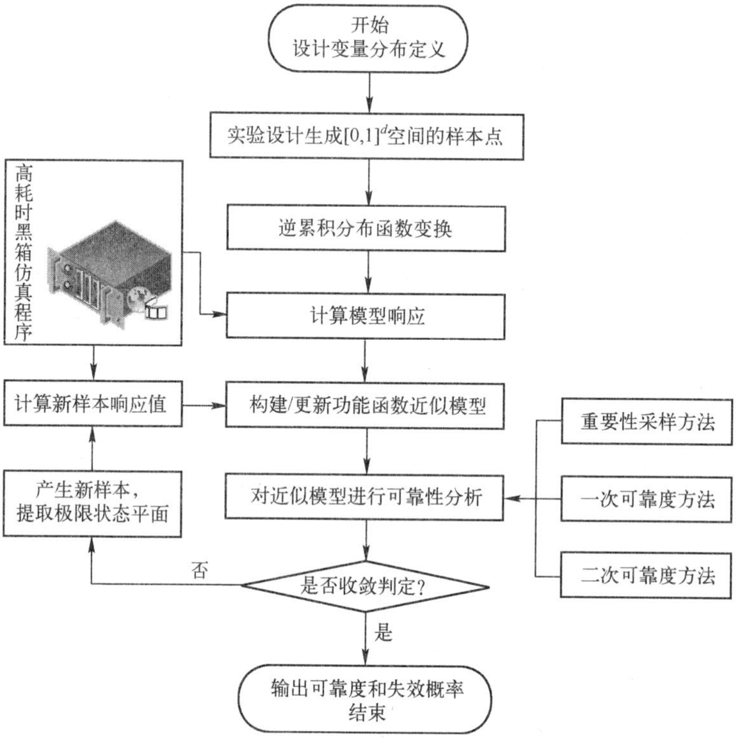

图 11.5　基于近似模型的可靠性分析方法

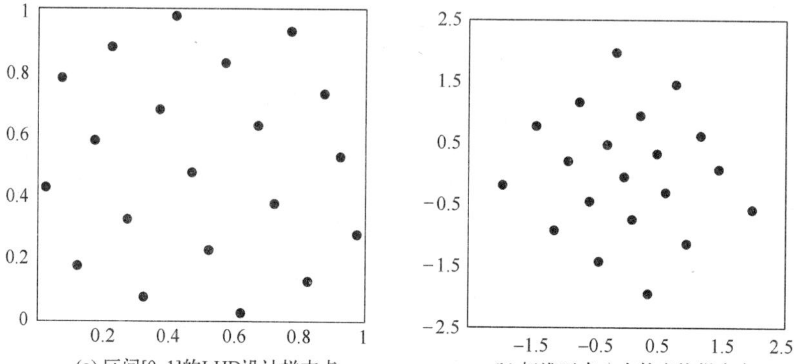

图 11.6　正态分布的逆累积分布函数变换

如图 11.7 所示，灵敏度分析需要对超立方体内模型输出进行准确预示，优化设计是对最优点的预示，而可靠性分析的目的是对极限状态超平面的预示，上述不同的需求，也牵引出了不同的采样策略。

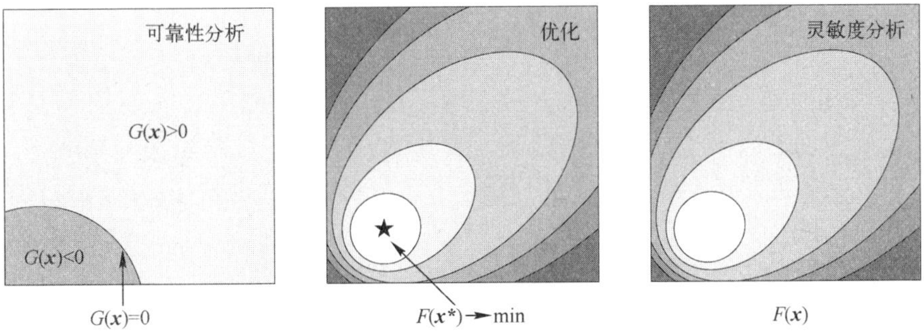

图 11.7 不同需求下的采样偏好性

11.2.2 面向极限状态快速逼近的动态采样方法

11.2.2.1 基于预测方差的自适应采样方法

在众多近似模型中，Kriging 近似模型除对模型输出进行预测外，还可以给出任意点处的预测方差，这对于评估极限状态附近的预测精度具有重要作用，因此被广泛用于可靠性分析。

对于 Kriging 近似模型来说，利用训练样本$[\boldsymbol{x}_i,\boldsymbol{y}_i](i=1,2,\cdots,N)$构建功能函数 $G(\boldsymbol{x})$的近似模型$\hat{G}(\boldsymbol{x})$，近似模型在任意输入点 $\boldsymbol{x}$ 处预测的均值和方差为

$$\begin{cases}\mu_{\hat{G}}=\hat{G}(\boldsymbol{x})=\mu+\boldsymbol{r}(\boldsymbol{x})^{\mathrm{T}}\boldsymbol{R}^{-1}(\boldsymbol{y}-\mu\boldsymbol{1})\\ \sigma_{\hat{G}}^{2}=s^{2}(\boldsymbol{x})=\sigma^{2}\left\{1-\boldsymbol{r}(\boldsymbol{x})^{\mathrm{T}}\boldsymbol{R}^{-1}\boldsymbol{r}(\boldsymbol{x})+\dfrac{[1-\boldsymbol{1}^{\mathrm{T}}\boldsymbol{R}^{-1}\boldsymbol{r}(\boldsymbol{x})]^{2}}{\boldsymbol{1}^{\mathrm{T}}\boldsymbol{R}^{-1}\boldsymbol{1}}\right\}\end{cases}\tag{11.16}$$

假设 Kriging 在 $\boldsymbol{x}$ 处的预测值服从 $N(\mu_{\hat{G}},\sigma_{\hat{G}}^{2})$，则 Kriging 近似模型对于设计空间内任意一点 $\boldsymbol{x}$，如果$\hat{G}(\boldsymbol{x})>0$，那么 Kriging 近似模型未能正确识别该点的概率为

$$p[G(\boldsymbol{x})<0]=p\left[\frac{G(\boldsymbol{x})-\mu_{\hat{G}}(\boldsymbol{x})}{\sigma_{\hat{G}}^{2}(\boldsymbol{x})}<\frac{0-\mu_{\hat{G}}(\boldsymbol{x})}{\sigma_{\hat{G}}^{2}(\boldsymbol{x})}\right]=\Phi\left[-\frac{\mu_{\hat{G}}(\boldsymbol{x})}{\sigma_{\hat{G}}^{2}(\boldsymbol{x})}\right]\tag{11.17}$$

如果$\hat{G}(\boldsymbol{x})<0$，那么 Kriging 近似模型未能正确识别该点的概率为

$$p[G(\boldsymbol{x})>0]=p\left[\frac{G(\boldsymbol{x})-\mu_{\hat{G}}(\boldsymbol{x})}{\sigma_{\hat{G}}^{2}(\boldsymbol{x})}>\frac{0-\mu_{\hat{G}}(\boldsymbol{x})}{\sigma_{\hat{G}}^{2}(\boldsymbol{x})}\right]=\Phi\left[\frac{\mu_{\hat{G}}(\boldsymbol{x})}{\sigma_{\hat{G}}^{2}(\boldsymbol{x})}\right]\tag{11.18}$$

式中：Φ 为标准正态分布函数。因此 Kriging 近似模型在某一点 $\boldsymbol{x}$ 处识别错误的概率如式（11.19）所示：

$$p_{\text{error}}=\Phi\left[-\frac{|\mu_{\hat{G}}(\boldsymbol{x})|}{\sigma_{\hat{G}}^{2}(\boldsymbol{x})}\right]\equiv\Phi[-U(\boldsymbol{x})] \tag{11.19}$$

当 Kriging 近似模型在全空间的预测均值和方差均可使式（11.19）保持较小值时，表明该近似模型已经足够精确，在任意一点均可正确识别可靠域和失效域，可基于该近似模型进行可靠性分析，并将分析结果对原始模型的可靠性和失效概率进行近似。

当近似模型精度不够时，就需要通过增加样本点来降低上述识别错误概率，此时选择识别错误概率最大的点作为样本点，可使在该点采样后，空间最大识别错误概率降低，通过上述过程的迭代，可实现式（11.19）所示的可靠域/失效域识别错误的概率逐步降低。因此可靠性分析的采样准则可表示为

$$\min:U(\boldsymbol{x})=\frac{|\mu_{\hat{G}}(\boldsymbol{x})|}{\sigma_{\hat{G}}^{2}(\boldsymbol{x})} \tag{11.20}$$

当上述准则函数或学习函数减小到一定阈值后，表明犯错误的最大概率已经降至某一给定精度以内，则可停止迭代过程，并采用蒙特卡罗方法求解近似模型的可靠性和失效概率。

准则式（11.20）以函数 $U(\boldsymbol{x})$ 的最小化进行采样，因此也称为 U 学习函数。通过对该准则函数形式分析可知，该准则函数趋向于在均值接近于 0 且预测方差较大的点进行采样，如图 11.8 所示。预测均值接近于 0 可对模型在极限平面处的预测精度进行校验，进一步提升极限状态平面预测精度，同时预测方差最大化，有助于提升极限状态平面内的探索能力，防止样本点局部聚集。

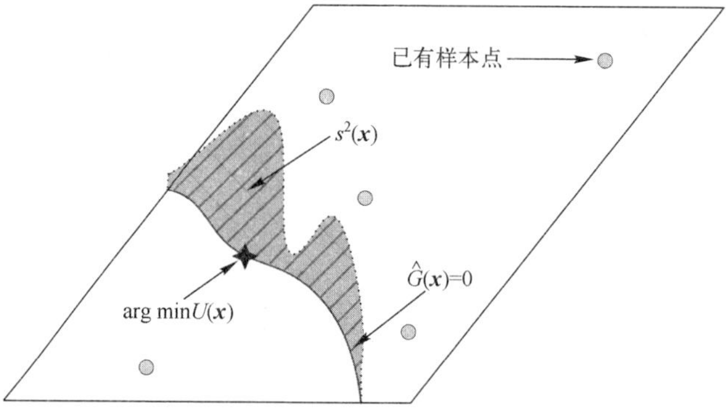

图 11.8　U 学习函数采样

对于如式（11.21）所示的可靠性分析问题：

$$g(\boldsymbol{x})=1-x_1^2x_2/20 \tag{11.21}$$

式中：$x_i \sim N(2.2, 0.4^2)$。

选择初始采样点个数为5，以U学习函数作为采样准则，$\max[U(\boldsymbol{x})]>3$为收敛准则，可靠性指标的收敛过程和理论真值对比如图11.9所示，结果表明采用近似模型后，可大幅减少函数调用次数，表明该方法能够满足复杂高耗时工程问题失效概率和可靠度的计算需求。图11.10中列出了极限状态曲线随迭代次数的变化，图中结果表明随着模型调用次数的增加，极限状态逐渐收敛于真值，新增样本点实现了在极限状态平面附近的分布。

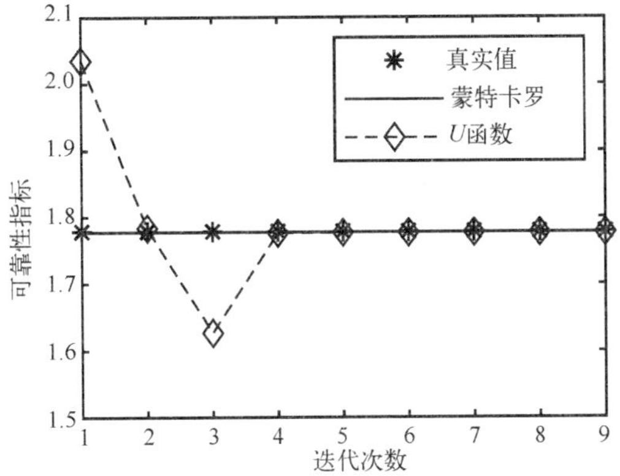

图11.9 可靠性指标收敛曲线对比

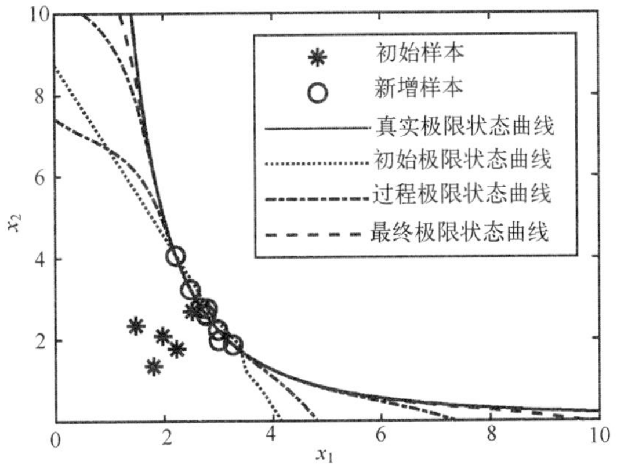

图11.10 极限状态收敛过程

11.2.2.2 基于样本点距离的自适应采样方法

根据前面的分析可知，基于近似模型进行可靠性分析时，动态采样过程的基本思想和基于近似模型的优化设计类似，也需要综合考虑局部开发和全局探索，但此时的局部开发不是向全局最优点收敛，而是向极限状态平面收敛，可定义为

$$\min : \hat{G}^2(\boldsymbol{x}) \tag{11.22}$$

只要样本点落在预测值的极限状态平面上，就是式（11.22）的最优解，因此一般情况下有无穷多解。为了确定合理采样点，需引入额外开发指标，防止样本点过度聚集带来计算资源浪费，在有方差信息可以利用的 Kriging 近似模型中，可将方差和预测均值进行综合，得到 U 学习函数指标。

应注意到方差在近似模型采样过程中属于全局探索指标，在方差最大处采样有助于提升全局预测精度，借鉴该思想，在没有方差信息可利用的近似模型中，可将最大化最小距离作为探索准则实现采样，即构造如下问题：

$$\max : d(\boldsymbol{x}) = \min_{1 \leqslant i \leqslant N} \|\boldsymbol{x} - \boldsymbol{x}_i\| \tag{11.23}$$

之后，参考 U 学习函数的构建方法可建立如下可靠性分析自适应采样准则：

$$\min : \frac{|\hat{G}(\boldsymbol{x})|}{d(\boldsymbol{x}) + \delta} \tag{11.24}$$

式中：δ 为较小的正数，防止 $d(\boldsymbol{x}) = 0$ 时上述准则无法求解。

采用基于样本距离的自适应采样准则，通过径向基函数构建近似模型，对所示的问题进行可靠性分析，失效概率的收敛过程和理论真值对比如图 11.11 所示，极限状态曲线随迭代次数的变化如图 11.12 所示，图中结果表明随着模型调用次数的增加，失效概率和极限状态逐渐收敛于真值，新增样本点也实现了在极限状态平面附近的分布。

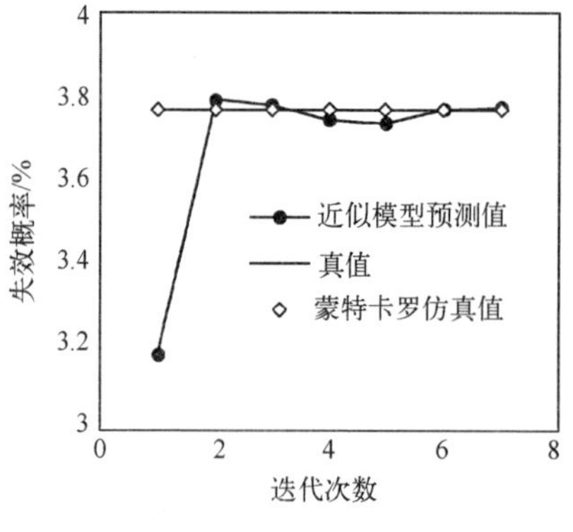

图 11.11　失效概率收敛曲线对比

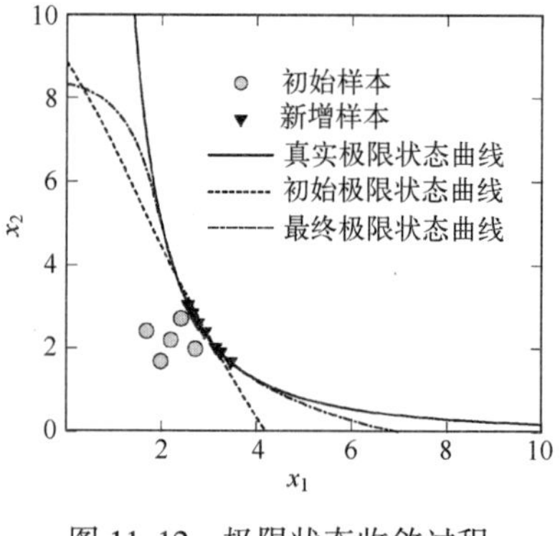

图 11.12　极限状态收敛过程

11.2.2.3 概率密度函数权重信息的利用

前面根据近似模型预测方差是否可以得到，通过功能函数的探索和开发，建立了基于探索指标（距离或方差）和开发指标（功能函数预测值）的自适应采样准则，实现了样本点在极限状态平面的均匀分布和快速提取，有效提升了可靠性分析效率。但是可靠性分析与优化设计不同，可靠性分析的设计变量是服从特定概率分布的随机变量，因此不同区域的极限状态平面预测精度的提升不同，所带来的失效概率预测精度的提升也不同。在概率密度较大的区域提升极限状态平面预测精度，更有利于提升可靠度和失效概率计算精度，而仅考虑全局探索性采样准则和极限状态的功能函数的预测值，会造成将极限状态上不同概率密度取值处的点同等考虑。这就导致概率密度函数较小的区域过度探索或概率密度函数较大的区域探索不足的问题，难以对有限计算资源数充分利用。因此，需要在采样过程综合考虑开发性、探索性和设计变量概率密度函数，即构建如下多目标采样准则：

$$\begin{cases}\min: |\hat{G}(\boldsymbol{x})| \\ \max: f_x(\boldsymbol{x}) \\ \max: \begin{cases} d(\boldsymbol{x})\,(\text{无预测方差}) \\ s_{\hat{G}}^2(\boldsymbol{x})\,(\text{有预测方差}) \end{cases}\end{cases} \tag{11.25}$$

式中：$f_x(\boldsymbol{x})$为设计变量的联合概率密度函数。通过构建式（11.26）所示的采样准则，在极限平面上最小化式（11.25），在相同的最小距离或预测方差下，会更倾向于选择概率密度函数较大的采样点，从而提高重要区域的预测精度，提升计算代价消耗对可靠度和失效概率预测的贡献率。通过将上述三个指标进行综合，结合式（11.20）和式（11.24）的采样准则构造方式，可构建如下采样点确定准则：

$$\min: \frac{|\hat{G}(\boldsymbol{x})|+\delta_g}{f_x(\boldsymbol{x})[d(\boldsymbol{x})+\delta_d]} \tag{11.26}$$

式中：δ_d 为正数，防止 $d(\boldsymbol{x})=0$ 时分母项的作用失效。

11.2.3 动态采样过程近似模型失效概率求解方法

11.2.3.1 蒙特卡罗法

基于近似模型的可靠性分析方法需要在每次迭代中对非线性优化问题进行求

解，获取新样本点并更新近似模型，对近似模型进行可靠性分析，得到近似模型的可靠度和失效概率。由于近似模型的计算速度相对原始高耗时黑箱仿真模型几乎可以忽略不计，可以满足蒙特卡罗法大量调用的计算效率需求，因此常采用蒙特卡罗法对近似模型的失效概率进行求解。

同时，由于每次迭代过程中需要进行基于进化算法的非线性优化设计实现采样点选取和基于蒙特卡罗的可靠性分析，二者均需要多次对近似模型全局特性进行计算，因此可将二者结合，避免重复计算，在每次近似模型更新后需要采用蒙特卡罗法计算失效概率，为节省多次随机采样和逆累积分布变换的计算量，并降低随机误差，可在每次计算失效概率时采用相同的蒙特卡罗样本集（备选集）进行可靠性分析。

此外，该备选集也可作为求解采样准则子优化问题的近似解法，即在备选集中，选择采样准则子优化问题最优的样本，作为新样本点，调用原始高耗时黑箱仿真模型，并对近似模型进行更新。由于蒙特卡罗仿真需要的样本规模巨大，因此该样本点可作为子优化问题最优解的近似，另外参考优化设计中非精确搜索的思想，由于近似模型预测存在一定的误差，精确寻找辅助优化问题的最优解对提升可靠性分析精度和效率的意义有限，只要样本点兼具一定的探索和开发能力，即可满足对可靠性分析精度的需求。

基于上述思想，以 U 学习函数为例，基于近似模型和蒙特卡罗的可靠性分析方法流程可总结如下。

（1）确定输入参数及其分布特性。

（2）生成服从输入参数随机分布的备选点 $\boldsymbol{x}_i(i=1,2,\cdots,n)$，作为蒙特卡罗仿真的采样点，其中 n 为蒙特卡罗仿真所需样本的规模，一般为 $10^5 \sim 10^6$。

（3）采用优化拉丁超立方实验设计方法生成［0,1］空间上具有良好空间散布特性的 N_0 个初始样本。

（4）采用逆累积分布变换[6]，将其变换至服从输入参数分布特性的概率空间，并计算各样本点的原始功能函数仿真输出。

（5）令迭代次数 $i=0$，在每个备选解处调用功能函数近似模型计算模型的输出预测值（和预测方差），并根据式（11.27）计算下一个采样点 x_{N_i} 和当前失效概率 $\hat{P}_f$

$$\begin{cases} x_{N_I} = \arg\min\limits_{1 \leqslant i \leqslant n} U(\boldsymbol{x}_i) \\ \hat{P}_f \approx n \sum\limits_{j=1}^{N} \left(I(x_i) f_{\boldsymbol{X}}(x_i) \right) \end{cases} \tag{11.27}$$

（6）收敛判定，如果满足收敛条件，则计算终止，否则，转步骤（7）。

（7）$i+1\to i$，计算新采样点 x_{N_i} 处的原始仿真模型输出，更新近似模型，转步骤（5）。

将上述准则转换为式（11.28）下的其他准则，上述流程仍可用于复杂工程高耗时黑箱仿真函数的可靠性分析。

$$\begin{cases} x_{N_i}=\arg\min\limits_{1\leqslant i\leqslant n}:\dfrac{|\hat{G}(\boldsymbol{x})|+\delta_g}{f_{\boldsymbol{x}}(\boldsymbol{x})[d(\boldsymbol{x})+\delta_d]} \\ x_{N_i}=\arg\min\limits_{1\leqslant i\leqslant n}:\dfrac{|\hat{G}(\boldsymbol{x})|}{d(\boldsymbol{x})+\delta_d} \end{cases} \tag{11.28}$$

11.2.3.2　重要性抽样法

在基于蒙特卡罗法的近似模型失效概率求解方法中，由于蒙特卡罗法对失效概率的计算精度取决于落到失效域的备选解个数，因此在小失效概率（如 $P_f=10^{-5}$ 或 $P_f=10^{-6}$ 量级）时，为了对失效概率进行准确估计，需要的备选点个数将会急剧增加。此时，即使采用计算简单的近似模型进行分析，也会面临失效概率计算精度低或效率低下的问题。为解决该问题，可以将重要性采样方法和近似模型相结合，根据近似模型对功能函数的预测结果，通过合理选择并动态更新偏置函数，实现功能函数预测精度和可靠性指标求解精度的同步提升。

重要性抽样可看作从新的概率密度函数 $h_X(x)$[7] 抽取 N 个随机样本点 $x_i=(i=1,2,\cdots,N)$，其中 x_i 是一个 d 维矢量，则式（11.15）中以数学期望形式表示的失效概率可基于所抽取样本的均值来估计：

$$\hat{P}_f\approx\frac{1}{N}\sum_{j=1}^{N}(I(x_i)\omega(x_i))=\frac{1}{N}\sum_{j=1}^{N}\left(I(x_i)\frac{f_{\boldsymbol{X}}(x_i)}{h_{\boldsymbol{X}}(x_i)}\right) \tag{11.29}$$

对式（11.39）两边同时求数学期望，可得

$$E_h[\hat{P}_f]=E_h\left[\frac{1}{N}\sum_{i=1}^{N}\left(I(x_i)\frac{f_{\boldsymbol{X}}(x_i)}{h_{\boldsymbol{X}}(x_i)}\right)\right]\xrightarrow{x_i\text{ 独立同分布}}E_h\left[I(\boldsymbol{X})\frac{f_{\boldsymbol{X}}(\boldsymbol{X})}{h_{\boldsymbol{X}}(\boldsymbol{X})}\right]=P_f \tag{11.30}$$

故用重要性抽样法求失效概率的无偏估计值。进一步，对式（11.39）两边求方差，可得失效概率估计值的方差为

$$\begin{aligned}\mathrm{Var}_h[\hat{P}_f]&=\mathrm{Var}_h\left[\frac{1}{N}\sum_{i=1}^{N}\left(I(x_i)\frac{f_{\boldsymbol{X}}(x_i)}{h_{\boldsymbol{X}}(x_i)}\right)\right]\xrightarrow{x_i\text{ 独立}}\frac{1}{N^2}\sum_{i=1}^{N}\mathrm{Var}_h\left(I(x_i)\frac{f_{\boldsymbol{X}}(x_i)}{h_{\boldsymbol{X}}(x_i)}\right)\\&\xrightarrow{x_i\text{ 同分布}}\frac{1}{N}\mathrm{Var}_h\left(I(\boldsymbol{X})\frac{f_{\boldsymbol{X}}(\boldsymbol{X})}{h_{\boldsymbol{X}}(\boldsymbol{X})}\right)=\frac{1}{N}\left(E_h\left[\left(I(\boldsymbol{X})\frac{f_{\boldsymbol{X}}(\boldsymbol{X})}{h_{\boldsymbol{X}}(\boldsymbol{X})}\right)^2\right]-P_f^2\right)\end{aligned} \tag{11.31}$$

为了保证重要性抽样法能够快速收敛，需要选择合适的重要性函数使式（11.31）的取值尽量小，即

$$\begin{aligned}&\text{find}: h_X(\boldsymbol{x})\\&\min: \mathrm{Var}_h[\hat{P}_f]=\frac{1}{N}\left\{E_h\left[\left(I(\boldsymbol{x})\frac{f_X(\boldsymbol{x})}{h_X(\boldsymbol{x})}\right)^2\right]-P_f^2\right\}\end{aligned} \tag{11.32}$$

进一步当输入空间已变换为标准正态分布，可以采用标准正态分布的平移和缩放作为偏置函数，以提高失效概率计算效率。

1）平移偏置函数构造

当偏置函数仅为原始概率密度函数在设计空间上的平移，即 $h_X(\boldsymbol{x})=f_X(\boldsymbol{x}-\boldsymbol{\mu})$ 时，根据 MPP 点的定义可知，若偏置函数的采样中心位于 MPP 点时，可以对 MPP 点附近区域进行有效划分，在 MPP 点附近的近似模型预测精度已满足需求的条件下，可以采用较少的备选解得到较高精度的失效概率。因此，在每次更新近似模型后，将所有备选样本点的中心平移到 MPP 点，重新计算失效概率即可在相同的备选解下得到更好的计算精度，如图 11.13 所示。

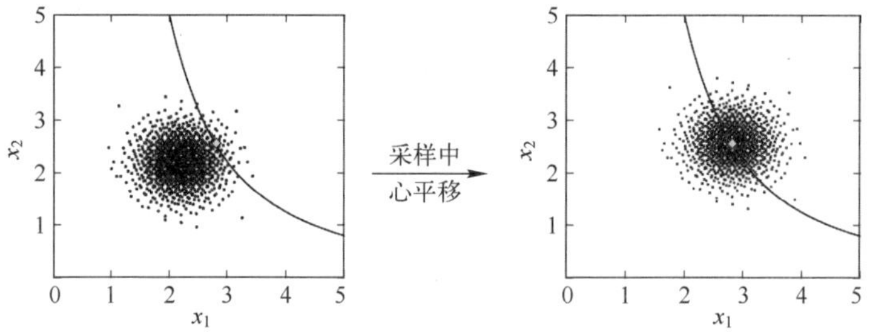

图 11.13　平移偏置函数下重要性采样

将重要性采样和近似模型相结合后，可靠性分析的主要步骤可总结如下。

（1）确定输入参数及其分布特性，将根据其概率密度函数，采用逆累积分布函数变换将输入空间变换为标准正态分布。

（2）生成服从输入参数随机分布的备选点 $\boldsymbol{x}_i(i=1,2,\cdots,n)$，作为初始蒙特卡罗仿真的采样点，其中 n 为蒙特卡罗仿真所需样本的规模，一般为 $10^5 \sim 10^6$。

（3）采用优化拉丁超立方实验设计方法生成［0，1］空间内具有良好空间散布特性的 N_0 个初始样本。

（4）采用逆累积分布变换，将其变换至标准正态分布的概率空间，并计算各样本点的原始功能函数仿真输出。

（5）令迭代次数 $i=0$，在每个备选解处调用功能函数的近似模型计算模型的输出预测值（或预测方差），并根据采样准则计算下一个采样点 $\boldsymbol{u}_{N_i}$、近似 MPP

点$\boldsymbol{\mu}_i$以及当前失效概率$\hat{P}_{f,i}$，其中采样点$\boldsymbol{u}_{N_i}$的选取根据不同的采样准则进行。

近似 MPP 点$\boldsymbol{\mu}_i$的选取可以分为如下两种情况：当有样本落在失效域时，选取失效域内概率密度函数最大或者距离原点最近的点；当失效域不存在采样点时，说明当前所有样本点均距离失效域较远，下次采样应当使采样中心更偏向失效域，所以采样中心选择功能函数最小的点

$$\boldsymbol{\mu}_i=\begin{cases}\arg\min\limits_{1\leqslant j\leqslant n,\hat{G}(\boldsymbol{u}_i)<0}|\boldsymbol{u}_j| & （存在失效域样本）\\ \arg\min\limits_{1\leqslant j\leqslant n}\hat{G}(\boldsymbol{u}_i) & （不存在失效域样本）\end{cases}\tag{11.33}$$

失效概率采用式（11.34）计算：

$$\hat{P}_{f,i}\approx\frac{1}{n}\sum_{j=1}^{n}\left(I(\boldsymbol{u}_j)\frac{f_X(\boldsymbol{u}_j)}{f_X(\boldsymbol{u}_j-\boldsymbol{\mu}_i)}\right)\tag{11.34}$$

（6）收敛判定，如果满足收敛条件，则计算终止，否则，转步骤（7）。

（7）$i+1\rightarrow i$，采用逆累积分布变化将标准正态空间内的采样点$\boldsymbol{u}_{N_i}$变换为原始空间采样点x_{N_i}，并调用原始高耗时黑箱仿真模型计算该点功能函数输出，更新近似模型，转步骤（5）。

2）缩放偏置函数构造

当采用标准正态分布的缩放作为偏置函数设置，即$h_X(\boldsymbol{x})=f_X(\boldsymbol{x}/\sigma)$时，对于小失效概率事件，通过调整缩放系数（或采样方差σ），可以增加采样点落至失效区域的概率，从而提升失效概率计算精度效率。不同缩放系数的偏置采样点和极限状态如图 11.14 所示，图中结果显示随着缩放系数的增加，偏置采样点落在失效域的个数也增加，但是若将缩放系数增至无穷大，则会导致极限状态附近的样本系数难以对有效域和失效域进行区分。因此，必须合理确定缩放系数以确保对极限状态的捕捉。

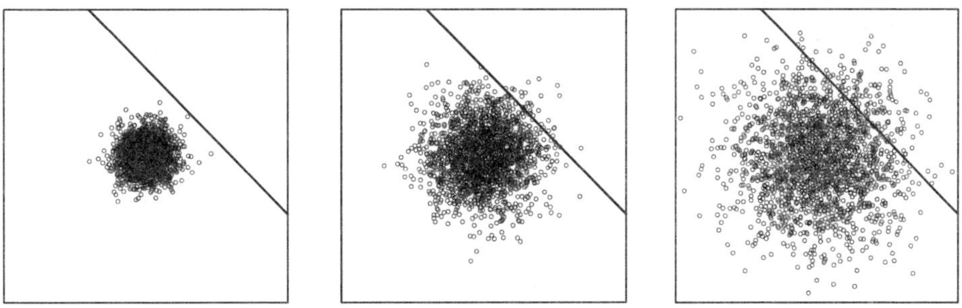
(a) σ=1　(b) σ=2　(c) σ=3

图 11.14　缩放偏置函数重要性采样计算

为了对极限状态进行有效捕捉，需要采样的概率密度函数在极限状态达到最大，结合 MPP 点的定义和平移偏置函数中对 MPP 点的利用，在单失效模式且极限状态非线性特征不明显时，可将 MPP 点作为极限状态的表征，因此上述问题可转化为如下优化问题：

$$\begin{aligned}&\text{Find}:\sigma\\&\max:h_X(\boldsymbol{u}^*)=\frac{1}{\sqrt{2\pi}\,\sigma}\mathrm{e}^{-\frac{\|\boldsymbol{u}^*\|^2}{2\sigma^2}}\end{aligned}\tag{11.35}$$

将上述目标函数对 σ 求导可得

$$\begin{aligned}\frac{\mathrm{d}h}{\mathrm{d}\sigma}&=-\frac{1}{\sqrt{2\pi}\,\sigma^2}\mathrm{e}^{-\frac{\|\boldsymbol{u}^*\|^2}{2\sigma^2}}+\frac{1}{\sqrt{2\pi}\,\sigma}\cdot\frac{\|\boldsymbol{u}^*\|^2}{\sigma^3}\mathrm{e}^{-\frac{\|\boldsymbol{u}^*\|^2}{2\sigma^2}}\\&=\frac{1}{\sqrt{2\pi}\,\sigma^2}\mathrm{e}^{-\frac{\|\boldsymbol{u}^*\|^2}{2\sigma^2}}\left(\frac{\|\boldsymbol{u}^*\|^2}{\sigma^2}-1\right)\end{aligned}\tag{11.36}$$

令式（11.36）为 0，即可求得使 MPP 点概率密度函数最大的最佳缩放系数，σ 取值为

$$\sigma=\|\boldsymbol{u}^*\|\tag{11.37}$$

将式（11.37）代入式（11.35）可得最佳偏置函数，使失效概率预测精度得到提升。在基于近似模型的可靠性分析过程中，则需要根据当前采样不断重新选择缩放系数，以实现对当前近似模型失效概率的准确估计。

结合缩放重要性采样和近似模型，可靠性分析的主要步骤可总结如下：

（1）确定输入参数及其分布特性，将根据其概率密度函数，采用逆累积分布函数变换将输入空间变换为标准正态分布。

（2）生成服从输入参数随机分布的备选点 $\boldsymbol{x}_i(i=1,2,\cdots,n)$，作为初始蒙特卡罗仿真的采样点，其中 n 为蒙特卡罗仿真所需样本的规模，一般为 $10^5\sim10^6$。

（3）采用优化拉丁超立方实验设计方法生成［0，1］空间内具有良好空间散布特性的 N_0 个初始样本。

（4）采用逆累积分布变换，将其变换至标准正态分布的概率空间，并计算各样本点的原始功能函数仿真输出。

（5）令迭代次数 $i=0$，在每个备选解处调用功能函数的近似模型计算模型的输出预测值（或预测方差），并在备选样本中根据采样准则计算下一个采样点 $\boldsymbol{u}_{N_i}$，根据概率密度函数和功能函数选取当前近似 MPP 点 $\boldsymbol{u}_i^*$ 并计算当前失效概率 $\hat{P}_{f,i}$。此时，对于不同条件下的近似 MPP 点的选取也可采用式（11.33）进行，失效概率通过式（11.38）计算：

$$\hat{P}_{f,i} \approx \frac{1}{n}\sum_{j=1}^{n}\left(I(\boldsymbol{u}_j)\frac{f_X(\boldsymbol{u}_j)}{f_X(\boldsymbol{u}_j/\|\boldsymbol{u}_i^*\|)}\right) \tag{11.38}$$

（6）收敛判定，如果满足收敛条件，则计算终止，否则，转步骤（7）。

（7）$i+1\rightarrow i$，采用逆累积分布变化将标准正态空间内的采样点$\boldsymbol{u}_{N_i}$变换为原始空间采样点x_{N_i}，并调用原始高耗时黑箱仿真模型计算该点功能函数输出，更新近似模型，转步骤（5）。

上述两种方法详细叙述了基于MPP点的重要性采样函数构造，但是当功能函数非线性增强时，MPP点难以表征极限状态，因此失效概率计算精度会有所降低。为此，可将MPP点替换，选择极限状态平面中的多个点对极限状态平面进行表征，从而提高备选样本点对极限状态的捕捉能力，即多中心重要性采样法，11.3节将对该方法进行详细阐述。

11.3 多失效模式下动态多中心重要性采样可靠性分析方法

随着工程设计中对问题综合化及环境复杂化考虑的需求越来越迫切，功能函数体现出了仿真计算耗时、失效模式多样、模型响应非线性等鲜明特点。在实际设计过程中往往是上述多种失效模式和失效判据共存，并通过串联或并联方式，最终影响模型整体的失效概率。此时，采用原始概率密度函数平移缩放等基本变换的偏置函数就会失效，需要根据样本点动态更新过程确定重要性最优采样点。为此，首先建立面向多失效模式的多中心重要性采样可靠性分析方法，其次通过合理构造偏置函数，实现极限状态高效精确预示。

11.3.1 多中心重要性采样方法

重要性采样方法在求解可靠性分析问题时，通过构造偏置函数$h(\boldsymbol{x})$，将定义在$f(\boldsymbol{x})$上的失效概率蒙特卡罗求解转移至新的概率密度函数下，即

$$\hat{P}_f = E_f[I(\boldsymbol{X})] = \frac{1}{N}\sum_{j=1}^{N}I(\boldsymbol{x}_i) = E_h\left[I(\boldsymbol{X})\frac{f_X(\boldsymbol{X})}{h_X(\boldsymbol{X})}\right] = \frac{1}{N}\sum_{j=1}^{N}\left(I(\boldsymbol{x}_i)\frac{f_X(\boldsymbol{x}_i)}{h_X(\boldsymbol{x}_i)}\right) \tag{11.39}$$

因此，只要$h(\boldsymbol{x})$为某一分布的概率密度函数，均可作为偏置函数进行可靠性估计，并且根据上一节的分析可知，采用重要性采样计算得到的失效概率为真值的无偏估计，且通过求解式（11.32）可以合理选择偏置函数$h(\boldsymbol{x})$可以进一步提高重要性抽样法对失效概率的精度。

为合理确定偏置函数$h(\boldsymbol{x})$，首先对其进行参数化，由于任意概率密度函数

均可作为偏置函数，因此先假设 $h(\boldsymbol{x})$ 为多个正态分布概率密度函数的叠加形式

$$\begin{cases} h(\boldsymbol{x}) = \sum_{k=1}^{K} \lambda_k \rho_k(\boldsymbol{x}, \boldsymbol{\mu}_k, \sigma_k^2) \\ \sum_{k=1}^{K} \lambda_k = 1 \quad (\lambda_k > 0) \end{cases} \tag{11.40}$$

式中：$\rho_k(\boldsymbol{x}, \boldsymbol{\mu}_k, \sigma_k^2)$ 为第 k 个正态分布采样的概率密度函数，$\boldsymbol{\mu}_k$ 为采样中心（均值）；$\mathrm{diag}[\sigma_k^2]$ 为方差阵。根据概率密度函数的定义可知，采用式（11.40）生成的偏置函数 $h(\boldsymbol{x})$ 也是概率密度函数，即满足如下条件。

$$\begin{cases} \int_{R^d} h(\boldsymbol{x})\,\mathrm{d}\boldsymbol{x} = \sum_{k=1}^{K} \lambda_k \int_{R^d} \rho_k(\boldsymbol{x}, \boldsymbol{\mu}_k, \sigma_k^2)\,\mathrm{d}\boldsymbol{x} = \sum_{k=1}^{K} \lambda_k = 1 \\ h(\boldsymbol{x}) \geqslant 0 \quad (\boldsymbol{x} \in R^d) \end{cases} \tag{11.41}$$

通过构造正态分布叠加形式的重要性采样偏置函数，可以很好地处理非联通失效域和非线性极限状态的失效概率计算问题，如图 11.15 所示。对于强非线性问题，能够使采样点在极限状态不同位置分布，提升了采样点对非连续极限状态的表征能力，因此可显著提升失效概率估计精度。由于此类方法的重要性采样函数为多个正态分布函数的缩放和平移后的叠加，空间采样效果为样本点围绕不同采样中心的分布，因此对照常规重要性采样方法，该方法称为多中心重要性采样方法。

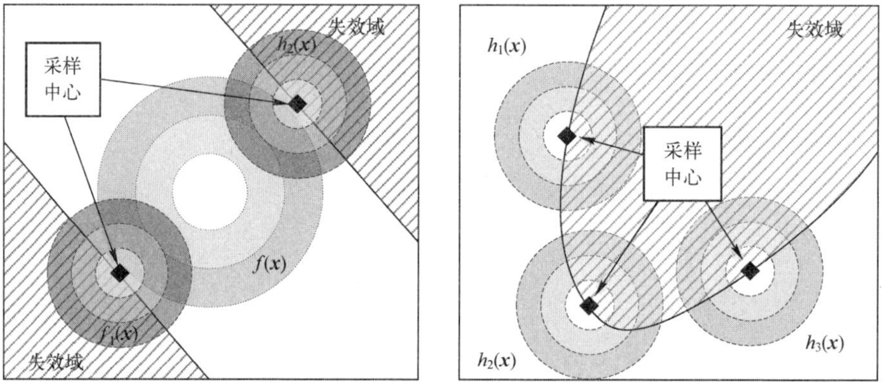

(a) 非连通失效域　　(b) 非线性功能函数

图 11.15　多中心重要性采样

与常规重要性采样类似，图 11.5 中展示了在已知极限状态平面位置的条件下，选择极限状态平面上具有良好散布性的采样中心可以提高失效概率估计精

度。但是在实际使用过程中，多中心重要性采样也面临着模型输出未知的情况下采样中心和采样半径难以确定的问题。因此需要在分析过程中，根据近似模型对极限状态平面的预测结果，构造新的重要性偏置函数，不断调整采样中心和采样半径实现近似模型失效概率的快速求解。同时，可结合多中心采样过程，利用并行采样技术，实现近似模型动态更新过程的多点并行采样，进一步降低迭代次数，提升复杂高耗时黑箱仿真模型可靠性分析效率。

11.3.2 基于聚类的多点并行采样方法

随着功能函数和极限状态平面非线性程度的增加，为了解决基于近似模型的可靠性分析方法中对非线性极限状态平面的捕捉问题，将聚类策略引入可靠性分析方法中，利用蒙特卡罗或重要性采样得到的样本点及其近似模型预测值，实现极限状态曲面的全局特征捕捉。

聚类的基本思想是将多个对象按照各自属性差异，划分为若干个不相交的子集，每个子集称为一个类或者簇，使每类中的对象与同一类中的对象彼此相似而与其他类中的对象又具有明显差异。在采样点聚类过程中以距离作为样本点相似性的度量，将距离相近的样本聚为一类，相聚较远的样本划分到不同类之间，即可实现各类样本对不同区域特征的捕捉，而由于不同类之间相距较远，避免了样本局部聚集造成的重复计算问题，如图 11.16 所示。

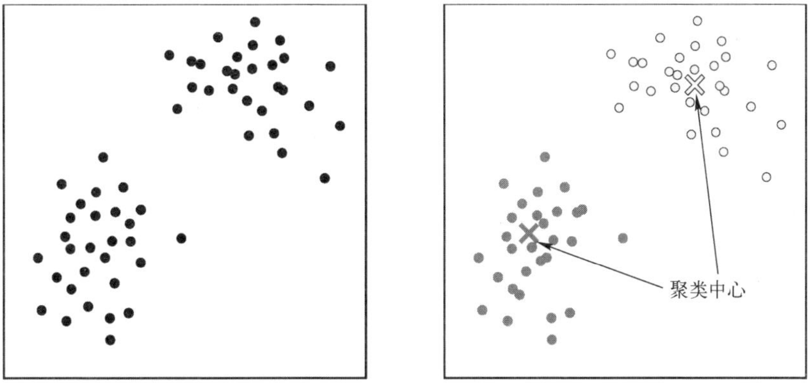

(a) 原始数据　　(b) 聚类结果

图 11.16　散乱样本聚类

为了实现上述聚类过程，引入 K-means 聚类[8]方法进行散乱样本点的聚类划分。K-means 聚类是一种典型聚类算法，其目的是将数据点分为 K 类，使同一类内数据点之间相似性大于不同类间数据点的相似性，通常以数据点之间的距离作为相似判据。K-means 聚类通过最小化数据点与对应聚类中心（各样本点的质

心）之间距离的平方和将数据点划分为 K 个聚类，其最小化的目标函数可表示为

$$\sum_{j=1}^{k}\sum_{i=1}^{n}\|x^{(i)(j)}-c_j\|^2 \tag{11.42}$$

式中：$x^{(i)(j)}$ 为第 j 类中的第 i 个样本；c_j 为第 j 类的聚类中心；$\|x^{(i)(j)}-c_j\|$ 为 $x^{(i)(j)}$ 与 c_j 之间的欧氏距离。但由于直接求解式（11.42）过于复杂，K-means 聚类采用迭代计算的方法实现。其主要步骤如下[1]。

(1) 选定聚类个数 k，并随机选择 k 个样本作为初始聚类中心，计算各个样本点到聚类中心的距离。

(2) 根据样本点到各聚类中心的距离，将所有样本点划分到 k 个类中，实现样本点的第一次划分。

(3) 根据各类中所包含的样本更新聚类中心为该类的质心。

(4) 重复上述过程，直至聚类中心不再移动，输出各类包含的样本以及聚类中心。

采用 K-means 聚类方法将 100 个样本划分为 5 类的效果如图 11.17 所示，图中结果显示相邻近的样本被聚为一类，不同类之间的距离相对较远，这种特点能够很好地满足采样过程中探索和开发的平衡，基于上述思想，即可实现基于聚类的可靠性分析并行采样。通过在不同类中分别采样实现全局探索，对非线性极限状态平面进行提取，同时在每类采样点选择过程中，采用 U 学习函数选取最能够提升极限状态平面的样本点。

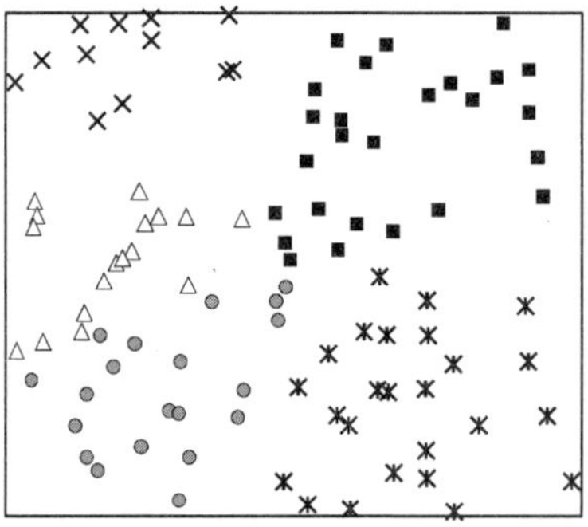

(a) 均匀分布样本聚类

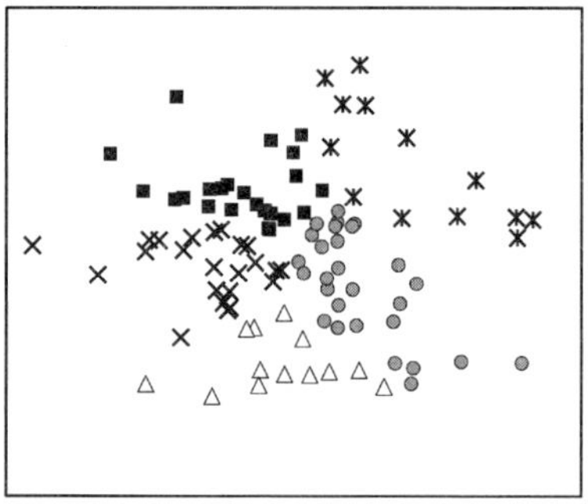

(b) 正态分布样本聚类

图 11.17　K-means 聚类

在上述 K-means 聚类过程中包含两个隐含假设条件，也是取得较好聚类效果的前提条件：一是所有维度的范围大致相同，否则不同维度的尺度差异可能带来较大聚类偏差；二是要求参与聚类的样本点数要远大于聚类簇数 k，否则存在难

以计算聚类中心的问题。在基于近似模型的可靠性分析中，所有随机变量均可通过累积分布变换的方法变换到标准正态分布空间中，各随机变量采样范围基本一致。同时采用蒙特卡罗对近似模型进行可靠性分析过程中会产生大量样本，而用于高精度仿真的计算资源有限，每次迭代过程进行高耗时黑箱仿真模型的样本点数量，即采样个数（聚类簇数）会远小于计算近似模型失效概率的蒙特卡罗仿真的样本点数量，所以这两个假设都会满足。

通过分析图 11.17 可以发现，直接采用蒙特卡罗仿真的样本点进行聚类时，划分成的 k 簇样本均匀地分布在设计空间内，在每类中选择采样点时会导致采样点也近似均匀地分布在设计空间内。经过前面的分析可知，为了提升失效概率的预测精度，应当在极限状态平面附近采样，以提升近似模型对极限状态平面的预测精度，设计空间的均匀采样对失效概率的预测精度提升作用不大。因此，在聚类之前需要根据近似模型的预测值对待聚类的样本进行筛选，选择靠近极限状态平面的样本并再次进行聚类，经过筛选得到的样本成为聚类样本池。样本池采用功能函数约束阈值的方法选取，即在所有蒙特卡罗计算失效概率的样本点中，选择 $|G(\boldsymbol{x})|<\delta$ 的样本点作为聚类样本池，如图 11.18 所示。

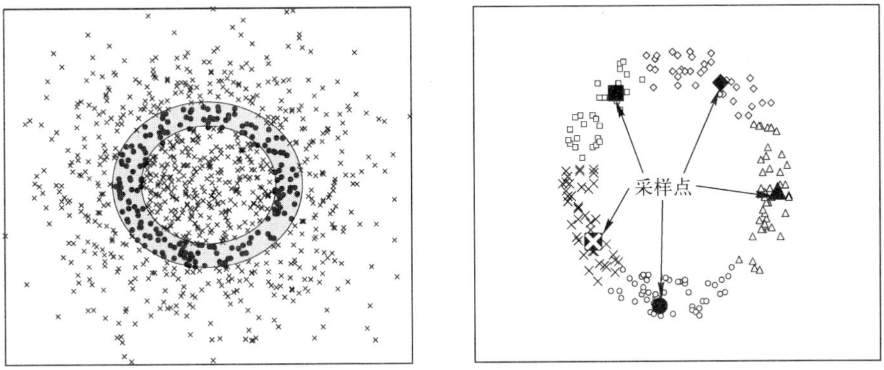

(a) 聚类样本池选取效果　　(b) 样本聚类和采样点选取

图 11.18　基于聚类的并行采样

通过上述分析，基于聚类的可靠性分析并行采样方法可以概括如下内容。

（1）采用优化拉丁超立方实验设计方法生成空间上均匀分布的设计点，并根据逆累积分布变换，将实验设计点变换至标准正态分布中，生成初始训练集。

（2）基于初始训练集建立各输出的初始近似模型，并采用蒙特卡罗法或重要性采样法对当前近似模型的失效概率进行计算。

（3）根据蒙特卡罗法或重要性采样法得到的采样点及其近似模型预测值，按照一定功能函数阈值选择样本点，构成需要聚类样本池。

（4）根据并行采样点需求将聚类样本池中的样本点聚为 k 类。

（5）在每个类中根据某采样准则选择一个点作为训练样本，或者直接将聚类中心作为新的训练样本，并在该点计算原始模型输出，将该点加入训练样本集，更新近似模型。

重复步骤（2）~步骤（5），直至算法满足终止条件，并计算系统的失效概率和可靠度。

以经典四支路串联系统[8,10]为例，该系统中每个分支均存在不确定性，系统的功能函数为如式（11.43）所示：

$$
g(\boldsymbol{x})=\min\begin{cases}3+0.1(x_1-x_2)^2-\dfrac{(x_1+x_2)}{\sqrt{2}}\\3+0.1(x_1-x_2)^2+\dfrac{(x_1+x_2)}{\sqrt{2}}\\(x_1-x_2)+\dfrac{8}{\sqrt{2}}\\(x_2-x_1)+\dfrac{8}{\sqrt{2}}\end{cases}\tag{11.43}
$$

式中：x_1 和 x_2 均服从标准正态分布。采用基于 K-means 聚类的并行采样方法进行可靠性分析，并行采样点个数，即聚类的簇数设置为 4，在每类样本中采用 U 学习函数准则选取新的训练样本。图 11.19~图 11.22 为前四次聚类的迭代结果。图中结果显示采用了聚类方法后，可以对非线性极限状态附近的区域进行划分，并在每个区域中选择不同的点实现并行采样，样本点散布在极限状态周围，对近似模型准确预测极限状态具有重要作用。随着并行采样的进行，所构建的 Kriging 近似模型越来越精确，在采样区域内的待聚类点的数量也越来越少。

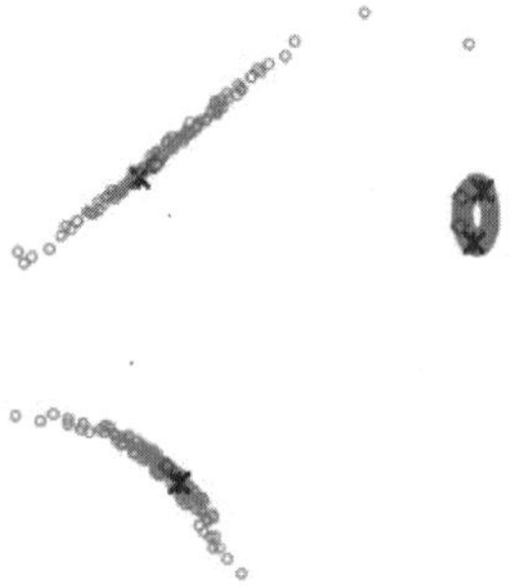

图 11.19　第一轮迭代

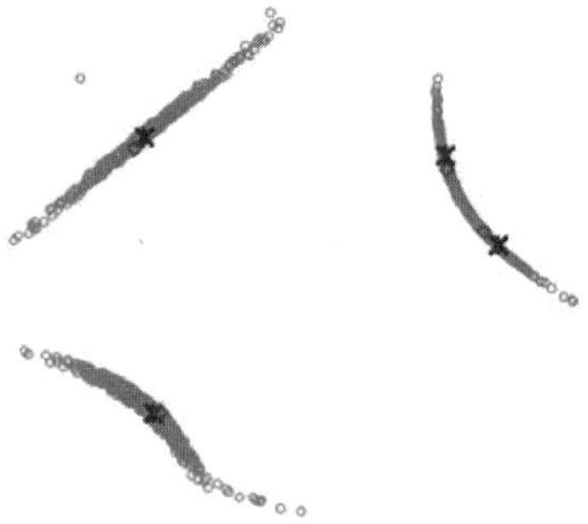

图 11.20　第二轮迭代

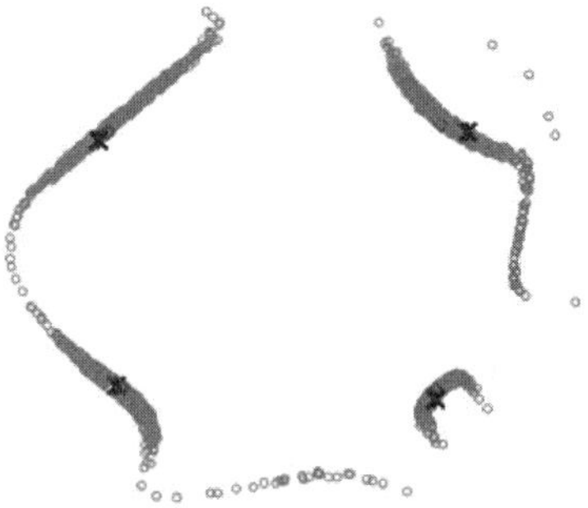

图 11.21　第三轮迭代

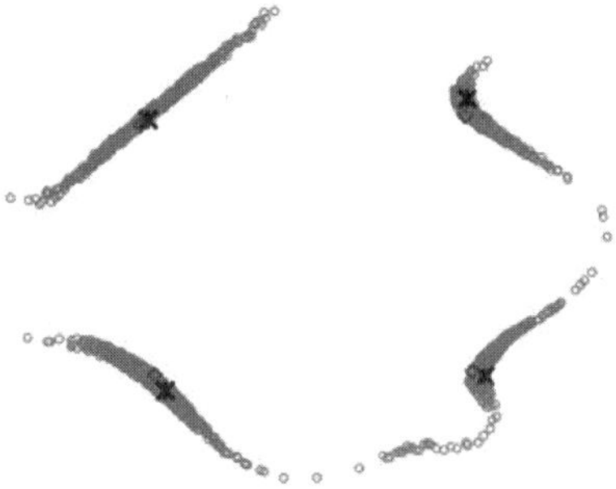

图 11.22　第四轮迭代

11.3.3　多中心重要性采样函数的构造

在小失效概率以及存在非连通失效域的条件下，为了提高失效概率计算效率，在多点并行采样的基础上，基于样本点和聚类样本池，可构建多中心重要性采样的采样中心和采样半径，从而实现对小失效概率的快速求解，其核心在于重要性采样函数的构造。理论上存在最优重要性密度函数，使失效概率估计值的方差为0。但应注意到该最优重要性采样函数的表达式中，包含了原始问题的失效概率，在实际工程中是不可行的。尽管如此，基于近似模型的动态采样过程会不断对失效域进行更新，更新过程给重要性采样函数的构造提供了依据，从而可以在已有信息条件下构造当前的近似最优重要性采样函数，以获得良好的采样效率。

根据前面的讨论，在可靠性分析中引入近似模型，可以基于近似模型对功能函数进行预测，确定当前近似模型的极限状态，并在极限状态附近采样得到新的样本点，在该过程中会产生一定数量的极限状态附近的样本点。根据上一节基于原始采样函数平移和缩放采样的重要性采样方法的分析可知，为了提高重要性采样的计算效率，需要重要性采样函数在极限状态平面上的取值尽可能大，从而实现对有效域和失效域的区分。将该思想应用于多中心重要性采样，可以描述为寻找一组合适的缩放、平移、叠加参数，使式（11.40）的取值最大，如式（11.44）所示。

$$
\begin{cases}
\text{find}: \sigma_k, \boldsymbol{\mu}_k, \lambda_k \\
\max: h(\boldsymbol{x}_\Gamma) = \sum_{k=1}^{K} \lambda_k \rho_k(\boldsymbol{x}_\Gamma, \boldsymbol{\mu}_k, \sigma_k^2) \\
\text{s.t.}: \sum_{k=1}^{K} \lambda_k = 1 \quad (\lambda_k > 0)
\end{cases}
\tag{11.44}
$$

式中：Γ 为极限状态超平面；$\boldsymbol{x}_\Gamma$ 为极限状态超平面上的点。式（11.44）中目标函数在极限状态曲面上的取值能达到最大，为此可将上述目标函数标量化，取其均值最大化作为目标函数，即得到可以直接求解的优化问题。极限状态超平面上的均值可以采用数值方法计算得到。首先，根据聚类样本池计算得到极限状态平面附近的点集，并将其作为极限状态超平面的表征；其次，在该点集上采用蒙特卡罗法计算偏置函数的均值，作为式（11.44）中的目标函数，即可基于当前聚类样本池构建优化模型。最后，为简化上述计算，根据重要性采样的基本原则，直接计算各子偏置函数的 $\boldsymbol{\mu}_k$ 和 $\boldsymbol{\lambda}_k$，将上述问题退化为仅包含各采样方差的优化问题。具体确定方法如下。

（1）确定 $\boldsymbol{\mu}_k$，根据偏置函数包含的子正态采样函数的个数，将现有聚类样本池的样本进行聚类，之后在各类样本中选择聚类中心作为各子偏置函数的中心。

（2）确定 $\boldsymbol{\lambda}_k$，根据输入空间各子偏置函数采样中心的概率密度函数，对各叠加系数进行等比例分配。

完成上述采样中心和叠加系数的确定后，采用进化算法对各子偏置函数的采样方差进行优化，使极限状态上的平均概率密度函数最大，即可基于当前近似模型构造最优多中心重要性采样函数。采用动态多中心重要性采样后，基于近似模型和多中心重要性采样的可靠性分析方法的主要步骤可归纳如下。

（1）确定输入参数及其分布特性，将根据其概率密度函数，采用逆累积分布函数变换将输入随机变量变换为标准正态分布。

（2）生成服从输入参数随机分布的备选点 $\boldsymbol{x}_i(i=1,2,\cdots,n)$，作为初始蒙特卡罗仿真的采样点，其中 n 为蒙特卡罗仿真所需样本的规模，一般为 $10^5\sim10^6$。

（3）采用优化拉丁超立方实验设计方法生成［0，1］空间内具有良好空间散布特性的 N_0 个初始样本。

（4）采用逆累积分布变换，将其变换至标准正态空间中，并计算各样本点的原始功能函数值。

（5）令迭代次数 $i=0$，在每个备选解处调用功能函数的近似模型计算模型的输出预测值（或预测方差），并对极限状态附近的备选样本进行聚类，得到多个聚类中心作为多中心重要性采样的中心。

（6）在聚类的各簇备选样本中根据采样准则计算下一个采样点 $\boldsymbol{u}_{N_i}$，根据概率密度函数和功能函数选取当前近似 MPP 点 $\boldsymbol{u}_i^*$，进一步通过求解式（11.44）获得当前的重要性采样函数，并基于多中心重要性采样方法计算当前失效概率 $\hat{P}_{f,i}$。

（7）收敛判定，如果满足收敛条件，则计算终止，否则，转步骤（8）。

（8）$i+1\to i$，采用逆累积分布变换将标准正态空间内的采样点 $\boldsymbol{u}_{N_i}$ 变换为原始空间采样点 x_{N_i}，并调用原始仿真模型计算该点功能函数值，更新近似模型，转步骤（6）。

11.4 小　结

各类不确定性因素的存在，导致产品服役过程中存在着无法完成既定任务的风险，可靠性分析是定量评估不确定因素带来失效风险的重要方法，但一次成功的可靠性评估也需要多次迭代计算，面临着效率低下的问题。本章针对该问题，对如何利用近似模型提升高耗时黑箱仿真函数模型可靠性分析效率开展了系统的论述。

介绍了可靠性分析的基本概念和原理，详细讨论了现有可靠性分析的主要方法，即局部逼近法和抽样评估法，并分析了二者的优缺点，引出了近似模型在可靠性分析中替代原始高耗时黑箱仿真模型的必要性和可行性。

讨论了基于近似模型的可靠性分析流程，针对可靠性分析独有的特点，详细论述了不同设计需求下的采样需要着重考虑的问题。综合利用预测方差、样本点距离、概率密度函数和功能函数预测值，建立了面向极限状态平面快速预示的动态采样方法，针对动态近似建模过程中近似模型可靠性指标的快速求解，提出了基于采样中心平移和采样方差缩放的重要性采样函数构造方法。

针对实际工程设计中同时存在着多种不同的失效模式的问题，研究建立了多点并行采样方法，实现设计空间中不同区域极限状态平面的高效预测；进一步在采样中心平移和采样方差缩放的基础上，建立了多中心重要性采样方法；根据前文建立的重要性采样函数构造准则，以高斯函数的线性叠加，构造了面向非线性、非连通失效域的多中心重要性采样方法，实现了多失效模式下高耗时黑箱仿真模型的快速可靠性分析。

参考文献

[1] Hasofer A M, Lind N C. Exact and Invariant Second Moment Code Format [J]. Journal of Engineering Mechanics, 1974, 100 (1): 111-121.

[2] Rackwitz R, Flessler B. Structural reliability under combined random load sequences [J]. Computers & Structures, 1978, 9 (5): 489-494.

[3] 郝思奇．运用一次二阶矩法计算可靠度方法的比较［J］．中国高新科技，2021（12）：154-155. DOI：10. 13535/j. cnki. 10-1507/n. 2021. 12. 65.

[4] Tvedt, Lars. Distribution of Quadratic Forms in Normal Space—Application to Structural Reliability［J］. Journal of Engineering Mechanics, 1990, 116（6）：1183-1197.

[5] 王娟，马义中，汪建均．基于 Kriging 模型的重要性抽样在结构可靠性中的应用［J］．计算机集成制造系统，2016，22（11）：2643-2652.

[6] 张仙风，吕志鹏．基于 MATLAB 的蒙特卡罗方法在可靠性设计中的应用［J］．装备制造技术，2006（04）：76-77.

[7] Srinivasan R. Importance sampling：Applications in communications and detection［M］. Springer Science & Business Media, 2013.

[8] Wen Z, Pei H, Liu H, et al. A Sequential Kriging reliability analysis method with characteristics of adaptive sampling regions and parallelizability［J］. Reliability Engineering & System Safety, 2016, 153：170-179.

[9] Bichon B J, Eldred M S, Swiler L P, et al. Efficient Global Reliability Analysis for Nonlinear Implicit Performance Functions［J］. AIAA Journal, 2012, 46（10）：2459-2468.

[10] Echard B, Gayton N, Lemaire M. AK-MCS：An active learning reliability method combining Kriging and Monte Carlo Simulation［J］. Structural Safety, 2011, 33（2）：145-154.

第四部分

应用实例分析

第12章 基于近似模型的工程优化应用实例

优化设计是现代工程设计中提质、降本、增效的核心关键技术之一，基于近似模型的优化设计是复杂工程设计问题中实现精度和效率平衡的重要手段，其基本流程一般可归纳如下。

根据实际工程需求，分析设计目标与对象，将整个设计系统表征为具有明确输入输出关系的参数化模型；基于当前学科技术成熟度和设计问题对计算精度的需求，建立系统的数学模型，合理选择求解方法，实现从输入到输出的计算；根据学科输入与输出和实际工程约束，选择设计变量、目标函数和约束条件，将设计指标和性能相关的模型输出作为优化目标；根据所建立的优化问题，选择适当的实验设计方法、近似建模方法和自适应采样方法等，构建优化计算流程，对问题进行求解；根据计算资源或计算结果，确定终止条件，并输出当前仿真模型的最优解。

本章基于上述流程，针对实际工程设计中的若干案例进行具体分析，开展基于近似模型的优化设计方法应用研究，对前面章节阐述的方法进行综合应用。

12.1 高超声速滑翔飞行器气动减阻优化设计

气动外形设计是飞行器设计中的重要组成部分，不仅对飞行器总体性能具有重要影响，还对相关分系统设计起着先导作用。一个时代的飞行器设计水准，可以直观地体现在飞行器气动外形上。随着飞行器性能要求的不断提高，飞行器总体设计更趋复杂，从而对气动外形设计提出了更高的精度要求和更短的优化时间要求。本节以气动设计中典型的减阻设计问题为例，采用计算耗时的 CFD 进行阻力和其他气动特性计算，开展基于近似模型的气动外形减阻设计。

12.1.1 优化问题建模

高超声速升力体基本外形为一钝头锥体，如图 12.1 所示，其三维构型通过底部截面形状唯一确定。考虑到结构强度和热防护需要，在飞行器前缘处设有半径为 0.01L（L 为飞行器总长）的圆角。根据升力体外形的对称性，取底部截面一半进行参数化，如图 12.2 所示，针对飞行器的上半部分和下半部分，分别用厚度 H，对称面处曲率半径 R 以及和圆角连接处的倾斜角 θ 进行参数化。

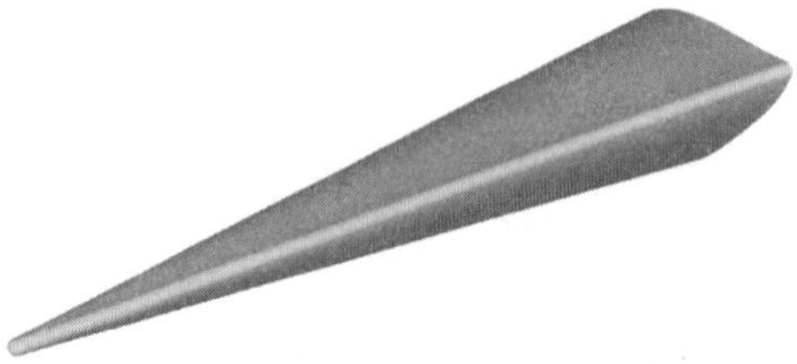

图 12.1　升力体三维构型

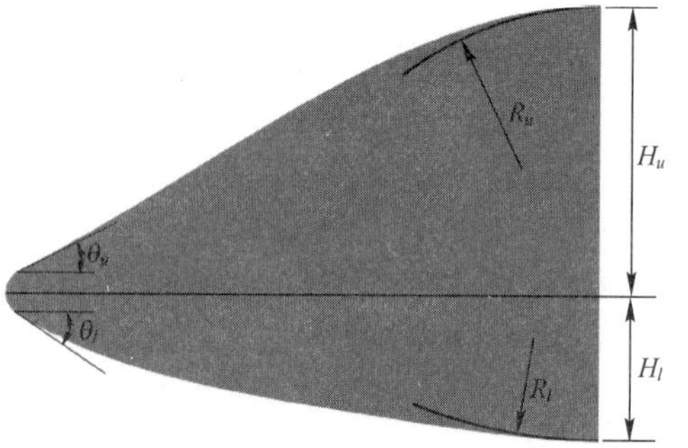

图 12.2　升力体外形参数化方法

该气动外形优化的设计变量为 $\boldsymbol{x}=[H_u,R_u,\theta_u,H_l,R_l,\theta_l]$，其取值范围如表 12.1 所列。

表 12.1　升力体设计变量取值范围

设计变量	H_u	R_u	θ_u	H_l	R_l	θ_l
取值上限	0.15L	L	45°	0.15L	L	45°
取值下限	0.05L	0.05L	0°	0.05L	0.05L	0°

高超声速滑翔飞行器升阻比是射程的重要影响因素，本文选择最大升阻比作为优化目标。为满足飞行过程的稳定性，要求其纵向压心系数不小于基准外形，该约束通过调用数值模拟求解获得，为复杂约束；为满足投送能力，要求体积不小于基准外形，该约束不需要求解流场即可得到，为简单约束，可预先处理。因此该优化问题可描述为

$$\begin{aligned}\min:&\ f(\boldsymbol{x})=C_L/C_D\\ \text{s.t.}:&\ g_e(\boldsymbol{x})=X_p\geqslant X_{p0}\\ &\ g_c(\boldsymbol{x})=V\geqslant V_0\end{aligned}\tag{12.1}$$

式中：C_L、C_D 和 X_p 分别为飞行器的升力系数、阻力系数和压心系数。在高超声速滑翔飞行器实际飞行过程中，面临的气动热和气动力环境非常复杂，为简化计算，引入如下假设：忽略空气重力影响；忽略非定常因素，在固定的工作状态下对其性能进行优化分析；忽略高温条件下导致的气体电离、辐射等物性参数变化，空气为理想气体假设。

气体流动过程采用质量、动量和能量守恒定律对流体运动进行数学描述，即流体力学的基本方程组——Navier-Stokes（N-S）方程组。对当前计算机硬软件水平，若采用直接数值求解方法模拟流场，效率上难以接受，一般根据物理问题求解 N-S 方程组的简化形式。对于飞行器气动力特性计算问题，可采用 Favre 平均 N-S 方程组，其是对原 N-S 方程组的合理简化。湍流模型采用 Sprlart-Allmaras（S-A）模型，S-A 模型适用范围广，模拟精度较高，已被证明对存在逆压梯度边界层流动有较好模拟精度。基于上述假设和仿真模型，采用 CFD 商业软件对其气动特性进行求解。具体边界条件设置如下。

物面边界条件：飞行器表面采用绝热壁面、无滑移边界条件。

压力入口边界条件：在流场上游外边界应用压力入口边界条件，给定马赫数 $Ma=6$，攻角 $\alpha=5.71°$，根据 20km 大气参数给定温度和压力。

压力出口边界条件：在流场下游边界处应用压力出口边界条件，在高超声速飞行条件下，给定出口静压后，由上游压力外推得到真实压力。

对称面条件：根据飞行器几何对称性以及无侧滑飞行状态，在 $z=0$ 的平面上应用对称面边界条件。

为消除空间离散方法对计算结果的影响，对基准外形的气动性能进行网格无关性验证。基准外形对应的设计变量取值如表 12.2 所示。基准外形针对不同规模的网格计算结果如表 12.3 所示。计算结果表明，在中等规模网格（200 万）条件下得到的升阻力系数和压心系数与在较稠密网格条件下得到的结果一致，与 600 万网格的计算结果误差小于 0.5%，最大壁面网格无量纲距离为 7，计算结果可信，可以基于该网格进行优化设计。该网格如图 12.3 所示，优化设计过程中新外形的网格通过该网格变形得到。

表 12.2 升力体基准外形设计变量取值

参数名称	L/m	$W/2$/m	H_u/m	R_u/m	θ_u/(°)	H_l/m	R_l/m	θ_l/(°)
参数取值	6	1.5	0.72	3	30	0.36	3	37

表 12.3　升力体基准外形网格无关性验证

网格规模	总网格量/万	表面网格量	Y^+	C_L	C_D	X_p
稀疏网格	80	12000	25.2	1.7962E-3	7.0235E-4	0.6512
中等网格	200	32000	7.59	1.8518E-3	8.1927E-4	0.6592
较密网格	600	53000	6.53	1.8546E-3	8.1943E-4	0.6598

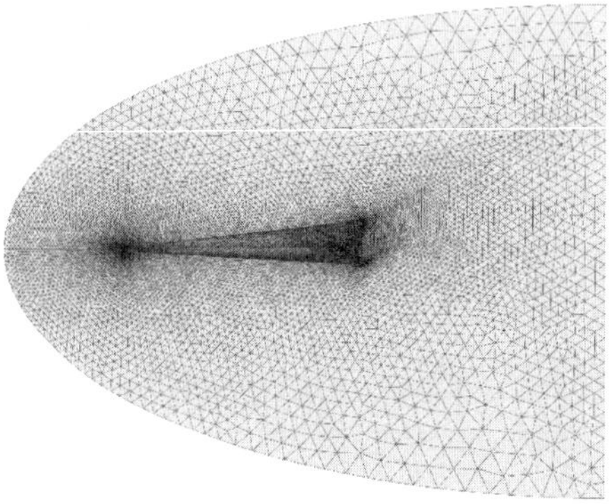

(a) 对称面计算网格

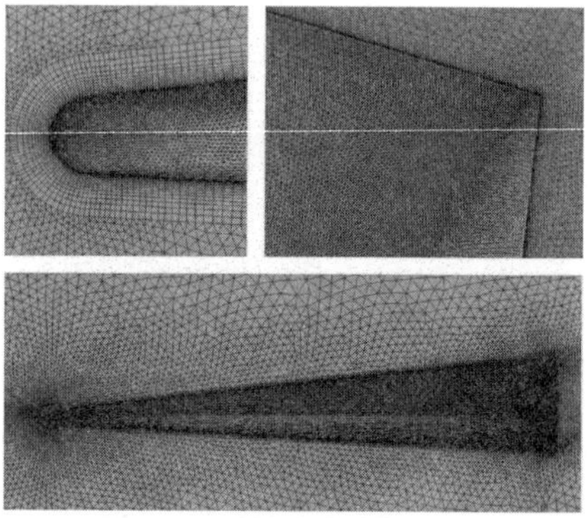

(b) 局部细节网格

图 12.3　升力体基准外形网格

12.1.2　求解方法与参数设置

基于飞行器气动外形优化设计模型，将约束域实验设计方法、近似建模方法，用于升力体外形减阻优化设计，建立基于近似模型的气动外形优化设计流程。

具体步骤如下。

（1）定义气动优化数学模型，包括优化目标、设计域和约束条件。

（2）利用约束域实验设计方法，生成满足简单约束的指定数量的初始实验设计点，例如升力体外形优化中的体积约束，判断一个外形是否满足体积约束，无须进行耗时的 CFD 流场仿真。因此，在生成初始样本集的过程中，即可考虑样本是否满足此类简单约束，利用前文中的约束域实验设计，即可直接生成同时满足体积约束和均匀分布的初始样本集。

（3）调用 CFD 流场仿真模型计算初始实验设计样本点的真实输出，根据实验设计点及其输出训练得到 RBF 模型。

（4）使用差分进化算法在 RBF 模型上寻优，寻找满足体积约束的升阻比最大的预测最优点作为新样本点。

（5）调用 CFD 流场仿真模型计算新样本点的真实输出，判断是否满足终止条件，若满足，则终止算法；若不满足，则将新样本点及其输出加入训练集，更新 RBF 模型，重复步骤（4）~（5），直至满足终止条件为止。

12.1.3 设计结果分析

初始采样点个数为 20，采用分段常值近似模型计算其流场。优化过程中升阻比迭代曲线如图 12.4 所示，结果分析表明，本书算法在 20 次初始采样和 23 次序列加点共 43 次 CFD 仿真后优化过程收敛，优化外形升阻比为 2.798，较基准外形（2.260）提高 23.8%。最优解与基准外形的设计参数对比如表 12.4 所示，结果分析表明，优化外形体积和压心系数均满足设计约束，优化结果可行。底面形状对比如图 12.5 所示，图中显示优化外形上表面（背风面）较为扁平，下表面（迎风面）较为突出，说明下表面对气流的压缩更加剧烈，因此能产生更大升力，从而增加其升阻比。

表 12.4 升力体优化结果与基准外形对比

变量	输入参数						输出参数		
	H_u/m	R_u/m	θ_u/(°)	H_l/m	R_l/m	θ_l/(°)	C_L/C_D	V/m³	X_p
基准外形	0.72	3.00	30	0.36	3.00	37	2.260	2.1635	0.659
优化结果	0.368	4.412	12	0.682	1.594	31	2.798	2.1638	0.668

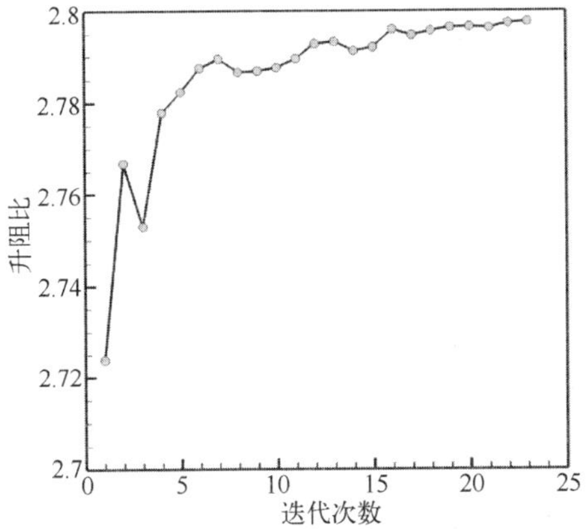

图 12.4 升力体优化升阻比迭代曲线

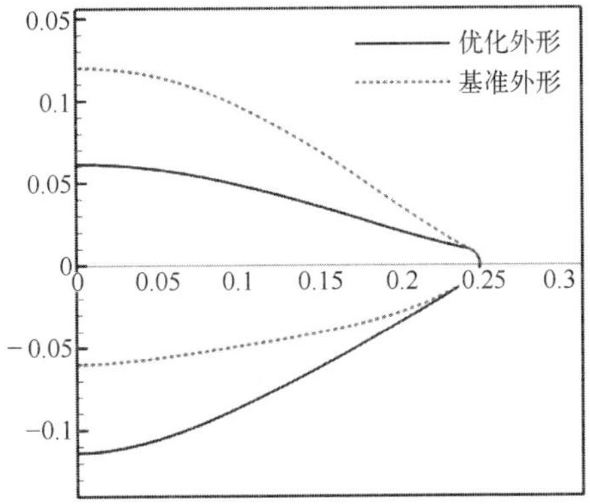

图 12.5 升力体优化外形与基准外形对比

基准外形与优化结果的压力系数对比如图 12.6、图 12.7 所示。图 12.6 给出了流场中压力系数分布，结果分析表明，由于优化外形的上表面相对基准外形较扁平，因此气流在激波后膨胀，上表面周围有低压区。图 12.6 通过 $X=0.75$ 截面的压力分布可知，下表面的高压区明显大于基准外形，同时图 12.7 中迎风面

（下表面）压力分布结果也表明优化外形迎风面受到更大压力，验证了结果的合理性。

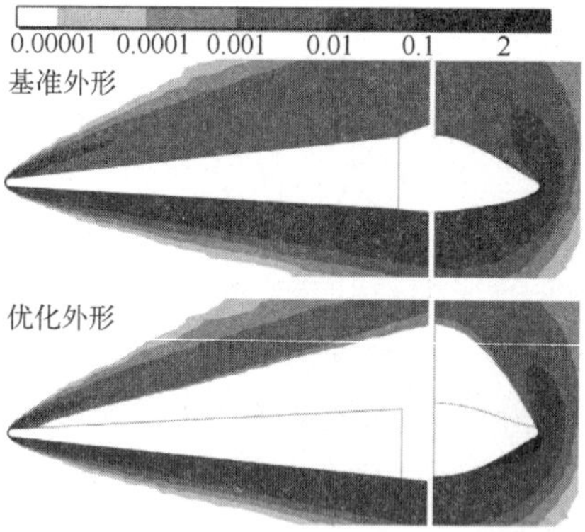

图 12.6　流场压力系数分布对比

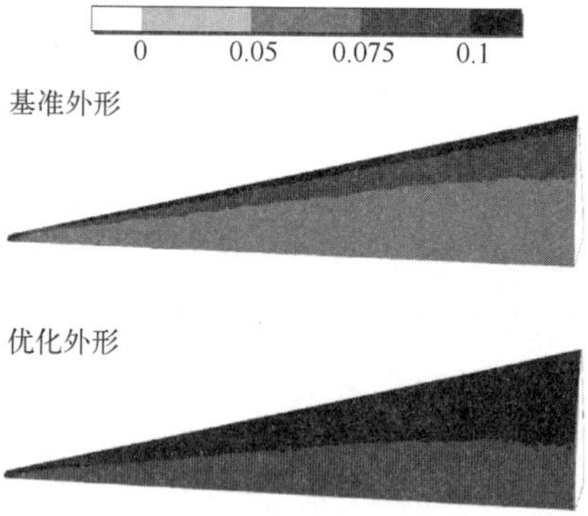

图 12.7　迎风面压力系数分布对比

12.2　重型运载火箭加筋圆柱壳混合整数优化设计

薄壁均匀加筋圆柱壳结构以其较高的轴压、弯曲和扭转承载效率，广泛地应用于大型飞机机身、运载火箭及导弹舱段等航空航天结构。作为大型、重型运载火箭的主要承力部段，大直径加筋圆柱壳的轻量化设计将大幅提高运载能力，节约发射成本。其中，涉及极限承载性能的加筋圆柱壳轻量化设计是典型的高耗时、多变量、多约束、多峰值黑箱优化问题，如何高效、快速求解一直是国内外学者研究的焦点和难点，因此本节针对该问题开展混合整数轻量化设计。

12.2.1　优化问题建模

大直径薄壁加筋圆柱壳结构优化同时涉及拓扑优化和尺寸优化，其中，拓扑优化与桁条数目相关，不同的桁条数目决定了大直径薄壁加筋圆柱壳结构的拓扑形式，属于离散结构拓扑优化；端框、中间框、桁条截面尺寸以及蒙皮厚度是在结构拓扑形式和形状固定的情形下，搜索最优的截面尺寸，属于结构连续尺寸优化。

应用于重型运载火箭的大直径薄壁加筋圆柱壳主要由端框、中间框、桁条和蒙皮组成，如图 12.8 所示。蒙皮内侧沿高度方向布置“Ω”形截面的中间框，上、下端部各布置一个“L”形截面的端框，同时，蒙皮外侧沿环向均匀分布一定数量的竖向桁条。端框、中间框以及 3 种典型桁条截面形式及参数如图 12.8 所示，中间框布局形式及参数如图 12.9 所示。

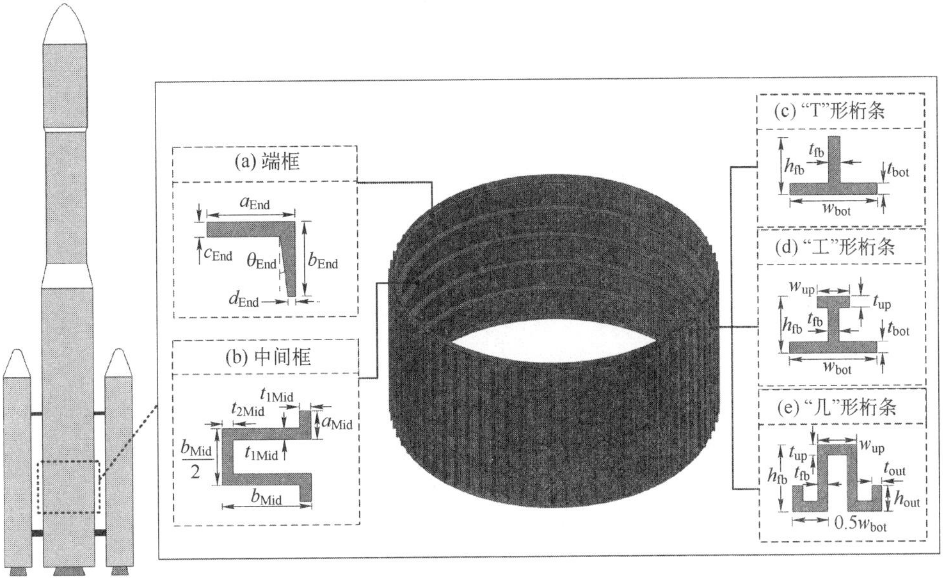

图 12.8 应用于重型运载火箭的大直径薄壁加筋圆柱壳结构

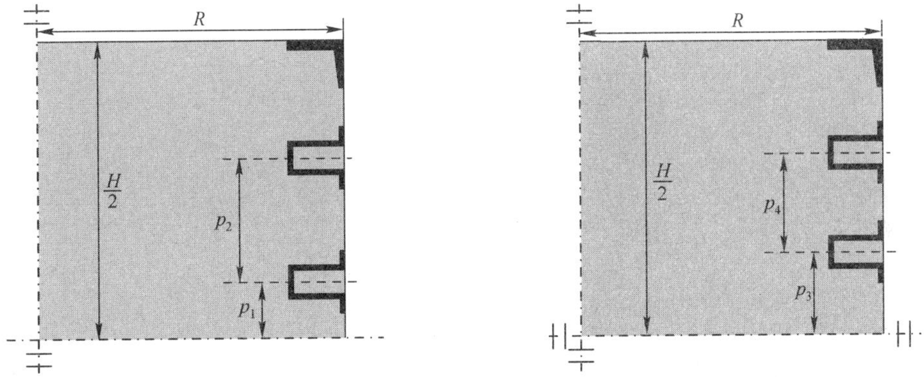

(a) 4个中间框布局参数 (b) 5个中间框布局参数

图 12.9 中间框布局形式及参数

如图 12.8 所示的加筋圆柱壳结构，其主要受轴压载荷，轴压失稳往往先于结构强度破坏发生，因此提高其轴压稳定性是设计该结构的主要目标。加筋圆柱壳结构主要通过桁条来提高结构的轴压承载性能，环向中间框通过抵抗桁条径向弯曲变形进一步提高桁条承载能力，蒙皮的主要作用则是保持结构几何形状和支撑桁条。在小载荷下蒙皮即发生局部失稳和局部进入塑性，但结构仍能继续承载，直至结构发生整体压溃破坏，因此该结构的极限承载能力由结构整体稳定性和后屈曲状态决定。

考虑到大直径薄壁加筋圆柱壳结构中桁条沿环向分布的对称性，将拓扑优化变量和尺寸优化变量转化成离散的整数变量和连续的实数变量，从而将离散拓扑优化和尺寸优化问题转化成混合整数非线性优化问题。因此，大直径薄壁加筋圆柱壳结构轻量化设计问题可描述为

$$\begin{cases}\text{find} \quad \boldsymbol{x}=[\boldsymbol{x}_{\mathrm{c}},\boldsymbol{x}_{\mathrm{d}}] \\ \min \quad M(\boldsymbol{x}) \\ \text{s.t.} \quad F_{\mathrm{cr}}(\boldsymbol{x}) \geqslant F_{\mathrm{cr}}^{*} \quad (\boldsymbol{x}_{l} \leqslant \boldsymbol{x} \leqslant \boldsymbol{x}_{u})\end{cases} \tag{12.2}$$

式中：$\boldsymbol{x}_{\mathrm{c}}$ 为连续变量；$\boldsymbol{x}_{\mathrm{d}}$ 为离散整数变量；$\boldsymbol{x}_{l}$ 和 $\boldsymbol{x}_{u}$ 分别为设计变量 $\boldsymbol{x}$ 的最小取值和最大取值；$M(\boldsymbol{x})$ 为结构质量；$F_{\mathrm{cr}}(\boldsymbol{x})$ 为结构极限载荷。优化设计变量包括桁条截面参数、桁条数量、端框截面参数、中间框截面及其布局参数和蒙皮厚度，具体取值范围如表 12.5 所示。

表 12.5　重型运载火箭加筋圆柱壳结构参数设计范围

变　量	设计范围	变　量	设计范围	变　量	设计范围
a_{End}/mm	45～80	w_{up}/mm	20～50	t_{skin}/mm	1.2～1.5
b_{End}/mm	75～120	t_{up}/mm	2～15	a_{Mid}/mm	22～50
c_{End}/mm	2～10	h_{fb}/mm	50～150	$t_{1\mathrm{Mid}}$/mm	2～10
d_{End}/mm	2～10	t_{fb}/mm	2～15	b_{Mid}/mm	80～150
θ_{End}/(°)	4～5	h_{out}/mm	10～30	$t_{2\mathrm{Mid}}$/mm	2～10
w_{bot}/mm	50～100	t_{out}/mm	2～15	p_1/mm	400～600
t_{bot}/mm	2～15	n_s	85～105	p_2/mm	800～1200

参照以往火箭类似结构的设计方法，通过初步结构优化设计，确定“几”形桁条的大直径薄壁加筋圆柱壳结构初始结构参数及其取值范围。加筋圆柱壳结构模型采用铝合金材料建模，弹性模量为 70GPa，泊松比为 0.3，密度为 2.78×10^{-6}(kg/mm^3)，屈服应力为 440MPa，强度极限为 550MPa，延伸率为 6%。

为有效模拟框桁隔间蒙皮失稳波形和极限载荷，选取蒙皮网格单元尺寸为 40mm。桁条腹板高度方向划分为两个单元，模拟桁条局部截面的平动和转动，模型计算节点和单元规模分别达 21 万和 19 万。模型上、下端框处各建立一个“L”形对接框作为弹性边界，下对接框下端面节点固定约束，上对接框上端面节点约束除轴向位移的其他 5 个自由度，并匀速施加 35mm 轴向位移。采用显式非线性动力学方法求解加筋圆柱壳结构极限承载能力时，整体压溃载荷和破坏模

式均与加载速度相关。因此，首先采用不同的加载速度对该模型进行分析，并观察结构内部动能与内能的比值，确保加载过程为准静态加载。

图 12.10 和表 12.6 分别给出了加载速度为 600mm/s、300mm/s、150mm/s 和 100mm/s 时的动能与内能的比值随加载位移的变化曲线、载荷位移曲线、结构压溃位移云图、极限载荷以及计算耗时。图中结果表明，当加载速度小于 150mm/s 时，减小加载速度对极限载荷的影响小于 4%，结构失稳波形相同，但计算耗时将成倍增长。因此，综合考虑计算精度和效率，在后续优化设计中加载速度取值为 150mm/s。

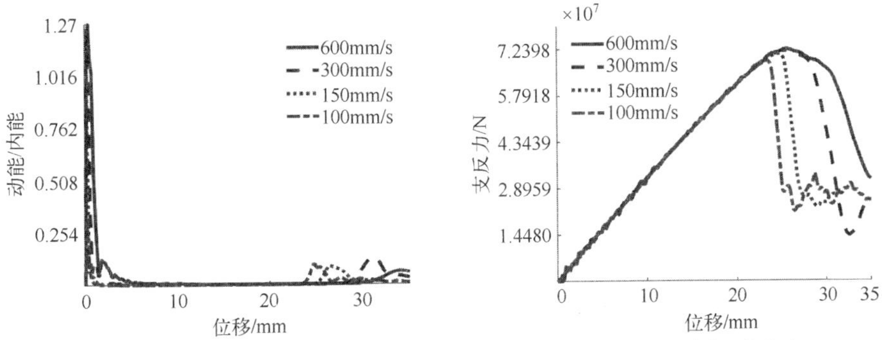

(a) 动能与内能比值曲线　　(b) 载荷位移曲线

图 12.10　不同加载速度下的动能/内能随加载位移及载荷位移的变化曲线

表 12.6　不同加载速度下结构整体压溃情况及计算耗时

项　目	600mm/s	300mm/s	150mm/s	100mm/s
位移云图			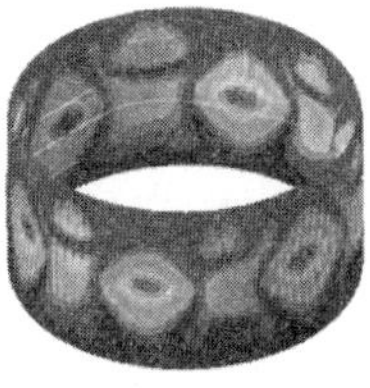	
极限载荷	7.240×10^4kN	7.172×10^4kN	7.088×10^4kN	6.867×10^4kN
计算耗时	0.58h	1.16h	2.23h	3.93h

12.2.2　求解方法与参数设置

SAOCPS 算法整体框架如图 12.11 所示。总体而言，SAOCPS 算法以 ARBF 近似模型为主干，在每轮迭代后通过探索/开发竞争采样机制确定多个新的探索采样点和开发采样点，以期自适应地不断提高近似模型的局部，并辅以高性能并行计算资源，进而实现加快算法搜索效率和缩短计算时长的目标。

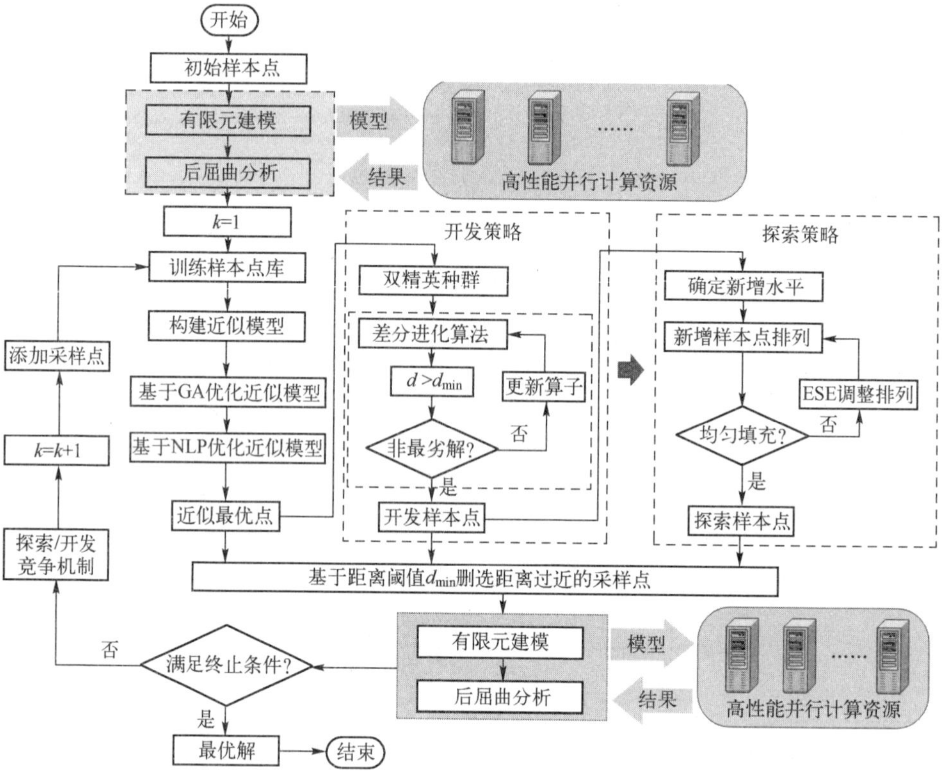

图 12.11　基于探索/开发竞争并行采样的 ARBF 序列近似优化方法流程

由于在 ARBF 近似建模过程中，训练样本点间距离过小将导致近似模型的系数矩阵病态，影响近似模型的近似精度。因此，设定距离阈值 d_{min}，避免新采样点过于靠近已观测样本点。当算法满足如下任意条件时，算法终止：①采样点处有限元计算值和近似模型预测值误差小于 1%；②序列采样达到最大迭代次数 k_{max}。特别地，为提高优化算法的收敛速度，经多次试算，开发采样策略中精英样本点数量如式（12.3）所示随迭代次数的增加而逐步减小，从而使在优化初期开发样本点具有一定程度的探索特性，随着优化迭代的不断进行，开发样本点逐步侧重于局部开发采样。

$$N_{elite}=\mathrm{round}[\max(4m-k,1.5m)] \tag{12.3}$$

12.2.3　设计结果分析

采用基于近似模型的整数/实数混合优化方法对“几”形桁条加筋圆柱壳进

行轻量化设计，如图 12.12 所示为算法生成的采样点在响应空间中的散点图，每轮迭代中生成的采样点间的最小距离曲线如图 12.13 所示。

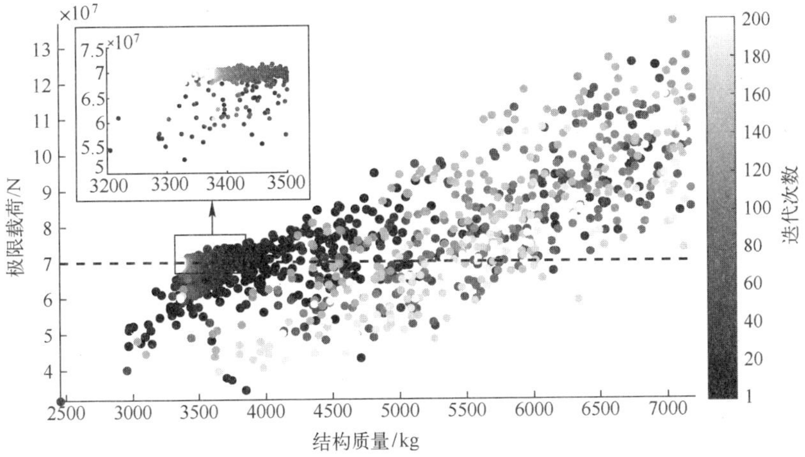

图 12.12 “几”形桁条加筋圆柱壳迭代优化过程中 SAOCPS 方法采样点在响应空间中的散点图

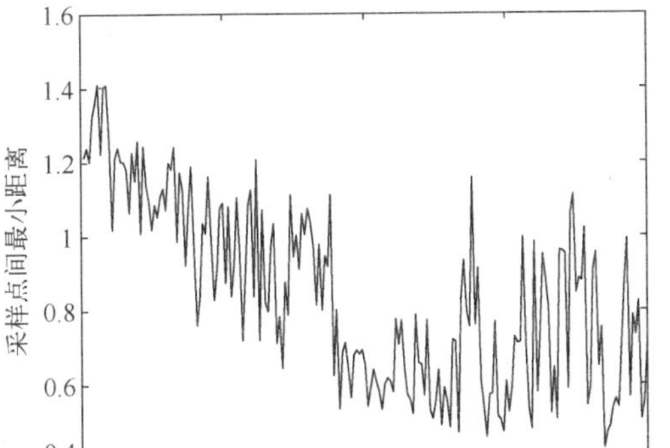

图 12.13 “几”形桁条加筋圆柱壳迭代优化过程中 SAOCPS 方法采样点间的最小距离变化曲线

由图可知，在优化迭代初期，采样点主要向满足承载性能且质量更小的区域聚集，同时采样点间的最小距离亦呈下降趋势，这是由于“几”形桁条加筋圆柱壳具有较高的承载效率，因此加大开发采样力度在优化迭代初期即可获得更优解。观察后文中图 12.15 所述的“几”形桁条加筋圆柱壳质量迭代曲线，优化初期的快速收敛特性亦验证了上述论述。由于“几”形桁条的设计空间相对“工”

形桁条更大，而且探索采样策略本质上是提高样本点在空间中的填充性和均布特性，因此，迭代优化后期生成的采样点具有更高的结构质量和极限承载性能。优化迭代过程中，近似模型的预测精度如图 12.14 所示，由图可知，对于设计变量更多的"几"形桁条加筋圆柱壳结构，ARBF 近似模型依然具有较高的预测精度。

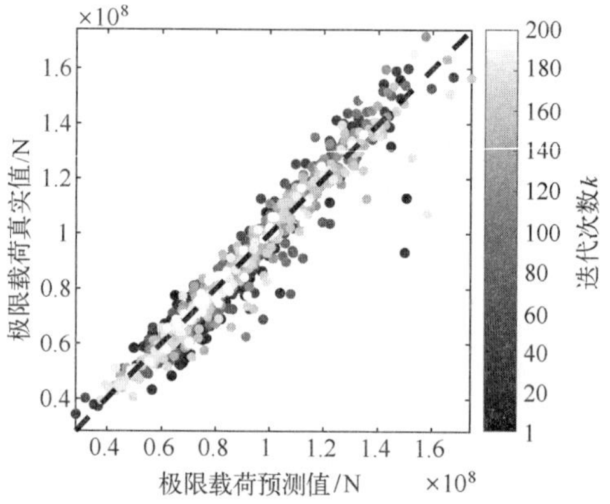

图 12.14 "几"形桁条加筋圆柱壳迭代优化过程中 ARBF 近似模型预测精度

图 12.15 对比了基于 SAOCPS 方法的"工"/"几"形桁条加筋圆柱壳优化迭代曲线，由图可知，相对于"工"形桁条，"几"形桁条加筋圆柱壳结构的迭代收敛速度更快，表明"几"形桁条使加筋圆柱壳具有更高的承载效率。优化迭代 200 次后，在承载性能满足设计要求下，"几"形桁条加筋圆柱壳结构质量

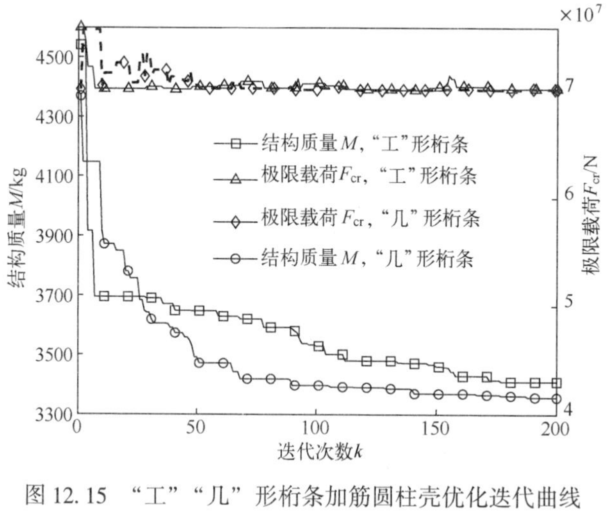

图 12.15 "工""几"形桁条加筋圆柱壳优化迭代曲线

趋于收敛。优化后，“几”形桁条加筋圆柱壳的极限承载能力为 7.01×10^{7}N，结构质量为 3357.1kg，相较于初始设计和“工”形桁条加筋圆柱壳的优化结构分别减重 393kg 和 52.9kg。

12.3　固体火箭发动机总体多精度优化设计

固体火箭发动机是导弹武器、快速响应运载火箭等飞行器的主要动力系统，广泛应用于军事和航天领域，具有结构简单、成本低廉、使用维护方便等鲜明的优势和特点。随着导弹和航天技术的发展，对于固体发动机系统的性能也不断提出更高要求，高性能、轻量化和高可靠性成为发动机设计工作的重要发展趋势，对固体发动机优化设计能力提出了新需求。

固体发动机依靠推进剂燃烧得到高温高压的燃气，并经由喷管膨胀加速产生推力。理论上来说，为了获得更好的发动机性能，固体发动机的燃烧室压强应尽量提高，喷管膨胀比应尽量增加，以获得更大的固体发动机的比冲。但是为承受更高的压力，达到更高的膨胀比，固体发动机的壳体、绝热层和喷管的质量都会增加，影响发动机的整体性能。因此在固体发动机优化设计过程中，必须综合考量发动机性能与发动机质量之间的协调关系，实现固体发动机的最优化设计。

12.3.1　优化问题建模

以外径 600mm 翼柱型装药发动机优化问题为例，在给定发动机总冲、几何尺寸和工作时间约束下，对发动机设计参数进行优化。根据固体发动机优化设计需求及各参数对发动机性能的影响，以喷管膨胀比、喉径、燃烧室柱段长度以及装药几何构型参数作为设计变量，各变量定义如图 12.16 所示，取值范围如表 12.7 所示。

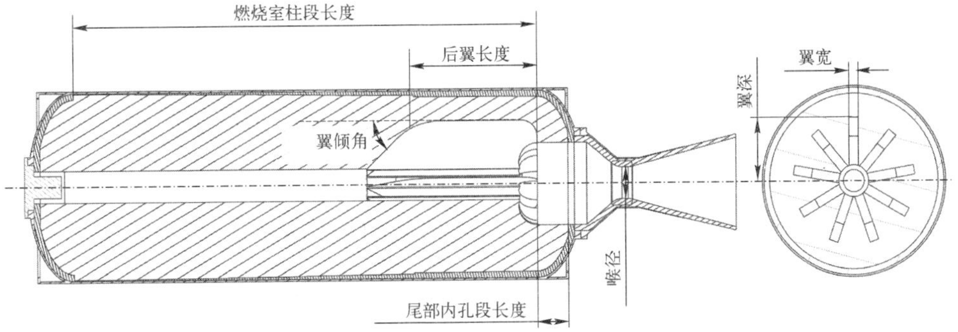

图 12.16　固体发动机结构

表 12.7　翼柱型固体发动机设计变量

项　　目	设 计 变 量	设　计　域
喷管设计参数	喉径/mm	[100.0,250.0]
	膨胀比	[7.0,20.0]
装药设计参数	翼长/mm	[50.0,800.0]
	翼宽/mm	[20.0,45.0]
	翼倾角/(°)	[2.0,25.0]
	翼深/mm	[125.0,250.0]
	6.86MPa 下装药燃速/(mm/s)	[6.0,13.0]
	尾部内孔段长度/mm	[35.0, 220.0]
燃烧室设计参数	燃烧室柱段长度/mm	[4500.0,5500.0]

为获得更好的发动机性能，固体发动机燃烧室压强应尽量提高，喷管膨胀比尽量处于最佳，以获得更大推力和更高比冲。为承受更高工作压力，达到最佳膨胀比，固体发动机壳体、绝热层和喷管质量都会相应增加，影响发动机整体性能。因此，在固体发动机优化设计过程中，必须综合考量发动机性能与发动机质量之间的协调性，实现固体发动机最优设计。固体发动机优化设计的常见设计需求为保证飞行器达到预期射程时，发动机的质量应尽可能小，因此轻量化为固体发动机优化设计的目标；同时，将飞行器总体设计对于发动机的常见设计指标要求转化为固体发动机优化设计的约束条件，以保证最终设计方案的合理性。建立的优化问题的数学形式为

$$\min: m(x) \quad (x_l \leqslant x \leqslant x_u; i=1,2,\cdots,l)$$
$$\text{s. t.} \begin{cases} I \geqslant 5000\text{kN}\cdot\text{s} \\ 20\text{s} \leqslant t \leqslant 25\text{s} \\ L \leqslant 5800\text{mm} \end{cases} \tag{12.4}$$

式中：$m(x)$为发动机总质量；x_u和x_l分别为设计变量的上、下界；I、t、L分别为总冲、工作时间和发动机总长度约束条件，需要通过发动机多学科耦合仿真计算得到。

固体火箭发动机总体性能计算需要的仿真模型有燃面计算、内弹道计算、喷管实际性能计算和绝热层厚度计算等，在长期研究中，形成了面向上述仿真需求构建多精度仿真模型的体系。因此为提升设计效率，降低计算耗时，采用不同精度的仿真模型协同开展总体优化设计，所需模型如表 12.8 所示。

表 12.8 发动机多精度仿真模型

学科仿真模型	低精度样本点	中精度样本点	高精度样本点
燃面推移仿真	历史数据映射	燃面快速计算模型	非平行层燃面推移模型
内弹道计算		零维内弹道计算模型	一维内弹道计算模型
比冲计算		经验公式预估实际比冲	流场仿真实际比冲计算模型
质量特性计算		经验公式法	参数驱动实体造型法
计算耗时	—	30s	20min

1) 低精度历史数据映射

历史数据映射包括几何参数映射和性能参数映射，几何参数映射基于新设计需求所给定的发动机外径与总冲，保持原有相对尺寸不变，计算得到映射后的柱段长度，然后根据映射前后外径与柱段长度对其他几何参数进行等比例计算，完成几何参数映射。几何参数映射完成后，基于发动机工作原理，在不进行仿真计算的前提下，忽略细节构型，通过缩放的方法获得历史构型在新需求下对应的数据，完成低精度数据获取，如图 12.17 所示。

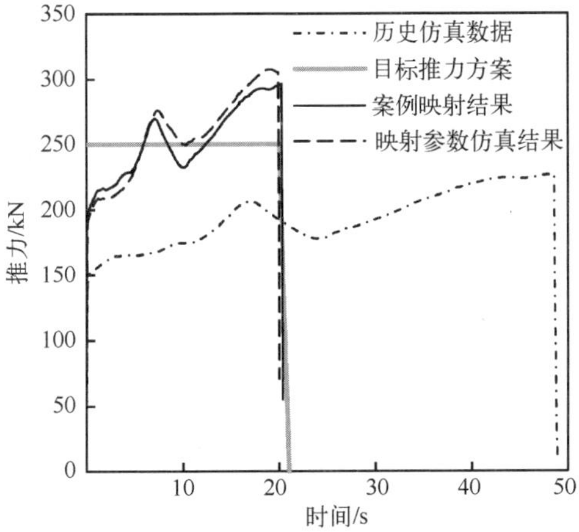

图 12.17 映射前后推力—时间曲线

2) 中精度仿真模型

中精度仿真模型采用计算简单的平行层燃面推移、零维内弹道假设计算发动机性能，采用部件法计算质量特性。

在给定发动机装药构型后，平行层燃面推移可采用最小距离函数法获得，该方法通过定义一个标量函数场（最小距离函数）表示计算域内任意点到初始燃面的距离，即每个网格节点最小距离函数值的大小，表示从网格点到燃烧表面上最近点的距离，正负符号表示网格节点位于燃烧表面的内外侧，初始燃面上点的最小距离函数值为 0。基于所有网格节点的最小距离函数值和燃烧厚度 e 之间的关系，可得到任意时刻的燃面。

零维内弹道计算模型近似认为发动机内参数均匀，燃气参数仅与时间有关，与空间位置无关，通过适当简化，燃烧室压强随时间变化的基本微分方程

$$\frac{V_c}{\Gamma^2 c^{*2}}\frac{\mathrm{d}p_c}{\mathrm{d}t}=\rho_c A_b a p_c^n-\frac{p_c A_t}{c^*} \tag{12.5}$$

式中：ρ_c 为燃气密度；V_c 为装药空腔体积；A_b 为燃烧面积；a 为推进剂燃速；p_c 为燃烧室压强；A_t 为喷管喉部面积；Γ 为比热比的函数；c^* 为特征速度。

质量特性计算中，将发动机分为燃烧室壳体、绝热层、喷管、药柱点火器等若干部组件，根据零件形状、受力情况及材料进行工程估算。

3）高精度仿真模型

高精度仿真模型考虑了燃烧室中燃气流动带来的侵蚀燃烧造成装药燃速不均的情况，因此燃面推移不再遵循平行层燃烧假设，在某个时刻的某一轴向位置，燃面沿当地方向的推移距离与当地静压及燃气流速等相关。同时，由燃面推移造成的燃烧面积、通道面积和燃烧周长等变化又会影响内弹道计算，即一维内弹道计算需要耦合燃面推移求解，在准定常条件下进行一维内弹道求解与燃面推移；另外，在每次燃面推移完成后进行最小距离函数场更新。高精度仿真模型的质量特性计算采用商业 CAD 软件实体造型法得到，并通过二次开发实现自动化调用。

上述发动机总体仿真模型之下的各个学科、部组件仿真的子仿真模型之间的输入、输出关系相互关联，呈现高度耦合的结构，在建模前应准确梳理各仿真模型之间的关联。通过分析各计算模型之间的参数传递关系与仿真模型调用的逻辑顺序，构建一套发动机仿真计算流程，如图 12.18 所示。固体发动机总体仿真计算由燃面推移仿真模型开始，其与内弹道计算模型相结合，共同作为后续仿真模型计算的基础。根据内弹道计算所得到的发动机燃烧室压力、温度、室壁在燃气中的暴露时间等参数，即可进行燃烧室绝热层厚度与燃烧室壳体厚度的计算，完成发动机各几何尺寸的确定，此时即可进行发动机质量特性的计算。同时，由内弹道数据可以对发动机实际比冲进行计算，最终计算发动机的能量特性。将质量特性计算与能量特性计算所得到的结果作为响应值输出，完成固体发动机仿真计算流程的构建。

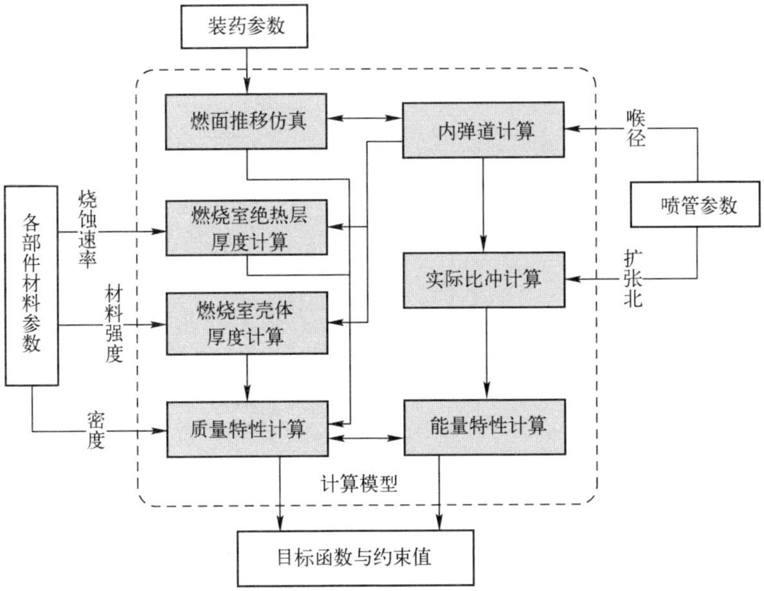

图 12.18　固体发动机仿真计算流程

12.3.2　求解方法与参数设置

基于固体发动机总体优化设计模型，将多精度代理模型构建方法、有偏实验设计方法和自适应并行采样方法，用于固体发动机优化设计，建立基于多精度模型的固体发动机优化设计流程，如图 12.19 所示。

具体步骤如下。

（1）定义发动机优化数学模型，包括优化目标、设计域和约束条件。

（2）根据设计域选择合适的固体发动机历史数据，应用已有设计数据，使用推力匹配映射方法得到低精度数据，建立低精度 RBF 模型。

（3）基于低精度 RBF 模型，应用有偏实验设计方法选取中等精度样本点，应用中等精度仿真模型计算相应响应。

（4）基于低精度 RBF 模型与中等精度样本点建立双层精度的多精度 RBF 近似模型。

（5）基于双层精度 RBF 模型，应用有偏实验设计方法选取高精度样本点，利用高精度仿真模型计算相应响应。

（6）基于双层精度 RBF 模型与高精度样本点，建立三层精度的 RBF 模型。

（7）判断三层精度 RBF 模型是否收敛于最优解，若收敛则结束优化；若不收敛则利用自适应并行采样方法，对中、高精度样本点进行采样，重新构建双层精度和三层精度 RBF 模型，直至模型收敛于最优解。

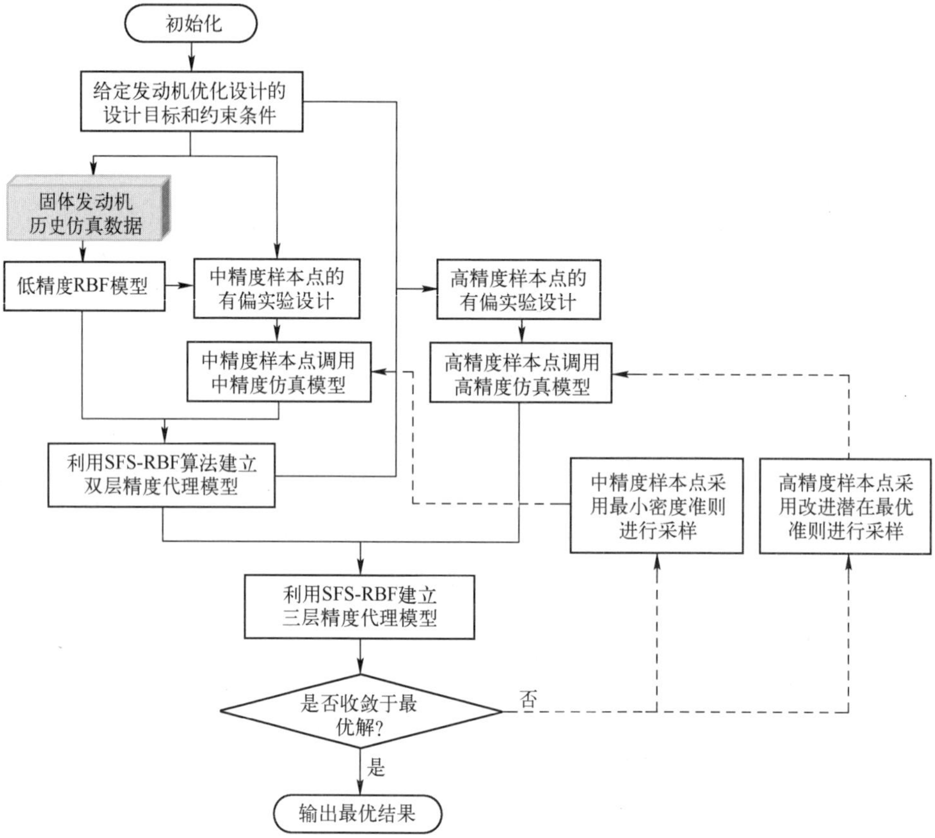

图 12.19　基于多精度模型的固体发动机优化设计流程

12.3.3　设计结果分析

按照多精度模型驱动的优化设计流程，开展固体发动机总体优化设计，分析优化结果，验证本书所提出的多精度模型驱动优化设计方法在工程应用中的可行性。

以 Φ800 翼柱型装药发动机历史仿真数据作为低精度样本来源，通过数据映射获得低精度样本点。多精度模型驱动的优化设计方法初始采样点个数选择为高精度样本点 5 个，中等精度样本点 10 个，每次加点选择 1∶2 的数量进行高、中精度样本点采样。目标函数值收敛曲线如图 12.20 所示。

观察图 12.20 收敛曲线可知，在高精度样本点采集的前 5 步，通过有偏实验设计，高精度代理模型样本点向着局部最优位置聚集，故发动机总质量较小。从

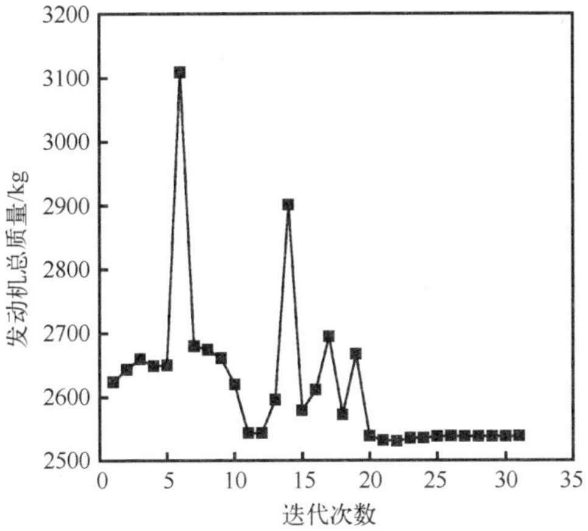

图 12.20 多精度模型优化算法收敛曲线

第 6 步开始，优化算法根据自适应并行采样策略进行寻优，在优化前期由于代理模型精度不够，高精度样本点遵循改进潜在最优准则向着模型偏差位置较大的区域进行寻优，故寻优过程前期波动较大。随着采样点不断增加，多精度代理模型精度不断提高，在第 25 步左右，采样逐渐收敛于最优解，并在最优解附近聚集，最终的收敛结果为

$$\min : m_0 = 2537.9\text{kg} \tag{12.6}$$

最优结果对应的一维内弹道仿真计算结果如图 12.21 所示，压强曲线在平衡工作段较为平直，满足发动机稳定工作的要求，推力曲线与目标推力曲线基本吻合；由于发动机存在侵蚀燃烧效应，一维内弹道仿真计算结果呈现明显的初始压强峰和拖尾现象。

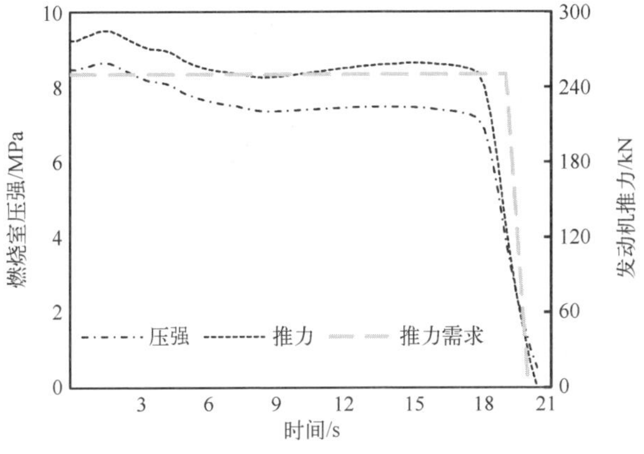

图 12.21 多精度模型最优结果对应的一维内弹道计算曲线

作为对比，应用基于单一精度模型的优化算法开展固体发动机设计优化。初始采样点个数选择为 $5\times n=45$ 个（$n=9$，设计变量个数），算法更新迭代 100 次高精度样本点，目标函数的收敛曲线如图 12.22 所示。

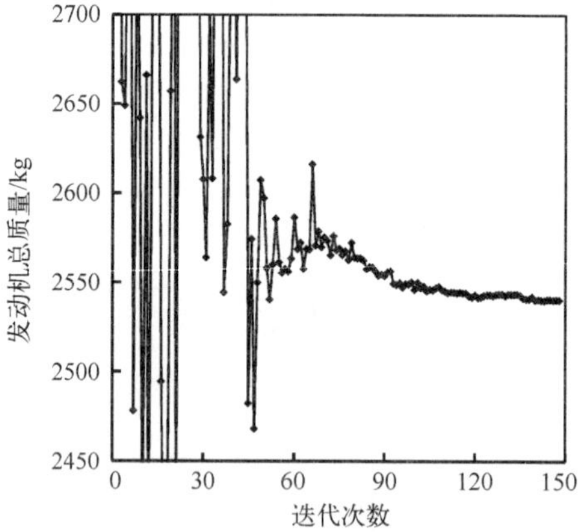

图 12.22　高精度模型优化算法迭代曲线

由图 12.22 可知，基于单一高精度模型的优化过程在前 45 步进行实验设计，样本点计算的目标函数结果波动明显。从第 46 步开始进行潜在最优采样，通过不断采样，缓慢收敛于最优解，在第 110 步左右基本收敛，在第 140 步左右完全收敛于最优解。

$$\min: m_0^* = 2538.2\text{kg} \tag{12.7}$$

本书方法与基于单一高精度模型的优化算法最终设计变量结果对比如表 12.9 所示。

表 12.9　固体发动机优化设计结果

项　　目	多精度模型设计	高精度模型优化方法
喉径/mm	163.4	160.4
膨胀比	10.8	10.8
翼长/mm	50.0	50.0
翼宽/mm	27.1	27.3
翼倾角/(°)	6.0	5.7
翼深/mm	240.0	238.6
燃烧室柱段长度/mm	4749.6	4742.6
尾部内孔段长度/mm	160.0	157.7
参考燃速/（mm/s）	10.6	10.5
发动机总质量/kg	2537.9	2538.2

（续）

项　　目	多精度模型设计	高精度模型优化方法
发动机总长度/mm	5739.9	5719.3
发动机总冲/(kN·s)	5001.0	5001.7
工作时间/s	20.1	20.0
仿真模型调用次数	25 次高精度仿真模型调用 50 次低精度仿真模型调用 200 个历史仿真数据样本	110 次高精度仿真模型调用

通过多精度模型优化方法和传统单一精度模型优化方法结果对比可以发现，本书方法计算得到发动机设计方案，总质量为 2537.9kg，对比于单一精度模型优化方法的 2538.2kg，差异小于 1‰且二者设计结果都满足约束条件，验证了方法的有效性。同时采用多精度模型进行设计，需调用 25 次高精度仿真模型与 50 次中精度仿真模型，而单纯采用高精度模型进行设计，则需调用 110 次仿真模型，表明了多精度模型优化方法的在精度、效率平衡方面的作用。

12.4 小结

本章针对飞行器设计中常见的气动外形减阻、结构减重等设计需求，基于计算流体力学仿真、有限元分析等高耗时黑箱仿真模型，开展了基于近似模型的优化设计方法应用实例分析。

以升力体构型减阻设计为例，开展了气动外形优化设计应用。针对升力体外形设计中同时存在简单显式约束（体积约束）和高耗时约束（压心位置约束）的需求，采用约束域实现设计方法生成满足体积约束的初始采样点，以提升初始采样点的性能，完成了基于近似模型的气动外形优化设计。

以运载火箭加筋圆柱壳结构减重设计为例，开展基于有限元分析的结构设计应用。针对加筋圆柱壳结构中连续、离散变量共存的问题，采用连续/离散混合实验设计方法生成初始样本，并在优化过程中，针对离散变量和连续变量采用不同方法进行采样以提升设计效率，完成了基于近似模型的结构轻量化设计。

以固体发动机减重设计为例，开展发动机总体多学科设计优化应用。针对发动机设计中存在的多种层级和粒度的模型，采用了多精度数据融合的近似建模方法实现精度和效率的平衡，完成了固体发动机总体多学科耦合优化设计，对比分析了代用单一精度和多精度融合方法的性能。

第13章

基于近似模型的灵敏度分析应用实例

灵敏度分析是探究高维模型输入输出关系，定量分析不同输入参数及其交叉效应对模型输出影响的重要方法。随着现代工程设计问题非线性程度和设计维度的增加，在整个设计空间中定量分析各输入变量变化引起的模型响应变化大小，对于确定工程实践或科学研究中不同输入变量重要程度的优先级具有重要作用。灵敏度分析既可用于设计前对模型进行分析，通过剔除次要因素，解耦独立变量降低原始模型复杂度；又可在设计完成后，定量评估输入参数的随机不确定性带来的输出散布特性变化，获得输入变量的偏差重要性排序，对于工程设计人员决定如何通过控制输入参数的偏差，缩小系统响应的不确定性范围起着重要作用。

基于近似模型的灵敏度分析一般流程可归纳如下：根据实际工程需求，分析设计目标与对象，将整个设计系统表征为具有明确输入输出关系的参数化模型；基于当前学科技术成熟度和设计问题对计算精度的需求，建立系统的数学模型，合理选择求解方法，实现从输入到输出的仿真计算。根据所建立的响应计算模型，选择适当的实验设计方法、近似建模方法和样本点全局扩充采样方法等，构建动态灵敏度分析计算流程；根据计算资源或计算结果的收敛性，确定终止条件，并输出当前近似模型的灵敏度指标作为原始模型灵敏度指标的近似；根据灵敏度指标大小，确定重要影响因素和次要影响因素，为工程实践中合理控制输入参数提供指导。

本章基于上述流程，针对实际工程设计中的若干应用实例进行具体分析，开展基于近似模型的灵敏度方法应用研究，对前面章节阐述的方法进行综合应用。

13.1 加筋圆柱壳结构承载能力灵敏度分析

现有运载火箭、大中型战略战术导弹等先进飞行器的承载舱段普遍采用整体加筋、框桁加强的薄壁加筋圆柱壳结构以提升其承载效率，如运载火箭的级间段、集中力扩散舱段、燃料贮箱、整流罩等部段。大直径加筋圆柱壳结构涉及众多结构参数，不同结构参数及其相互间的耦合关系对结构承载性能的影响尚不明确。为了探究大直径加筋圆柱壳各结构参数对其承载性能的影响程度，通过构建近似模型开展大直径加筋圆柱壳结构全局灵敏度分析，能够有效揭示各设计参数及其相互间的耦合关系对加筋圆柱壳结构极限承载性能的影响规律，为运载火箭或导弹结构改进设计提供指导并有效降低后续设计的复杂度。

13.1.1 加筋圆柱壳结构灵敏度分析问题建模

大直径加筋圆柱壳结构主要由端框、中间框、桁条和蒙皮组成。蒙皮内侧沿高度方向布置“Ω”形截面的中间框，上、下端部各布置一个“L”形截面的端框，同时，蒙皮外侧沿环向均匀分布一定数量的竖向桁条。端框、中间框布局形式截面构型及参数如图12.8所示。桁条作为承受轴压的主要承力部件，其轴压稳定性及失稳模式直接影响大直径加筋圆柱壳结构的极限承载性能和压溃破坏。为探究不同横条形式对承载能力的影响，考虑3种典型桁条截面形式开展灵敏度分析，其界面构型和参数如图12.8（c）~（e）所示。加筋圆柱壳结构模型采用铝合金材料建模，弹性模量为70GPa，泊松比为0.3，密度为2.78×10^3kg/m^3，屈服应力为440MPa，强度极限为550MPa，延伸率为6%。

根据上述几何构型参数，可建立如式（13.1）所示的输出响应模型：

$$f(\boldsymbol{x})=F_{\mathrm{cr}}\quad(\boldsymbol{x}\in U(\boldsymbol{x}_l,\boldsymbol{x}_u))\tag{13.1}$$

式中：F_{cr}为极限承载能力，通过显式动力学有限元分析得到；$\boldsymbol{x}$为设计变量；$(\boldsymbol{x}_l,\boldsymbol{x}_u)$为设计空间。3种构型对应的设计变量个数分别为17、19、21，各变量变化范围如表13.1所示。

表13.1 重型运载火箭加筋圆柱壳结构参数设计范围

项目	变量	设计范围	备注
端框参数	a_{End}/mm	45~80	
	b_{End}/mm	75~120	
	c_{End}/mm	2~10	
	d_{End}/mm	2~10	
	θ_{End}/(°)	4~5	
桁条参数	w_{bot}/mm	50~100	
	t_{bot}/mm	2~15	
	h_{fb}/mm	50~150	

（续）

项　目	变　量	设计范围	备　注
桁条参数	t_{fb}/mm	2~15	
	w_{up}/mm	20~50	“工”形\“几”形桁条独有
	t_{up}/mm	2~15	“工”形\“几”形桁条独有
	h_{out}/mm	10~30	“几”形桁条独有
	t_{out}/mm	2~15	“几”形桁条独有
蒙皮参数	t_{skin}/mm	1.2~1.5	
中框参数	a_{Mid}/mm	22~50	
	t_{1Mid}/mm	2~10	
	b_{Mid}/mm	80~150	
	t_{2Mid}/mm	2~10	
布局参数	p_1/mm	400~600	
	p_2/mm	800~1200	
	n_s	85~105	桁条数目，整数变量

13.1.2　求解方法与参数设置

1）实验设计获取训练样本

灵敏度分析需要建立全局近似模型以实现对全空间响应特性的准确预示，因此设计空间中基于 OLHD 生成 2400 个样本点，并调用显式动力学有限元计算模型极限载荷求解，形成训练样本库。为提高计算资源利用率，从中分别选取在空间中分布均匀的 300、400、800、1000 和 1200 个样本点作为训练样本点，剩余样本点作为验证样本点以测试近似模型预测精度。

2）近似建模方法

为了实现近似模型灵敏度指标的快速求解，近似建模方法采用一阶 PCE 增广 RBF 的混合近似模型，其中 RBF 的基函数个数等于样本点个数，基函数中心设置于样本点处，形状参数训练采用 10 折交叉验证方法，并根据训练样本个数，将训练样本划分为在设计空间内均匀分布的 10 组样本，以实现对近似模型预测精度的充分校验，确定近似模型的形状参数。

3）灵敏度指标求解

在每次近似模型构建完成后，针对所有单变量集合 $\boldsymbol{z}=\{x_i\}\ (i=1,2,\cdots,d)$ 和双变量集合 $\boldsymbol{z}=\{x_i,x_j\}\ (1\leqslant i<j\leqslant d)$，从设计变量 $\boldsymbol{x}$ 中选取上述考察变量，分析其

对近似模型$\hat{f}(\boldsymbol{x})$输出响应灵敏度指标的集合$\boldsymbol{z}$。分别计算$\hat{f}(\boldsymbol{x})$、$\hat{f}^2(\boldsymbol{x})$和$\hat{f}_z(\boldsymbol{x})$在设计空间$\mathbb{X}^d$上的积分。根据上述积分计算总方差$D_{\mathrm{Var}}$和偏方差$D_{\mathrm{Var},z}$，进而获得变量组$\boldsymbol{z}$对近似模型$\hat{f}(\boldsymbol{x})$输出响应的灵敏度指标$S_{\mathrm{Var},z}$。

13.1.3　结果分析

对于“T”形桁条、“工”形桁条和“几”形桁条加筋圆柱壳结构的极限承载性能，图13.1分别给出了不同数量训练样本点下近似模型的近似误差，计算结果验证了近似模型具有较高的近似精度，表明可以基于建立的近似模型进行加筋圆柱壳结构承载性能参数灵敏度分析。

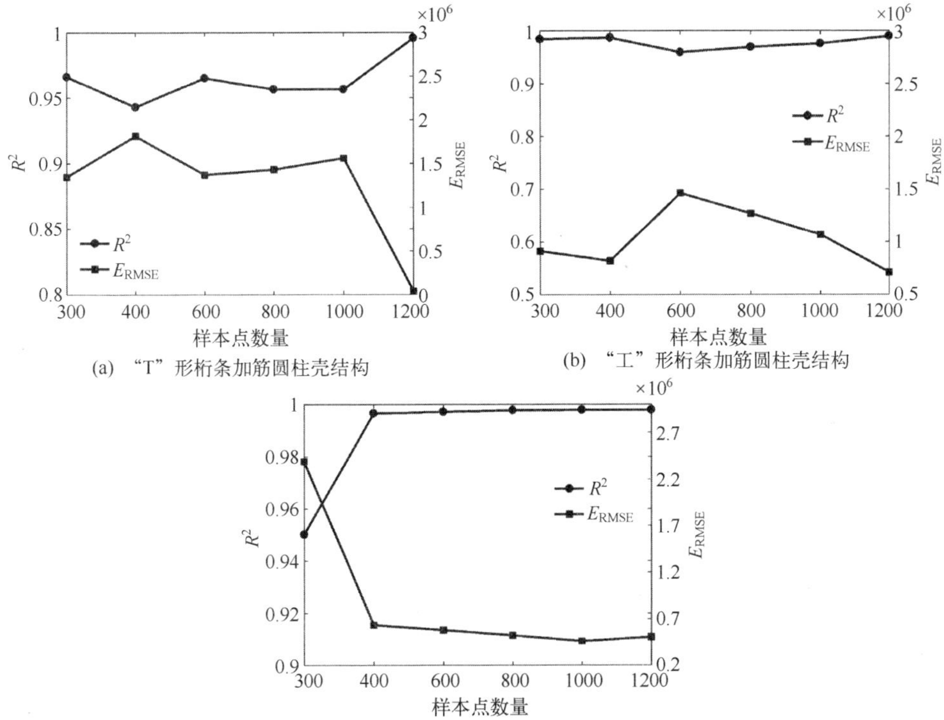

(a)“T”形桁条加筋圆柱壳结构　(b)“工”形桁条加筋圆柱壳结构

(c)“几”形桁条加筋圆柱壳结构

图13.1　不同训练样本点规模下近似模型的近似精度

图13.2分别给出了基于近似模型计算的加筋圆柱壳结构不同的结构参数对其承载性能的灵敏度指标。由图可知，随着训练样本点数量的增加，计算结果趋于收敛。针对不同截面桁条加筋圆柱壳结构的计算结果均表明，桁条腹板厚度（t_{h}）、翼缘板厚度（t_{bot}）、腹板高度（h）以及翼缘板宽度（w_{bot}）对加筋圆柱壳结构的极限承载性能影响较大，其余参数影响相对较小。如图13.3（a）所示，对于

“T”形桁条和“工”形桁条加筋圆柱壳结构，桁条腹板厚度的灵敏度指标最大，其次为桁条翼缘板厚度，这是由于“T”形桁条腹板存在自由边界，在轴压下极易发生腹板局部失稳，增加腹板和翼缘板厚度有利于避免发生腹板局部失稳，进而提高加筋圆柱壳结构的整体承载性能；如图 13.4（b）所示，对于“工”形桁条加筋圆柱壳结构，桁条翼缘板厚度的灵敏度指标最大，其次为桁条腹板厚度，相对于“T”形桁条，“工”形桁条腹板的支撑刚度得到加强，因而，增加翼缘板和腹板厚度有利于提升“工”形桁条的抗弯扭失稳刚度，进而提升加筋圆柱壳结构的整体承载性能；如图 13.4（c）所示，对于“几”形桁条加筋圆柱壳结构，桁条翼缘板厚度的灵敏度指标最大，其次为桁条腹板高度，同时，桁条腹板厚度和腹板高度的灵敏度指标大小相当，这是由于“几”形桁条的整体稳定性相对较高，不易发生桁条局部失稳，因而，增大桁条翼缘板厚度和腹板高度有利于提升“几”形桁条的抗弯扭失稳刚度，进而提升加筋圆柱壳结构的整体承载性能。

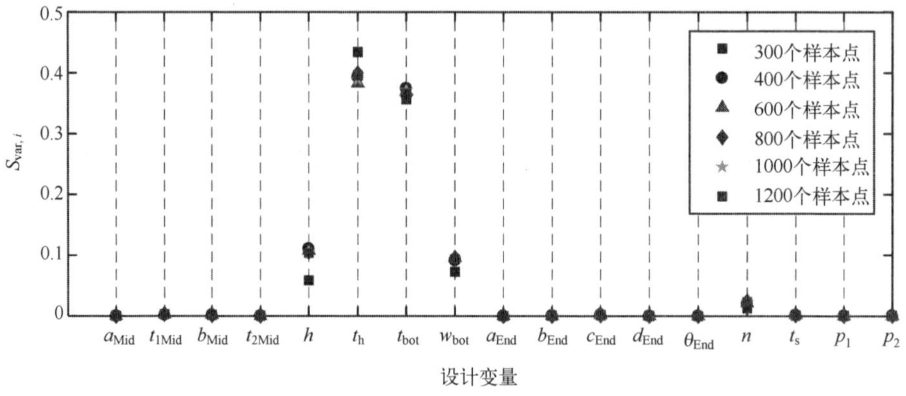

(a) “T”形桁条加筋圆柱壳结构

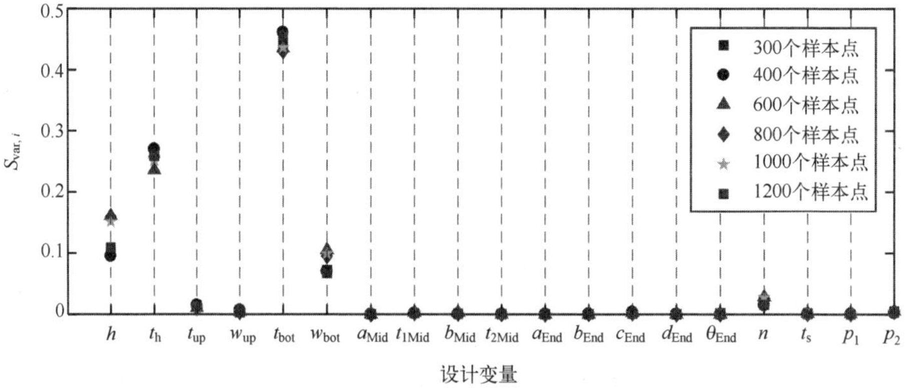

(b) “工”形桁条加筋圆柱壳结构

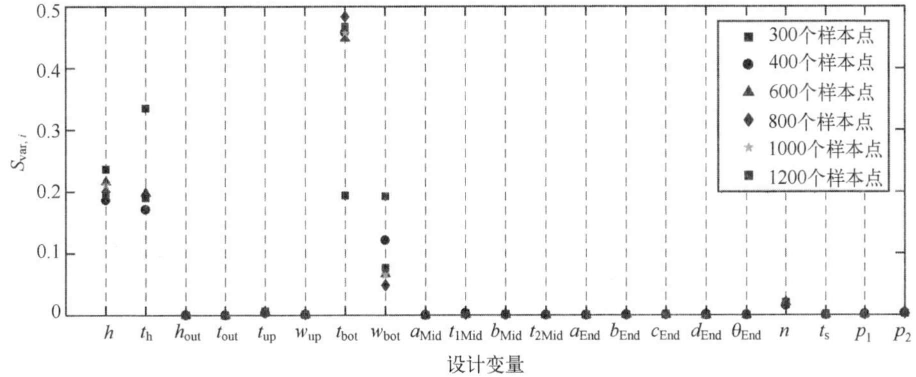

(c) “几”形桁条加筋圆柱壳结构

图 13.2 加筋圆柱壳结构不同的结构参数对承载性能的灵敏度指标

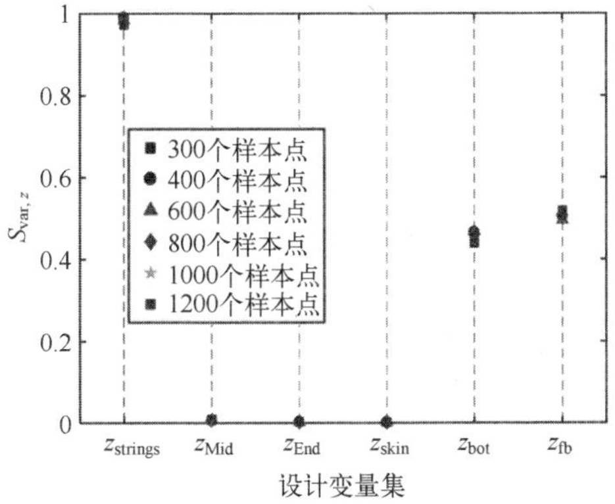

(a) “T”形桁条

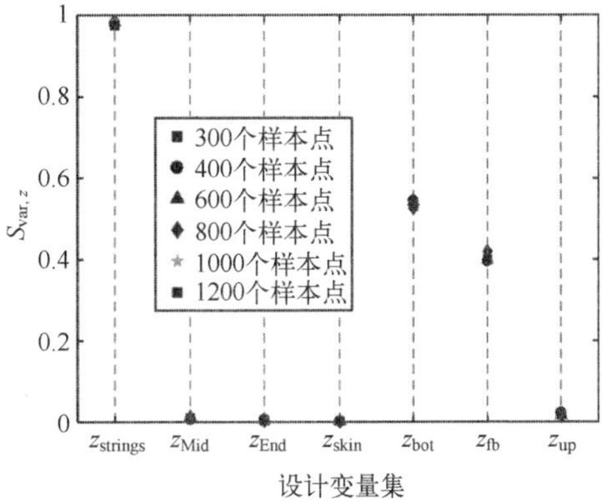

(b) “工”形桁条

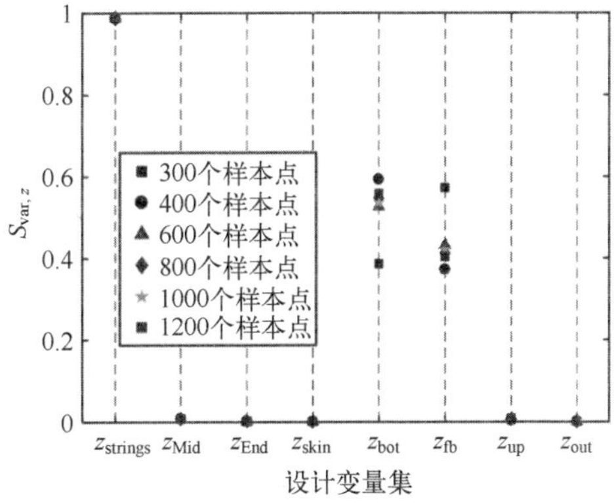

(c) “几”形桁条

图 13.3 不同桁条截面加筋圆柱壳结构不同构件灵敏度指标

进一步地，图 13.4 分别分析了不同构件对加筋圆柱壳结构的承载性能的灵敏度指标，其中，设计变量集 $z_{\mathrm{stringers}}$、z_{Mid}、z_{End}、z_{skin} 分别为与桁条、中间框、端框和蒙皮相关的设计变量，z_{bot}、z_{fb}、z_{up} 和 z_{out} 分别为与桁条翼缘板、腹板、上缘板以及侧板相关的设计变量。由图可知，桁条对加筋圆柱壳结构的承载性能的灵敏度指标高达 0.95 以上，而且主要由桁条翼缘板和腹板贡献。计算结果进一步验证了桁条翼缘板及腹板对提高加筋圆柱壳结构的承载性能的重要性。

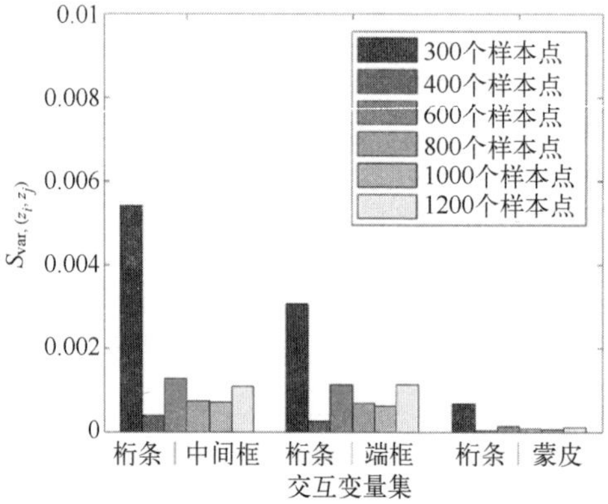

(a) “T”形桁条

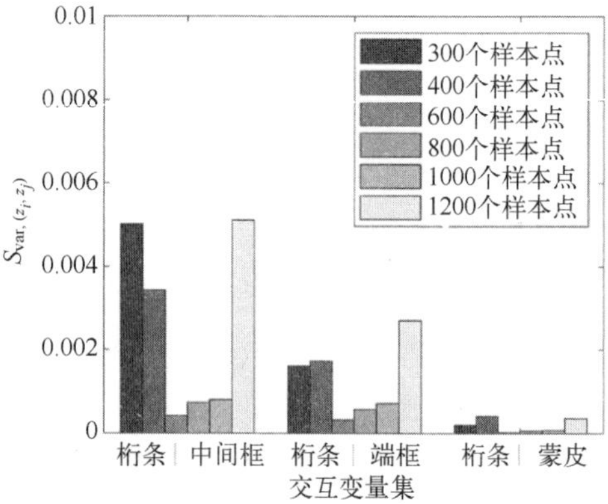

(b) “工”形桁条

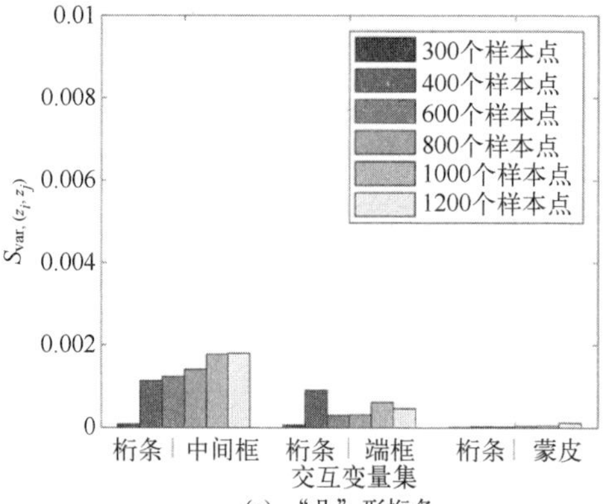

(c) “几”形桁条

图 13.4 桁条与其他构件的交叉效应对加筋圆柱壳结构承载性能的灵敏度指标

特别地，图 13.4 分别计算了桁条与中间框、端框以及蒙皮的交叉耦合效应对加筋圆柱壳结构承载性能的影响。计算结果表明，桁条与其余构件之间的交叉效应影响均较小，灵敏度指标均远小于 0.01。同时，桁条与环框（中间框及端框）之间的交叉耦合效应大于桁条与蒙皮的交叉耦合效应对加筋圆柱壳结构承载性能的影响。

13.2　翼型升阻比特性影响因素灵敏度分析

“翼型”俗称翼剖面或叶剖面，是飞机机翼及尾翼、导弹翼/舵面、直升机旋翼/螺旋桨、风力机叶片等外形设计的基本元素，也是影响飞行器气动性能的核心因素之一。翼型的选择和设计是飞行器设计中必须进行的一项重要工作。对翼型的参数灵敏度分析，能够有效揭示不同几何参数对翼型气动特性的影响规律，为飞行器设计中翼型选择和调整提供理论依据和设计参考。本节针对特定工况下的超临界翼型几何参数对升阻比的影响进行灵敏度分析，揭示不同几何参数及其耦合效应对翼型升阻比的影响规律。

13.2.1　超临界翼型灵敏度分析问题建模

超临界翼型是一种跨声速翼型，与普通翼型相比，能够延迟飞行速度接近声速时机翼阻力剧增现象，提升飞机的临界马赫数。在几何外形上，超临界翼型具有前缘饱满钝圆，上表面中部比较平坦的特征，这种结构使上表面压强的分布比较均匀，在接近声速飞行时，能够有效缓和阻力激增的现象。而后缘部分较薄，下表面在后缘处有向上的凹陷，使该处的压强增大，从而加大机翼上、下表面的压差以提高升力。因此，被广泛应用在大型运输机、客机和战斗机上，我国自主研制的大型客机 C919 就采用了超临界翼型的设计。

超临界翼型的表征参数如图 13.5 所示，采用前缘半径、上/下翼面最大厚度、上/下最大厚度位置以及上/下最大厚度处的曲率半径、上/下翼面后缘倾角等来表征。以 REA2822 翼型为基准外形，对上述控制参数进行拉偏后，对其升阻比特性进行灵敏度分析，获得不同参数对升阻比特性的影响。各变量变化范围如表 13.2 所示，各变量在其变化范围内服从均匀分布，因此该灵敏度分析问题模型可表示为

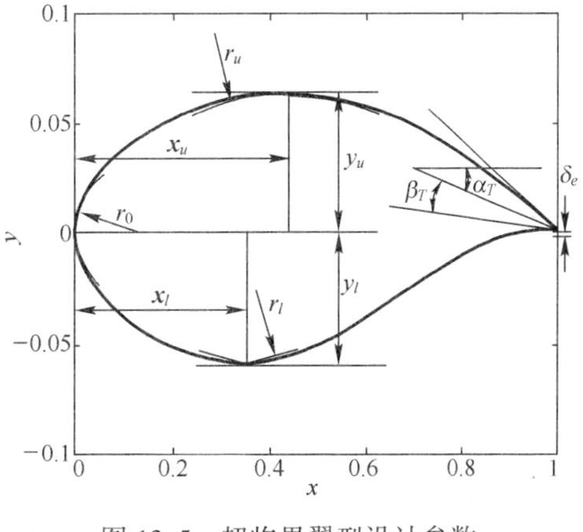

图 13.5　超临界翼型设计参数

$$f(x)=\frac{C_L}{C_D}\quad (\boldsymbol{x}\in U(\boldsymbol{x}_l,\boldsymbol{x}_u)) \tag{13.2}$$

表 13.2　超临界翼型设计变量及其范围

变量标号	变量符号	下　限	上　限
1	r_0	0.007	0.011
2	δ_e	0	0.02
3	α_T	5	10
4	β_T	1	10
5	x_u	0.3	0.6
6	y_u	0.055	0.065
7	x_l	0.2	0.5
8	y_l	-0.065	-0.055
9	r_u	1.5	3.5
10	r_l	1	2

在马赫数为 0.734、攻角为 2°、雷诺数为 6.5×10^6 的飞行状态下，对超临界翼型几何参数对升阻比特性的影响进行分析，为获得不同几何外形的升阻比特性，需要采用 CFD 软件对气动特性进行分析，如图 13.6 所示。为简化计算，引入理想气体假设，并忽略空气重力影响，开展流场分析和气动特性计算。在计算过程中湍流模型采用 Spalart-Allmaras（S-A）模型。在飞行器表面采用绝热壁面、无滑移边界条件。在流场上游外边界应用压力入口边界条件，并且根据 10km 高度大气参数给定温度和压力。

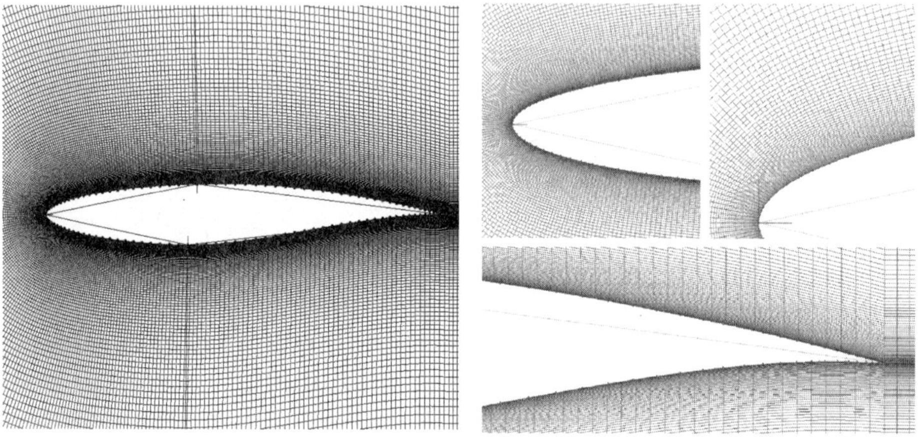

(a) 避免附近全流场网络　　(b) 局部细节网络

图 13.6　超临界翼型基准外形网格

为消除空间离散方法对计算结果的影响，对基准外形的气动性能进行网格无关性验证。结果表明，随着网格尺寸的增大，升力系数变化逐渐收敛在 0.001 以内，阻力系数变化逐渐收敛在 1*d.c.* 以内，*d.c.* 为气动设计中为评估较小的气动系数设置的缩放系数，取值为 0.0001，表 13.3 中 200*d.c.* 表示阻力系数为 0.02。在 512×256 规模网格下，得到的阻力系数与较稠密网格得到的结果误差在允许范围内，与 1024×512 网格的计算结果相差小于 1*d.c.*，计算结果可信，可以基于该网格进行优化设计。

表 13.3 超临界翼型基准外形网格无关性验证

网格规模	C_L	$C_D R(d.c.)$	升阻比
128×64	0.823	208.64	39.45
256×128	0.824	200.18	41.16
512×256	0.824	196.48	41.94
1024×512	0.824	195.72	42.10
2048×1024	0.824	195.47	42.15

13.2.2 求解方法与参数设置

1) 实验设计方法选择

该问题需要多次调用 CFD 计算模型进行升阻比特性求解，为提高计算资源利用率，采用低相关排列演化动态扩充的优化拉丁超立方实验设计方法进行采样。问题维度为 10，初始实验设计样本数选择 $N=33$，采用指数扩充的方法在采样空白区域进行样本填充，提升模型对设计空间的探索能力。

2) 近似建模方法

近似建模方法采用一阶 PCE 和 RBF 正交混合近似模型，RBF 的基函数个数等于样本点个数，基函数中心设置为样本点处，形状参数训练采用 2 折交叉验证方法，即已有样本和新增样本分别作为训练样本和验证样本开展模型训练，在每次样本点扩充完毕后，近似模型重新独立进行模型构建和训练。

3) 收敛准则

在灵敏度分析过程中，需要通过模型在扩充样本处的预测误差或者灵敏度指标的变化对模型收敛进行判定，本算例采用模型误差进行收敛判定，即上一次迭代过程得到的近似模型在新扩充样本点上的预示相对均方根误差小于 0.01 时，判定过程收敛，可基于当前近似模型对原始高耗时仿真分析模型进行灵敏度分析。

13.2.3 结果分析

根据设计变量个数，确定初始采样点个数为 33，采用排列演化序列扩充方法进行扩充，后续每次扩充的采样点分别为 32，64，128，…，并在每次近似模型建立后，通过新增样本点评估其预测精度，该动态采样过程近似模型预测精度变化如图 13.7 所示。图中表明在样本点个数增加到 513 时，257 个训练样本构建的近似模型在 256 个验证样本处的相对均方根误差约为 2^{-9}，可判定近似模型收敛，并将该近似模型的灵敏度指标当作原始模型灵敏度指标的近似。

在动态采样过程中，低阶灵敏度收敛过程如图 13.8 所示，图中结果显示，低阶灵敏度指标之和随着样本点的动态扩充逐渐变小，这是因为在小样本下，近似模型更趋向于反映原始模型的全局响低阶响应特性，会忽略局部的细节变化，因此高阶影响难以被其他样本点捕捉，33 个样本点对应的前两阶灵敏度之和接近 1，随着样本点的增加和近似模型的收敛，各低阶灵敏度之和逐渐收敛。

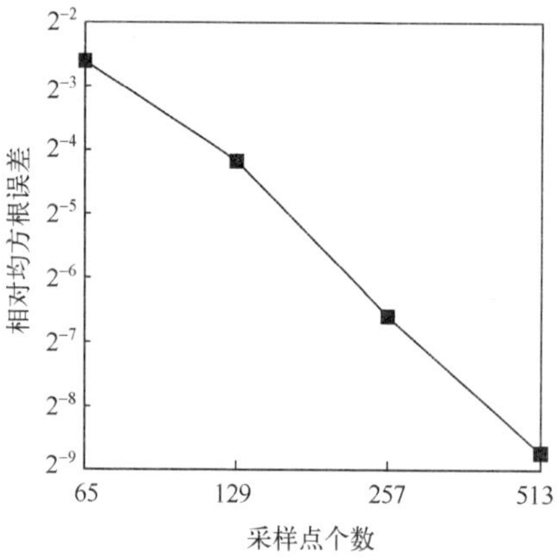

图 13.7　超临界翼型近似模型收敛过程

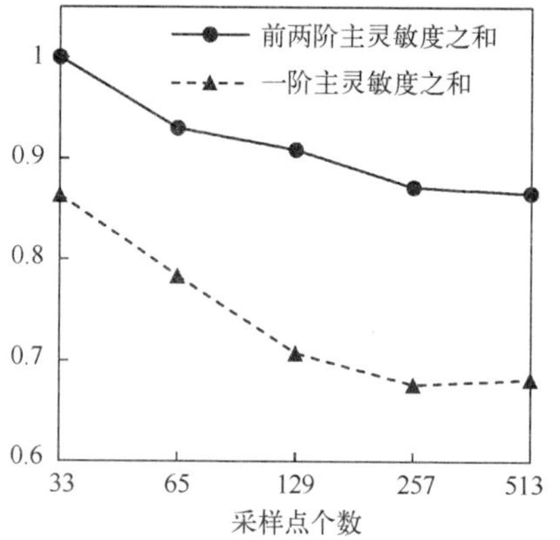

图 13.8　超临界翼型低阶灵敏度收敛过程

利用 513 个样本点构建的升阻比近似模型前两阶灵敏度指标如图 13.9 所示，图中结果显示 x_u、x_l、r_u、r_l 是对升阻比影响最大的因素，这和超临界翼型的设计思想是一致的，超临界翼型就是通过改变上表面的曲率，使其尽可能平坦，延迟临界状态的到来，增加阻力发散马赫数。图 13.9 中结果同时也表明，r_0 和 y_u 对模型输出的一阶灵敏度指标最小，表明前缘半径和下表面最大厚度对升阻比的独立影响较小。但评估该变量的影响是否可以忽略需要综合考虑一阶总灵敏度，通过图 13.10 一阶总指标中 r_0 和 y_u 的影响分别为 0.056 和 0.078，与其他变量的总灵敏度相比，不可忽略不计，因此无法实现变量剔除。图 13.10 其余变量的总灵敏度指标显式，该问题所有涉及变量均对升阻比特性有显著影响，表明各输入变量在设计过程无法实现变量剔除，需要综合考虑所有变量的耦合效应。

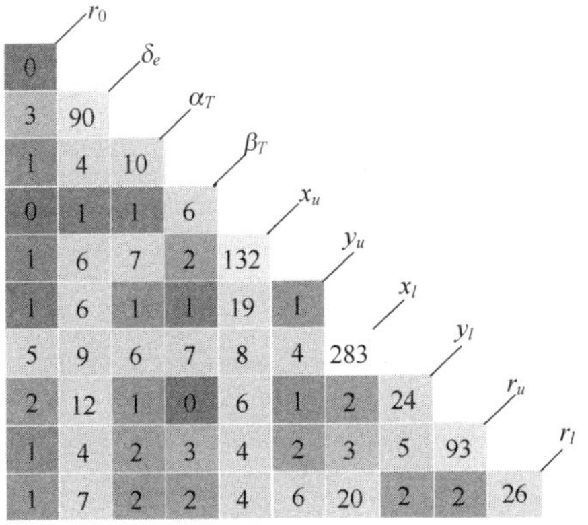

图 13.9　超临界翼型低阶灵敏度指标分布

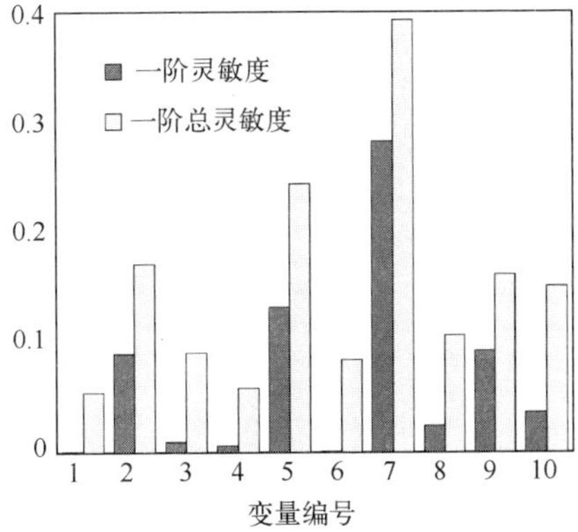

图 13.10　超临界翼型一阶灵敏度指标

13.3　固体发动机燃面推移过程灵敏度分析

固体火箭发动机广泛应用于军事和航天领域，具有结构简单、成本低廉等鲜明的优势和特点，但其推力调节能力差，通常情况下一经点火只能按照既定的几何燃烧规律进行推力输出，在设计过程中需要通过对装药构型进行合理设计以满足特定推力方案需求。因此，需要探究不同燃烧阶段各设计参数对燃烧面积影响的规律，为探究初始构型几何参数对不同燃烧阶段燃面面积的影响规律提供理论支撑。

13.3.1　燃面推移灵敏度分析问题建模

固体发动机由于不能在工作过程中对其能量输出进行控制，因此需要在设计阶段考虑推力动态变化特性需求，随着对发动机性能要求的不断提高，发动机装药由一维装药不断向三维复杂装药发展以满足发动机推力曲线的设计需求。

在众多三维装药构型中，翼柱型装药由于其体积状态系数高、推力调节能力强被广泛应用于各类导弹和火箭的发动机中，其主要通过在内孔的基础上侧向开翼槽来增大初始燃面并调整燃面变化规律。翼柱型装药的简化构型及其控制参数如图 13.11 所示。

该优化问题的数学表述形式为

$$f(\boldsymbol{x})=A_b(\boldsymbol{x},e)\quad(\boldsymbol{x}_l\leqslant\boldsymbol{x}\leqslant\boldsymbol{x}_u)\tag{13.3}$$

式中：$A_b(\boldsymbol{x},e)$为燃烧面积随燃去装药厚度 e 的变化曲线；$\boldsymbol{x}_u$ 和 $\boldsymbol{x}_l$ 分别为设计变量的上、下界，其取值范围如表 13.4 所列。

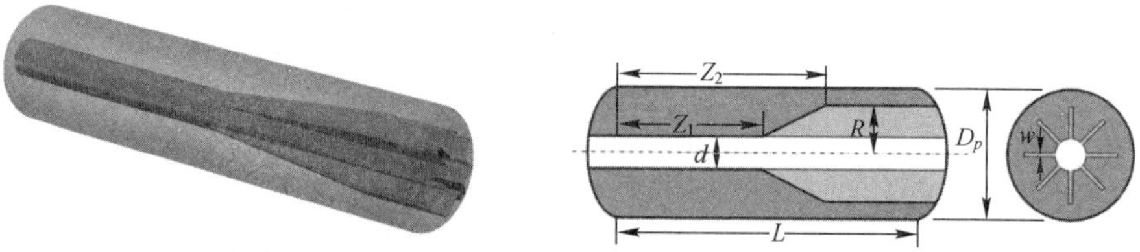

(a) 三维构型　　(b) 设计参数

图 13.11　三维翼柱型装药构型

表 13.4　翼柱型固体发动机设计变量

变量编号	变　量	单　位	设　计　域
	D_p	mm	300
	d_p	mm	100
1	L	mm	[1800 2000]
2	Z_2	mm	[1600,1800]
3	Z_1	mm	[1200,1300.0]
4	R	mm	[100,140]
5	w	mm	[10,30]

在实际工程设计中，通常采用平行层推移假设采用最小距离函数法对 $A_b(\boldsymbol{x},e)$ 进行计算。最小距离函数（minimum distance function，MDF）法是复杂三维装药燃面计算的常用方法，通过定义最小距离函数的标量函数场表示计算域内任意点到初始燃面的距离，正负符号表示网格节点位于燃烧表面的内外侧。基于所有网格节点的最小距离函数值和燃去厚度 e 之间的关系，可得到任意时刻的燃面，如图 13.12 所示。

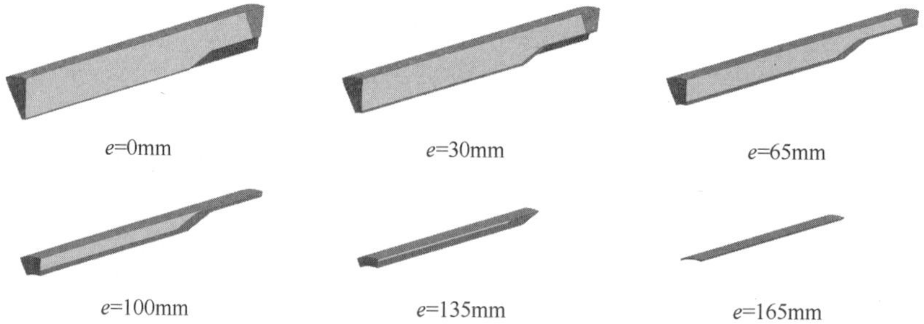

图 13.12　装药燃面推移过程

最小距离函数可表述为

$$\delta=f(x,y,z) \tag{13.4}$$

式中：$\delta>0$ 为该点位于装药内部；$\delta=0$ 为该点位于初始燃面上；$\delta<0$ 为该点位于燃烧空腔内部。

得到所有网格点的最小距离函数后，其 e 等值面就是对应燃面。针对燃烧面积的求解，计算每个燃烧肉厚步长内燃去的单元体积，并对燃去肉厚微分求解燃烧面积，在此过程中可以通过装药体积变化规律求解装药质量特性变化，即

$$A_{b,e}=-\frac{\mathrm{d}V}{\mathrm{d}e} \tag{13.5}$$

式中：取负号是由于装药体积随着燃烧厚度逐渐减小，而燃烧面积在发动机工作过程中始终为正值。通过式（13.5）得到不同燃去厚度对应的燃烧面积后，对其中具有代表性的两个点开展灵敏度分析，即最大燃烧面积和平均燃烧面积。因为最大燃烧面积决定了发动机的燃烧室压强和壳体厚度，是与发动机性能负相关的参数；而平均燃烧面积决定了发动机的平均推力，是发动机总能量特性的重要表征参数，是发动机性能正相关的参数。

13.3.2 求解方法与参数设置

1）实验设计方法选择

参照超临界翼型灵敏度分析案例，燃面推移案例初始实验设计样本数选择 $N=33$，并采用排列演化方法进行样本规模的指数扩充，在采样空白区域进行样本填充，提升模型对设计空间的探索能力和近似模型的全局近似精度。

2）近似建模方法

近似建模方法采用 2 阶 10 项的系数正交多项式和 RBF 正交混合近似建模方法，根据设计变量在空间内服从均匀分布，正交多项式采用勒让德多项式，RBF 的基函数个数等于样本点个数，基函数中心设置为样本点处，形状参数训练仍采用 2 折交叉验证方法，将已有样本和新增样本分别作为训练样本和验证样本开展模型训练，在每次样本点扩充完毕后，近似模型重新独立进行模型构建和训练。

3）收敛准则

在灵敏度分析过程中，通过模型在扩充样本处的预测误差或者灵敏度指标的变化对模型收敛进行判定，通过检测模型在新增样本点上的预测精度进行收敛判定，即上一次迭代过程得到的近似模型在新扩充样本点上的预示相对均方根误差

小于0.01时，判定过程收敛，基于当前近似模型对燃面推移过程进行灵敏度分析。

13.3.3 结果分析

在上述参数设置下，分别在不同规模样本点下对最大燃烧面积和平均燃烧面积的预测精度进行分析，结果如图13.13所示。图中预测误差显示129个训练样本下构建的近似模型在128个验证样本处误差约为2^{-8}，表明该近似模型具有较高的预测精度，可以满足灵敏度分析对近似模型的精度需求。同时，图13.14中的一阶灵敏度之和与前两节灵敏度之和的动态变化结果也显示，在129个样本和257个样本处的低阶灵敏度指标之和趋于一致。表明近似模型没有发生变化，意味着129个样本构建的近似模型已能够描述最大燃面和平均燃面随几何参数的变化规律。

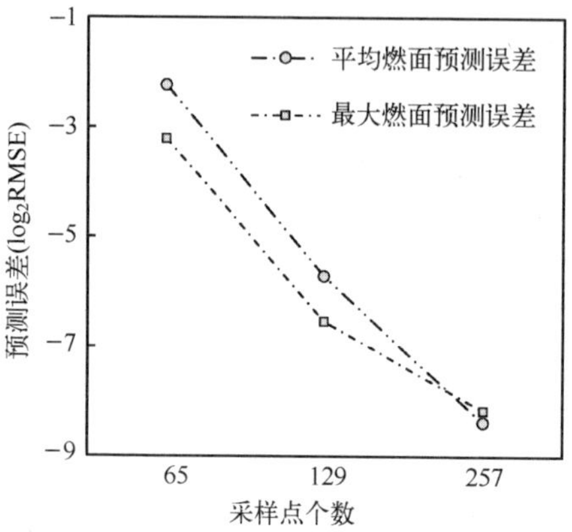

图13.13 燃面近似模型收敛曲线

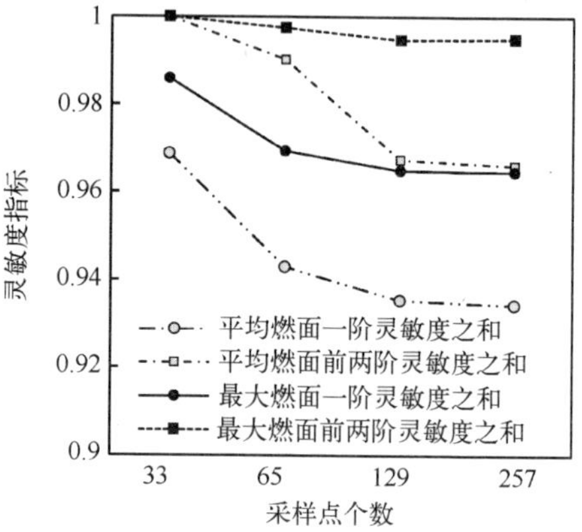

图13.14 燃面低阶灵敏度收敛曲线

此外，根据图13.14中的低阶灵敏度指标之和的收敛曲线可知，前两阶灵敏度指标之和均在0.9以上，表明无论是平均燃面还是最大燃面，各几何变量的高阶耦合影响都不显著。为了更明确各变量对平均燃面和最大燃面的影响规律，绘制图13.15所示的云图，展示各灵敏度指标的大小，图中结果表明，柱段长度L是平均燃面和最大燃面最主要的影响因素，这与工程实践经验是一致的，发动机设计过程也通常采用加长发动机柱段长度的方式提高发动机的推力和能量特性。但是一般情况下对于一个特定的需求，L基本是固定的，难以大范围调整，这就需要从其他变量中寻找对平均燃面和最大燃面影响较大的因素。

在除L之外的其他变量中，w和Z_2分别为平均压力和最大压力的第二重要影响因素，二者的主要因素出现了不一致的情况，在这种情况下，为了进一步探究不同燃烧时刻燃面的主要影响因素，利用257个训练样本数据，构建不同燃烧时刻燃面的近似模型并对其进行分析。不同时刻装药燃烧面积的一阶灵敏度指标的变化如图13.16所示，图中结果表明对不同时刻的燃面影响最大的变量是随着燃烧时间的推移而变化的，这种特性为发动机设计中调整设计变量以获得具体的推力曲线提供了有效的指导。

(a) 平均燃面灵敏度分析结果　　(b) 最大燃面灵敏度分析结果

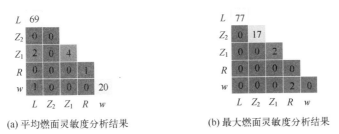

图13.15　固体发动机装药燃烧过程低阶灵敏度指标分布

（图中数值为100倍灵敏度指标）

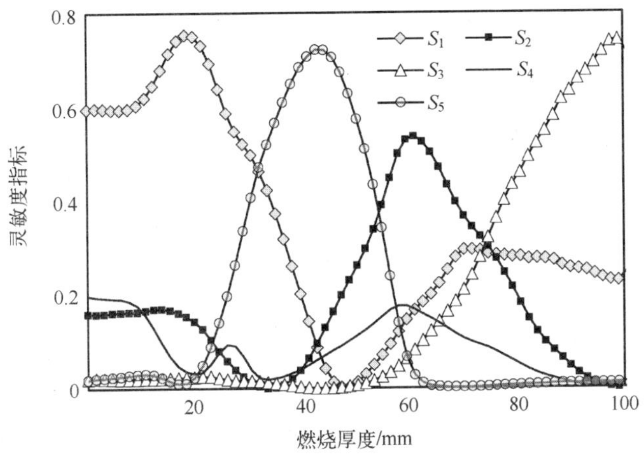

图13.16　最大燃面和平均燃面的低阶灵敏度指标分布

参考设计变量$\boldsymbol{x}=[L,Z_1,Z_2,w,R]=[1900,1700,1250,120,20]$，$Z_2$和$w$在设计变量范围内变化时，对应的燃面曲线变化如图13.17和图13.18所示。图中结果表明，当Z_2变化时，带来的燃面曲线在燃烧厚度为100mm处的波动最大，同理当w在设计范围内变化时，燃烧厚度位于20~40的燃烧面积波动最大，与图13.16中燃烧过程的不同时刻燃面变化的主要影响因素结果一致。

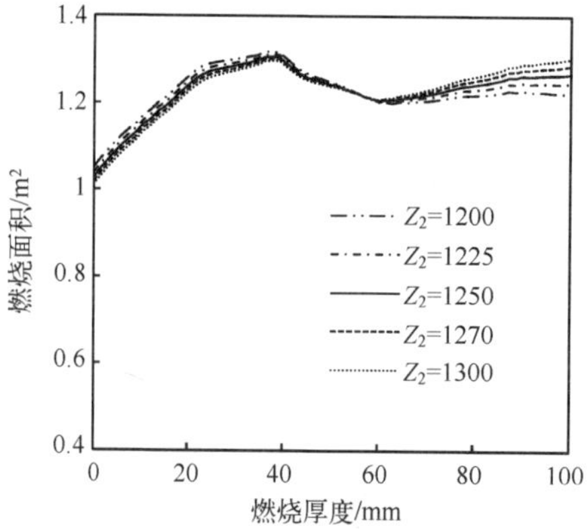

图 13.17　不同 Z_2 对应的燃面曲线

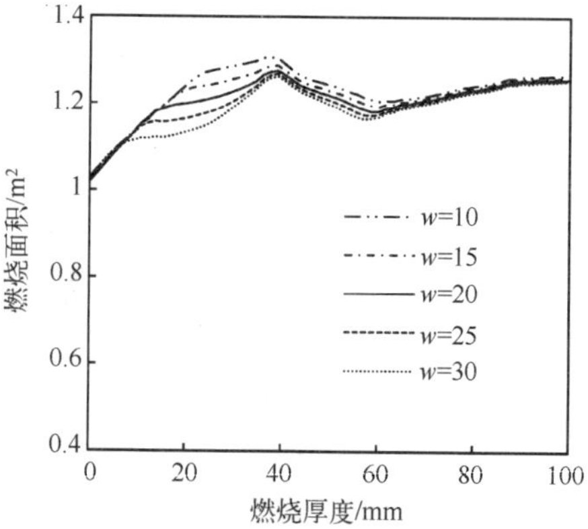

图 13.18　不同 w 对应的燃面曲线

13.4　小　　结

本章针对飞行器设计中常见的有限元仿真、计算流体力学仿真等高耗时黑箱仿真模型，开展灵敏度分析方法应用实例分析。

分析了薄壁加筋圆柱壳结构承载能力影响因素，利用备选样本集逐步校验近似模型精度的方法，在不同样本规模下对近似模型精度和灵敏度分析结果进行监控，在 1200 个训练样本下得到了满足精度需求的近似模型，并利用其对不同桁条截面构型下的极限承载能力进行分析，识别出了不同构型对应的主要影响变量，可为下一步开展结构设计提供基础。

分析了翼型几何控制参数对超临界翼型升阻比特性的影响规律，针对 CFD 计算耗时和近似模型动态校验需求，利用排列演化动态实验设计方法实现扩充样本在空白处均匀填充，保证了样本点计算结果的高效利用，通过动态求解前两阶灵敏度指标，得到了不同参数对翼型升阻比的影响大小，分析结论符合超临界翼型设计的基本原理。同时低阶灵敏度指标分布结果表明，不同参数间耦合效应较为显著，无法实现变量分离和变量剔除。

分析了固体发动机装药燃烧过程燃烧面积的变化与初始几何参数的关系，针对两个典型参数最大燃烧面积和平均燃烧面积进行分析，发现其主要影响因素不一致，为了进一步揭示初始构型参数对燃烧过程的影响，利用近似模型求解得到了不同燃烧厚度对应的一阶灵敏度指标，以及不同燃烧厚度下对燃面影响最显著的因素，给发动机设计过程中调整装药构型满足推力需求的匹配设计提供了参考。

第14章

基于近似模型的可靠性分析应用实例

复杂产品设计、加工、制造过程的不确定性，带来了产品性能的随机波动，导致出现产品无法满足其设计指标需求的情况，即产品失效。可靠性分析就是利用特定数学工具，对产品失效概率进行评估的重要方法。然而现代工程设计中普遍采用计算耗时的数值模拟对产品性能进行评估，未解决数值模拟计算耗时长，可靠性分析效率低的问题，本章对基于近似模型的可靠性分析方法进行应用实例演示，其基本流程一般可归纳如下。

根据实际工程需求，分析设计目标与对象，建立可靠性分析的基本模型，将整个设计系统表征为具有明确输入输出关系的参数化模型；基于当前学科技术成熟度和设计问题对计算精度的需求，建立系统的数学模型，合理选择求解方法，实现从输入到输出的计算；根据学科输入与输出和实际工程设计指标，选择设计变量和响应变量，并根据实际情况确定设计变量的分布特征以及定义响应变量的失效模式和失效域；根据所建立的可靠性分析问题，选择适当的实验设计方法、近似建模方法和自适应采样方法等，对问题进行求解；根据计算资源或计算结果，确定终止条件，并输出当前仿真模型的失效概率，并进一步求解得到其可靠度和可靠性指标。

本章基于上述流程，针对实际工程设计中的若干可靠性分析应用实例进行具体分析，开展基于近似模型的可靠性方法应用研究，对前面章节阐述的方法进行综合应用。

14.1 喉栓式喷管最大输出推力可靠性分析

喉栓式喷管是固体姿轨控发动机、变推力固体发动机等推力可调固体动力系统的重要部件，其工作过程中通过调整喉栓与喷管的相对位置，实现喷管流量和推力的实时调节，典型喉栓式轨控发动机以及推力调节原理如图 14.1 所示。由于喉栓的介入使喉栓式喷管内流场结构复杂，传热和沉积、烧蚀机理复杂，难以建立准确的仿真模型，导致实际输出的推力与预定推力不一致，从而影响控制性能。针对此情况，控制系统设计过程会考虑一定的容错性，但是若实际推力与预定推力输出偏差较大，将会导致无法准确拦截目标或完成既定任务。

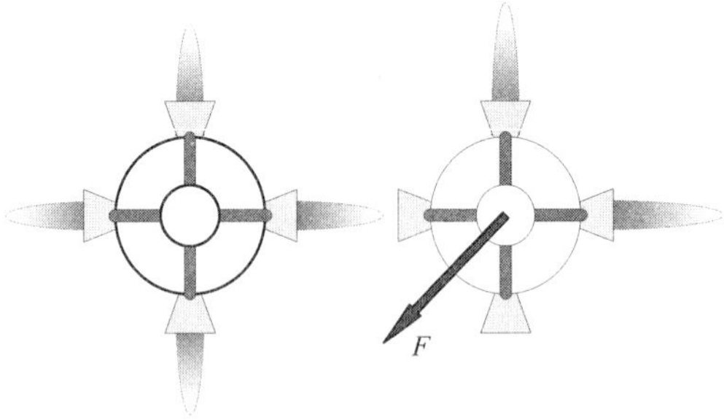

图 14.1　固体姿轨控发动机喉栓式喷管工作模式

为此，针对特定状态下的最大推力输出进行可靠性分析，并在一定的控制系统容差范围下，分析设计参数或模型参数偏差带来的推力输出可靠性，即推力偏差不大于容许偏差的概率。

14.1.1　喉栓式喷管推力可靠性分析问题建模

喉栓式喷管通过喉栓轴向移动，实现推力调节，将其用于控制系统直接力执行机构，其最大输出推力直接影响控制能力，若最大推力不满足需求，可能会导致难以对抗外界干扰，存在控不住的风险。在实际使用过程中，最大输出推力对应着喉栓理论全开状态，即喉栓作用过程中预设的最大开度。为此可建立固体姿轨控发动机最大推力可靠性分析的模型为

$$G=F(\boldsymbol{x})-F_0 \tag{14.1}$$

式中：$\boldsymbol{x}$ 为 6 个对推力输出有重要影响的参数组成的输入矢量，包括入口压强和 5 个几何参数，各几何参数如图 14.2 所示，因为加工偏差和工作条件的不确定性，会造成最大输出推力波动，从而导致难以满足预定随机分布表 14.1 所示；$F(\boldsymbol{x})$ 为输入矢量对应的预测推力；F_0 为发动机容许的最大推力下界，取 $F_0=750\text{N}$。$G<0$ 代表喷管在对应的压强下能输出的推力 $F(\boldsymbol{x})$ 小于容许下界 F_0，此时认为固体姿轨控发动机会发生控不住的风险，判定为发动机失效，不能完成既定的任务。

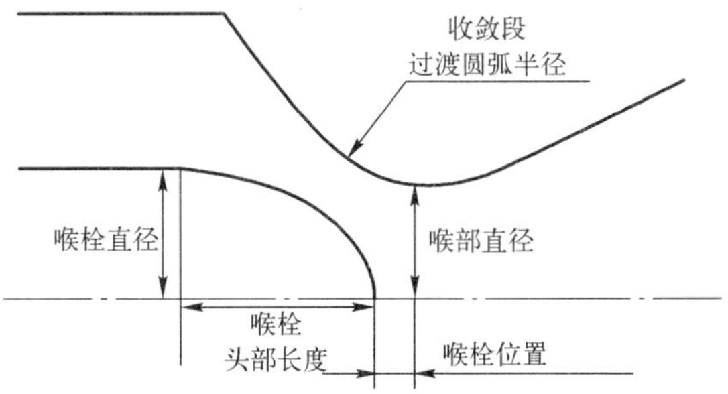

图 14.2 喉栓式喷管设计参数

表 14.1 喉栓式喷管推力影响参数不确定性

输入参数	分布类型	均值	标准差	单位
入口压强	正态分布	10	0.50	MPa
喉栓位置	正态分布	-2.24	0.10	mm
喉栓直径	正态分布	9	0.10	mm
喉栓头部长度	正态分布	10	0.10	mm
喷管喉部直径	正态分布	8	0.05	mm
收敛段过渡圆弧半径	正态分布	8	0.10	mm

根据固体发动机的基本原理可知，发动机的推力计算公式表示为

$$F_i = C_F p_c A_{ti} \tag{14.2}$$

式中：F_i 为单阀推力；i 为阀门编号；C_F 为推力系数；p_c 为燃烧室压强；A_{ti} 为单阀等效喉部面积，即喉栓型面与喷管型面构成的最小流道面积，如图 14.3 所示，计算方式如式（14.3）所示。

$$\begin{aligned} &\text{find}: x_N, x_P \\ &\min: A = \pi(y_N + y_P) \cdot \sqrt{(y_N - y_P)^2 + (x_N - x_P)^2} \end{aligned} \tag{14.3}$$

式中：x_N, x_P 分别为喷管型面和喉栓型面轴向坐标；A 为喉栓位置确定后，在喷管型面函数 $y_N = f(x_N)$ 上任取一点 (x_N, y_N)，在喉栓型面函数 $y_P = f(x_p)$ 上任取一点 (x_P, y_P) 后连点连线绕对称轴旋转形成的环形面积。

式（14.2）中 p_c 为燃气阀入口总压，在稳定工作状态下可由固体火箭发动机平衡压强公式计算得到。

$$p_c = \left(\rho_p c^* a \frac{A_b}{\sum A_{ti}}\right)^{\frac{1}{1-n}} \tag{14.4}$$

式中：ρ_p 为推进剂密度；c^* 为特征速度；a 为燃速系数；A_b 为燃面面积；n 为压

强指数；$i=1,2,3,4$ 为轨控阀编号，通常为了获得稳定的控制力，使用过程中保持总喉部面积为定值以确保燃气阀入口压强恒定。

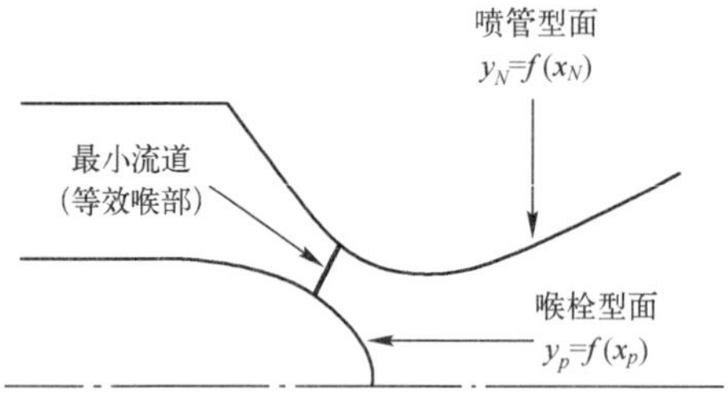

图 14.3　等效喉部面积

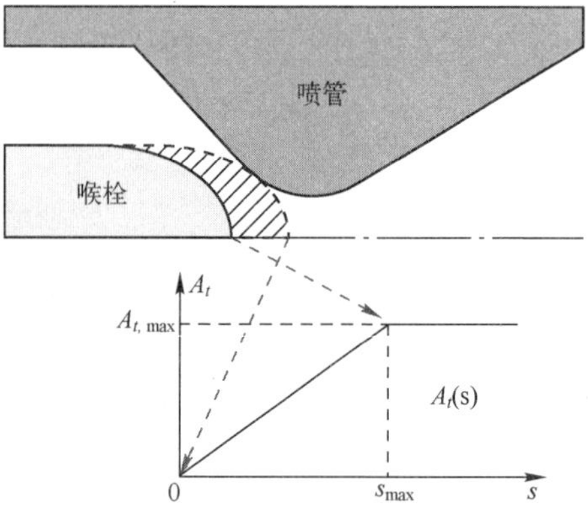

图 14.4　等效喉部面积变化

C_F 为推力系数，通过流场仿真计算得到，由于燃气阀的喉栓和喷管均为回转体，因此使用二维轴对称方法以提高计算效率。计算模型采用雷诺平均可压流 Navier-Stokes（N-S）方程组，湍流模型选用 $k-\varepsilon$ 模型。计算过程中边界设置为入口边界条件，总压、总温为输入条件；喷管和喉栓等壁面为绝热无滑移壁面，其型面根据输入条件可自动变化并自动进行网格划分与计算。喷管出口边界条件定义为压力出口，环境压强及温度设置为海平面标准大气参数。由于喷管型面及喉栓型面变化复杂，本文采用三角形非结构化网格，并对物理量变化剧烈的区域，如喷管喉部及喉栓头部等进行网格加密处理。为消除不同的离散方式带来的计算偏差，采用不考虑参数偏差的基准构型，对在不同网格数规模下喷管中轴线上压强分布曲线的对比进行网格无关性验证。

不同网格下计算得到的轴线马赫数对比结果如图 14.5 所示，图中曲线显示 7.8 万网格和 15.5 万网格的压强分布曲线几乎重合，而 3.7 万网格的压强分布曲线与前两者总趋势相近但在局部有一定偏差。因此本文选用 7.8 万网格进行数值计算，该条件下流场分布云图如图 14.6 所示，计算得到的轨控发动机单阀推力为 819N。

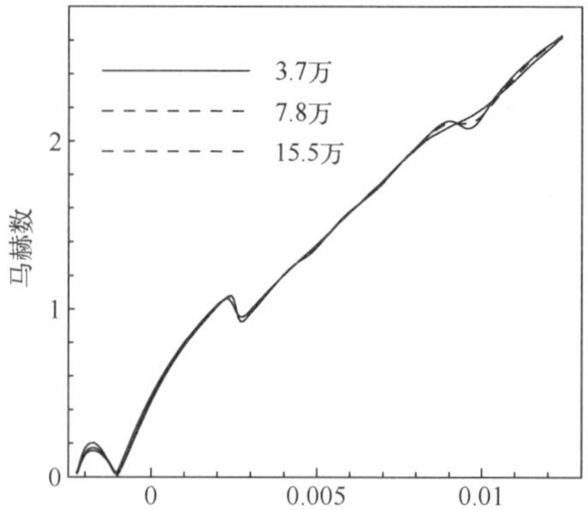

图 14.5　网格无关性验证结果

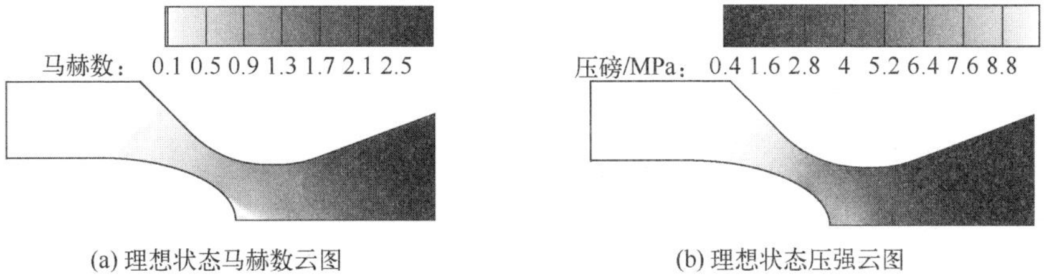

图 14.6　7.5 万网格下流场计算结果

14.1.2　计算方法与参数设置

1）初始样本生成

根据问题维度，确定初始样本个数为 20，采用优化拉丁超立方实验设计方法生成 $[0, 1]^4$设计空间内均匀分布的 20 个样本点，并采用逆分布变换将设计样本输入变换到标准正态分布的设计空间，进一步通过正态分布的平移和缩放变换到真实的样本输入空间，生成符合输入随机变量的分布的训练样本。同时，生成 1×10^5组输入参数作为蒙特卡罗求解失效概率的备选样本。

2）近似模型构建

根据随机输入参数不确定性信息随机生成 20 和 1×10^5组输入参数。利用固体姿轨控发动机最大推力仿真模型获取 20 组输入参数对应仿真推力值，进而计算得到相应功能函数值，并以 20 组随机参数和功能函数响应值分别作为输入及输出建立主动学习 Kriging 近似模型。

3）动态采样准则

将 U 学习函数作为动态采样准则，采用最基本的可靠性更新准则，根据 U 学习函数更新策略在 1×10^5组候选样本集中选择新增样本，然后调用仿真模型计算相应推力，并将其视为新增样本响应，加入训练样本库，更新 Kriging 近似模型。

4）收敛条件

满足收敛准则后主动学习 Kriging 近似模型即停止更新，由于数值计算中客观存在误差，模型难以像数学函数一样严格收敛，因此以近似模型在当前预测点的精度和失效概率的分布是否产生显著变化来表征，即

$$\delta_1 = \frac{|g_{\text{new}} - \hat{g}_{\text{new}}|}{g_{\max} - g_{\min}} \leqslant \varepsilon_1 \tag{14.5}$$

$$\delta_2 = \frac{|\hat{P}_f^{\text{new}} - \hat{P}_f|}{\hat{P}_f^{\text{new}} + \varepsilon} \leqslant \varepsilon_2 \tag{14.6}$$

式中：g_{new}为新增样本点处的仿真推力；$\hat{g}_{\text{new}}$为更新前模型在新增样本点处的预测推力；$g_{\max}$和$g_{\min}$分别为更新前模型的构建样本中仿真推力最大和最小值；$\hat{P}_f^{\text{new}}$为更新后 Kriging 近似模型预测的失效概率；$\hat{P}_f$为更新前 Kriging 近似模型预测的失效概率；ε为一个极小的正值，避免分母为 0 时停止准则无法计算，ε_1和ε_2值越小表示 Kriging 近似模型精度越高，本案例中选取$\varepsilon_1 = 10^{-3}$和$\varepsilon_2 = 0.01$；$\delta_1 \leqslant \varepsilon_1$为内层停止准则，判断更新样本处的 Kriging 近似模型预测误差，保证 Kriging 近似模型精度；$\delta_2 \leqslant \varepsilon_2$为外层停止准则，判断更新前后失效概率的误差，确保 Kriging 近似模型的鲁棒性。

14.1.3 计算结果分析

采用基于 U 学习函数采样的主动学习 Kriging 近似模型对喉栓式喷管最大推力进行预测，并根据近似模型对失效概率进行评估，近似模型更新过程中得到的失效概率P_f和收敛性指标δ_1变化曲线如图 14.7 所示。

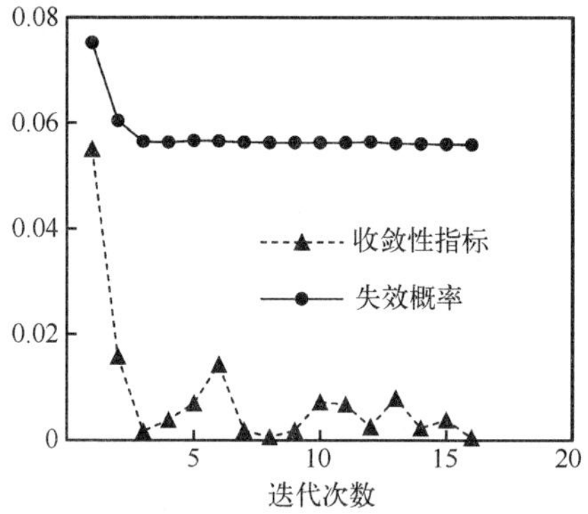

图 14.7 收敛性指标和失效概率收敛曲线

每次近似模型更新后，采用 MCS 仿真方法对近似模型开展可靠性分析，获得的近似模型失效概率作为原始模型失效概率的近似，其中蒙特卡罗采样通过备选样本池生成，备选样本池大小为1×10^5。基于 Kriging 近似模型和 U 学习函数自适应采样的可靠性分析方法，在真实模型更新 16 次后满足收敛准则，即仅调用 36 次仿真模型即可得到精度为 0.001 的可靠性分析结果，大幅减少了计算量。

可靠性分析结果如表 14.2 所示，失效概率为 0.0556，即在表 14.1 所示参数不确定性水平下，该喉栓式喷管的最大推力小于 750 N 的概率为 5.56%，具备了一定的实用性。但是若需要进一步提升可靠度，就必须降低最大推力的设计值，使系统容差更大，或者降低各几何参数的偏差范围，从而减少最大推力输出的散布，提升满足既定设计指标的可靠性。

表 14.2 固体姿轨控发动机最大推力可靠性分析结果

方　法	主动学习 Kriging 代理模型	CFD 仿真模型
模型调用次数	32	1×10^5
失效概率	0.0562	—

14.2 固体火箭发动机总体性能可靠性分析

固体火箭发动机是导弹武器系统和航天运载器的重要动力装置，其工作原理和结构简单，但内部存在复杂的燃烧、流动、传热、烧蚀现象，导致机理认识不清，造成了其仿真模型具有不确定性；发动机材料承受高温、高压燃气的冲刷，难以通过准确的数学模型描述，仅能依靠实验数据进行评估其烧蚀特性；装药燃烧受生产制造环节影响，导致其燃烧特性存在不确定性。在上述多重不确定因素的耦合影响下，发动机最终表现出的性能与设计状态会产生偏差，为了降低这种性能偏差带来的影响，发动机设计过程中通常会采用安全系数的极限状态进行设计，即在最差的情况下仍然需要满足性能指标，但由于物性参数、模型偏差的影响，性能仍然会存在无法满足指标的情况。本节针对固体发动机的随机因素带来的性能偏差，开展发动机总体性能可靠性分析，评估发动机设计状态的可靠性。

14.2.1 固体火箭发动机可靠性建模

由于物性参数、几何参数和仿真模型的不确定性，导致发动机性能与设计值存在偏差，使发动机存在失效的风险。目前，固体发动机失效模式主要有结构破坏和性能异常两大类，结构破坏主要体现在结构强度不能满足设计需求，性能异常主要考虑发动机总输出（总冲）小于设计需求，因此可靠性分析模型可建立为

$$\begin{cases} G_1(\boldsymbol{x}) = I(\boldsymbol{x}) - I_0 \\ G_2(\boldsymbol{x}) = \sigma_0 - \sigma(\boldsymbol{x}) \end{cases} \tag{14.7}$$

式中：I_0 为发动机总冲要求，当发动机总冲小于给定指标时，表明推进能力不足，难以完成既定任务；σ_0 为材料抗拉强度，当壳体应力大于抗拉强度时，表明结构有被破坏的风险，因此失效区域 $G_1(\boldsymbol{x})<0 \cup G_2(\boldsymbol{x})<0$，只要有一个因素失效，就判定发动机失效，即多失效模式串联模型。

总冲和结构应力需开展发动机内弹道性能计算和强度计算得到。在本算例中采用零维内弹道计算得到发动机的压强随时间的变化，进一步采用喷管一维等熵

流动假设计算得到发动机的推力，并将其积分后，得到发动机总冲；壳体强度计算通过第三强度理论计算得到，即根据壳体抗拉强度和燃烧室最大压强计算得到。发动机的基本构型为后翼柱型装药常规喷管头部点火发动机，如图 14.8 所示。

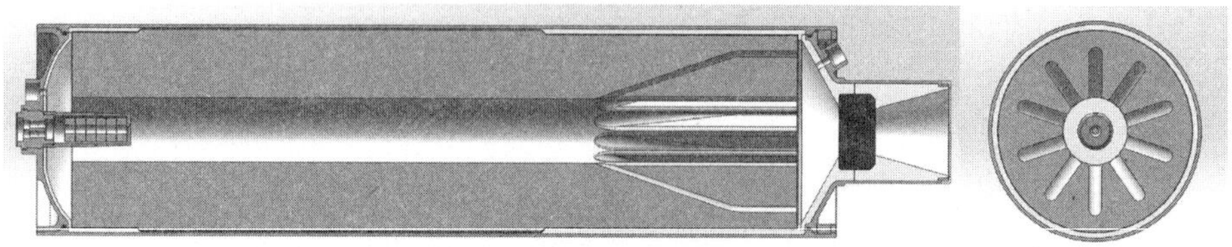

图 14.8　固体火箭发动机基本构型

发动机壳体为高强度钢，相对于药柱和喷管绝热材料等非金属材料，其性能散布为小量，因此不作为随机偏差项，仅将推进剂参数、喷管喉衬材料烧蚀参数以及模型偏差作为随机偏差因素考虑，其分布特性如表 14.3 所示。

表 14.3　固体发动机性能影响参数及其分布特性

输入参数	分布类型	均　值	标准差	单　位
喷管喉径	正态分布	30	0.10	mm
压强波动系数	均匀分布	1	1.2	—
推进剂燃速	正态分布	10	0.50	mm/s
推进剂压强指数	正态分布	0.3	0.005	mm
推进剂特征速度	正态分布	1580	5	mm
推进剂密度	正态分布	1760	1	kg/m^3
喷管喉部烧蚀速率	均匀分布	0.05	0.001	mm/s

标准状态下的设计指标如式（14.8）所示，对应的压强曲线和推力曲线如图 14.9 所示。

$$\begin{cases} I = 72\text{kN} \cdot \text{s} \\ p_c = 12\text{MPa} \end{cases} \tag{14.8}$$

式中：I 为发动机总冲；p_c 为燃烧室最大压强。

在实际工程设计中，通常对上述参数偏差留有一定的余量，以保证在物性参数产生偏差的条件下，产品设计方案仍然能够满足设计指标。因此，在上述基础上，考虑各指标影响因素和设计余量，给定该发动机的总冲和最大压强失效条件如式（14.9）所示：

$$\begin{cases} I_0 < 70\text{kN} \cdot \text{s} \\ p_c > 15\text{MPa} \end{cases} \tag{14.9}$$

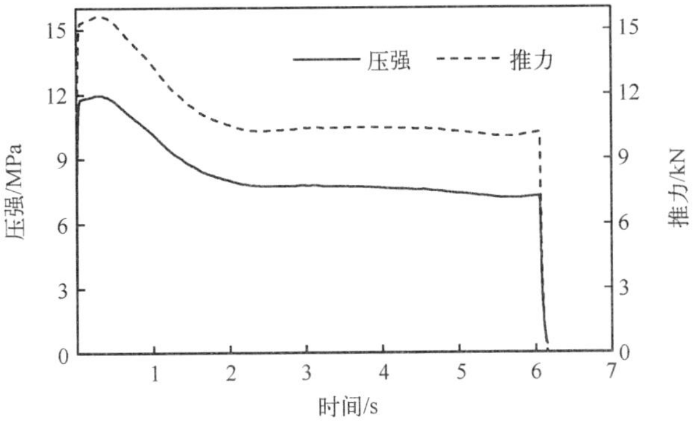

图 14.9　固体火箭发动机设计状态的内弹道曲线

14.2.2　求解方法与参数设置

（1）初始样本生成

根据问题维度，确定初始样本个数为 14，采用优化拉丁超立方实验设计方法生成 $[0, 1]^4$设计空间内均匀分布的 14 个样本点，根据不同分布类型，采用逆分布变换将设计样本输入变换到标准正态分布的设计空间，进一步通过正态分布的平移和缩放变换到真实的样本输入空间，生成符合输入随机变量的分布的训练样本。在上述输入变量处计算模型响应，即发动机总冲和燃烧室压强。

（2）近似模型构建

根据随机输入参数实验设计生成的 14 组样本，采用 PCE 增广 RBF 方法构建当前样本下的近似模型，并采用留一交叉验证法对形状参数进行训练，以提升近似模型预测精度。同时，根据当前的采样中心（均值）和采样半径（标准差），并基于训练样本生成 1×10^6组备选样本输入参数，用于计算近似模型的可靠性和失效概率。

（3）动态采样准则

针对可靠性分析需求，采用基于聚类的并行采样方法进行样本点选择，将状态函数接近于 0 的点作为聚类样本池，并将聚类样本池划分为 3 类，在每类中将距离现有训练样本最远且功能函数预测值接近于 0 的点作为当前采样点，然后调用仿真模型计算发动机的总冲和燃烧室压强，并将其视为新增样本响应，加入训练样本库，更新近似模型。

（4）收敛准则

本算例中的收敛准则，也同样用近似模型预测精度和失效概率预测的变化来判定，即当近似模型足够精确且近似模型的失效概率不再变化时，判定该可靠性分析过程收敛，将此时近似模型的失效概率和可靠性指标作为发动机的可靠性分析结果。由于数值仿真模型难以像数学函数一样严格收敛，因此以近似模型在当前预测点的精度和失效概率的分布是否产生显著变化来表征，即

$$\delta_1=\frac{|g_{\text{new}}-\hat{g}_{\text{new}}|}{g_{\max}-g_{\min}}\leqslant\varepsilon_1 \tag{14.10}$$

$$\delta_2=\frac{|\hat{P}_f^{\text{new}}-\hat{P}_f|}{\hat{P}_f^{\text{new}}+\varepsilon}\leqslant\varepsilon_2 \tag{14.11}$$

式中：δ_1 为近似模型的预测精度；δ_2 为失效概率的精度判据。本案例中选取 $\varepsilon_1=10^{-3}$ 和 $\varepsilon_2=0.01$。

14.2.3 计算结果分析

采用基于近似模型的并行可靠性分析方法对固体发动机总体性能进行可靠性分析，在初始样本点计算和初始近似模型构建完成后，基于聚类实现并行采样，每次采样 3 个点进行模型仿真，并计算 3 个采样点的近似模型精度，利用仿真数据更新近似模型。之后采用蒙特卡罗法对近似模型的失效概率进行分析，得到当前近似模型的失效概率。近似模型预测精度和可靠性分析结果迭代过程如图 14.10 所示，图中结果表明在初始训练样本和近似模型的基础上迭代 10 次（模型仿真 30 次）后，近似模型和失效概率均收敛，最终计算得到的失效概率为 0.21%，即发动机性能或强度不满足设计指标的概率为 0.21%，可以有效满足总体设计需求。

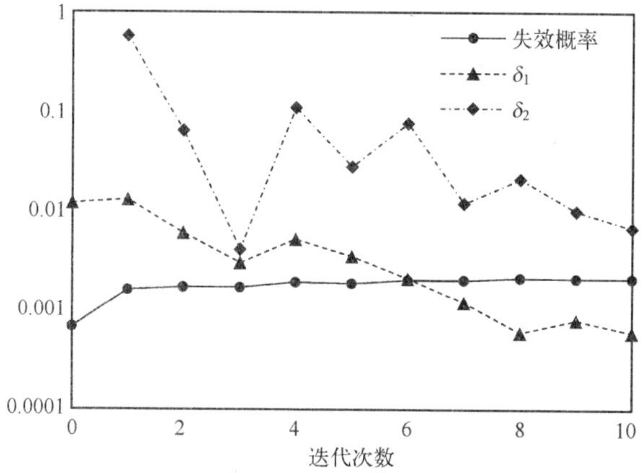

图 14.10 固体火箭发动机可靠性分析迭代曲线

为了验证可靠性分析的计算精度，采用重要性采样对计算结果进行验证，首先在所有仿真样本点处选择标准正态空间中的近似 MPP 点，其次以该点为采样中心进行重要性采样，以提升样本利用效率，直接进行 1000 次模拟得到的失效概率也在表 14.4 中列出用以对比，表中结果显示，二者得到的计算结果一致，但是采用近似模型后，原始模型调用次数显著减少。

表 14.4 固体火箭发动机可靠性分析结果

方　法	近似模型并行采样方法	重要性采样模拟
模型调用次数	44	1000
失效概率	0.0021	0.0021

14.3 中近程固体导弹总体性能可靠性分析

中近程固体战术导弹是指采用固体火箭发动机，用于毁伤战役战术目标的导弹，其射程通常在 1000~4000km。中近程固体战术导弹在现代战争中有着至关重要的作用，多用于打击敌方战役战术纵深内的高价值目标。但在该类战术导弹实际使用过程中，导弹各组分以及实际飞行环境中所存在的不确定性因素，往往会对导弹的使用效能造成一定的偏差。例如，固体火箭发动机的装药燃烧受生产制造环节的影响，并且发动机内部存在复杂的燃烧、流动、传热、烧蚀现象，导致质量比、平均推力和工作时间存在偏差；导弹的发射倾角也会存在一定程度的随机误差等。为了降低上述偏差对导弹射程和落速倾角这两个关键作战性能指标的影响，需要对中近程固体战术导弹外弹道模型进行可靠性分析，以期为考虑不确定性因素下的导弹设计提供合理可行的分析方法支撑。

14.3.1 中近程战术导弹可靠性分析建模

在导弹总体设计过程中，方案弹道的初步设计简化了运动模型，将导弹描述为理想的质点。质点弹道模型将导弹抽象成一个质点，暂时不考虑弹体绕质心转动的影响。以纵向平面内的质心运动方程为动力学模型，对导弹在不同飞行阶段受力情况和运动情况进行分析，建立相应的方程组，并开展导弹总体设计优化。根据瞬时平衡假设条件，导弹飞行过程无转动惯性，控制系统响应无误差、无延迟，忽略方向力干扰。

在上述简化条件下，基于质心运动定律和瞬时平衡假设，建立导弹动力学及运动学方程。导弹在铅垂面内的质心运动规律可由飞行速度、弹道倾角、横坐标、纵坐标以及飞行时间描述：

$$\boldsymbol{x}=[v,\theta,x,y,m,t] \tag{14.12}$$

式中：v、θ、x、y、m、t 分别为导弹在弹道坐标系下的飞行速度、弹道倾角、横坐标、纵坐标、质量以及飞行时间。

分析导弹受力情况，结合牛顿运动定律，可得速度系下导弹质点运动方程为

$$\begin{cases}\dfrac{\mathrm{d}v}{\mathrm{d}t}=\dfrac{P\cos(\alpha)-D-mg\sin(\Theta)}{m}\\ \dfrac{\mathrm{d}\Theta}{\mathrm{d}t}=\dfrac{P\sin(\alpha)+L}{mv}+\left(\dfrac{v}{r}-\dfrac{g}{v}\right)\cos(\Theta)\\ \dfrac{\mathrm{d}r}{\mathrm{d}t}=v\sin(\Theta)\\ \dfrac{\mathrm{d}\beta_{\varepsilon}}{\mathrm{d}t}=\dfrac{v}{r}\cos(\Theta)\\ \dfrac{\mathrm{d}m}{\mathrm{d}t}=-\dot{m}\end{cases} \tag{14.13}$$

式中：P 为发动机推力；D 为气动阻力；L 为气动升力；g 为重力加速度；$\dot{m}$为发动机质量流率；Θ 为当地速度倾角；β_{ε} 为射程角；r 为弹道上任意点的地心距。

上述导弹动力学方程是典型的常微分方程组，在给定攻角变化规律后，可基于气动力计算软件计算得到不同工况下的气动升阻力数据，进一步结合导弹质量特性和发动机推力，可使用四阶龙格-库塔数值计算方法求解导弹全弹道飞行数据。

以图 14.11 所示的固体导弹为例，导弹起飞质量为 4480kg，其中发动机质量为 4000kg，质量比为 0.88，海平面平均比冲为 238s，弹头质量为 480kg；在发动机总冲及起飞质量为定值的条件下，可通过总体优化设计得到发动机设计状态的推力曲线和弹道控制参数。

在总体设计阶段，发动机推力选用平均推力进行表征，攻角随时间的变化也采用分段常值来近似，设计方案的发射速度倾角为 75°，推力、攻角随时间的变化如图 14.12 所示，初始同时图中也画出了弹道曲线，最大射程为 1140km。

中近程战术导弹不确定性参数见表 14.5，主要考虑了发动机质量比、平均比冲、发射速度倾角以及推力工作时间等方面的不确定性。发动机质量比是指发动机药柱质量与发动机总质量之比，目前固体火箭发动机药柱多采用浇筑工艺，药柱的密度存在一定的不均匀性，并进一步体现在发动机质量比的不确定性上。中近程战术导弹在发射时，其发射速度倾角存在一定范围内的偏差，并将直接影响到导弹的射程以及落速倾角等重要参数。导弹发动机在工作过程中，其实际比冲

往往在平均比冲附近上下波动，并且由于药柱燃速的不确定性，实际推力工作时间与理想工作时间也存在着一定的偏差。以上参数所存在的不确定性通过模型进行传播，对导弹性能偏差的影响主要表现为末端的落速及落速倾角等方面。

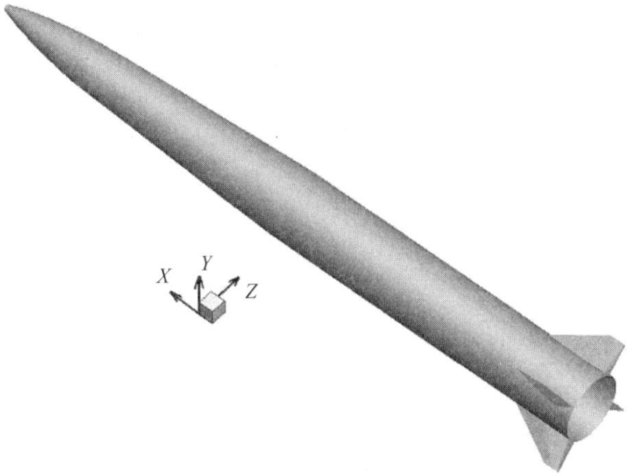

图 14.11 弹体几何构型

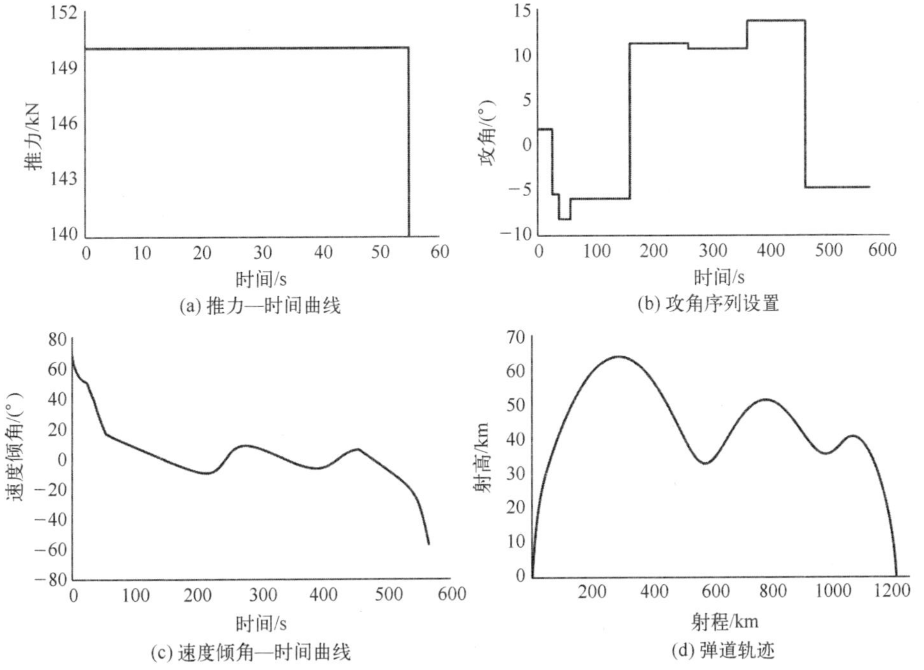

图 14.12 中近程战术导弹基准设计方案

表 14.5　中近程战术导弹不确定性变量分布

变量名称	单　位	均　值	标准差	分布类型
发动机质量比	/	0.88	0.005	正态分布
平均比冲	N·s/kg	2350	5	正态分布
发射速度倾角	(°)	70	0.5	正态分布
推力工作时间	s	55	0.5	正态分布

由于物性参数、几何参数和仿真模型的不确定性，战术导弹的实际性能往往与设计值之间存在偏差，从而导致导弹存在无法满足设计指标的风险。本节中近程战术导弹的失效模式主要考虑射程、落速和末端速度倾角不满足设计指标的情况，因此可靠性分析模型可建立为

$$\begin{cases} G_1(\boldsymbol{x}) = S(\boldsymbol{x}) - S_0 \\ G_2(\boldsymbol{x}) = \theta(\boldsymbol{x}) - \theta_0 \\ G_3(\boldsymbol{x}) = V(\boldsymbol{x}) - V_0 \end{cases} \tag{14.14}$$

式中：S_0 为导弹射程要求，当导弹射程小于给定指标时，表明射程不足，难以完成既定任务；θ_0 为需要满足的落速倾角（$\theta_0<0$），当实际落速倾角大于 θ_0，导弹打击效果将会大幅减弱，并且可能导致弹体触地弹跳。因此，中近程固体战术导弹的失效区域定义为 $G_1(\boldsymbol{x})>0 \cup G_2(\boldsymbol{x})<0 \cup G_3(\boldsymbol{x})<0$，为多失效模式串联模型。中近程弹道导弹的射程一般在 1000km 左右，因此为满足导弹的射程需求，给定 $S_0=1000\text{km}$。此外，为保证导弹的打击效果，要求导弹末端的速度倾角 $\theta_0 \leqslant -70°$，末端速度 $V_0 \geqslant 600\text{m/s}$。最终，结合以上分析给出导弹射程以及落速倾角的给定指标如式（14.15）所示：

$$\begin{cases} S_0 = 1000\text{km} \\ \theta_0 = -70° \\ V_0 = 600\text{m/s} \end{cases} \tag{14.15}$$

14.3.2　计算方法与参数设置

1）初始样本生成

该问题维度为四维，设置初始样本个数为 12，采用随机拉丁超立方实验设计方法在 $[0,1]^4$ 设计空间内随机生成 12 个样本点，并通过逆分布变换将设计样本输入变换到真实的样本输入空间，生成符合输入随机变量的分布的训练样本。同时，生成 1×10^5 组输入参数作为蒙特卡罗样本池的备选样本。

2）近似模型构建

将符合输入随机变量的分布的12个训练样本代入中近程固体战术导弹弹道仿真模型，并获取样本对应的弹道仿真结果。通过样本的输入以及模型的输出响应建立主动学习Kriging近似模型。

3）动态采样准则

将U学习函数作为动态采样准则，根据U学习函数更新策略在1×10^5组候选样本集中选择新增样本，然后调用弹道仿真模型计算相应弹道，并将其视为新增样本响应，加入训练样本库，更新Kriging近似模型。

4）收敛条件

满足收敛准则后主动学习Kriging近似模型即停止更新，以近似模型在当前失效概率的分布是否产生显著变化来表征，即

$$\delta=\frac{|\hat{P}_f^{\text{new}}-\hat{P}_f|}{\hat{P}_f^{\text{new}}+\sigma}\leqslant\varepsilon \tag{14.16}$$

式中：$\hat{P}_f^{\text{new}}$为更新后Kriging近似模型预测的失效概率；$\hat{P}_f$为更新前Kriging近似模型预测的失效概率；σ为一个极小的正值，避免分母为0时停止准则无法计算，ε的值越小表示Kriging近似模型精度越高，本案例中选取$\varepsilon=10^{-3}$。

14.3.3　计算结果分析

图14.13给出了在初始样本点为12的情况下，随着不断迭代增加样本点，失效概率和收敛性指标的迭代过程。最终求得的导弹失效概率为0.73%左右。每次近似模型更新后，采用MCS仿真方法对近似模型开展可靠性分析，将获得的近似模型失效概率作为原始模型失效概率的近似，其中蒙特卡罗采样通过备选样本池生成，模型调用次数取1×10^6次。基于Kriging近似模型和U学习函数自适应采样的可靠性分析方法，在真实模型更新14次后满足收敛准则，即仅调用26次仿真模型即可得到精度为0.001的可靠性分析结果，大幅减少了计算量。表14.6给出了通过仿真模拟得到的可靠性分析结果，进行10000次模拟所得失效概率为0.0077，与基于

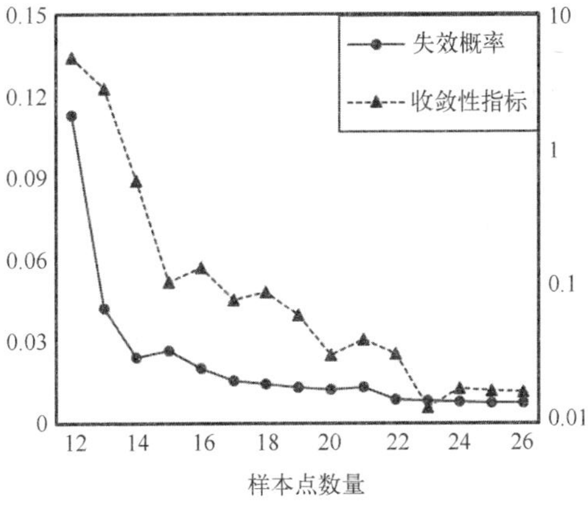

图14.13　收敛性指标和失效概率收敛曲线

近似模型方法预测的结果较为接近。

表 14.6　中近程战术导弹弹道可靠性分析结果

方　法	近似模型方法	蒙特卡罗模拟
模型调用次数	26	1×10^4
失效概率	0.0073	0.0077

14.4　小　　结

可靠性分析是产品设计过程中评估参数偏差对产品性能影响的重要手段，本章基于前面章节对近似模型的可靠性分析方法的研究，针对若干实际工程问题开展可靠性分析，分析过程可为实际工程应用中评估参数随机波动条件下的性能偏差和可靠性提供借鉴。

针对固体姿轨控发动机喉栓式喷管实际输出推力偏差问题，以 CFD 数值模拟进行推力高精度计算，通过 Kriging 近似模型建立了推力和各不确定性参数的近似模型，根据各不确定性参数的分布特征，基于 U 学习函数进行可靠性分析，实现了多因素耦合影响下喉栓式喷管失效概率的快速预示。

针对固体发动机设计和加工过程中几何、物性参数偏差对综合性能的影响，考虑发动机的能量性能和结构强度性能等指标，建立了发动机可靠性分析模型，采用并行采样方法计算获得了发动机在指定设计状态下能量或强度无法满足设计指标的概率，通过重要性采样法对上述分析结果进行验证。

针对典型中近程固体战术导弹，分析了在确定性设计状态下，设计参数偏差对导弹射程、落速和落角等总体性能的影响，计算了在考虑设计余量的条件下导弹总体性能的失效概率，并通过蒙特卡罗仿真对精度进行验证。